基于 TBM 法极端地质条件的
围岩判识与处理措施

主　编◎洪开荣　曾垂刚　刘永胜　赵海雷
副主编◎王利明　翟乾智　杨振兴　李　增　马　利

中国建筑工业出版社

图书在版编目（CIP）数据

基于 TBM 法极端地质条件的围岩判识与处理措施 / 洪开荣等主编；王利明等副主编. -- 北京：中国建筑工业出版社，2024.7
ISBN 978-7-112-29886-0

Ⅰ. ①基… Ⅱ. ①洪…②王… Ⅲ. ①围岩–隧道施工 Ⅳ. ①U455

中国国家版本馆 CIP 数据核字（2024）第 099691 号

责任编辑：刘颖超 李静伟
责任校对：张 颖

基于 TBM 法极端地质条件的围岩判识与处理措施
主 编 洪开荣 曾垂刚 刘永胜 赵海雷
副主编 王利明 翟乾智 杨振兴 李 增 马 利
*
中国建筑工业出版社出版、发行（北京海淀三里河路 9 号）
各地新华书店、建筑书店经销
国排高科（北京）信息技术有限公司制版
临西县阅读时光印刷有限公司印刷
*
开本：787 毫米×1092 毫米 1/16 印张：21 字数：519 千字
2024 年 8 月第一版 2024 年 8 月第一次印刷
定价：**168.00** 元
ISBN 978-7-112-29886-0
（43036）

编 委 会

主　　编：洪开荣　曾垂刚　刘永胜　赵海雷

副 主 编：王利明　翟乾智　杨振兴　李　增　马　利

参　　编：任亚坤　刘　伟　李文庆　全永威　谭忠盛
韩伟锋　王振飞　王　军　王　建　吕乾乾
秦银平　孙飞祥　马　亮　王亚锋　贺东泽
白彦磊　王发民　张艳军　韩建勋　杨延栋
周振梁　张继超　曹耀祖　吴　桐　王世强
吴　磊　许　全　郭　璐　王雅文　张豪杰
曾　勇　杨新举　谢希杰　张善立　陈帅超

主编单位：隧道掘进机及智能运维全国重点实验室
中铁隧道局集团有限公司

参编单位：中铁隧道股份有限公司
北京交通大学
新疆水发建设集团有限公司

前言 | Foreword

21 世纪是全球地下空间建设开发的新纪元，我国地下工程建设进入高峰期，工程建设规模和数量空前，山区交通、水利、水电等工程长大隧道修建条件和环境恶劣，传统钻爆法一般难以满足要求，给 TBM 技术的发展带来了新的机遇和挑战。

TBM 法，即全断面岩石隧道掘进机法，作为一种高效的隧道掘进技术，在近年来得到了广泛应用。然而，在极端地质条件下，TBM 法的应用面临着诸多挑战，其中最为关键的问题便是围岩的判识与处理。随着科技的不断进步和工程实践的深入发展，人们对这一问题的认识也在不断加深。正是在这样的背景下，我们撰写了《基于 TBM 法极端地质条件的围岩判识与处理措施》这本专著，希望能够为相关领域的学者和实践者提供一些有益的参考和启示。

本书基于大量的工程实践经验和理论研究成果，深入探讨了极端地质条件下围岩的判识方法、处理措施以及相关的技术难题。在撰写过程中，力求结合实际案例，通过具体的工程数据和实践经验来阐述理论观点和处理方法。同时，也注重吸收和借鉴国内外最新的研究成果和技术进展，以期为读者提供更为全面和深入的认识。本书主要内容包括基础篇，TBM 装备，极端地质条件的围岩判识，极端地质 TBM 施工处理技术，以及极端地质环境工程案例，介绍了极端地质条件下 TBM 法的围岩判识方法和处理措施。

本书由中铁隧道局集团有限公司总工程师、隧道掘进机及智能运维全国重点实验室主任洪开荣，中铁隧道局集团有限公司副总工程师曾垂刚，隧道掘进机及智能运维全国重点实验室执行主任刘永胜、赵海雷主编，由王利明、翟乾智、杨振兴、李增、马利任副主编，本书在编写过程中中铁隧道局集团有限公司、中铁隧道股份有限公司、北京交通大学、新疆水发建设集团有限公司以及隧道掘进机及智能运维全国重点实验室等单位有关专家参与了编写并给予指导，提出了许多中肯的意见和建议，在此表示衷心的感谢。

我们相信，本书出版将对推动极端地质条件下围岩判识与处理技术的发展具有重要意义。它不仅能够为相关领域的学者提供新的研究思路和方法，也能够为工程实践者提供更为有效的处理措施和技术支持。当然，由于地质工程的复杂性和多样性，本书的研究成果和方法可能并不适用于所有情况。因此，在实际应用中，还需要根据具体情况进行灵活调整和创新发展。书中的有些提法可能需要大家进一步研讨，敬请广大同行提出并指正。

编　者

2024 年 5 月

目录
Contents

第 1 篇

基 础 篇

第 1 章

TBM 与我国 TBM 的发展

本章重点

本章首先介绍了岩石隧道掘进机 TBM 的概念与分类，其次对 TBM 工法的特点进行了分析，最后对 TBM 的技术创新与发展进行了阐述。

1.1 TBM 概述

TBM（Tunnel Boring Machine）隧道掘进机是一种靠刀盘旋转破岩推进，隧道支护与出渣同时进行，并使隧道全断面一次成形的大型机械。国际上所讲的 TBM，既包括用于软土地层的盾构隧道掘进机，又包括用于岩石地层的硬岩隧道掘进机；但在中国和日本，习惯上将盾构特指用于软土地层的隧道掘进机，TBM 特指用于岩石地层的隧道掘进机。本书所讲的 TBM 是指全断面岩石隧道掘进机，它与盾构的主要区别就是不具备维护掌子面稳定的功能，而盾构施工主要由稳定开挖面、掘进及排土、管片衬砌及壁后注浆要素组成。当然随着双模式掘进机的发展，在复杂地质条件下，集 TBM 和盾构双重功能于一体，如具备硬岩 TBM 模式与土压平衡模式的双模式掘进机、具备硬岩 TBM 模式与泥水平衡模式的双模式掘进机。

TBM 具有掘进、出渣、导向、支护四大基本功能，对于复杂地层，还配备超前地质预报设备。掘进功能主要由刀盘旋转带动滚刀在开挖面破岩以及为 TBM 提供动力的扭矩系统和推进系统完成；出渣功能一般分为导渣、铲渣、溜渣、运渣四部分；导向功能主要包括确定方向、调整方向、调整偏转；支护功能分为掘进前未开挖的地层预处理、开挖后洞壁的局部支护以及全部洞壁的衬砌；超前地质预报设备一般由超前钻机和自带的物探系统组成。

现代的 TBM 采用了机械、电气和液压等诸多领域的高科技成果，运用计算机控制、闭路电视监视、工厂化作业，是集掘进、出渣、支护、运输于一体的成套设备。采用 TBM 施工，无论是在隧道的一次成形、施工进度、施工安全、施工环境、工程质量等方面，还是在人力资源配置方面，都比传统的钻爆法施工有了质的飞跃。但当 TBM 遇到不良地质条件时适应性差，不如传统钻爆法施工灵活，且前期一次性投入费用较大，对施工人员素质要求高。

1.2 TBM 的分类

目前，TBM 主要分为敞开式、双护盾、单护盾三种类型。

敞开式 TBM 也称主梁式 TBM，敞开式 TBM 具有一套支撑系统，TBM 掘进时，支撑靴板用液压油缸撑紧洞壁，推进油缸伸出推动刀盘前进。这一循环结束后，TBM 停止掘进，支撑靴板和推进油缸复位，进入下一个循环。敞开式 TBM 常用于硬岩，敞开式 TBM 上配置了钢拱架安装器和喷锚等辅助设备，以适应地质的变化；当采取有效支护手段后，也可应用于软岩隧道。

单护盾 TBM 与敞开式 TBM 的区别在于刀盘后面带有一个护盾，在护盾的保护下有管片安装设备。单护盾 TBM 的推力由液压千斤顶作用于护盾内安装的管片反力提供，推进时液压千斤顶后部顶在已经拼装成环的混凝土管片上，千斤顶伸出推动刀盘前进。这一过程结束后，掘进机停止前进，千斤顶回缩复位，新的混凝土管片在盾尾组装，开始进入下一个循环。

双护盾 TBM 的最大优势是当 TBM 在良好地层条件掘进时，采用双护盾 TBM 工作模式，将后盾中的支撑靴撑紧洞壁，以提供刀盘和前护盾前进时所产生的反作用力和刀盘旋转所产生的反扭矩。此时主推进油缸伸出，推动刀盘和前护盾向前掘进，同时混凝土衬砌管片可以在后护盾的盾尾进行组装。在这一过程中，连接前后护盾的伸缩部分伸长，但仍保持封闭状态，以避免 TBM 外部的岩渣碎片进入机器内部。当一次掘进循环和一环管片衬砌完成后，后盾中的支撑靴回缩复位，辅助千斤顶顶在衬砌好的一环管片上，辅助千斤顶伸出，主推千斤顶回缩，在千斤顶的作用下，连接前后护盾伸缩部分缩回，后护盾向前移动复位，掘进机进入下一工作循环。当 TBM 在不良地质条件下掘进时，支撑靴不能发挥正常作用，此时 TBM 采用单护盾 TBM 掘进时的工作模式。

除了上述三种类型，随着技术的发展还有通用紧凑型 TBM、双护盾多功能 TBM 以及双模式 TBM 等类型。

1.3 TBM 工法的特点

1.3.1 与钻爆法对比分析

TBM 法与钻爆法可以从工期、安全、开挖质量及地质适应情况、环保、对周围建筑物影响、劳动力及设备投入、投资及适用性等方面对比分析。

1. 工期

钻爆法受地质情况影响较大，工期长。TBM 法掘进速度较快，且能够实现连续掘进，可以同时完成破岩、支护、出渣等作业，效率较高。

2. 安全

钻爆法采用炸药破岩，安全隐患较大。利用 TBM 施工，减轻了作业人员体力劳动量，改善了作业人员的洞内劳动条件，使因为爆破施工可能造成的人员伤亡率大大降低。

3. 开挖质量及地质适应情况

钻爆法具有机动灵活的优越性，但对围岩的扰动破坏性较大，非人为造成的超挖量较大。TBM 采用滚刀破岩，而非爆破作业，因此超挖量少，洞壁完整、光滑，与钻爆法相比安全、高效，改善了施工作业环境。但其地质适应性较差，对于高地应力隧道、岩溶暗河发育的隧道、可能发生较大规模突水涌泥的隧道、软岩大变形隧道等特殊不良地质隧道，不适合采用 TBM 施工。

4. 环保

钻爆法采用炸药爆破，会产生大量有害气体，污染环境；对于较长隧道，需开设支洞，修建道路，对环境影响较大。TBM 施工不用炸药爆破，对周围环境污染较小；减少了长大隧道辅助导坑的数量，使生态环境得到保护。

5. 对周围建筑物影响

钻爆法因爆破产生的振动对周围建筑物影响较大。TBM 施工对周边建筑物基本无影响。

6. 劳动力及设备投入

钻爆法人力资源投入大，设备投入台件多。TBM 因其自动化程度高，人力资源投入小。

7. 投资及适用性

钻爆法投资相对较少，施工造价低。TBM 法相对钻爆法其设备购置费用高，设备设计制造周期长，运输困难，使用成本大，对施工场地有特殊要求。若隧道贯通后，TBM 未到达寿命极限，可继续用于其他同类型隧道施工。

1.3.2 TBM 工法的局限

1. 对不良地质条件适应能力差

TBM 特别适合于在地层变化小、岩体完整性好、岩石强度中等洞段的施工，一般情况下，以Ⅱ、Ⅲ级围岩为主的隧道（洞）较适合采用敞开式 TBM 施工；以Ⅲ、Ⅳ级围岩为主的隧道（洞）较适合采用单护盾或双护盾 TBM 施工。

在下列不良地质洞段，不宜采用 TBM 施工：

（1）较大规模的断层破碎带洞段。

（2）岩溶发育、可能产生突发性涌水洞段。

（3）高石英含量的石英砂岩洞段。

（4）膨胀性围岩洞段。

（5）高地应力区强烈岩爆洞段及塑性变形严重洞段等。

由于 TBM 费用昂贵、机构庞大、仪器设备精密，故在不良地质洞段中施工产生的卡机、埋机、淹机事故极难处理，影响 TBM 的快速掘进。而在深埋长大隧洞施工中难免会遇到不可抗力的灾难性地质条件，这也就意味着，采用 TBM 施工存在地质风险、设备风险和技术管理风险。

2. 断面适应性较差，洞径变化不灵活

TBM 工法开挖断面直径过小时，后配套系统不易布置，施工较困难；而断面过大时，又会带来电能不足、运输困难、造价昂贵等种种问题。一般较适宜采用 TBM 施工的隧道（洞）断面直径在 3～12m。此外，TBM 一般不适合变断面隧道（洞）的施工，如若改变开挖洞径，亦即改变刀盘直径，需满足以下两个条件：

（1）TBM 的设计制造、对推力等配置应满足变径掘进需要。

（2）在变径处必须具备 TBM 拆卸、安装、运输的场地条件和作业条件。

这将为 TBM 成本增加一笔费用，更将为工程建设增加一笔可观的投资，延长一定的工期。

3. 非掘进作业占用直线工期长

采用 TBM 工法施工的深埋长大隧洞，从设备订货开始到 TBM 试掘进，需要经历 TBM 的设计制造、厂内组装与调试、海运或陆运、现场组装与调试等环节；在 TBM 正常掘进后，可能由于地质风险、设备风险、技术管理风险等，导致可预见或不可预见的非正常停机，如卡机事故的脱困处理、更换主轴承等作业。所有这些对 TBM 施工来说，既占用工期又无进尺可言的操作，均称为非掘进作业。

非掘进作业占掘进作业的比率相当高，对于采用 TBM 工法的隧洞工程，设计和施工均应对非掘进作业给予充分的考虑，以便作出科学、合理的施工组织设计。

4. 设备购置费用昂贵，使用成本大

TBM 施工需要高负荷的电力保证、需要高素质的技术人员和管理队伍。前期购买设备的费用较高，这些都直接影响 TBM 施工的适用性。

1.3.3 各类 TBM 的优缺点对比

全断面岩石掘进机是一种集掘进、出渣、导向、支护和通风防尘等多功能为一体的大型高效隧道施工机械。一般来说，用于以岩石地层为主的隧道施工全断面掘进机 TBM 可分为敞开式、护盾式（单护盾、双护盾）以及复合式三种类型，如表 1.3-1 所示为各类 TBM 的优缺点对比。

各类 TBM 的优缺点对比　　表 1.3-1

TBM 类型	敞开式	双护盾式	单护盾式	复合式
适用范围	硬岩及较完整的软岩	硬岩及较完整的软岩	中硬岩、软岩、破碎岩层、土	软岩、破碎岩层、土、不均匀土层或岩层
曲线半径	一般 400m 困难 300m	一般 500m 困难 350m	一般 700m 困难 500m	一般 350m 困难 250m
使用风险	开挖后，初期支护对地表沉降控制存在一定风险，通过地质不良地带需采取辅助措施，影响进度	处理复杂地层的辅助措施少，掘进机盾体过长容易被卡；管片背后注浆堵水使得管片承受全水压，适应平面曲线半径能力较差	适应平面曲线半径的能力最差，盾体较长容易被卡；处理复杂地层的辅助措施少，管片背后注浆承受水压力大	岩体完整性好，导致刀盘推力和扭矩不够，破岩困难；管片背后注浆承受全水压力，螺旋出渣导致螺旋机损耗大
掘进速度	掘进速度快，但围岩破碎带较慢，需施作超前支护措施及加强衬砌；对围岩的变化非常敏感，后续二次衬砌跟进会影响掘进施工速度，一般为 400～800m/月	围岩较好时能够保持在一个较稳定的高速度下掘进，对地层的变化相对没有敞开式敏感；可根据地层的变化在双护盾和单护盾间变换掘进模式，一般为 350～450m/月	相对较低，由于每次掘进均需千斤顶支撑管片提供反力，掘进和安装管片不能同步进行，一般为 300～450m/月	相对较低，刀盘推力和扭矩较小，一般为 200～300m/月
施工安全	采用初期支护，必要时采用超前支护措施，较安全	掘进机护盾长，管片衬砌保护，安全	掘进机护盾较长，管片衬砌保护，安全	采用长护盾、管片衬砌保护及掌子面封闭系统，安全
掌子面封闭	采用平面刀盘，利用平面刀盘稳定掌子面	采用平面刀盘，利用平面刀盘稳定掌子面	采用平面刀盘，利用平面刀盘稳定掌子面	采用掌子面封闭系统稳定掌子面

续表

TBM 类型	敞开式	双护盾式	单护盾式	复合式
出渣方式	机体皮带机，出渣速度快，适合长距离掘进	机体皮带机，出渣速度快，适合长距离掘进	机体皮带机，出渣速度快，适合长距离掘进	采用螺旋输送机，在长距离掘进时，掘进岩石一定距离后螺旋机磨损严重，需进行检修或更换
衬砌同步施工	困难，要影响掘进速度	技术成熟，管片紧跟	技术成熟，管片紧跟	技术成熟，管片紧跟
衬砌质量	采用复合衬砌，现浇，质量好	管片衬砌，采用螺栓连接，施工缝多，相对较差，后期管片也可能会出现错台、裂缝，处理防水较困难	管片衬砌，采用螺栓连接，施工缝多，相对较差，后期管片也可能会出现错台、裂缝，处理防水较困难	管片衬砌，采用螺栓连接，施工缝多，相对较差，后期管片也可能会出现错台、裂缝，处理防水较困难
衬砌效果及费用	采用复合式衬砌可根据开挖情况随时调整初期支护和二次衬砌措施，费用低	需较多的管片生产模具及管片场预制，管片总体造价高；支护整体性及防水性不如模筑衬砌	需较多的管片生产模具及管片场预制，管片总体造价高；支护整体性及防水性不如模筑衬砌	需较多的管片生产模具及管片场预制，管片总体造价高；支护整体性及防水性不如模筑衬砌
防排水	可以排、堵结合，可靠性高	采用以堵为主，拼装缝多，可靠性较低；在裂隙水发育时，管片背后注浆堵水，可能使管片承受全水压，拼装缝处可能漏水	采用以堵为主，拼装缝多，可靠性较低；在裂隙水发育时，管片背后注浆堵水，可能使管片承受全水压，拼装缝处可能漏水	采用以堵为主，拼装缝多，可靠性较低；在裂隙水发育时，管片背后注浆堵水，可能使管片承受全水压，拼装缝处可能漏水
监控量测	能对隧道变形进行量测	不能	不能	不能
耐久性	好	较好	较好	较好
超前支护	灵活	不灵活	不灵活	须停机后特殊处理

1.4 TBM 技术创新与发展

1.4.1 TBM 技术起源及在国外的发展

1. TBM 的起源

世界上第一台 TBM 是 1846 年由比利时工程师毛瑟（Maus）发明的。毛瑟发明的“片山机（mountain-slicer）”在都灵附近的一个军工厂组装成形，计划用于塞尼山隧道，但 1848 年欧洲的政治动荡，毛瑟的资助中断了，未能进行工程应用。10 年之后，有赖于大为改进的隧道通风技术，一条隧道紧邻毛瑟路线采用钻爆法技术得以修建（塞尼山隧道，建于 1857—1871 年，长约 14km）。毛瑟的“片山机”虽然没有经过实践检验，但却是公认的世界上第一台 TBM。

1851 年，波士顿南部的理查德穆恩公司，由美国人查理士·威尔逊开发了一台蒸汽机驱动的 TBM，这台重 75t 的巨大机器，被用于马萨诸塞州西北胡塞克隧道的花岗岩地层进行开挖，但仅仅开挖了 10ft。1856 年，美国著名工程师之一赫尔曼·豪普特宣布将以另一台 TBM 拯救胡塞克项目，但仅开挖了不到 1ft。

在以后的 30 年，设计试制了各式各样的 TBM 共 13 台，均有所进步，但都不能算成功。比较成功的是 1881 年波蒙特开发的压缩空气式 TBM，应用于英吉利海峡隧道直径为 2.1m 的勘探导洞，掘进了 4828m 多。从 1881—1926 年，一些国家又先后设计制造了 21 台 TBM 之后，因受当时技术条件的限制，TBM 的开发处于停滞状态。

2. TBM 在国外的发展

直到 1953 年，美国工程师詹姆士•罗宾斯（James•Robbins）研制的 TBM 成功应用于美国南达科州皮尔的一个输水隧道工程，这是世界上第一台现代意义上的 TBM。其直径 7.85m，最高日进尺 48m，是当时其他开挖方法施工进度的 10 倍以上。

皮尔项目的成功，让罗宾斯看到了 TBM 的发展前景，他创办了世界第一家专门设计制造 TBM 的公司 S.Robbins & Associates 公司（后来的 Robbins 公司）。随后，另外几家公司也涉足 TBM 设计制造。德国维尔特公司（Wirth）于 1967 年开始制造 TBM，德国海瑞克公司（Herrenknecht）于 1996 年开始进入 TBM 市场，意大利塞力公司（SELI）于 2000 年，在与 Robbins 公司于 1971 年合作发明的双护盾 TBM 基础上，提出了通用型双护盾 TBM 的设计。国外 TBM 主要应用案例如表 1.4-1 所示。

国外 TBM 主要应用案例　　表 1.4-1

工程时间	隧道/隧洞名称	主要岩性	掘进长度（km）	直径（m）	平均进尺（m/d）	TBM 类型
1953	美国沃赫水坝水工隧道	页岩	16.858	8.0	最高 42.6	敞开式
1963	巴基斯坦水工隧道 Mangla	砂岩、黏土、石灰岩	0.5 × 5	11.2	—	敞开式
1970—1972	瑞士铁路隧道 Heitersberg	砂岩	2.6	10.65	—	敞开式
1977	意大利铁路隧道 Castiglione	—	7.396	10.87	—	敞开式
1977—1988	美国芝加哥下水道（8 条）	石灰岩局部风化页岩	44.979	9.17～10.77	14.6～24	敞开式
1979	瑞士公路隧道 Cubrist	泥灰岩、砂岩	3.0 × 2	11.55	9.8～11.9	护盾式
1985—1987	美国下水道 Minvaukee	石灰岩、页岩	8.534 6.494	9.7	—	敞开式
1986	挪威公路隧道 Bergen	花岗片麻岩	3.2 3.8	7.8	10.0	敞开式
1990—1992	瑞士道路隧道 Mt.Russein	泥灰岩、砂岩、黏土	3400	11.81	—	护盾式
1990—1993	瑞士道路隧道 Bozberg	石灰岩、砂岩	3681 + 3726	11.8	8	敞开式
1992	瑞典铁路隧道 Hallendsasen	花岗片麻岩、片麻岩	8.6 × 2	9.1	—	敞开式
1992	美国波士顿下水道 Marbour Dutfall	黏土岩、灰绿岩、石灰岩	15.09	8.1	—	护盾式
1995—1999	瑞士铁路隧道 Vereina	片麻岩、花岗岩和闪长岩	19	7.64	13.6	敞开式
1999—2002	南非引水隧道 Lesotho	玄武岩	30.5	4.9～5.4	30	护盾式
2002—2003	格鲁吉亚卡杜里水电站引水隧洞工程	砂岩、页岩、石英岩和石英砂岩	6.5	3.00	—	单护盾
2002—2007	西班牙 Guadarrama 高速铁路隧道工程	片麻岩、沉积岩、变质沉积岩	28.4	9.45	—	双护盾
2003—2016	瑞士 Gotthard 铁路隧道工程	硬岩、两端角砾破碎岩体	57	9.58 8.83 9.43	—	敞开式
2005—2010	西班牙 Pajares 铁路隧道	硬岩砂岩、板岩	15.0 × 2	10.16 9.90		双护盾 单护盾
2006—2007	意大利 Valsugana 隧洞	石灰岩、大理石	5.520	12.055	—	单护盾
2006—2008	法国 Mont Sion 公路隧道	—	5.350	11.875	—	单护盾
2006—2013	加拿大尼亚拉加大瀑布水电站工程隧洞工程	硬岩、玄武岩	10.4	8.3	—	敞开式
2008—2009	瑞士 Choindez 安全隧道	硬岩、磨砾层灰岩	3.2	3.63	—	敞开式

续表

工程时间	隧道/隧洞名称	主要岩性	掘进长度（km）	直径（m）	平均进尺（m/d）	TBM类型
2008—2016	N.D.德朗斯抽水蓄能电站	片麻岩、硬砂岩、花岗岩	5.6	9.4	—	敞开式
2008—2017	巴基斯坦 N-J 工程引水隧洞	轻微变质砂岩和页岩	1.0432	8.53	—	敞开式
2009—2011	多米尼加 Palomino 引水隧洞	泥灰岩、石灰岩、砂岩	12.436	4.5	53.53	护盾式
2009—2011	南科布隧道	片麻岩、花岗岩	8.7	8.3	—	敞开式
2013	Bärenwerk 水电站	硬岩、千枚状板岩、石英岩	2.8	3.8	—	敞开式

1.4.2 TBM 技术在中国的发展与应用

国内 TBM 技术的发展始于 20 世纪 60 年代，经过六七十年的发展，在 TBM 自主研发水平和施工技术方面均取得了飞跃发展。我国 TBM 技术的发展可分为 5 个阶段。

1. TBM 研发探索和试用阶段

我国 TBM 研究始于 20 世纪 60 年代，但由于当时国内基础工业水平、政治经济形势、产品开发思路及技术路线等方面的因素，研发生产的 TBM 破岩能力弱、掘进速度慢、故障率高、可靠性差，不能满足隧道快速掘进的要求，并且研制工作一度中断，与真正意义上成功的现代硬岩 TBM 技术水平相差甚远，未能得以推广应用。

2. TBM 国外设计制造和国外施工阶段

20 世纪 80～90 年代，以山西万家寨引黄入晋工程为代表，以国外 TBM 承包商为主体，带着国外设计制造的 TBM，承建我国的水利水电工程。该阶段 TBM 工程还有广西天生桥水电站工程、甘肃引大入秦工程。

1993—2000 年实施的山西引黄入晋工程，隧洞总长 161.1km，其中 TBM 施工洞段 8 段累计 121.8km，由罗宾斯公司等厂家生产的 6 台直径 4.82～5.96m 双护盾 TBM 施工，承包商为意大利 CMC 等公司。由于工程地质条件和 TBM 设备性能较好，承包商施工经验丰富，从而取得了令人瞩目的施工业绩，创造了最佳月进尺 1821.5m 的掘进纪录，平均月进尺达到 650m。

1991—1992 年实施的甘肃引大入秦工程，隧洞长 11.65km，直径 5.53m，采用罗宾斯公司双护盾 TBM，由意大利 CMC 公司施工，围岩抗压强度 26～133.7MPa，取得最佳日进尺 65.5m、最高月进尺 1300m 的掘进业绩。而 1985 年实施的天生桥水电站工程，采用双护盾 TBM 施工，中间遇到溶洞而被迫退出。

我国该阶段 TBM 发展的特点是，国外制造商和承包商主导确定 TBM 设计和施工技术方案，在施工过程中锻炼成长了一批国内 TBM 施工作业操作人员，但缺乏对工程全过程 TBM 专家和工程师队伍的培养。

3. TBM 国外设计制造和自主施工阶段

该阶段以西康铁路秦岭隧道为代表性工程，原铁道部组织大批科研院所、高等院校和施工单位等全系统的技术力量，1995 年开始设立大批 TBM 施工技术研究课题。我国首次主导 TBM 选型，采购德国维尔特公司制造的 2 台直径 8.80m 的敞开式 TBM，由中铁十八局集团有限公司和中铁隧道集团有限公司施工。1997 年下半年现场组装 TBM 进入始发掘进，1999 年底隧道掘进贯通。该工程为混合花岗岩和混合片麻岩为主的极硬岩，抗压强度

105～315MPa，最高月进尺 509m，平均月进尺约 387.8m。

秦岭隧道贯通后，2000 年这两台 TBM 又被转移到西安—南京铁路桃花铺Ⅰ号隧道和磨沟岭隧道施工，分别掘进了 7.2km 和 6.1km。这两个隧道工程软弱围岩隧道长度比例较大，遭遇隧道塌方、洞壁软弱无法支撑等技术问题，在施工中采用了超前注浆、管棚、侧壁灌注混凝土等施工技术，首次自主取得了敞开式 TBM 长距离穿越软弱围岩隧道的实战经验，最佳月进尺 573m。这两台 TBM 施工完毕放置 5 年后，2007 年我国实现了自主修复，投入到南疆铁路吐库二线中天山隧道施工。

在上述工程实施中，采取了施工企业、科研院所和高等院校联合攻关的模式，成功地自主完成了 TBM 选型，在极硬岩和长距离软弱围岩掘进施工中积累了较为丰富的使用维护、施工技术和施工管理经验，锻炼培养了一大批专业技术骨干和自主的 TBM 施工队伍，并涌现出我国自己的 TBM 专家和工程师队伍，进行了大量技术总结，发表了一批科研成果，其中“秦岭特长铁路隧道修建技术”获得国家科技进步奖一等奖。这些技术总结和科研成果为后来 TBM 工程项目提供了较好的参考和借鉴。

该阶段 TBM 施工技术发展的主要特征是，我国自己主导了 TBM 招标采购和选型，并实现了 TBM 自主施工，建立起自主的 TBM 施工队伍，为后来 TBM 工程的全过程实施奠定了基础。

4. TBM 联合设计制造和自主施工阶段

进入 21 世纪，辽宁大伙房水库输水工程开始论证，以该工程为代表，我国进入了与外商联合设计制造 TBM、自主施工的大发展阶段。

大伙房水库输水工程隧洞开挖直径 8.03m、连续长 85.3km，2005 年现场组装始发掘进，2009 年隧洞开始运行。该工程是目前世界上已运行的连续最长隧道，采用 3 台敞开式 TBM 和钻爆法联合施工，首次在我国采用了刀盘变频驱动技术、大直径 19in 盘形滚刀技术、连续皮带机出渣技术、长距离低泄漏施工通风技术、“蛙跳式”钢枕木后配套轨道系统等 10 多项新技术，取得大直径 TBM 最高月进尺 1111m、日进尺 63.5m 的掘进纪录，掘进作业利用率达到 40%。首次在我国证明长距离连续皮带机出渣技术是可靠的先进技术，为后来我国普遍采用 TBM 施工连续皮带机出渣技术提供了参考依据。

由于大伙房水库输水工程的成功示范效应，此后几年 TBM 开挖直径 3.65～12.4m 的新疆八十一达坂隧洞工程、四川锦屏Ⅱ级水电站工程、云南那邦水电站工程、兰渝铁路西秦岭隧道工程、甘肃引洮工程、青海引大济湟工程、陕西引红济石工程、重庆地铁等大批 TBM 工程项目相继开工建设。这些工程大多采取了国外 TBM 制造商与中国装备制造企业和施工单位联合设计制造，在国内工厂组装调试的模式。近十年各类型、各领域 TBM 工程应用数量有了飞速增长。与此同时，我国 TBM 施工队伍不断壮大，陆续有中国中铁隧道集团有限公司、中铁十八局集团有限公司、中铁十九局集团有限公司、中国水利水电第三工程局有限公司、中国水利水电第六工程局有限公司、山西省水利建筑工程局等 10 多家施工企业具有了独立 TBM 施工经验。

以大伙房水库输水工程为代表，该阶段呈现了与国外 TBM 制造商联合设计制造、自主施工工程大发展的特点，改变了以往传统钻爆法和 TBM 法长期争议迟疑局面，使我国在 TBM 设计制造技术、施工技术和人才队伍建设上有了扎实的积累和跨越式进步。

5. TBM 实现国产化和面向国内外施工阶段

由于西康铁路秦岭隧道、大伙房水库输水工程等项目的成功示范作用，以及技术、经验和人才的不断积累，我国已经由十年前使用 TBM 的顾虑和争议状态，走向了对 TBM 应用充满信心的新时代。我国目前拥有 TBM 的巨大市场，而且我国施工企业开始在国外承担 TBM 工程，如厄瓜多尔、越南、巴基斯坦、埃塞俄比亚、伊朗、黎巴嫩等。

与此同时，我国在近 20 年来 TBM 自主施工技术经验积累、消化吸收和改进创新的基础上，2012 年我国“863”计划正式立项大直径硬岩 TBM 研制，以“引松工程”为代表性工程，高等院校与企业联合攻关，2015 年两台ϕ8.0m 级的敞开式硬岩 TBM 成功研制下线，投入到“引松工程”隧洞掘进施工中。

（1）敞开式 TBM 研制及应用

2013 年 8 月，国内首台ϕ5m 敞开式 TBM 在中信重工下线，如图 1.4-1 所示，于 2015 年应用于洛阳故县引水工程 1 号隧道施工，具体见图 1.4-2。

图 1.4-1　中信重工自主制造的小直径敞开式 TBM

图 1.4-2　洛阳故县引水工程 TBM 始发

引松工程总干线隧洞全长 72.3km，共分 4 个标段，使用 3 台ϕ7.93m（可扩挖 8.03m）的敞开式 TBM 和钻爆法共同施工，其中中国中铁工程装备集团有限公司（图 1.4-3）、中国铁建重工集团有限公司各研制 1 台 TBM（图 1.4-4），美国罗宾斯公司设计制造 1 台 TBM。2015 年初两台国产 TBM 出厂，2015 年上半年开始掘进，平均月进尺超过 600m，创造了最高日进尺达到 86.5mm、最高月进尺 1423.5m 的掘进纪录，掘进作业利用率 56.85%，设备完好率达到 94.7%左右。

图 1.4-3　中铁装备研制的ϕ8.03m 敞开式 TBM

图 1.4-4　铁建重工研制的ϕ7.93m 敞开式 TBM

2016 年 1 月，中铁装备研制的 2 台世界最小直径 TBM（ϕ3.53m）在郑州成功下线，应用于黎巴嫩大贝鲁特供水隧道和输送管线建设项目，见图 1.4-5。

2016 年 5 月 5 日，铁建重工研制的可变径 TBM（图 1.4-6），开挖直径可在 6.53～6.83m 之间调整。该 TBM 用于新疆 ABH 输水隧洞工程。

图 1.4-5　中铁装备研制世界最小直径 TBM（ϕ3.53m）用于黎巴嫩

图 1.4-6　铁建重工研制可变径 TBM（ϕ6.53～6.83m）

高黎贡山隧道是大瑞铁路最重要的控制性工程，全长 34.5km。隧道穿越险峻的高黎贡山，地质结构极为复杂，存在高温热害、软岩大变形、涌水、断层破碎带、高烈度地震带等多种地质环境。该工程出口段正洞施工采用由中铁隧道局集团和中铁工程装备集团联合研制的ϕ9.03m 敞开式 TBM，见图 1.4-7。

（2）双护盾 TBM 研制及应用

青岛地铁 2 号线一期工程全程总长为 25.2km，采用 TBM 和钻爆法联合施工。工程中采用了 4 台由意大利 SELI 公司与中船重工（青岛）轨道交通装备有限公司联合生产的 DSUC 双护盾 TBM，开挖直径为 6.3m。这是国内首次将该类型 TBM 应用于地铁建设项目。2014 年 12 月 22 日，由中船重工制造的 DSUC 型双护盾 TBM“贯龙号”成功下线（图 1.4-8），于 2015 年 1 月 23 日运抵青岛地铁 2 号线海安路站组装调试，于 2015 年 3 月 21 日始发掘进。

图 1.4-7　中铁装备自主研制国内最大直径 TBM（ϕ9.03m）

图 1.4-8　中船重工制造 DSUC 型双护盾 TBM

2016 年分别由中国中铁工程装备集团有限公司、中国铁建重工集团有限公司首次自主研制的两台ϕ5.47m 双护盾 TBM（图 1.4-9 与图 1.4-10）在兰州水源地工程正式始发掘进，该工程引水隧洞全长 31.57km。

图 1.4-9　中铁装备研制ϕ5.47m 双护盾 TBM

图 1.4-10　铁建重工研制ϕ5.47m 双护盾 TBM

另外，针对深圳地铁 6 号线、8 号线、10 号线等工程，中铁装备、铁建重工等先后研制了 4 台ϕ6.5m 的双护盾 TBM，用于深圳地铁隧道工程（图 1.4-11）。

（3）单护盾 TBM 研制及应用

2015 年 3 月，铁建重工自主研制的单护盾 TBM“领航一号”（图 1.4-12）用于重庆轨道交通环线工程。该 TBM 开挖直径 6.88m，施工中实现最高日进尺 24m。

图 1.4-11　中铁装备为深圳地铁研制的双护盾 TBM（ϕ6.5m）

图 1.4-12　铁建重工研制ϕ6.88m 单护盾 TBM

2015 年 6 月，铁建重工研制的中国首台具有自主知识产权的ϕ7.6m 煤矿斜井单护盾 TBM 用于神华神东补连塔矿 2 号副井，具体见图 1.4-13。

自首台国产 TBM 研制成功以后，国产 TBM 开始占据了我国 TBM 主流市场，新疆 ABH 工程、新疆 EH 工程、鄂北水资源配置宝林隧洞工程、浙江台州朱溪水库输水隧洞工程等一批在建工程共采用 20 多台 TBM，均由中国中铁工程装备集团有限公司、中国铁建重工集团有限公司、北方重工集团有限公司等装备企业设计制造，于 2017 年开始陆续投入掘进。与此同时，2016 年北方重工集团有限公司与世界著名 TBM 制造商美国罗宾斯公司实现重组。

图 1.4-13　铁建重工自主研制ϕ7.6m 单护盾 TBM

综上所述，以引松工程为代表性工程，我国 TBM 进入新的发展阶段。目前，我国已实现了敞开式、双护盾、单护盾 TBM 主要机型的国产化设计制造，不仅面向我国未来 TBM 巨大市场，并已开始进入国外 TBM 工程市场。

国内 TBM 主要工程应用案例如表 1.4-2 所示。

国内 TBM 主要工程应用案例列表　　表 1.4-2

工程时间	隧道/隧洞名称	主要岩性	掘进长度（km）	直径（m）	最高进尺（m/月）	平均进尺（m/月）	TBM 形式
1984—1992	广西天生桥引水隧洞	灰岩、砂岩	9.776 × 3	10.77	240	70	敞开式 2 台
1991—1992	引大入秦 30A 隧洞	泥岩、砂岩、砂砾岩	11.649	5.53	1300.8	1000	双护盾
1997—2010	山西万家寨引黄入晋隧洞	灰岩、砂岩、煤系地层	375.1	4.82～5.96	1080.6～1821.5	497～1334	双护盾 7 台
1995—1999	西康铁路秦岭隧道	花岗岩、片麻岩	10.8	8.80	509	387.8	敞开式 2 台
2000—2001	磨沟岭铁路隧道	石英片岩及大理岩	5.0	8.80	574	340	敞开式
2000—2002	桃花铺铁路隧道	石英片岩及大理岩	6.2	8.80	551	301	敞开式
2003—2004	大同塔山矿井工程	石灰岩、花岗岩，穿越煤层	3.5	4.82	—	—	双护盾
2003—2005	云南掌鸠河引水隧洞	片岩、石英岩和砂岩	7.568	3.65	—	270	双护盾
2005—2009	辽宁大伙房输水工程	凝灰岩、凝灰质砂岩、混合花岗岩	58.727	8.03	750～1111	522～575	敞开式 3 台
2006—2010	新疆大坂输水隧洞	泥岩，砂岩、砂砾岩	23.5	6.84	1006	470	敞开式
2006—2014	青海引大济湟工程	泥岩、砂岩、片麻岩、闪长岩、石英岩	7.9 13.0	5.93	423～468	—	双护盾
2007—2013	南疆铁路中天山铁路隧道	变质砂岩、变质角斑岩、花岗岩	13.98 12.753	8.80	554.6	220	敞开式 2 台
2008—2014	兰渝铁路西秦岭隧道	砂质千枚岩、变砂岩、千枚岩	左 12.87 右 15.13	10.23	807	358	敞开式 2 台
2008—2018	陕西引红济石隧洞	片麻岩、大理岩和片岩	11.027	3.65	560	181	双护盾
2008—2016	四川锦屏二级水电站引水隧道		5.862 6.296 5.769	12.4 7.20	547～753	217～320.5	敞开式 3 台
2009—2012	云南那帮引水隧道	花岗岩、蚀变岩	7.37	4.53	553.03	234.7	敞开式
2009—2011	重庆轨道交通 6 号线一期工程 TBM 试验段	泥岩、砂岩、泥质砂岩	左 6.679 右 6.851	6.36	862	407	敞开式 2 台
2011—2013	重庆轨道交通 6 号线二期铜锣山隧道	泥岩、砂岩、页岩	5.432	6.83	375	340	单护盾 2 台
2009—2012	甘肃引洮供水工程	泥岩、砂质泥岩	13.669 18.275	5.75	1868	1308 802	单护盾 双护盾
2012—2017	辽西北引水工程	混合花岗岩、二长花岗岩、石英二长岩	109.5	8.53	—	—	敞开式 8 台
2012—2017	西藏旁多水利枢纽工程	火山熔岩、砂岩、板岩	9.856	4.0	—	188	敞开式
2013 至今	新街台格庙煤矿斜井工程	砂质泥岩、粉砂岩	6.433 × 2	7.62	—	—	双模式 2 台
2014—2022	陕西引汉济渭引水隧洞	花岗岩、石英岩、片麻岩	34.0	8.02	—	—	敞开式 2 台
2015—2016	补连塔煤矿 2 号副井	砂岩	2.718	7.6	639	543	单护盾
2015—2017	吉林引松供水引水隧洞	凝灰岩、灰岩、花岗岩	69.9	7.93	1423.5	667	敞开式 3 台
2015—2018	青岛地铁 2 号线工程	花岗岩为主	22.6	6.85	—	—	双护盾 4 台

续表

工程时间	隧道/隧洞名称	主要岩性	掘进长度（km）	直径（m）	最高进尺（m/月）	平均进尺（m/月）	TBM形式
2016—2021	西藏派墨公路隧道工程	片麻岩为主	4.6	9.13	—	—	双护盾
2016—2020	甘肃兰州水源地引水隧洞	石英闪长岩、石英片岩、花岗岩	13.23 14.53	5.49	—	384	双护盾 2 台
2016—2020	深圳地铁工程	花岗岩、凝灰岩	16.4	6.5	—	—	双护盾 4 台
2016 至今	新疆 ABH 引水工程	花岗岩、泥岩	32.8	6.5	—	—	单护盾 2 台
2017 至今	新疆 EN 引水工程	砂岩、凝灰岩、花岗岩	405	7.83 7.03 5.53	1280	—	敞开式 20 台
2018 至今	云南高黎贡山铁路隧道工程	花岗岩、白云岩	12.5 10.6	9.03 6.39	—	—	敞开式 2 台

第 2 章

TBM 选型设计关键技术

本章重点

本章主要介绍了 TBM 选型的依据及原则、TBM 选型步骤与方法以及针对不同地层掘进时 TBM 的适应性设计。

2.1 TBM 选型的依据及原则

2.1.1 TBM 选型依据

隧道施工前，应对 TBM 进行选型做到配套合理，充分发挥施工机械的综合效率，提高机械化施工水平。TBM 选型依据如下：

（1）隧道工程地质、水文地质条件，包括地层岩性、岩石强度、完整性、节理发育程度、石英含量、抗压强度、地下水发育程度、地下水位、隧道涌水量及不良地质等多项参数。

（2）隧道断面的形状、几何尺寸，隧洞长度、坡度、转弯半径、埋深等设计参数。

（3）线路周边环境条件、沿线场地条件、周边管线、建筑物及地下洞室的结构特性、基础形式、现状条件及可能承受的变形。

（4）隧洞进出口是否有足够的组装场地，是否具有大件运输、吊装条件，施工场地气候条件、水电供应、交通情况等地理位置环境因素。

（5）TBM 一次连续掘进隧道的长度以及单个区间的最大长度。

（6）隧洞施工总工期、准备工期、开挖工期等隧洞施工进度要求。

（7）同一区域类似钻爆法施工隧道的变形监控量测资料。

（8）处理不良地质灵活性、经济性。

（9）TBM 制造商的业绩与技术服务能力。

（10）施工队伍的专业技术水平和管理水平等。

2.1.2 TBM 选型原则

TBM 的性能及其对地质条件和工程施工特点的适应性是隧道施工成败的关键，选用技术先进、质量可靠的 TBM 和经验丰富、服务专业的 TBM 制造商是 TBM 工程成功的关键因素。在 TBM 选型设计时，各个系统、各个部件的选型按照性能可靠、技术先进、经济适用相统一的原则，安全性、可靠性、先进性、经济性要相统一；依据招标文件提供的地质资料，满足隧道外径、长度、埋深和地质条件、沿线地形以及洞口条件等环境条件；并参考国内外已有的 TBM 工程实例及相关的技术规范；满足安全、质量、工期、造价及环保要求；后配套设备与主机配套满足生产能力与主机掘进速度相匹配，工作状态相适应，且能耗小、效率高的原则，同时应具有施工安全、结构简单、布置合理和易于维护保养的特点。进入隧道的机械，其动力宜优先选择电力机械。

TBM 选型主要遵循下列原则：

（1）安全性、可靠性、先进性、经济性相统一

TBM 选型应首先遵循安全性、可靠性原则，并兼顾技术先进性和经济性的原则进行。所选 TBM 技术水平先进可靠，并适当超前，符合工程特性、满足隧道用途，做到安全性、可靠性、经济性相统一。

（2）满足环境条件

TBM 设备选型应满足隧道外径、长度、埋深和地质条件、沿线地形以及洞口条件等环境条件。TBM 设备选型应根据隧道施工环境综合分析，TBM 的地质针对性非常强，TBM 性能的发挥在很大程度上依赖于工程地质条件和水文地质条件，工程地质及水文地质是影响 TBM 隧洞施工质量的重要因素，也是 TBM 设备选型的重要依据。地质勘察资料要求全面、真实、准确，除有详细而尽可能准确的地质勘察资料外，还应包括隧道地形地貌条件和地质岩性，过沟地段、傍山浅埋段和进出口边坡的稳定条件等。TBM 对隧道通过的地层最为敏感，不同类型的 TBM 适用的地层不同，一般情况下，以Ⅱ、Ⅲ级围岩为主的硬岩隧道较适合采用敞开式 TBM，以Ⅲ、Ⅳ级围岩为主的隧道较适合采用护盾式 TBM。当地层多变、存在软土地层、地表结构复杂且对沉降控制要求较高时，多采用盾构法施工。

（3）满足安全、质量、工期、造价及环保要求

TBM 设备的配置应尽量做到合理化、标准化；应依据工程项目的大小、难易程度、安全、质量、工期、造价、环保以及文明施工等要求，在充分调研的基础上进行选型。工程施工对 TBM 的工期要求包括 TBM 前期准备、掘进、衬砌、拆卸转场等全过程；TBM 的前期准备工作包含招标采购、设计、制造、运输、场地、安装、调试、步进等；开挖总工期应满足预定的隧道开挖所需工期的要求；对边掘进、边衬砌的 TBM，TBM 成洞的总工期应满足预定的成洞工期的要求；TBM 的拆卸、转场应满足预定的后续工期要求。

（4）后配套设备与主机配套

后配套设备与主机配套，满足生产能力与主机掘进速度相匹配，工作状态相适应，且能耗小、效率高的原则，同时应具有施工安全、结构简单、布置合理和易于维护保养的特点。进入隧道的机械，其动力宜优先选择电力机械。配套应合理，其生产能力首先应满足施工组织设计所要求的工期，能确保进度目标的实现。后配套设备的选型应满足劳动保护和环境保护等职业健康安全的要求，满足文明施工的要求。后配套设备选型时，应满足操

作者劳动强度和劳动条件的改善，应配备污染少、能耗小、效率高的施工机械，以减少作业场所环境污染，有利于环境保护。同时，施工管理者要有强烈的劳动保护和环境保护意识，应自始至终把环境保护工作列入现场管理的最重要内容，应强化环境管理，制定环境保护措施。

2.1.3 不同机型 TBM 的优缺点对比

TBM 是一种集掘进、出渣、导向、支护和通风防尘等多功能于一体的大型隧道施工机械。一般来说，TBM 可分为敞开式、单护盾式、双护盾式三种类型，如表 2.1-1 所示，为各类 TBM 的优缺点对比。

各类 TBM 的优缺点对比　　表 2.1-1

TBM 类型	敞开式	双护盾式	单护盾式
适用范围	硬岩及较完整的软岩	硬岩及较完整的软岩	中硬岩、软岩、破碎岩层、土
曲线半径	一般 400m 困难 300m	一般 500m 困难 350m	一般 700m 困难 500m
使用风险	开挖后初期支护对地表沉降控制存在一定风险，通过地质不良地带需采取辅助措施，影响进度	处理复杂地层的辅助措施少，TBM 盾体过长容易被卡；管片背后注浆堵水使得管片承受全水压，适应平面曲线半径能力较差	适应平面曲线半径的能力最差，盾体较长容易被卡；处理复杂地层的辅助措施少，管片背后注浆承受水压力大
掘进速度	掘进速度快，但围岩破碎带较慢，需施做超前支护措施及加强衬砌；对围岩的变化非常敏感，后续二次衬砌跟进会影响掘进施工速度，一般为 400～800m/月	围岩较好时能够保持在一个较稳定的高速度下掘进，对地层的变化相对没有敞开式敏感；可根据地层的变化在双护盾和单护盾间变换掘进模式，一般为 350～450m/月	相对较低，由于每次掘进均需千斤顶支撑管片提供反力，掘进和安装管片不能步进行，一般为 300～450m/月
施工安全	采用初期支护，必要时采用超前支护措施，较安全	TBM 护盾长，管片衬砌保护，安全	TBM 护盾较长，管片衬砌保护，安全
掌子面封闭	采用平面刀盘，利用平面刀盘封闭掌子面	采用平面刀盘，利用平面刀盘封闭掌子面	采用平面刀盘，利用平面刀盘封闭掌子面
出渣方式	机体皮带机，出渣速度快，适合长距离掘进	机体皮带机，出渣速度快，适合长距离掘进	机体皮带机，出渣速度快，适合长距离掘进
衬砌同步施工	困难，要影响掘进速度	技术成熟，管片紧跟	技术成熟，管片紧跟
衬砌质量	采用复合衬砌，现浇，质量好	管片衬砌，采用螺栓连接，施工缝多，相对较差，后期管片也可能会出现错台、裂缝，处理防水较困难	管片衬砌，采用螺栓连接，施工缝多，相对较差，后期管片也可能会出现错台、裂缝，处理防水较困难
衬砌效果及费用	采用复合式衬砌可根据开挖情况随时调整初期支护和二次衬砌措施，费用低	需较多的管片生产模具及管片场预制，管片总体造价高；支护整体性及防水性不如模筑衬砌	需较多的管片生产模具及管片场预制，管片总体造价高；支护整体性及防水性不如模筑衬砌
防排水	可以排、堵结合，可靠性高	采用以堵为主，拼装缝多，可靠性较低；在裂隙水发育时，管片背后注浆堵水，可能使管片承受全水压，拼装缝处可能漏水	采用以堵为主，拼装缝多，可靠性较低；在裂隙水发育时，管片背后注浆堵水，可能使管片承受全水压，拼装缝处可能漏水
监控量测	能对隧道变形进行量测	不能	不能
耐久性	好	较好	较好
超前支护	灵活	不灵活	不灵活

2.2 TBM 选型步骤与方法

2.2.1 TBM 选型步骤

由于地质条件的极大差别和不同的隧道用途，全断面隧道掘进机施工作业前必须做好选型工作。合适的选型将会给隧道施工带来事半功倍的效果，否则将会造成巨大的经济损失。本节结合以往的工程经验，总结了隧道掘进机选型的七个关键步骤，具体如图 2.2-1 所示，第一步通过前期的地勘报告及地质纵断面图的分析，确定隧道掘进机的初步选型；第二步通过破岩特性、掌子面稳定性、隧道围岩稳定性、沉降预测、磨损预测以及物料运输等系统特性的分析，确定地层开挖的基本要求、工作面支护及支护材料的基本要求，进而进行隧道掘进机初步选型的细化；第三步进行隧道沿线的围岩分级预测，定性分析隧道沿线可能的开挖方式；第四步通过液化、黏附及磨损特性等对渣土进行分析，进一步优化隧道掘进机的初步选型；第五步分析渣土回收的可行性，主要包括适合倾倒、回收和分离等渣土处理措施，根据渣土系统的要求，进一步优化初步选型；第六步定义隧道的类型，确定施工的过程；第七步结合地质因素特征确定隧道掘进机的分类选型。

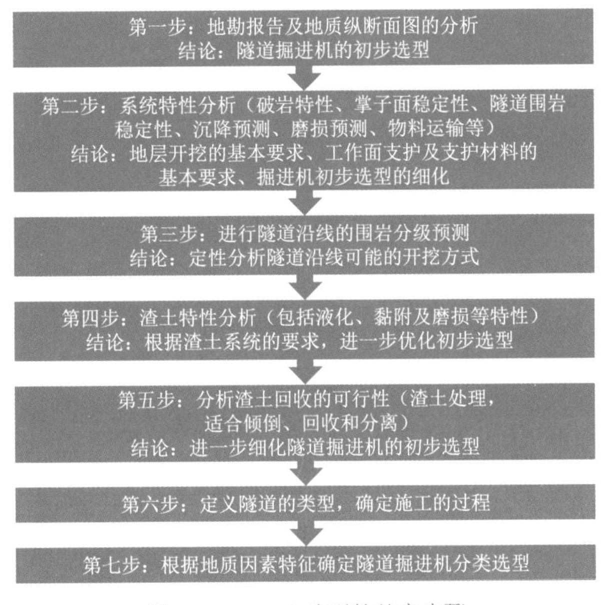

图 2.2-1　TBM 选型的基本步骤

TBM 选型一般按下列步骤进行：根据地质条件、施工环境、工期要求、经济性等因素确定 TBM 的类型；进行敞开式 TBM 与护盾式 TBM 之间的选择；根据隧道设计参数及地质条件进行同类 TBM 之间结构、参数的比较选型，确定主机的主要技术参数；根据生产能力与主机掘进速度相匹配原则，确定后配套设备的技术参数与功能配置。

在确定了 TBM 类型后，要针对具体工程的隧道设计参数、地质条件、隧道的掘进长度确定主机的主要技术参数，选择对地层的适应性强、整机功能可靠、可操作性及安全性较强的主机，敞开式 TBM 还要特别重视钢拱架安装器、喷锚等辅助支护设备的选型和配套，以适应隧道地质的变化。

TBM 设备由主机和后配套设备组成，形成一条移动的隧道机械化施工作业线，主机主要实现破岩和装渣，后配套设备的技术参数、功能、形式应与主机相匹配，应以主机能力、进度为标准进行核算，为了充分发挥出 TBM 的优势，保证工程顺利完成，还要适当扩大匹配设备的能力，按满足正常施工进度和可能扩大的施工进度需要，留有适当余地。后配套系统大致分为轨行型、连续带式输送机型、无轨轮胎型三种类型，连续带式输送机型由于结构单一和运渣快捷逐渐得到推广。

2.2.2 TBM 选型方法

TBM 主要分为敞开式、双护盾式、单护盾式三种类型，并分别适应于不同的地质。在选型时，主要应根据工程地质与水文地质条件、施工环境、工期要求、经济性等方面按表 2.2-1 综合分析后确定。

敞开式 TBM 与护盾式 TBM 对比表　　表 2.2-1

对比项目	敞开式 TBM	双护盾 TBM	单护盾 TBM
地质适应性	一般在良好地质中使用，硬岩掘进时适应性好，软弱围岩需对地层超前加固。较适合于Ⅱ、Ⅲ级围岩为主的隧道	硬岩掘进的适应性同敞开式，软弱围岩采用单护盾模式掘进，比敞开式有更好的适应性。较适合于Ⅲ级围岩为主的隧道	隧道地质情况相对较差的条件下（但开挖工作面能自稳）使用。较适合于Ⅲ、Ⅳ级围岩为主的隧道
掘进性能	在发挥掘进速度的前提下，主要适用于岩体较完整～完整，有较好自稳性的硬岩地层（50～150MPa）。当采取有效支护手段后，也可适用于软岩隧道，但掘进速度受到限制	在发挥掘进速度的前提下，主要适用于岩体较完整，有一定自稳性的软岩—中硬岩地层（30～90MPa）	适用于中等长度隧道有一定自稳性的软岩（5～60MPa）
施工速度	地质好时只需进行锚网喷，支护工作量小，速度快。 地质差时需要超前加固，支护工作量大，速度慢	在地质条件良好时，通过支撑靴支撑洞壁来提供推进反力，掘进和安装管片同时进行，有较快的进度。 在软弱地层，采用单护盾模式掘进，掘进和安装管片不能同时进行，施工速度受到限制	掘进与安装管片不能同时进行，施工速度受限制
安全性	设备与人员暴露在围岩下，需加强防护	处于护盾保护下，人员安全性好。在地应力较大地层时，有被卡的危险	处于护盾保护下，人员安全性好。在地应力较大地层时，有被卡的危险
掘进速度	受地质条件影响大	受地质条件影响比敞开式小	受地质条件影响比敞开式小
衬砌方式	根据情况可进行二次混凝土衬砌	采用管片衬砌	采用管片衬砌
施工地质描述	掘进过程可直接观测到洞壁岩性变化，便于地质图描绘。当地质勘察资料不详细时，选用敞开式 TBM 施工风险较小	不能系统地进行施工地质描述，也难以进行收敛变形量测。地质勘察资料不详细时，施工风险较大	不能系统地进行施工地质描述，也难以进行收敛变形量测。地质勘察资料不详细时，施工风险较大

TBM 的选型具体可根据岩石单轴抗压强度、岩石完整性、隧道涌水量、岩石磨蚀性等参数进行选择，各种 TBM 的适应范围如表 2.2-2～表 2.2-4 所示。

敞开式 TBM 适应范围　　表 2.2-2

岩石单轴抗压强度（MPa）	0～5	5～25	25～50	50～250	> 250
	–	O	+	+	O
RQD（取芯成功率）（%）	0～25（较低）	25～50（低）	50～75（正常）	75～90（高）	90～100（较高）
	–	O	+	+	+

续表

RMR 岩体评分值	< 20	21～40	41～60	61～80	81～100
	–	–	O	+	+
10m 洞段水流量（L/min）	0	0～10	10～25	25～125	> 125
	+	+	+	O	–
CAI 值	0.3～0.5	0.5～1	1～2	2～4	4～6
	+	+	+	O	O
膨胀性	无	较小	一般	高	—
	+	+	O	O	—
支护压力（bar）	0	0～1	1～2	2～3	3～4
	+	–	–	–	–

注：+适应性强；O 可以适用；–不适用。

双护盾 TBM 适应范围　　表 2.2-3

岩石单轴抗压强度（MPa）	0～5	5～25	25～100	100～250	> 250
	O	O	+	O	O
RQD（取芯成功率）(%)	0～25（较低）	25～50（低）	50～75（正常）	75～90（高）	90～100（较高）
	O	+	+	O	O
RMR 岩体评分值	< 20	21～40	41～60	61～80	81～100
	O	+	+	O	O
10m 洞段水流量（L/min）	0	0～10	10～25	25～125	> 125
	+	+	+	O	–
CAI 值	0.3～0.5	0.5～1	1～2	2～4	4～6
	+	+	+	O	O
膨胀性	无	较小	一般	高	—
	+	+	O	O	—
支护压力（bar）	0	0～1	1～2	2～3	3～4
	+	–	–	–	–

注：+适应性强；O 可以适用；–不适用。

单护盾 TBM 适应范围　　表 2.2-4

岩石单轴抗压强度（MPa）	0～5	5～25	25～100	100～250	> 250
	O	O	+	O	O
RQD（取芯成功率）(%)	0～25（较低）	25～50（低）	50～75（正常）	75～90（高）	90～100（较高）
	O	+	+	O	O
RMR 岩体评分值	< 20	21～40	41～60	61～80	81～100
	O	+	+	O	O
10m 洞段水流量（L/min）	0	0～10	10～25	25～125	> 125
	+	+	+	O	–
CAI 值	0.3～0.5	0.5～1	1～2	2～4	4～6
	+	+	+	O	O
膨胀性	无	较小	一般	高	—
	+	+	O	O	—
支护压力（bar）	0	0～1	1～2	2～3	3～4
	+	–	–	–	–

2.3 TBM 适应性设计

2.3.1 TBM 掘进性能要求

TBM 选型适应性设计时，需要根据工期、工程地质、工程设计和施工工艺等多种因素，对掘进性能提出相应合理要求。衡量 TBM 掘进性能的主要指标有：贯入度（Penetration：mm/r）、纯掘进速度（Rate of Penetration or Advance Speed：mm/min 或 m/h)、设备完好率（Availability）、掘进作业利用率（Utilization）、刀具消耗量等。一定岩石条件下，TBM 掘进性能除了取决于 TBM 和刀具本身性能外，还主要与 TBM 操作使用、维护保养和施工组织管理有关。

1. 贯入度和纯掘进速度

贯入度为刀盘每转切入深度，单位为 mm/r。纯掘进速度为贯入度乘以刀盘转速 rpm，单位为 mm/min.或 m/h。这样，知道贯入度和刀盘转速，就可计算纯掘进速度，若进一步知道 TBM 掘进作业利用率，就可以预计日进尺、周进尺、月进尺等。贯入度和纯掘进速度主要受机器设计参数和地质参数的影响。因此，根据工程地质情况和工期要求，可以向 TBM 设计制造商提出合理的机器特性要求，并评判其设计参数是否满足掘进速度要求，或进行掘进速度的预测。

随机器设计参数和地质参数的不同，贯入度可能在 2～20mm/r，刀盘转速一般在 5～12rpm。TBM 选型设计时，可要求制造商提供所设计 TBM 在不同岩石情况下的贯入度或纯掘进速度的参考值。近三十年来 TBM 掘进技术水平大致为：20 世纪 80 年代，TBM 最高日进尺为 30～40m，平均月进尺 300～500m；20 世纪 90 年代后，最高日进尺为 45～60m，平均月进尺 500～700m。2005 年我国辽宁大伙房输水工程 8m 直径 TBM，最高日进尺达到 63.5m，最高月进尺达到 1111m 的好成绩。

2. 设备完好率

TBM 的完好率包括 TBM 系统可靠度和维修度两方面因素。可靠度越高，故障所占维修时间越短，则 TBM 系统完好率越高，投入纯掘进作业时间比例越大，说明机器本身性能越好。因此，这是一个主要取决于 TBM 制造商的性能参数。当然，高的设备完好率，需要承包商按照制造商的正确使用和维护要求的前提之下才能取得。在 TBM 选型设计中，承包商可向制造商对 TBM 完好率提出合理的要求，合同中通常要求达到 90%。但由于 TBM 是大量分系统和设备集成的庞大复杂系统，因此要获得很高的设备系统完好率是很困难的。据统计，威尔特（Wirth）公司 TBM 在过去 25 个工程应用表明：TBM 设备系统完好率一般在 70%～90%，能够达到 90%以上的项目极少。

TBM 完好率可按下面公式确定：

$$AV = (ET + RT)/(ET + RT + OUT) \qquad (2.3\text{-}1)$$

式中：AV——完好率；

ET——掘进时间；

RT——换步时间；

OUT——故障造成停机时间。

3. 掘进作业利用率

掘进作业利用率是掘进时间占总施工时间的比例，其一方面取决于设备完好率，另一方面主要取决于工程地质情况和现场组织管理水平。掘进作业利用率越高，越可能获得高的进尺。常常因为设备故障，以及岩石支护作业、出渣作业、材料运输等其他原因延误造成停机，从而使掘进作业利用率降低。目前，TBM 平均掘进作业利用率技术水平在 40%左右。设备故障率低、岩石好的月份可以较高，甚至达到 50%以上；不良岩石条件时可能很低，甚至低于 20%。整个工程平均利用率超过 40%是很困难的。

不同岩石条件下的 TBM 贯入度、纯掘进速度和掘进作业利用率，是计划工程工期的重要依据。对于承包商，一方面可以要求制造商提高机器的完好率，另一方面在选型设计中要考虑好掘进、出渣、支护等各分系统间的协调关系，并提高施工组织管理水平和 TBM 的维护保养水平，以提高 TBM 掘进作业利用率。

4. 刀具消耗量

除了 TBM 投资消耗以外，最重要的花费之一就是刀具，刀具花费的预测比掘进速度的预测更为困难，而且刀具消耗的增加将带来停机时间的增加，从而影响工程工期，这些都或多或少取决于未知的要开挖的岩石情况。岩石的抗压强度、裂隙情况、石英含量是刀具消耗的主要影响因素，不同工程的岩石条件不同，刀具消耗量和消耗费用可能相差很大，有的工程在一公里掘进中几乎不用换刀，而有的工程在一公里掘进中可能需要几百万元的刀具消耗。

刀具的消耗除了正常刀圈磨损以外，还可能刀圈崩刃断裂、刀具轴承和密封损坏，甚至是由于刀圈偏磨未及时发现而造成刀体损坏。一定岩石情况下，刀具的消耗一方面取决于刀具的质量和刀具在刀盘上的总体布置，也与刀具的安装使用和维护技术水平有关。TBM 选型设计时可要求制造商提供开挖单位立方米岩石刀具消耗费用或数量的参考值，以便进行刀具质量评判和刀具投资消耗预测。

2.3.2 TBM 关键参数设计

近年来 TBM 设计的总趋势是：开发大直径刀具，提高刀具承载能力；增大刀盘推力和扭矩；提高刀盘转速；增大掘进行程。影响 TBM 的耐久性（寿命）和性能的主要关键零部件为：刀盘、刀具、主轴承、刀盘驱动系统、TBM 主机体、推进系统和支撑系统等。

1. 刀盘直径

TBM 直径有向大直径和微型 TBM 两个方向发展的趋势，目前一般在 3～15m 之间。TBM 直径越大，TBM 设计、制造、运输、组装和施工的技术难度越大；直径太小，作业空间狭小，设备布置困难。具体刀盘的直径应根据开挖洞径来决定，并要求有一定的扩挖能力，需要考虑成洞直径、支护要求、围岩的变形等综合因素。直径扩挖主要是防止围岩变形卡住护盾，通过增加边刀调整垫块可实现一定程度的扩挖，一般在 60mm 左右；如果需要获得较大的扩挖能力，可在刀盘上布置带液压缸的伸缩刀具。

为了降低不良地质的影响，TBM 尽量设计为平面状刀盘和凹状的刀具安装座，这种设计降低了掌子面和刀盘结构间的距离，能更好地保持掌子面的稳定，并减低阻塞刀盘引起机械元件过载的危险。一般设计成可背装式换刀的刀盘，以防人员出现在掌子面和刀盘前端之间未保护的空间。

刀盘设计的强度、刚度、耐磨性和焊接强度是需要重点考察的性能指标。刀盘设计制造是十分关键的，特别是坚硬岩石条件下，刀盘的振动、磨损、焊缝开裂将会成为突出问题，设计时必须给予充分考虑。

2. 刀间距和刀具数

每把滚刀的推力和刀间距是提高切深（贯入度），进而提高掘进速度的最重要的参数。

试验表明，在给定地质条件下，当减少刀间距时，获得一定掘进速度所需推力将下降，如图 2.3-1 所示。这意味着在非常硬的岩石情况下，维持每把刀推力不变，通过减少刀间距，可以增加掘进速度。但是，相应要求增加机器总推力，并产生更小的碎石屑，而碎石屑愈小，切削岩石要求的比能愈大，开挖过程的经济性就愈小。

比较不同刀间距开挖岩石所消耗的能量表明，每种岩石有一个最佳的刀间距。这个最佳的刀间距主要是地质的函数。在硬岩情况下，它是 10～20 倍的切深，在 65～90mm 之间；软岩大约是 100mm。在实际设计中，为了提高 TBM 的适应性，刀间距应尽可能取小，以便贯通整个隧道遇到最硬的岩石情况。

在给定地质条件和可比的刀间距下，刀具数随开挖直径成正比，图 2.3-2 表明了隧道开挖直径与要求刀具数的关系。

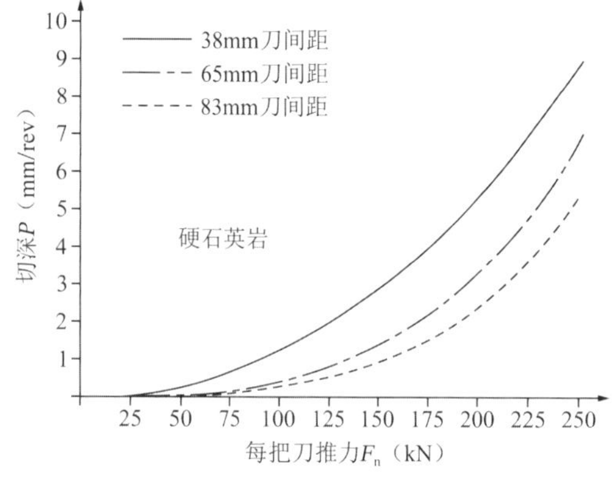

图 2.3-1　刀间距对切深（贯入度）的影响

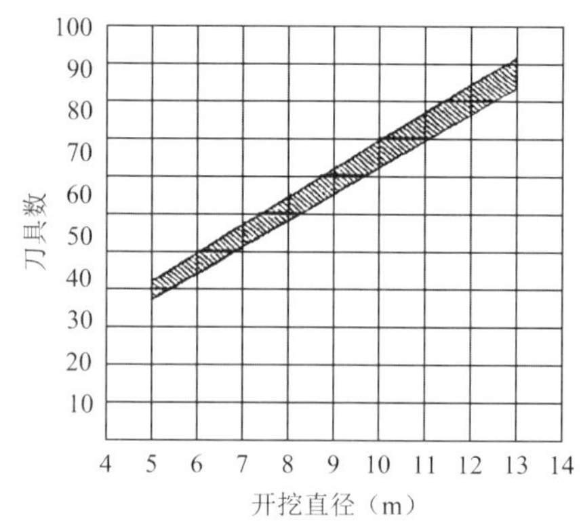

图 2.3-2　刀具数与开挖直径关系

减小刀具数，不增加每把刀最大平均载荷，刀间距的增加将导致掘进速度的降低。对于一定岩石条件，刀间距太大，增加了刀圈的磨损，相应降低了刀圈的寿命，并增加了 TBM 停机时间。如果瞬间岩石物理特性太高，而用较大刀间距的刀盘不能破掉岩石，在很短的时间内，如果 TBM 不仔细监控的话，单个刀就会损坏，也会损坏相邻的刀具。较多刀具与岩石接触，还可降低 TBM 的振动，并减小破碎岩层断面岩块洞穴的尺寸，从而可降低阻卡刀盘转动的危险。

3. 主轴承及其寿命

TBM 主轴承亦称刀盘主驱动轴承，是 TBM 最关键的部件，其发展方向是采用三轴式滚子轴承（两排推力，一排径向）替代圆锥滚子轴承的设计方案，以提高其承载力和延长寿命，特别是大直径TBM设计更是如此。目前，刀盘轴承寿命的技术水平在15000～20000h，正常掘进在 15～30km。当然，TBM 的操作使用和维护保养对 TBM 主轴承的寿命也至关重要。

由于刀盘轴承订购制造周期长（6个月左右），成本高，且施工中洞内拆换困难，在TBM选型设计中刀盘轴承的使用寿命、设计尺寸、制造质量和润滑密封及其监控设施是非常重要的考核因素。

目前，国际上能够生产TBM主轴承的主要为SKF、Hoesch Rothe Erde等少数几家公司。一般TBM设计制造商向轴承厂家提供轴承的订购规格和载荷谱，由轴承厂家设计制造，并作轴承寿命计算。

例如，某TBM厂家对一引水隧洞工程4.5m直径TBM主轴承的载荷谱估计和寿命计算如表2.3-1所示。

TBM主轴承的载荷谱及寿命　　表2.3-1

不同工况	工况1载荷	工况2载荷	工况3载荷
各工况时间比例（%）	80	15	5
轴向载荷（kN）	8010	8010	8010
径向载荷（kN）	1100	1350	1600
倾翻力矩（kN·m）	2880	4530	6680
转速（r/min）	12.00	6.00	3.00
轴承寿命（h）	23161　（按ISO 281计算轴承寿命L10）		

主轴承一般采用压力油循环润滑系统确保其良好的润滑状态。除了外侧迷宫密封，主轴承在内、外密封各采取三道以上唇形密封设计，掘进中密封还有自动注脂系统，确保油脂向外排出，防止灰尘污物进入。主轴承润滑和密封的状态都设计有一定的监控系统，以确保主轴承的良好工作状态和使用寿命。

4. 推进系统及其推进力

TBM推进阻力主要包括：刀盘推进阻力（即滚刀破岩阻力）F_1、护盾与围岩的摩擦阻力F_2、TBM主机与围岩的摩擦阻力F_3、TBM牵引后配套的阻力F_4。

TBM推力F的计算式为：

$$F = F_1 + F_2 + F_3 + F_4 \tag{2.3-2}$$

（1）刀盘推进阻力F_1

TBM刀盘推进阻力主要由滚刀的破岩阻力组成。则敞开式TBM刀盘阻力计算式为：

$$F_1 = n \cdot F_{\mathrm{V}} \tag{2.3-3}$$

式中，n为刀盘上滚刀的安装数量；F_{V}为滚刀破岩所受的垂直载荷。

F_{V}可按照CSM模型进行计算，对于19in盘形滚刀所能承受的最大载荷为315kN。

$$F_{\mathrm{V}} = C\frac{\varphi \cdot R_0 T}{1+\psi}\left(\frac{S\sigma_{\mathrm{c}}^2\sigma_{\mathrm{t}}}{\varphi\sqrt{R_0 T}}\right)^{1/3}\cos(\varphi/2) \tag{2.3-4}$$

式中，R_0为滚刀半径；ψ为刀圈顶刃压力分布系数，一般为-0.2～0.2，取0.1；φ为滚刀接触角，$\varphi = \cos^{-1}[(R_0 - h)/R_0]$；$h$为滚刀贯入度（刀盘每转的掘进距离）；$S$为刀间距；$T$为刀刃宽度；$C$为无量纲系数，取2.12；$\sigma_{\mathrm{c}}$为岩石单轴抗压强度；$\sigma_{\mathrm{t}}$为岩石抗剪强度。

（2）护盾与围岩的摩擦阻力F_2

护盾与围岩的摩擦阻力主要由于破碎岩体压在护盾周围，TBM向前推进时需要克服护盾周围岩体的摩擦阻力，护盾与围岩的摩擦阻力F_2为：

$$F_2 = \mu_1 \pi RL(P_V + P_H) \tag{2.3-5}$$

式中，μ_1为护盾与围岩的摩擦系数，取 0.3；R为护盾半径；L为护盾长度；P_V为顶护盾竖向载荷（kN/m²）；P_H为护盾水平载荷（kN/m²），岩石地层为 0。

对于破碎地层，破碎岩体压在护盾顶部的体积为 0.5 倍开挖直径的高度，因此：

$$P_V = 0.5D\gamma \tag{2.3-6}$$

式中，D为隧道开挖直径；γ为岩石重度，取 24kN/m³。

（3）主机与围岩的摩擦阻力F_3

TBM 主机与围岩的摩擦阻力主要是由主机的重量在地护盾上产生的摩擦阻力以及线路坡度产生的主机的下滑力，则主机与围岩的摩擦阻力F_3为：

$$F_3 = \mu_1 W_1 \tag{2.3-7}$$

式中，W_1为 TBM 主机重力。

（4）牵引后配套的阻力F_4

牵引后配套阻力主要由于牵引后配套前进时后配套由于重力作用产生的轮轨之间的摩擦力产生，则牵引后配套阻力F_4为：

$$F_4 = \mu_2 W_2 \tag{2.3-8}$$

式中，μ_2为后配套轮轨的摩擦系数，取 0.2；W_2为 TBM 后配套重力。

（5）撑靴油缸推力计算

对于敞开式 TBM 的推进阻力由撑靴与围岩的摩擦阻力提供，则：

$$F_G = \frac{F}{\mu_3 n_G} \tag{2.3-9}$$

式中，μ_3为 TBM 撑靴与围岩的摩擦系数，取 0.4；n_G为撑靴油缸的数量。

（6）后支撑油缸尺寸的确定

对于敞开式 TBM，后支撑在换步过程中需要支撑主梁，承受主梁，主推进系统和撑靴系统的重量（正常掘进时，底护盾承重 0.7G主）。

$$F_{后支撑} = 1/2\left(G_{主梁} + G_{推进系统} + G_{撑靴} + G_{辅助设备}\right) \tag{2.3-10}$$

5. 刀盘驱动系统计算方法

（1）刀盘额定扭矩

刀盘上各个滚刀的滚动阻力决定了刀盘扭矩大小。刀盘额定扭矩可以借助下面经验公式进行估算：

$$T = \alpha D^3 \tag{2.3-11}$$

式中，α为刀盘扭矩系数；D为隧道开挖直径。

刀盘扭矩系数的取值受到岩石性能、掘进参数和开挖直径等多个因素的影响。α取值随着开挖直径增大可以适当减小。

（2）刀盘转速

当边刀线速度升高时，在同样推力作用下，会直接影响并降低边刀轴承的寿命。刀盘转速随着刀盘直径增大而减小，一般滚刀轴承和密封允许的线速度不超过 150m/min，随着大直径滚刀的出现，滚刀允许的线速度已远远突破 150m/min。19″滚刀最大允许线速度达 180m/min；20″滚刀最大允许线速度达 200m/min。

刀盘最大转速可按滚刀的最大允许线速度计算：

$$n_{max} = \frac{v_{max}}{\pi D} \tag{2.3-12}$$

式中，n_{max}为刀盘最大转速；D为刀盘直径；v_{max}为滚刀允许的最大线速度。

（3）驱动功率

驱动功率根据 TBM 额定转速n与额定扭矩T计算：

$$P = \frac{T \cdot n}{9550} \tag{2.3-13}$$

式中，P为 TBM 驱动功率；T为刀盘额定扭矩；n为刀盘额定转速。

刀盘驱动功率取决于刀盘扭矩和刀盘转速，目前实际工程应用中直径 4.5～15m 的敞开式 TBM，刀盘驱动功率设计值如表 2.3-2 所示。

不同直径 TBM 刀盘驱动功率　　表 2.3-2

刀盘直径（m）	4.5	6.36	8.03	10.2	12.4	14.4
驱动功率（kW）	1400	2300	3000	3800	4500	4900

第 3 章

极端地质环境 TBM 施工面临的挑战

本章重点

极端地质环境 TBM 施工面临挑战大，主要体现在工程勘察难度大、设备性能不匹配、地质条件异常复杂和施工区域脆弱的生态环境。

3.1 工程勘察难度大

极端地质环境隧道往往地形地貌复杂、埋深大，地质钻探困难，地质条件很难清楚探明，TBM 施工地质风险大。与钻爆法施工相比，一般岩层 TBM 施工效率高，但 TBM 设备对不良地质适应能力较差。由于设备庞大，其对不良地质的处理和适应能力不够灵活，如果无预警或超前地质预报等方法预先了解施工前方地层情况，它受到的影响要远远大于钻爆法，最终会造成掘进速度减慢，如若处理不当，可能会带来卡机或更甚的风险。结合国内外应用实例分析不难发现，断层破碎带、岩体破碎带、软弱夹层、涌（突）水等是 TBM 施工中的主要地质灾害。而隧道的涌（突）水常出现于断裂构造带、松散岩体和岩溶通道等不良地质或特殊地质地段。因此，为了确保隧道 TBM 施工安全，进行隧道开挖工作面前方不良地质的探查，成为国内外学者和广大工程技术人员十分关注的难题，尤其是隧道（洞）施工开挖工作面前方含水体的不良地质预测预报，更是目前亟待解决的问题。

极端地质环境隧道（洞）地质勘探具有如下特点：

（1）极端地质环境隧道，一般地处高原或者偏远地区，往往山高坡陡，埋深大，地形地貌复杂，地表勘探难度很大。

（2）复杂地质条件下断层破碎带、软弱夹层、通（突）水、高地应力、岩崩、坍塌等地质灾害往往具有不确定性，导致地质勘探的难度极大。

（3）复杂地质条件下地质灾害具有并发性和综合性，因而导致勘探的难度增大。

（4）地质的复杂性会导致地质勘探的准确性不足。

（5）长大隧道（洞）沿线地质往往多变，需要使用种类繁多的勘探仪器设备和方法，给勘探工作带来难度。

因而，极端地质环境隧道（洞）地质勘探比一般隧道更难、TBM 掘进地质风险更大。

3.2 设备性能不匹配

根据工程经验，一般当隧道Ⅱ～Ⅲ级围岩占比达到 70%～80%时，建议采用敞开式 TBM 施工，敞开式 TBM 主要用在岩石完整性较好，有一定自稳性的围岩的隧道，特别是在硬岩、中硬岩掘进中，强大的支撑系统为刀盘能够提供足够的推力。一般当隧道Ⅲ～Ⅳ级围岩占比达到 70%～80%时，建议采用单护盾 TBM，单护盾 TBM 用于软岩隧道掘进，同时也能适应于不稳定及不良地段的软弱围岩掘进，但由于护盾不能径向伸缩、盾壳较长，存在围岩收缩造成连续卡机的风险。双护盾 TBM 是 20 世纪 70 年代在敞开式 TBM、单护盾 TBM 及盾构机的基础上发展起来的，双护盾 TBM 装备有两节护盾壳体，具有防止开挖面坍塌的功能，常用于复合岩层的隧道掘进。双护盾 TBM 具有两种掘进模式，即双护盾掘进模式和单护盾掘进模式，分别适用于围岩稳定性好的地层、有小规模剥落的稳定性较好的地层和不良地质地段。当岩石软硬兼有，又有断层及破碎带，此时双护盾 TBM 能充分发挥其优势。双护盾 TBM 对岩层具有广泛的适应性。双护盾 TBM 常用于复杂岩层的长隧道开挖，一般适应于中—厚埋深、中—高强度、稳定性基本良好地质的隧道，并能适应隧道沿线的部分不良地质，对岩石强度变化有较好适应性。双护盾 TBM 在岩石单轴抗压强度为 30～120MPa 时可掘性较好，以Ⅲ～Ⅴ级围岩为主的岩石隧道较适合采用双护盾 TBM 施工。

综上所述，不同的 TBM 类型对不同的地质条件有一定的适用性，但是对于极端地质环境 TBM 隧道的施工若前期工程地质勘查不准，将会导致 TBM 选型不准的问题，同时由于地质条件的频繁变化，都会造成设备性能与复杂地质条件不匹配的后果。

3.3 地质条件异常复杂

由于极端地质环境隧道往往埋深大，地质条件复杂，多种地层交错，加之工程地质的不可预见性和不确定性，对于 TBM 选型提出了不同的要求，某一种 TBM 机型往往不能完全适应所有地层需要综合考虑，选择对整个隧道工程最有利的机型。而其中存在的多种不良地质，除了对 TBM 选型提出挑战，对于 TBM 施工也带来了极高的风险。常见的不良地质主要包括：软弱破碎带、高地应力、极硬岩、突泥涌水、膨胀岩、高地热环境等。不良地质类型及 TBM 施工风险见表 3.3-1。

不良地质类型及 TBM 施工风险　　表 3.3-1

序号	不良地质类型	主要特点	TBM 施工风险
1	一般岩体破碎带	或称节理密集带，岩体多呈碎石状镶嵌结构，围岩稳定性较差	在 TBM 施工持续振动、地下水、应力释放、重力作用下，岩体发生滑移、坠落或小规模坍塌，对 TBM 掘进速度及施工人员的安全有一定的影响。如：砸伤工作人员，砸坏设备；刀盘旋转困难，将 TBM 埋入土中；使撑靴支撑不稳；给喷锚支护带来困难
2	断层破碎带	断层结构面及两侧的破碎岩体统称为断层破碎带	与一般岩体破碎带大致相似，只是影响或危害程度较大，主要有：工作面及拱顶坍塌、掉块，掩埋刀盘，致使刀盘旋转困难；损坏刀具，刀具消耗大；不能为 TBM 掘进提供足够的支撑反力；喷锚支护难度大；遇断层导致发生涌水、突泥事故，淹埋刀盘及整机等

续表

序号	不良地质类型	主要特点	TBM 施工风险
3	软弱地层	岩石饱和单轴抗压强度小于 15MPa 的软岩，强—全风化产物，断层破碎带等	坍塌掉块，围岩变形量大，喷层开裂，拱架扭曲；撑靴反力不足，机头下沉，掘进方向控制困难；切削端部被粘住，刀具切削效率降低
4	岩爆段	高地应力区，应变能突然释放，围岩脆性破坏	采用 TBM 施工有利于相对减少或削弱岩爆发生。岩爆对 TBM 施工的影响有：岩爆爆裂弹射砸伤人员及设备；工作面凹凸不平，易损坏刀具
5	岩溶发育段	岩溶形态及分布规律复杂，对隧道影响程度差异较大。主要与溶洞大小、形状、充填情况及交汇关系等相关	不同的岩溶形态对 TBM 施工的影响程度是完全不同的。对于小型溶洞，对 TBM 施工影响不大，可顺利通过；对于大型溶洞（分空洞、充填型溶洞），则可能发生坍塌、下沉、涌水、突泥等问题；若大型空洞处于隧道底部，严重时有掉机的危险。要求在开挖前进行详细探测和超前处理
6	地下水	多为基岩裂隙水，常与岩体破碎带或断层破碎带紧密相关	地下水常与断层、破碎带伴生，对 TBM 施工产生严重影响：突发涌水危及施工人员和机具安全；工作面及洞壁坍塌，TBM 掘进困难，撑靴反力不足，涌水淹没机体。TBM 工作停滞，最严重为遇岩溶管道或暗河水，一旦揭穿则可能引发灾难性事故
7	膨胀岩	较高的蒙脱石、伊利石含量，中强度膨胀性	膨胀岩遇水软化膨胀，脱水后干缩崩解，使 TBM 施工隧洞局部受力较大和不对称偏压，致使隧道围岩变形失稳
8	高地热环境	施工中围岩和空气温度高	施工条件与作业环境恶劣，机械效率、作业效率低；材料性能劣化，衬砌结构开裂，安全性与耐久性降低；运营维护维修困难，运营成本高

3.4 生态环境脆弱

极端地质环境 TBM 施工隧道多处于我国西南偏远山区，西南地区的山地生态环境一直以来都是引人关注的热点，该地区的生态环境承载着丰富的自然资源和生物多样性。但是，由于其特殊的地理条件和物理环境，该地区的生态环境非常脆弱，一旦遭到破坏，将很难得到恢复，给 TBM 在这一区域施工带来极大挑战。

第 2 篇

TBM 装备

第 4 章

TBM 关键部件及系统

本章重点

本章对 TBM 关键的部件和系统做了详细的介绍，主要包括刀盘刀具系统、刀盘驱动系统、支撑推进系统、主机附属设备、姿态导向控制系统以及 TBM 后配套构造等。

4.1 刀盘刀具系统

4.1.1 刀盘刀具系统主要构造

1. 刀盘主体结构

刀盘主体结构采用钢板焊接而成，刀盘钢板厚度大，刀盘前后面板纵向连接隔板很多，结构复杂，背面连接法兰需要经过机加工，并用特制螺栓联接。刀座焊接需要精确定位并机加工。刀盘厚度和焊缝尺寸要考虑动载荷的影响，需要采用加热、保温、气体保护焊接，焊接工艺要求高。刀盘总体结构需要考虑强度、刚度、耐磨性和振动稳定性，焊缝也需要足够的强度，且在振动工况下不易开裂。隧道（洞）的开挖直径由刀盘最外缘的边刀控制，而通常刀盘结构的最大直径设计在铲斗唇口处，一般铲斗唇口最外缘离洞壁留有 25mm 左右间隙，此间隙过大不利于岩渣清除，间隙过小容易造成铲斗直接刮削洞壁而损坏。因此，刀盘本体结构的最大直径一般比理论开挖直径小 50mm 左右。

2. 刀座和刀具

刀盘主体结构上焊接有刀座，用于安装盘形滚刀，如图 4.1-1 所示。刀座在刀盘上焊接前必须经过严格定位，刀座上用于刀具的定位面和安装结合面都需机加工。盘形滚刀按在刀盘上安装的位置分为中心刀、正刀和边刀，中心刀一般为双刃滚刀，而正刀和边刀则为单刃滚刀。滚刀在刀盘上可拆卸更换，一般用楔块螺栓结构在刀盘刀座上安装和固定刀具。刀盘上刀具安装设计结构一般要求既能前装刀具，又能背装刀具。背装刀具有利于保证人员的安全。

3. 铲斗和铲齿

铲斗开口一侧装有铲齿，另一侧装有若干垂直挡板，如图 4.1-1 所示。铲斗上的铲齿用螺栓固定在铲齿座上，用于掘进时铲起石渣，磨损或损坏后可更换。铲齿对面的垂直挡板一方面防止大块石渣从铲斗开口进入刀盘内到达主机皮带机，另一方面还起到破碎大块岩石和保护铲齿的作用。刀盘的背面也设计有铲斗，以便铲起掉落或遗留在隧洞底部刀盘背部与下支承之间的石渣。刀盘掘进时单向旋转，只有维护刀盘和刀具时可点动双向旋转。

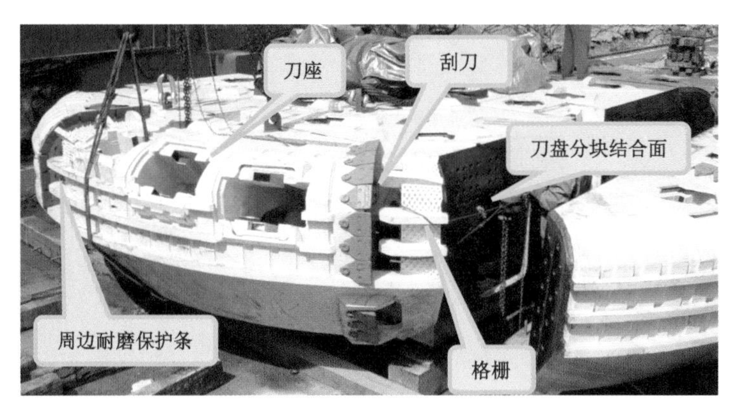

图 4.1-1　刀盘分块现场拼装和焊接

4. 喷水嘴和旋转接头

刀盘的喷水装置主要用于掌子面的降尘和刀具的冷却，由 TBM 供水系统通过水管将水供到刀盘背部中心安装的旋转接头处，再通过刀盘内部管路通到刀盘前面的若干喷水嘴。喷水系统需要具有一定的水量和水压，在操作室可根据隧洞涌水及出渣情况进行调整。由于喷水嘴容易堵塞，需要到达刀盘前面进行定期检查和维护。

5. 进人孔

刀盘上一般还设计有若干进人孔，方便作业人员必要时进入掌子面进行刀盘的检查和维护，如图 4.1-2 所示。进人孔采取封闭或半封闭结构，以防止大块岩石进入刀盘，开口能够固定或打开。

图 4.1-2　拼装焊接完成后的刀盘前面结构

4.1.2　刀盘刀具系统设计

刀盘的设计是一个很长的过程，分为前期方案设计、细化设计两个阶段。

1. 刀盘前期方案设计

刀盘前期方案设计是整个刀盘设计过程中相当重要的阶段，主要是确定刀盘的主要设计参数，包括：刀盘直径、刀盘扩挖、刀盘分块布置、进渣口、中心刀结构形式、正刀数量、刀具直径、刀间距、边刀数量、喷水口数量、人孔数量等参数的确定。

（1）刀盘直径与扩挖设计

刀盘直径应根据工程成洞直径、TBM 机型综合考虑确定；刀盘扩挖应根据地质条件和业主施工要求确定，一般隧道（洞）在有小转弯的情况下，为了顺利实现转弯，需要刀盘具备扩挖功能。扩挖形式的选择应根据扩挖掘进距离的长短进行选择。

刀盘一般需要考虑扩挖设计，即必要时能够开挖出更大的洞径，特别是对于围岩变形较大的隧道（洞）更需充分考虑扩挖设计，以防止 TBM 被卡。目前扩挖设计主要采用垫片方式或安装带伸缩油缸的扩挖刀等，如图 4.1-3 所示。垫片方式是通过边刀刀座调整垫片，使边刀向外伸出来实现扩挖，此种方式结构简单，但扩挖量有限，一般能扩挖直径小于 100mm。伸缩油缸扩挖刀，可获得较大的扩挖量，但结构较复杂，对刀盘也有一定削弱，目前应用较少。

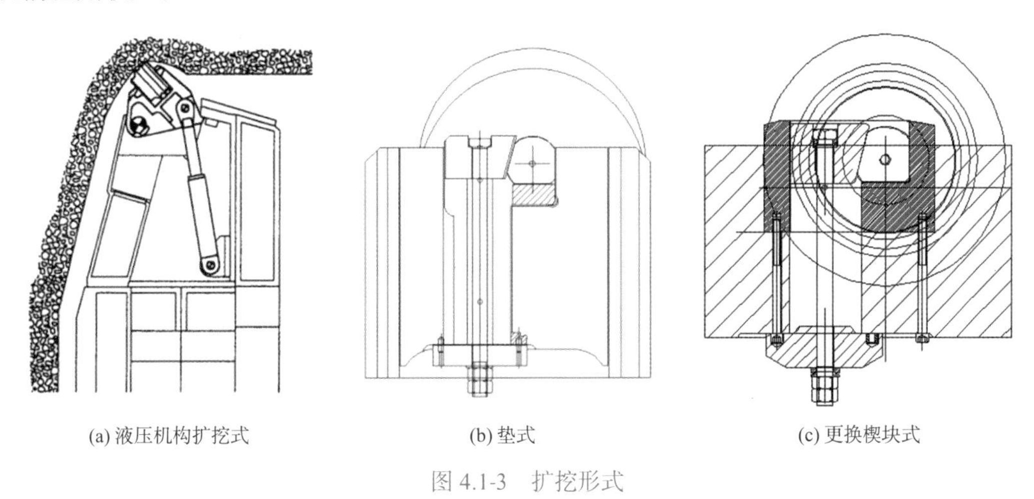

(a) 液压机构扩挖式　　(b) 垫式　　(c) 更换楔块式

图 4.1-3　扩挖形式

（2）刀盘分块设计

刀盘分块主要受施工、运输、加工工艺三方面的影响。施工因素包括工地起重机起重能力；运输主要考虑刀盘尺寸、重量两方面的限制。刀盘分块有 1＋1、1＋2、1＋4、1＋8 四种形式，根据刀具布置情况，可对分块形式进行适当调整。

（3）进渣口设计

刀盘进渣口设计包括数量和径向尺寸两方面内容，进渣口数量根据开挖直径大小确定，一般进渣口数量与刀盘直径相对应（1 个/m），进渣口沿刀盘径向尺寸应根据渣石在隧道（洞）底部的堆积高度确定。从进渣口布置位置区分，有正面进渣口和锥板进渣口，正面进渣口起主要出渣作用，锥板进渣口起到辅助出渣的作用。从结构形式方面，进渣口座分为一体式和组合式，一体式进渣口座从结构强度上明显高于组合式，更耐冲击。进渣口处焊接有格栅，可限制进入刀盘的渣石的尺寸并能起到对大石块再次破碎的作用，防止较大石块进入刀盘卡死或砸伤皮带。

（4）中心刀结构形式

如图 4.1-4 所示，中心刀结构形式的大概可分成两种，“一字形”中心刀形式、“十字形”中心刀形式。

(a)“一字形”

(b)“十字形”

图 4.1-4　中心刀结构形式

一字形中心刀形式和十字形中心刀形式各有利弊。一字形中心刀刀圈通常为 17 寸，可实现更小的中心刀刀间距，当刀盘结构采用“1 + 1”分块形式时，对中心刀刀座加工精度要求高，刀座质量不容易保证。受滚刀结构和安装形式的影响，十字形中心刀结构形式，中心刀刀间距较大，十字形中心刀刀圈直径有 17 寸、19 寸两种，根据使用情况来看，两种尺寸的中心刀都能满足实际工程施工的要求。另外，一字形中心刀形式较十字形中心刀形式安装更加复杂，对安装时的工艺要求高，滚刀一旦损坏，更换较麻烦。

（5）刀间距、刀具直径的确定

刀间距和刀具直径的确定是刀盘设计的关键参数，合理的刀间距对刀盘的破岩能力起着至关重要的作用。刀盘中心区域刀间距的变化一般受到刀盘结构的限制，因此刀盘中心区域刀间距可选范围较小，对于不同刀盘变化很小。刀盘正刀区域刀间距的选择应根据工程地质情况进行论证选择。刀间距的选择受到很多地质参数的影响，目前设计主要参考的地质参数是岩石单轴抗压强度、岩石完整系数两个参数。当然，刀间距的选择还应和以往类似工程的刀间距进行对比，并根据以往类似工程的使用情况对刀间距做出适当调整。刀盘边刀受力情况复杂，因此在刀盘空间布置满足的条件下应尽量增加边刀数目，以降低单把边刀的破岩量。刀间距如图 4.1-5 所示。

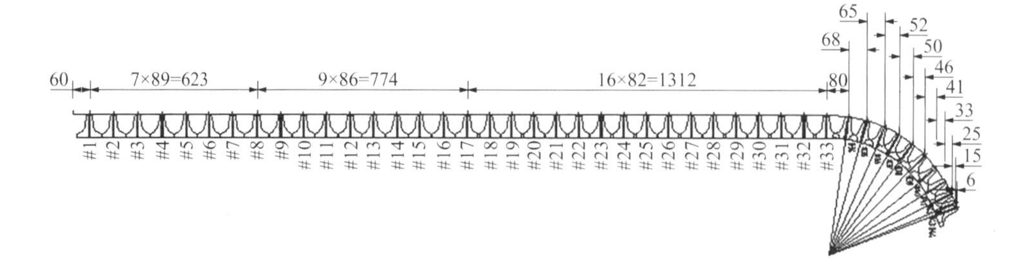

图 4.1-5　刀间距图

（6）喷水口、人孔

刀盘上安装了带有旋转接头的喷水系统用来冲刷掌子面的灰尘和冷却刀具。后配套供水经刀盘喷水系统回转接头进入刀盘，并经分水阀块分配到沿刀盘径向分布的各个喷口。刀盘喷水口的布置应均匀覆盖刀盘的整个开挖面，以达到满意的降尘和冷却刀具的效果。回转接头和刀盘喷水口之间的管路布置应考虑检修的便捷性，并应配备足够的耐磨保护结构。刀盘上设计有人孔，施工过程中可停机从人孔进入刀盘前面，观察掌子面情况。

2. 刀盘细化设计

刀盘细化设计也是整个刀盘设计过程中相当重要的阶段，主要包括确定刀盘的结构形式、装刀形式、刀座形式等问题，确定刀盘装刀形式和刀座形式后，对刀盘前面板和后面板之间的筋板进行布置，并对详细设计进行优化。

（1）刀盘的结构形式

刀盘的结构形式分为曲面刀盘和平面刀盘，顾名思义，曲面刀盘的前面板面成曲面形状，平面刀盘的前面板面为平面。曲面刀盘结构增大了刀具布置的空间，可以布置更多的刀具，在与 TBM 推力垂直的平面实现更小的刀间距，但是曲面刀盘刀具所受侧向力会增大，从而影响刀具的使用寿命。

平面式刀盘是目前常用的刀盘结构形式，平面刀盘在隧道（洞）轴线方向尺寸较小，暴露出盾体的尺寸相应减小，减小了对洞壁围岩的扰动，降低了刀盘被卡的风险。因此在地质条件不是特别好，可能有塌方出现的地质条件下优先选择平面刀盘。

（2）刀盘装刀形式

刀具的安装形式分为前装式和背装式，前装式刀具安装时需要人员进去刀盘与掌子面之间进行作业，为了保证施工人员的安全，前装刀形式只有在地质条件极好的情况下使用。背装式刀盘结构是较为常见的刀盘结构形式，换刀作业在刀盘内部进行，能够很好地保证作业人员的安全。如图 4.1-6 所示。

(a) 前装式

(b) 背装式

图 4.1-6　装刀形式

（3）刀座形式

刀座是刀盘上受力最为复杂的结构，也是使用过程中刀盘出现问题最多的结构。刀座的强度和硬度指标、刀座的结构形式直接影响其使用效果。各厂家都有各自的刀座结构风格，主要有三种结构形式，包括内外焊装式、C 形块式和 L 形块式，如图 4.1-7 所示。

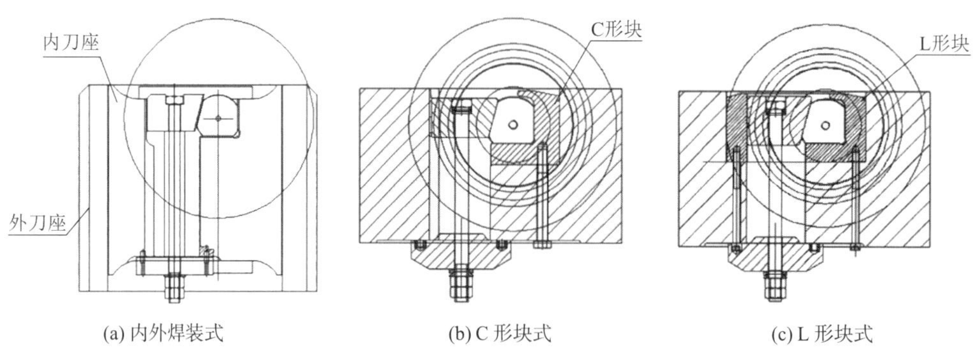

(a) 内外焊装式　(b) C 形块式　(c) L 形块式

图 4.1-7　刀座结构形式

内外焊装式刀座由内刀座和外刀座焊接组成，内外刀座制造完成后整体焊接到刀盘主结构上，内刀座材料为特殊合金钢，外刀座为普通钢材，内外刀座通过焊缝连接。C 形块式刀座由 C 形块和刀座基体组成，C 形块材料为特殊合金钢，C 形块和刀座基体通过一颗螺栓联接。L 形块式刀座由 L 形块和刀座基体组成，L 形块材料为特殊合金钢，L 形块和刀座基体通过左右两颗螺栓联接。

以上三种刀座形式各有特点，内外焊装式刀座在制造过程中工艺要求严格，热处理工序复杂，生产周期长；刀座整体刚度较高，焊缝质量有保障的条件下，耐冲击性好，刀具螺栓不易松动，使用效果好。C 形块和 L 形块式刀座结构形式相对复杂，但生产制造工艺简单；从刀座的刚度和对刀具的稳定效果看，C 形块式刀座结构存在缺陷，C 形块与刀座基体接触面容易发生冲击变形；最初 L 形块式刀座在使用过程中也会发生 L 形块与刀座基体接触面冲击变形现象，调整组装工艺后，刀座整体刚度和稳定性都得到提高，接触面冲击变形现象减轻。

（4）耐磨设计

刀盘耐磨对刀盘的使用寿命的影响至关重要，刀盘面板、圆环、进渣口位置均需进行耐磨保护设计。刀盘面板表面焊接耐磨复合钢板，刀盘圆环周向焊接 Hardox 耐磨钢板条，进渣口是耐磨设计的关键位置，进渣口处需要焊接耐磨钉或耐磨网格，刀盘边刀刀座凸出刀盘本体部分也需要对焊耐磨焊层，保护刀座不被磨损。如图 4.1-8～图 4.1-10 所示，这些耐磨结构磨损后可以更换或修复。值得注意的是，对于岩石坚硬的隧道（洞），刀盘更容易出现焊缝开裂及加剧磨损，在刀盘设计制造及维护时都应给予充分的考虑。

图 4.1-8　刀盘表面耐磨保护板

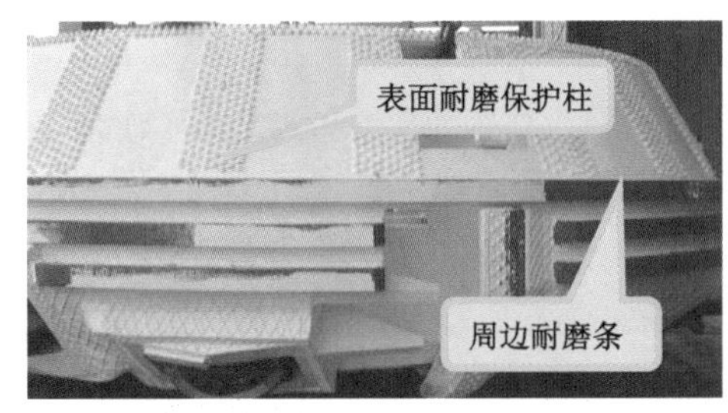

图 4.1-9　刀盘周边耐磨条及表面耐磨柱

图 4.1-10　刀盘铲齿及铲齿座的耐磨结构

（5）刀盘筋板和溜渣板布置

为了保证刀盘的整体强度和刚度，刀盘前面板与后面板之间需要根据刀座的布置情况，布置适当的筋板，筋板有支撑刀座的作用；并在刀盘后面板和后锥环之间合理地布置溜渣板，溜渣板除了具有导渣溜渣的作用，还具有支撑刀盘体，保证其结构刚度的重要作用。筋板的布置与刀具的布置均应考虑刀盘整体质量分布均匀，保证刀盘回转过程中偏载值小。溜渣板的布置要考虑周向均匀分布、进渣口位置和与刀孔之间的干涉（针对刀具背装式刀盘）。刀盘主结构的设计过程中，焊缝的布置应考虑焊接探伤的操作空间，合理布置焊缝，在保证刀盘质量的条件下，刀盘焊缝数量尽量少，以减小刀盘焊接变形。

4.2　刀盘驱动系统

4.2.1　主驱动方式

主驱动也称为刀盘驱动，驱动方式主要有液压驱动、定速电机驱动和变频电机驱动。由于变频技术的发展，其可靠性大大提高，目前硬岩 TBM 普遍采用变频电机驱动，这样可以在较宽范围内实现无级调速以适应不同岩石掘进的要求。刀盘驱动是大功率、大扭矩驱动，因此采取多组电机通过减速箱，最后通过小齿轮驱动大齿圈，实现减速器的作用，实现低速高扭转动，进而驱动刀盘转动，并且为了减小电机的外形尺寸，驱动电机用电电压采用 690V。

由于铲斗单向铲渣设计的要求，主驱动掘进时为单向转动，但为了刀盘刀具的检修，刀盘驱动具有点动功能，可双向慢速点动，并设有制动器使点动后尽快停止转动，但掘进中的转动是不能使用制动器的。

4.2.2　主驱动的结构

图 4.2-1 为主驱动的外观结构，可见机头架和驱动电机，驱动减速器、小齿轮、大齿圈和主轴承都装在机头架内，并由内、外密封使整个结构为封闭结构。对于敞开式 TBM，机头架后部中间部位将与主梁螺栓联接，机头架上部将通过顶护盾油缸与护盾连接，左、右侧面将通过侧护盾油缸和楔块油缸与侧护盾连接，底部将通过键和螺栓与下支承联接。主驱动前部将与刀盘螺栓联接。

机头架内部有减速箱、小齿轮、大齿圈、主轴承、内密封、外密封、轴承座套等。因此，TBM 主驱动装置由机头架、电机、减速器、小齿轮、大齿圈、主轴承、轴承座套、内密封、外密封等构成。驱动路线为：电机通过其尾部的限扭离合器和传动轴驱动二级行星齿轮减速器，从而带动减速器外的小齿轮，小齿轮驱动大齿圈。由于大齿圈与轴承座套用螺栓连接，而刀盘、主轴承内圈与轴承座套间也用另外一组螺栓连接，因此大齿圈、轴承座套、主轴承内圈和刀盘将一起转动。主轴承采取三轴滚子轴承，两排轴向滚子，一排径向滚子，安装在轴承座套上内圈是转动件，而外圈安装在机头架的座孔内，是不转动的。

(a) 主驱动后部

(b) 主驱动前部

图 4.2-1　刀盘主驱动结构

主驱动的主轴承和小齿轮、大齿圈采用强制循环油润滑，润滑泵站一般安装在固定于下支承后面的支架上，经过过滤和冷却进行循环润滑。内、外密封则采取三道或四道唇形密封结构，外部两道唇形密封需要不断注入润滑脂，防止灰尘进入，里侧一道唇形密封防止润滑油溢出。行星齿轮减速器则在齿轮箱内装有一定油位的润滑油，采取飞溅润滑方式。此外，主驱动电机和行星齿轮减速箱都有循环冷却水进行冷却。润滑油的油温和流量、减速器和电机温度、润滑脂注入压力和注入量都采取传感器监控。

4.2.3　主驱动系统主要构造

1. 机头架

图 4.2-2 可见机头架的内部结构，机头架就相当于一个大的箱体。机头架上部有安装顶护盾和顶护盾油缸的支座，下部是与下支承结合的平面，侧面则有护盾楔块油缸的楔块接合面，前面将与内外密封压盖接合，后面与主梁接合，因此，机头架上下、前后及周边结合面都需要机加工。机头架内部与轴承外圈配合表面、内外密封安装表面、小齿轮或减速器的座孔表面等都是重要的机加工表面。机头架中间空腔可使作业人员进入到刀盘位置，并在内壁上设有若干检查孔，检查孔需要有很好的封盖。机头架的周边还有大量的螺孔，连接润滑油和润滑脂管路。

2. 主轴承、轴承座套和大齿圈

主轴承一般采用三轴滚子轴承，主要由内圈、外圈、两排轴向滚子、一排径向滚子和保持架等构成。内圈为转动件，装在轴承座套上，内圈与刀盘和轴承座套用螺栓连接在一起，而大齿圈装在轴承座套上，并用螺栓与轴承座套连接在一起，如图 4.2-3 所示。主轴承、主轴承座和大齿圈均为高精度机加工件。目前国际上能够生产 TBM 主轴承的厂家很少，订货周期一般在半年以上，一般由 TBM 厂家提供主轴承的载荷谱、直径尺寸和寿命的初步要求，由主轴承厂家进行设计计算，给出主轴承的尺寸和寿命。

图 4.2-2　主驱动机头架内部结构图

图 4.2-3　轴承座套、主轴承和大齿圈

3. 电机、限扭离合器、减速器和小齿轮

刀盘驱动通过电机、二级行星齿轮减速器和小齿轮驱动大齿圈，从而驱动刀盘转动。如图 4.2-4、图 4.2-5 所示，电机尾部有一个限扭离合器，用于过载时保护驱动齿轮。当正常掘进时，电机转动，限扭离合器闭合带动传动轴转动，传动轴的两端有花键，前端花键与行星齿轮减速器接合，后端花键与离合器接合，从而将动力传到减速器上。限扭离合器有一个安全阀，安装时离合器内部注入达到一定油压的专用油，当过载超过设定的扭矩值时，安全阀被剪断，高压油从安全阀中泄出，从而切断电机转子与传动轴间的动力传递。

图 4.2-4　电机、减速器和小齿轮图

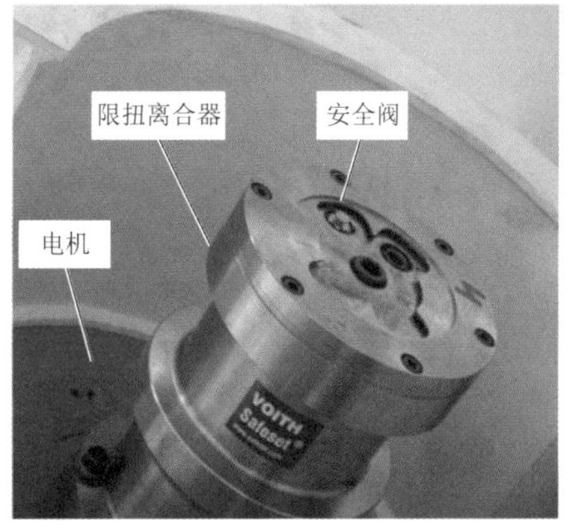

图 4.2-5　限扭离合器及其安全阀

4.2.4　主驱动密封和润滑

1. 主驱动密封

考虑到 TBM 恶劣的作业环境，主驱动密封采用三道或四道唇式密封，保护主轴承和驱动总成。图 4.2-6 为主驱动密封示意图，由三个唇形密封圈连同间隔圈组成，其中 1、2 道唇形朝外需要注入润滑脂，以防止尘渣和水侵入；第 3 道密封唇形朝内防止主驱动腔油流出，并可作为检查通道，定期查看是否有油脂溢出，从而判断密封的状态。密封圈接触金属

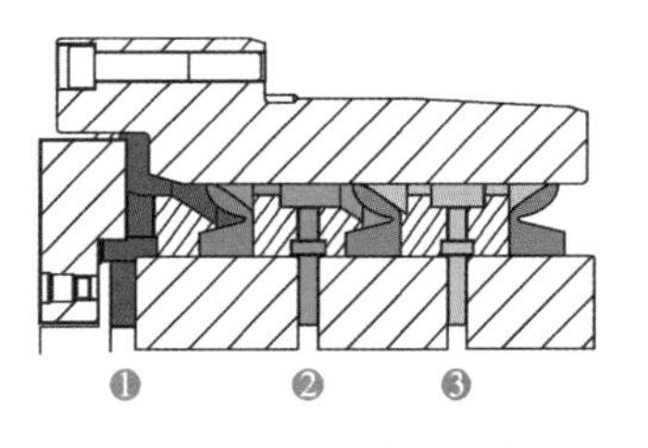

图 4.2-6　主驱动密封示意图

环表面进行了硬化和磨削，在正常条件下可使密封圈经久耐用，如果接触表面出现磨损或更换密封件，可调整移到新的表面上而不需要换耐磨环。全自动油脂系统记录和调节进入密封的油脂总量，它与主驱动连锁并同样被监控，只有它正常工作时，刀盘才能被启动。由于密封圈的直径较大，在安装时应多人多点同步装入，避免扭曲和不同步使密封圈拉伸变形。每道密封及隔环安装时都需进行位置尺寸测量，以便确定是否安装到位。

2. 主驱动润滑

主驱动润滑采取强制压力循环润滑，由泵站通过过滤和冷却，将润滑油经流量阀和管路喷向主驱动腔内的主轴承和齿轮啮合部位，主轴承和齿轮都有多点润滑，回油也需专门的磁性过滤器进行过滤。有的 TBM 厂家设计有专门的外置油箱，油被抽回到油箱过滤冷却后再打到主轴承和小齿轮润滑点。有的 TBM 厂家不设单独油箱而将主驱动腔作为油箱，润滑油不断被抽出，经过滤和冷却后再不断地打到主驱动内各个润滑点，为了防止齿轮腔内的油进入主轴承，在内部主轴承和齿轮间还设有一道密封，此密封允许主轴承油流入齿轮腔，但防止齿轮腔油进入到主轴承。

4.3 支撑推进系统

4.3.1 敞开式 TBM 推进系统

本章重点针对凯氏敞开式 TBM 的支撑与推进系统进行介绍。

1. 内凯氏机架

内凯氏机架见图 4.3-1，内凯氏机架是一个箱形截面焊接结构，其上有淬火硬化的滑道，以供外凯氏机架的轴承座在其上滑行。

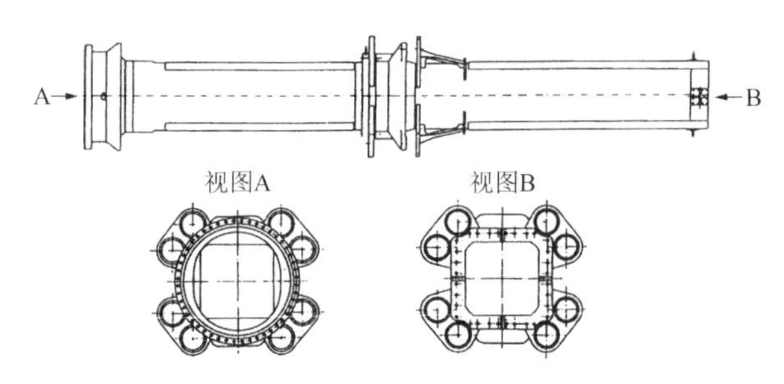

图 4.3-1　敞开式 TBM 内凯氏机架

前后外凯氏机架由推进油缸使之滑动。内凯氏机架为刀盘导向，将掘进机作业时的推进力和力矩传递给外凯氏机架。内凯氏机架联接刀盘轴承、驱动装置与后支撑，内凯氏的尾部与后支撑相联，内凯氏的前部联接着主轴承座。内凯氏机架前端设有一人孔，可由此通道进入刀盘，内凯氏机架内有足够的空间，用以安置皮带机。

2. 外凯氏机架与支撑靴

见图 4.3-2，外凯氏机架连同支撑靴一起沿内凯氏机架纵向滑动，支撑靴由 32 个液压油缸操纵，支撑靴分为两组，每组由 8 个支撑靴组成，在外凯氏机架上“X”形分布，前后外凯氏机架上各有一组支撑靴。16 个支撑靴将外凯氏机架牢牢地固定在掘进后的隧道（洞）内壁上，以承受刀盘扭矩和掘进机推进的反力。前后支撑靴能够独立移动以适应不同的钢拱架间距。

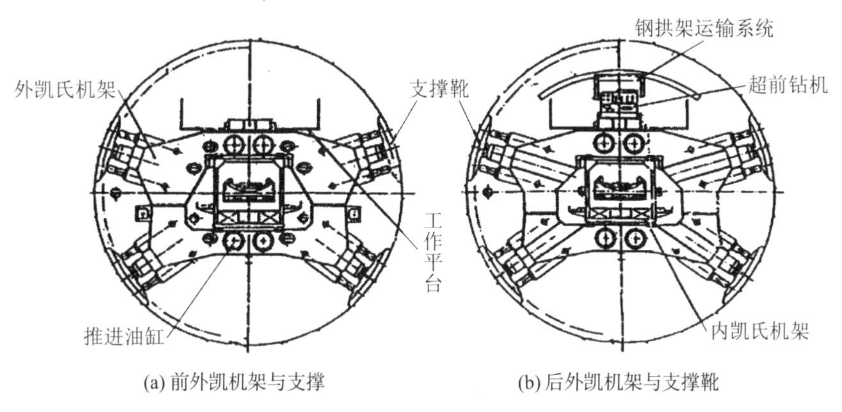

(a) 前外凯机架与支撑　　(b) 后外凯机架与支撑靴

图 4.3-2　外凯氏机架与支撑靴

3. 推进油缸

作用在刀盘上的推进力，经由内凯氏机架、外凯氏机架传到围岩。外凯氏机架是两个独立的总成，各有其独立的推进油缸。前后外凯分别设 4 个推进油缸，后外凯氏机架的推进油缸将力传到内凯氏机架，前外凯氏机架则将推进力直接传到刀盘驱动装置的壳体上。掘进循环结束时，内凯氏的后支撑伸出支撑到隧道（洞）底部上，外凯氏的支撑靴缩回，推进油缸推动外凯氏向前移动，为下一循环的掘进准备。

4. 后支撑

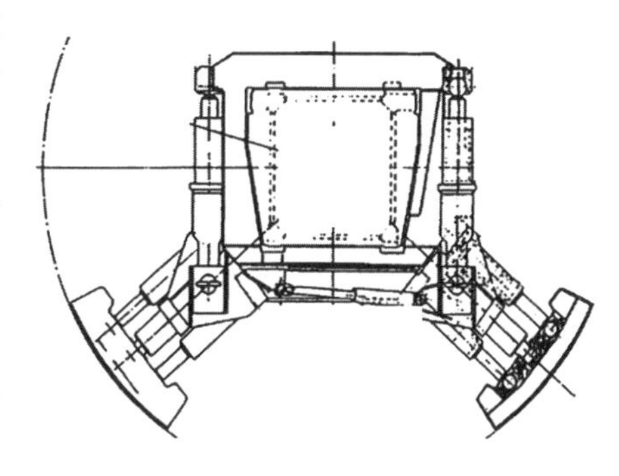

图 4.3-3　后支撑

如图 4.3-3 所示，后支撑装在内凯氏机架上，位于后外凯氏机架的后面，后支撑通过液压油缸控制伸缩，还可用液压油缸作横向调整。后支撑缩回时，内凯氏机架的位置能够在水平和垂直方向上调整，以调整 TBM 的隧道（洞）中线。

4.3.2　护盾式 TBM 推进系统

单护盾 TBM 推进系统相比敞开式 TBM，没有敞开式 TBM 的撑靴系统及前、后支撑，推进和换步都是通过推进液压缸实现。双护盾 TBM 的推进系统相当于单护盾 TBM 和敞开式 TBM 的组合。

单护盾 TBM 推进系统由若干数量的液压缸组成，为了方便对液压缸实现控制，将液压缸分成若干组便于分组控制。液压缸撑在管片上，液压缸推动刀盘向前掘进，掘进一个行程后液压缸缩回，进行管片的拼装作业。

单护盾 TBM 推进系统由多个平行或近似平行于 TBM 纵轴线的推进液压缸环向布置而成，每个液压缸前端采用铰接，后端通过顶靴顶在衬砌管片上，顶靴具有较大的接触面积，能够降低接触压力，通过顶靴与管片接触避免液压缸磨损，必要时更换顶靴即可。顶靴与液压缸之间布置四支弹簧，避免顶靴发生大角度扭转。推进系统执行向前推进和控制姿势功能，保证 TBM 能沿着设计型线向前掘进。设计型线有直线、曲线等，因此在掘进过程中，TBM 要能实现直线前进、上仰、下俯、左转、右转等。在推进和纠偏作业时，为降低控制复杂度和成本，通常将推进液压缸沿周向划分为若干组，通过液压缸分区来降低推进和纠偏控制的复杂度。

总之，TBM 推进系统主要包括推进液压千斤顶及其辅助设施。敞开式 TBM 推进系统的推进千斤顶与主梁临近或平行，与支撑系统通过球铰连接，工作时推进千斤顶伸出为刀盘提供推力，推动机器前进。单护盾 TBM 与敞开式 TBM 的工作原理相同，也是通过推进千斤顶的伸出或缩回推动机器前进，不同之处在于前两者的推进千斤顶支撑在已经拼装好的管片衬砌上，后者推进千斤顶支撑在机器本身的支撑系统上。双护盾 TBM 拥有上述两套推进系统，分别为主推进系统和辅助推进系统，因此也拥有上述两种工作模式。

4.4 主机附属设备

双护盾 TBM 和单护盾 TBM 的主机附属设备主要包括管片安装器、超前钻机和出渣皮带机等，敞开式 TBM 主机上的附属设备主要包括钢拱架安装器、锚杆钻机和超前钻机、出渣皮带机等。根据新奥法原理利用钢拱架安装器、锚杆钻机和超前钻机进行及时的初期支护作业和超前处理，主机皮带机完成出渣作业。

4.4.1 管片拼装机

管片拼装机主要由主支撑梁、回转架、移动架、管片抓取机构和提升油缸等组成，如图 4.4-1 所示。由独立的液压系统提供动力，通过对液压马达和提升油缸等执行机构动作的比例控制，可实现拼装管片的纵向移动、径向移动、横向移动、回转、横摇和俯仰动作；管片拼装机抓取管片具有 6 个自由度，使得管片能够快速精确的完成定位并安装。

管片拼装机的控制方式有无线遥控和有线控制两种，两种方式都可以对每个动作进行单独灵活的控制，也可协同控制几个动作，控制精度高，安全可靠。

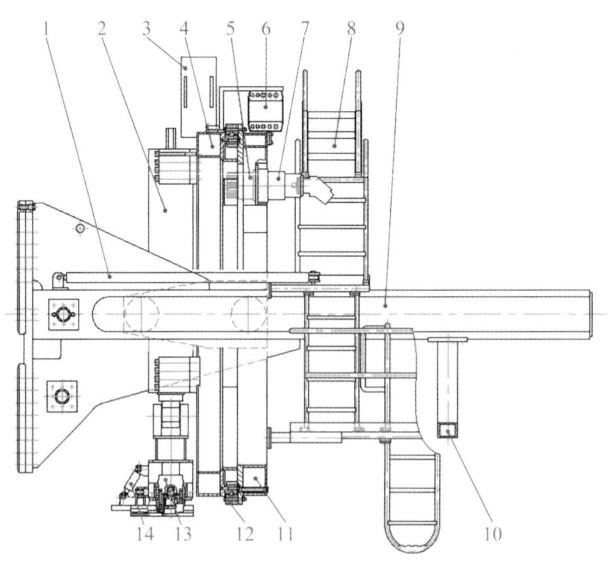

1—平移油缸；2—提升油缸；3—配重块；4—回转架；5—减速机；6—动力管路；7—液压马达；8—工作平台；9—主支撑梁；10—中间支撑；11—移动架；12—回转轴承；13—管片抓取机构；14—微调油缸

图 4.4-1 管片拼装机

4.4.2 钢拱架安装器

钢拱架安装器布置在主梁前部顶护盾下面，以便在顶护盾的保护下及时支立钢拱架。钢拱架由型钢制作的多段钢拱片拼装而成，安装器需要完成旋转拼接、顶部和侧向撑紧、底部开口张紧封闭等动作，应该具有以下主要功能：

（1）各段钢拱片在安装器滑道内旋转，完成逐节拼接，可以采取马达卷扬牵引方案，也可以采取齿轮齿圈驱动方案。图 4.4-2 采取的是马达卷扬牵引。

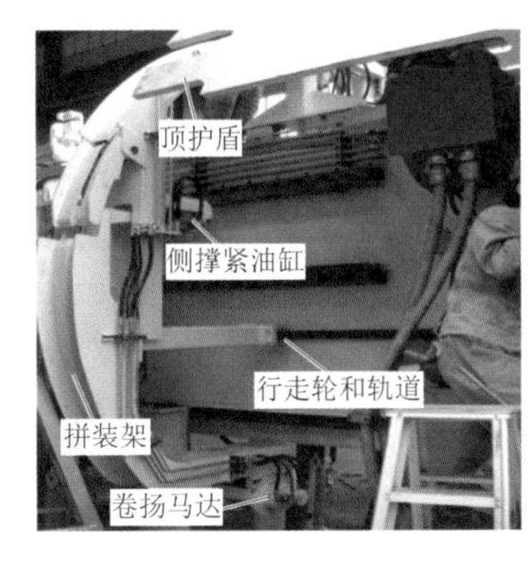

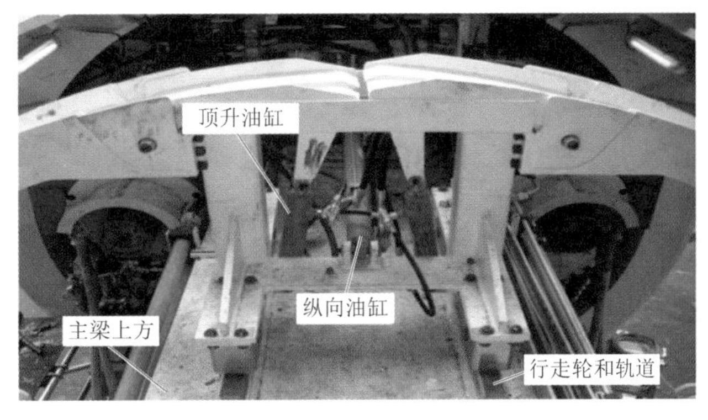

图 4.4-2　钢拱架安装器结构

（2）能够将拱架垂直洞轴线，向顶部和侧面稳固地撑紧在洞壁上，需要设置顶升油缸和侧撑紧油缸机构来实现。

（3）钢拱架安装器应能沿纵向一定距离范围内移动，可在主梁上部或侧面布置拖拉油缸及行走轮和轨道来实现。

（4）各段钢拱片拼接撑紧在洞壁上后，底部应预留有一段开口，将开口张紧后用一节连接板将开口连接封闭。张紧装置可以采用单独的张紧油缸或螺旋张紧器或手动千斤顶等来实现。

4.4.3 锚杆钻机

如图 4.4-3 所示，一般在主梁左右两侧各布置一台锚杆钻机，锚杆钻机的操作台布置在钻机的后面，可随锚杆钻机一起纵向移动，也可固定在后面主梁的两侧。锚杆钻机的液压动力站则布置在后配套台车上。

图 4.4-3　锚杆作业示意图

锚杆钻机应能实现周向旋转、纵向移动。周向范围的旋转可通过油缸组成的杆件机构来实现，也可以通过布置在主梁环形钻架上的链轮和链条驱动来实现；大直径隧洞有可能实现 270°以上圆周范围的钻孔，小直径隧洞一般钻孔小于 180°范围。锚杆钻机纵向移动距离应大于 TBM 掘进行程，通过纵向拖拉油缸和主梁上的导轨来实现。值得指出的是，由于希望掘进作业时能够进行锚杆安装作业，所以钻机系统应该设有同步机构，保证 TBM 掘进和钻机钻孔同时作业时，主梁能够自由滑过钻机机架，而布置于折断钻杆甚至损伤钻机，可以采取液压同步油缸机构来实现这一要求。

锚杆钻机具有旋转、推进、冲击、反转、回收等运动要求，受作业空间的限制，值得注意的是，由于钻机布置在主梁两侧，因此锚杆不可能径向通过隧洞中心。

4.4.4 超前钻机

超前钻机一般布置在主梁上方，用于超前钻孔和超前注浆作业。由于前方护盾和刀盘的存在，超前钻机必须与洞轴线倾斜一个角度进行钻孔，一般在 7°角左右，周向可钻孔范围在 120°以上，钻进距离可达掌子面前方 30m 左右。

超前钻机的钻架固定在主梁上，链轮链条驱动机构可使钻机沿钻架周向运动，从而实现一定圆周范围内的钻孔作业，如图 4.4-4 所示。钻杆穿过的护盾处应有导向孔。钻机与护盾之间布置距离较远时应设导向架。

图 4.4-4　超前钻机作业示意图

4.4.5 主机皮带机

主机出渣皮带机采用槽形皮带机，布置在主梁内，如图 4.4-5 所示，尾部伸向刀盘内腔承接刀盘溜渣槽经渣斗卸下来的石渣，运到主机头部转运到后配套皮带机上。主机皮带机主要由头部驱动滚筒、尾部从动滚筒、皮带架、托辊、皮带、刮渣板、渣斗等组成。皮带机尾部托辊采用耐冲击托辊，并加密布置。主梁内皮带机的布置情况如图 4.4-6 所示，小直径 TBM 需要向外拉出皮带机，故主梁内两侧布置有滑道，供皮带架滑行。图 4.4-7 是从主梁尾部伸出的主机皮带机头部，驱动滚筒多采用变频电机驱动，并将电机内置于滚筒中，承载边和回程边皮带都设有刮渣板，还设有皮带张紧装置，可通过伸缩油缸或螺旋调整皮带张紧程度。

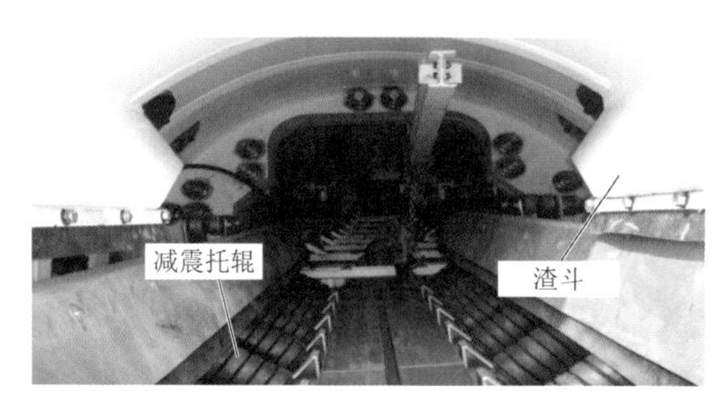

图 4.4-5　皮带机尾段

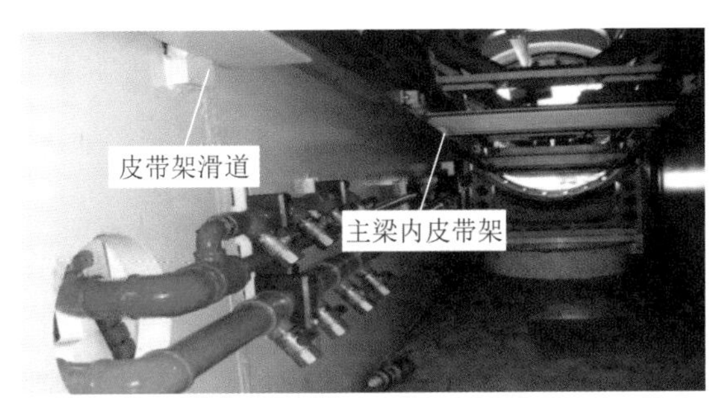

图 4.4-6　主梁内皮带机布置

图 4.4-7　主机皮带机头部

小直径 TBM 由于主梁内空间有限，需要将皮带机向后拉出一段距离，刀具检查维护人员才能进入到刀盘进行作业。为此，有的 TBM 厂家设计了两个同轴马达驱动一个链轮和链条的方案，使皮带机从主梁尾部抽出，但实际应用中，经常出现驱动力不足、两马达不同步、马达失效、皮带架被卡等情况，需要花费很长时间才能将皮带机拉出和收回，严重耽误了掘进作业。而将马达驱动方案改为液压油缸伸缩皮带机方案后（图 4.4-8），实际应用性能可靠，只需一分钟多时间就可将皮带机从主梁内伸出或收回到要求的位置，取得了很好的改进效果。

对于较大直径 TBM，由于主梁内高度上有较大空间，为了作业人员进入刀盘，可不采取皮带机向后拉出的方案，而在皮带机的尾部设置顶升油缸，通过顶升油缸将皮带机尾部抬起而获得更大的高度空间，作业人员就能很方便地进入刀盘，如图 4.4-9 所示。

主机皮带机尾部接受不连续、不均匀石渣的冲击，隧洞水量大使泥渣从皮带散落，工作条件恶劣，经常出现托辊损坏、滚筒轴承失效、皮带被划破、刮渣板磨损快等情况，需要采取合理的掘进措施和细致的维护工作，并需储存皮带、托辊、滚筒、刮渣板等备件，以免造成停机。

图 4.4-8　收回式皮带机器

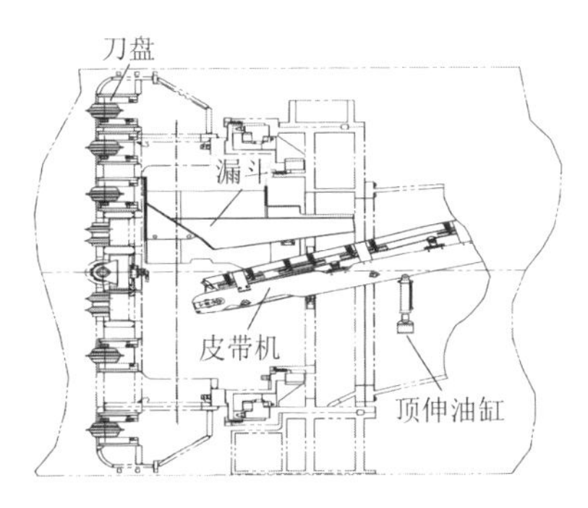

图 4.4-9　顶升式皮带机

4.5 姿态导向控制系统

导向系统在掘进机施工姿态控制中有着不可替代的重要性。以双护盾 TBM 施工为例，由于双护盾 TBM 的前盾和支撑盾之间是靠 6 个自由度伸缩油缸连接，而全站仪无法直接测量到前盾姿态，双护盾 TBM 在施工过程中抖动较大，测量通道较为狭窄，造成了测量难度大，准确性和稳定性都受到影响。

目前常用的双护盾 TBM 导向系统有 VMT 导向系统、中铁装备导向系统、上海米度导向系统以及上海力信导向系统等，基本原理都是激光靶原理，采用常规导向系统加其他部分组成。

双护盾 TBM 导向系统是结合导线测量、激光传感、电气控制、计算机、视觉识别等系统原理的导向技术，如图 4.5-1 所示。然而只是采用常规导向系统是无法满足双护盾 TBM 导向，在测量时容易被遮挡无法测量前盾姿态。现目前的解决方案采用坐标间接传导测量前盾姿态。

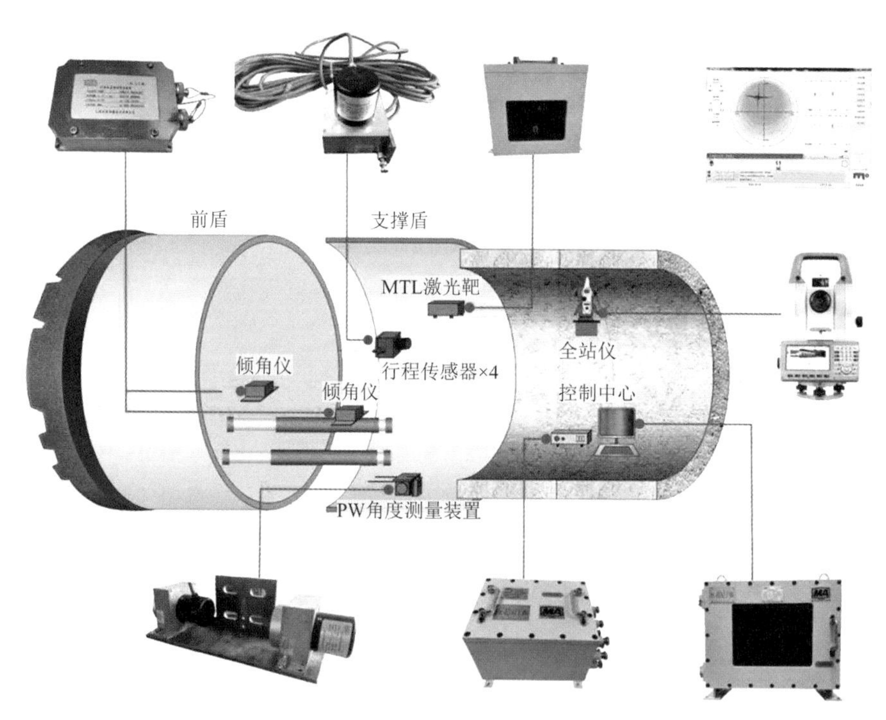

图 4.5-1 双护盾 TBM 用导向系统示意图

4.6 TBM 后配套构造

4.6.1 后配套台车型式

1. 行走方式

一般后配套台车的行走采取在台车底部两侧安装钢制滚轮，在轨道上行走的结构型式，如图 4.6-1 所示。但也有部分台车采取钢管在隧道（洞）滑行或轮子在衬砌管片上滚动的型式。例如，当隧道（洞）直径很小时，考虑到整体的布置，铺轨区前面仍有几节台车，没有轨道可行走，因此铺轨区前面的台车下部安装滑管（雪橇）在洞壁上滑行，而铺轨区后面的台车在轨道上行走。护盾式 TBM 铺轨区前面台车，往往采取轮子在衬砌管片上滚动的结构型式。

图 4.6-1　滚轮行走门架式后配套台车

2. 多节台车相连

从设计、制造、运输考虑，台车需要设计成多节台车连接组成。另外，考虑到隧道（洞）施工误差、铺轨误差，甚至设计有曲线段隧道（洞），台车必须设计成多节，并要求各节台车之间的连接由一定的自由度。对于曲率半径很小的隧道（洞），每节台车的滚轮设计结构上还需要特殊考虑。因此，在 TBM 及其后配套选型设计阶段，TBM 厂家一般都要求用户提供隧道（洞）的最小曲率半径值，除了 TBM 主机因素以外，后配套滚轮的结构也是需要考虑的因素。

3. 多层结构

如前所述，后配套系统上的设备和设施很多，台车上需要有足够的空间安放。一方面可以从台车的节数上考虑，另外也从多层结构上加以考虑。所以，一般后配套台车都是多层结构。对于直径小的隧道（洞），径向空间有限，一般最多两层布置，而且顶层往往只能布置管线、皮带机等高度尺寸小的设备，因此，纵向上就很长，台车节数多。而大直径隧道，台车可以三层布置，宽度和高度上有较大布置空间，所以台车节数可以较少，但外廓尺寸较大。

4. 封闭式与门架式结构

根据不同需要，后配套台车底部平台结构可以采取封闭式台车结构型式，也可以采取底部平台中间敞开的门架式结构。对于封闭式台车结构，轨道材料车或矿渣车需要从隧洞轨道，上到后配套尾部斜坡段上，再行走于后配套底部平台的轨道上，到达指定位置。图 4.6-2 为底部平台封闭式台车结构。对于门架式台车结构，轨道材料车或矿渣车沿隧洞轨道，从后配套中间敞开的底部平台穿过，可一直行走至后配套前部，而设备则安放在底部两侧平台及上部平台。图 4.6-3 为敞开门架式台车结构。采用哪种结构型式，需要从渣料和混凝土料装卸的方便，以及成本等多因素考虑确定。

图 4.6-2　封闭式后配套台车

图 4.6-3　门架式滚轮行走后配套台车

5. 连接桥和加利福尼亚道岔

如前所述，对于较大直径 TBM 通常在 TBM 主机与后配套台车之间布置有钢结构连接桥，上面布置连接桥皮带机和混凝土喷射机械手，下面可作为铺轨区。对于小直径 TBM，一般 TBM 主机与后配套台车直接连接，而铺轨区布置在主控室、液压动力站和喷混机械手台车的后面，后配套皮带机从铺轨区上面的桥架上通过，如图 4.6-4 所示。此外，隧洞单线轨道矿车出渣时，后面常连接有加利福尼亚道岔，如图 4.6-5 所示。

图 4.6-4　前后都有台车的后配套铺轨区

图 4.6-5　后配套台车后面连接的加利福尼亚道岔

4.6.2　后配套系统构成

以敞开式 TBM 为例，阐述后配套系统的主要构成。如图 4.6-6 所示，后配系统的设备和设施可归类为：钢结构台车、供应和动力系统、辅助作业工序设备、安全设施、生活设施等。

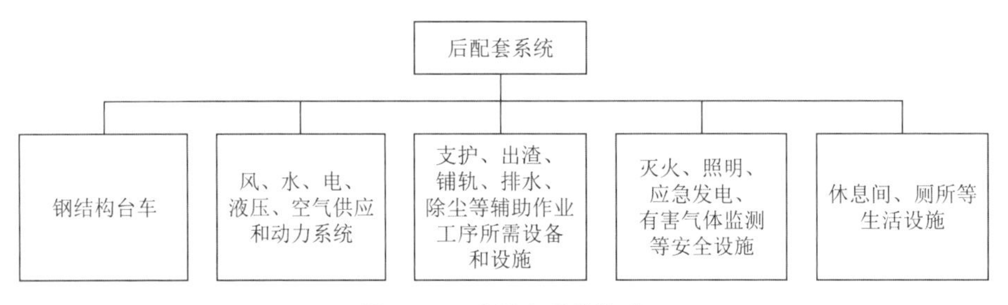

图 4.6-6　后配套系统构成

1. 后配套台车

后配套主体由若干节钢结构台车组成，各节间用销轴连接。有时在台车与主机之间加设连接桥，连接桥也可以看作后配套系统的一部分。此外，采用单线轨道矿车出渣时，为了减少等待渣车的时间，常在后配套台车的后面连接加利福尼亚道岔（California Switch）。加利福尼亚道岔底部装有行走轮，与后配套台车一起沿隧洞轨道前行，一般长 120m 左右，由一系列平台车组成，其上布置双线轨道和道岔，尾部有斜坡段供渣车从隧洞轨道上到其平台上。加利福尼亚道岔也可以视为后配套的一部分。

2. 风、水、电、动力供应系统

（1）液压动力站

TBM 主机液压动力站一般布置在后配套上，有时也布置在主机上。主机上的锚杆钻机液压动力站一般也安放在后配套台车上。

（2）供电与电气控制系统

包括与隧道（洞）布设电缆接口的高压电缆卷筒、变压器、电气控制柜、电缆等。

（3）供风系统

包括与隧道（洞）通风系统接口的风管储存筒、二次风机、后配套台车上从后向前铺设的金属风管等。

（4）供水系统

包括与隧道（洞）供水管接口的水管卷筒、后配套上供水管、水泵、水箱等。

（5）供气系统

主要指高压空气，包括喷混用压缩空气和气动工具用压缩空气。设备主要由空气压缩机、储气罐及管路等构成。

3. 辅助作业工序设备

（1）锚杆钻机

锚杆钻机一般作为主机附属设备布置在 TBM 主梁的前部，但有时也需要在连接桥上或后配套前部布设附加的锚杆钻机，主要用于隧洞直径较大、锚杆数量较多的隧道（隧洞）。

（2）混凝土喷射系统

包括混凝土输送泵及其液压动力站和控制柜、喷射机械手及其液压动力站和控制柜、混凝土输送管路、外加剂输送泵及储存箱等。

（3）注浆系统

包括注浆泵站、搅拌器及其管路。

（4）出渣作业系统

一般主机皮带机直接转到后配套皮带机上。有时出渣系统分成三段皮带机，石渣由主机皮带机转到连接桥皮带机，再转到后配套皮带机上。若采用矿车运渣出洞，需要考虑后配套台车上的列车行走轨道、推车器、卸渣点布置等。若采用连续皮带机出渣，需要考虑在后配套台车上布置连续皮带机尾段及安装皮带架的空间。

（5）排水系统

主要由排水泵、污水箱、管路等组成。一般从主机至后配套尾部安排多级排水泵。

轨道或仰拱块铺设设施包括轨道等材料吊机及其滑道，以及需要留出铺设轨道空间。采用预制仰拱块时，需要有仰拱块吊机。

（6）除尘作业系统

一般由除尘器、除尘风机、除尘风管等构成。

（7）清渣作业设备

TBM 施工时，洞底会沉积大量泥渣，特别是破碎岩石情况，需要清渣设备。一般采取人工将泥渣清理到清渣皮带机或吊运铲头上，再转运到后配套皮带机上。有时在主机处还采取螺旋输送机将石渣返回到刀盘。

4. 安全设施及生活设施

包括后配套台车上布设的扶手、走道、台阶、爬梯、护栏，以及灭火装置、照明设施、应急发电机、有害气体监控报警系统等；生活设施包括休息间、厕所等。

第 5 章

TBM 针对性创新设计

本章重点

本章主要介绍了水岩一体超前地质预报技术体系、超前地质预报系统与 TBM 的集成设计以及在 TBM 上安装的隐藏式常态化超前钻机系统、前置式自动化湿喷系统、抬升式变截面开挖技术及系统。

5.1 超前地质预报关键技术及系统

5.1.1 水岩一体超前地质预报技术体系

1. 水平声波/地震波剖面法

水平声波/地震波剖面法（HSP）的基本原理是地震波（或声波）反射原理，当地震波到达波场阻抗（波速与密度的乘积）差异界面时，会形成反射与透射，一部分反射回来的波场被安装在隧道侧壁和顶部的传感器所接收，另一部分信号经过透射进入前方地质体。通常在地质体均一性发生变化的区域波场阻抗会发生变化，如岩层界面或地质体内不连续界面处。由于接收到的反射波的时间、频率、振幅和衰减性跟掌子面前方地质体性质关系密切，经过技术人员对采集到的地震数据进行处理，可以确定前方地质体的反射系数、地震波在介质中传播的速度以及地质体的动力学性质，进而可以推断出前方是否存在地质异常体以及它的位置和规模（如节理、裂隙带、破碎带、软弱带、断层和含水构造等）。入射波在反射界面发生反射的反射系数计算公式为：

$$R=\frac{\rho_2 v_2-\rho_1 v_1}{\rho_2 v_2+\rho_1 v_1} \tag{5.1-1}$$

式中：R——反射系数；

ρ_1、ρ_2——上下岩层的密度；

v_1、v_2——地震波在上下岩层中的传播速度。

地震波从低阻抗介质传播到高阻抗介质时，反射系数是正的；反之，反射系数是负的。因此，当地震波从软弱岩层传播到较硬的岩层时，回波的偏转极性和波源是一致的。当岩体内部存在破裂带时，回波的极性会发生反转。反射体的尺寸越大，声学阻抗差异就越大，接收到的回波就越明显，越容易探测到。这是一种全新的勘察手段，地震勘探中引入了电子信号学中电阻抗的概念，使用波阻抗来探测地质体异常。

可见地震波（或声波）在不同类型的介质中具有不同的传播特性，传播速度、能量衰减及频谱成分和岩土体的介质成分、结构和密度等因素相关，在弹性介质不同的介质分界面上发生波的反射、折射和透射。

地震波（或声波）传播过程遵循惠更斯-菲涅尔原理和费马原理。如图 5.1-1 所示，惠更斯-菲涅尔原理是以波动理论解释光传播规律的基本原理。行进中的波阵面上任一点都可看作是新的次波源，而从波阵面上各点发出的许多次波所形成的包络面，就是原波面在一定时间内所传播到的新波面。费马原理，在均匀介质中传播时遵从直线传播定律、反射和折射定律。

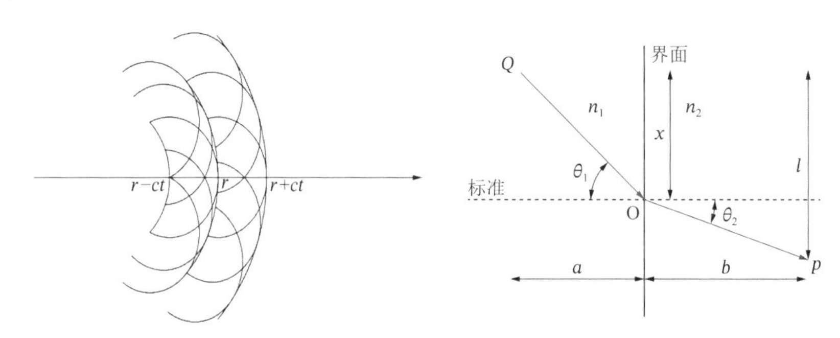

图 5.1-1　惠更斯-菲涅尔原理与费马原理示意图

岩体中的不良地质体断层、溶洞等与岩体相比，波阻抗差异较大，一般要比岩体小很多，因此不良地质体界面的反射系数一般比较大，其反射波易于识别。通过一定的布置方式激发和接收地震波信号，将这种携带了岩土体信息的信号进行加工处理和解释，就可以推断地下介质结构、岩性。

同样，在 TBM 掘进过程中，刀盘刀具切割岩石产生强大的振动信号。这些振动信号以球面波的形式向各个方向传播。当振动信号传播路径中存在两种不同固体介质的界面时，波的传播将发生折射、反射和波形转换。掘进机刀盘刀具切割岩石所激发声波信号一部分经同步信号检波器传输给采集终端，另一部分向 TBM 掘进机工作面前方传播并沿隧道围岩向 TBM 工作面后方反射，该反射波信号被安装在隧道围岩内的反射波信号检波器所接收并传输给接收设备，进而实现隧道前方不良地质体预报。

如图 5.1-2 所示，水平声波/地震波剖面系统采用地震扫描成像技术，其三维图像技术的基本原理是由反射、折射、散射等多种类型的波所组成的地震信号，以不同的速度和衰减率在不同类型介质中进行传播，是利用声波波形变化来判断介质性质变化的位置与范围的反演技术。只要是在数字信号的有效距离范围内，绝大部分岩性变化和地质构造异常都能够形成可探测的地震反射。以每个震源点和传感器点的位置为焦点，所有可能产生回波的反射体的位置能够确定一个椭球，较多的震源和传感器会形成多个椭球，这些椭球的交汇区域可以确定每个界面反射的地层位置。实际上，反射边界离散图像每个点的计算包括三维岩体空间中选定的区块是由所有震源和传感器所对应的，离散图像中各点的值是由所有地震波形空间叠加计算得来的，每个波按一定比例从震源经过三维岩体空间的区块传播到传感器。

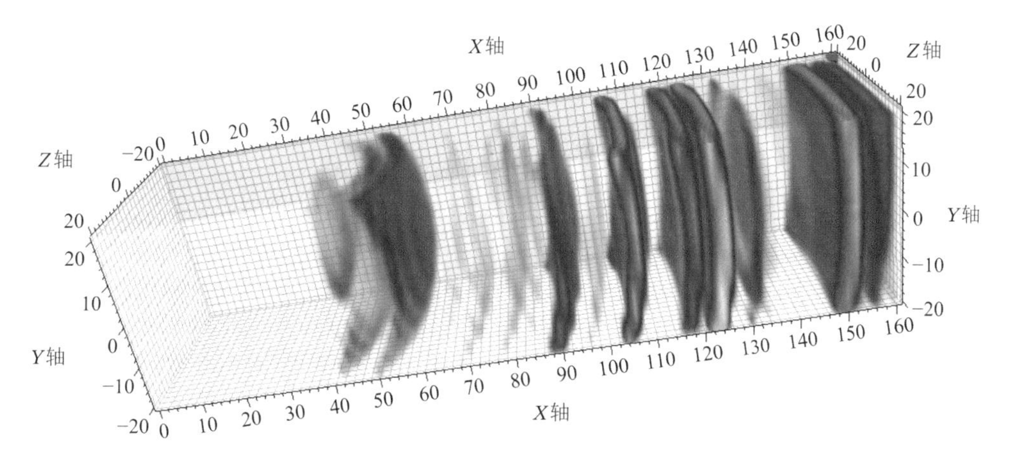

图 5.1-2　三维空间反射能量分布图

2. 岩体温度法含水体预报技术

岩体温度法含水体预报是利用地下水在岩石体中循环流动，水与岩石体通过热交换来降低或升高流经位置及周围岩石体温度，从而根据隧道施工掌子面前方的不同空间分布位置、不同的大小含水体对不同位置的岩体温度影响大小和影响范围的不同，来进行隧道施工掌子面前方含水体空间分布以及含水体大小的预报方法。

隧道内岩体温度取决于隧道的埋深、隧道所在地区地表温度、区域地温梯度、地层岩石的热传导特性、地层岩体中节理裂隙（包括断层）发育分布状态、地下水在岩体中的循环流动状况、区内热流场分布、隧道内施工影响。

节理裂隙发育状态一致的同种岩石，其热物理性质一致，在一定埋深、同一区域地温场条件下，围岩岩体温度除受地下水在岩体中的循环流动状况、区内热流场分布的影响外，主要受隧道洞内施工的影响，采用在隧道周边钻孔内进行岩体温度测试试验，来确定不同岩石、不同节理裂隙发育状态条件下隧道围岩岩体温度测试钻孔深度，确保测试结果不受隧道洞内施工影响。

节理裂隙（包括断层）的发育分布状态直接决定岩体的渗透性，岩体的渗透性决定地下水在岩体中的渗透流动，地下水在岩石体中的渗透流动决定岩体温度受地下含水体影响的范围。地下水（地下冷水或热水）在岩石体中不断循环流动，水与岩石体通过热交换来降低或升高流经位置及周围岩石体温度，流动的速度越大，热交换越快。这种地下水对岩石温度的变化影响大小即是岩体温度法在隧道施工掌子面前方的含水体预报理论基础或前提条件。

由于含水体空间分布位置的不同，故决定其和不同位置的岩体温度测试钻孔中的温度测试位置间的距离不同，岩体温度受此距离影响也不相同。岩体温度法隧道施工掌子面前方含水体预报，正是利用这种差异来确定隧道施工掌子面前方含水体的空间分布位置。

隧道施工掌子面前方含水体的大小，决定其对隧道围岩岩体温度影响范围和影响大小。在同种岩石体且节理裂隙发育分布状态一致的情况下，岩石体的热传导性质可视为相同，含水体大，影响范围大，岩体温度变化速率小；反之，影响范围小，岩体温度变化速率大。岩体温度法隧道施工掌子面前方含水体预报正是利用这种差异来确定隧道施工掌子面前方含水体的大小，进而进行涌水量的预测预报。

假定隧道是圆形，而隧道施工掌子面前方含水体是球状且足够大，因水体距离同一里程位置的隧道拱顶以及左、右两侧隧道的 1/2 高度位置的岩体温度测试点距离是相同的，并且水体对岩体温度影响是相同的，那么有隧道拱顶以及左、右两侧隧道 1/2 高度位置的岩体温度的变化曲线呈现重合状态。当温度测试点进入到含水体后，岩体温度即是水体温度。如图 5.1-3 所示，是岩体温度法隧道施工掌子面前方含水体预报原理示意图。

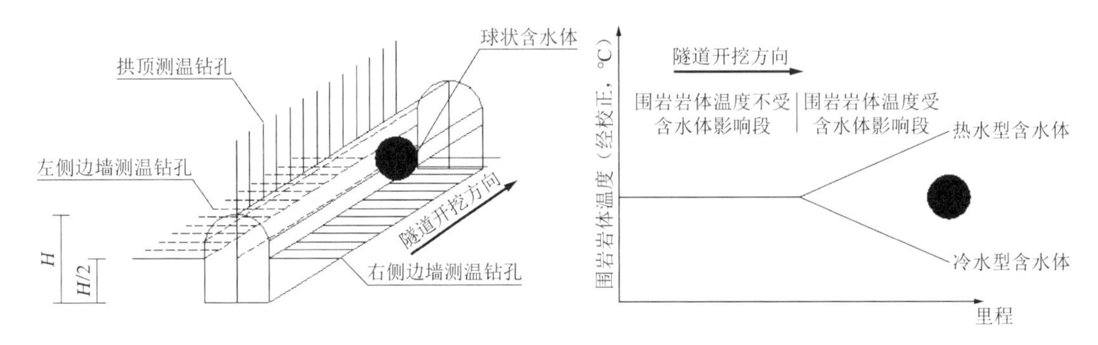

图 5.1-3　岩体温度法隧道施工掌子面前方含水体预报原理图

岩体温度法隧道施工涌水预报采用在隧址区勘察钻探深孔中进行岩体温度测试，建立岩体温度随深度变化关系曲线，或在隧道施工掌子面前方无含水体条件下、通过测试不同埋深位置的岩体温度，来确定隧道所在区域的地温梯度值。

采用通过深钻孔不同深度岩体温度测试确定的不同岩石温度，测试最佳深度钻孔底部测试岩体温度，消除施工隧道洞内空气温度对岩体温度测试结果的影响。

采用隧址区地温梯度对实测岩体温度进行校正，凸显隧道施工掌子面前方含水体、水体对岩体温度的影响。若隧道掘进方向从埋深小向着埋深大时，一般隧道洞内岩体温度不断增加，当施工掌子面前方存在含水体时，岩体温度下降则更为明显，对预报有利，可不做修正。

若隧道掘进方向从埋深大向着埋深小时，一般隧道洞内岩体温度不断降低，而当隧道施工掌子面前方存在含水体时，造成的岩体温度下降影响是显然相较于隧道埋深造成的岩体温度下降小，则此时可考虑将第$i+1$测试位置岩体温度加上ΔT。

$$\Delta T = G_{\text{loc}} \cdot (d_i - d_{i+1}) \tag{5.1-2}$$

$$T'_{\text{pr}i} = T_{\text{pr}i} + \Delta T \tag{5.1-3}$$

式中：$T'_{\text{pr}i}$——i位置校正后的围岩岩体温度（℃）；

$T_{\text{pr}i}$——i位置实测围岩岩体温度（℃）；

G_{loc}——区域地温梯度（℃/m）。

显然，在不同围岩岩体中，岩体温度测试钻孔都需要施钻到该种岩体温度测试的最佳深度，确保消除施工隧道洞内空气温度对岩体温度测试结果的影响。

不同岩石具有不同的热物理性质和热传导特性，节理裂隙发育分布各异的岩体同样具有不同的热物理性质和热传导特性。隧道开挖轮廓线外具有不同热物理性质和热传导特性的岩体，其岩体温度测试最佳钻孔深度是不同的，如贵州五龙山隧道灰岩围岩岩体温度测试的最佳钻孔深度为 4m（图 5.1-4），而秦岭隧道片麻岩围岩岩体温度测试的最佳钻孔深度为 9m（图 5.1-5）。

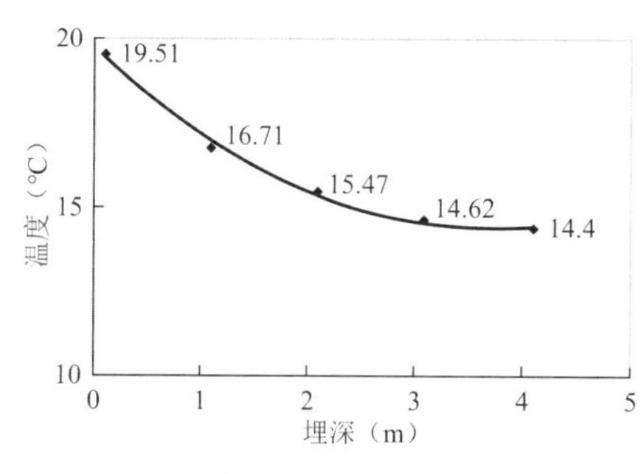

图 5.1-4　五龙山隧道岩温孔深关系曲线

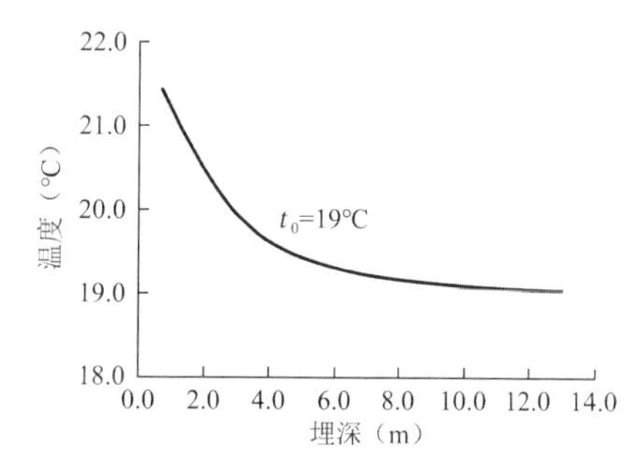

图 5.1-5　秦岭隧道岩温孔深关系曲线图

显然，在非掘进机施工的隧道中，利用手持风枪施工超过 5m 深度的岩体温度测试钻孔存在很大困难，这也是岩体温度法隧道施工涌水预报难以推广应用的原因。

因此，试验建立无含水体或水体影响下不同洞内空气温度、不同岩石和不同节理裂隙发育分布条件下的围岩岩体温度随钻孔深度变化关系函数，是实现浅孔岩体温度法隧道施工涌水预报的关键。只有建立了无含水体影响的不同洞内空气温度、不同岩石和不同节理裂隙发育分布条件下的围岩岩体温度随钻孔深度变化关系函数，才能进行测试得到一定深度浅孔孔底岩体温度与无含水体影响的同一洞内空气温度、同种岩石和同样节理裂隙发育分布条件下同样钻孔深度位置围岩岩体温度的比较，根据岩体温度法隧道施工涌水预报掌子面前方含水体空间分布位置及其与岩体温度测试位置间距离判别准则，确定掌子面前方含水体空间分布位置及其与岩体温度测试位置间距离，实现浅孔岩体温度法隧道施工涌水预报。

3. 水岩一体超前地质预报系统

水岩一体超前地质预报系统主要包含三个模块：宏观地质分析模块、被动源 HSP 法构造（断层破碎带、节理密集带、软弱夹层等不良地质）预报模块、岩体温度法不良地质富水特性预报模块。

通过对 HSP 法应用于 TBM 施工地质超前预报的应用性改进，直接利用掘进机激发的弹性波信号作为隧洞地质预报的激发信号，不需专门打孔或激发信号，不占用隧洞施工时间。通过多次现场试验及开挖验证，准确性较高，表明适合于 TBM 施工的 HSP 法地质预报对 TBM 工作面前方不良地质体的探测技术已成熟。

但是，HSP 法探测所判释的不良地质体是否含水？一般的弹性波方法对含水性的判断存在局限性，因此还需要结合其他方法才能得到相对可靠的结论。

岩体温度法具有牢固的理论基础，在 TBM 施工条件下也具备较好的测试条件，通过本课题依托工程岩体温度法的现场试验表明岩体温度法能获得真实的岩体温度，对预报隧道掌子面前方含水体有理想效果。

综合以上分析，结合依托工程的情况，对适合于 TBM 施工的地下水预报技术提出水岩一体超前地质预报体系。以适合于 TBM 施工的 HSP 法作为 TBM 工作面前方地质构造预报的主要手段，通过地质复查、地质投射和地质综合分析等方法对 TBM 施工隧道地质条件进行推测，根据水文地质特征分析不良地质带的富水情况，重要构造补充应用岩体温度法判断前方不良地质构造含水情况。

（1）地质分析

通过地质复查、地质投射和地质综合分析等方法对 TBM 施工隧道地质条件进行整体性把握，目的在于确定整座隧道的工程地质重难点，特别是可能存在的地质构造、岩溶及富水带的情况及其分布里程，划分 TBM 施工的重点预报段。

（2）TBM 工作面前方地质构造探测

采用适合于 TBM 施工的 HSP 法在 TBM 掘进期间进行工作面前方地质构造的预报，预报时直接利用 TBM 掘进时刀盘切割岩体的破岩振动作为探测的激发信号，通过分析处理反射波信号，预报前方可能存在的地质构造；每次预报距离 100～120m，预报距离根据实际岩体情况调整。现场测试时不需要 TBM 停工，不影响施工，根据需要可连续预报，保证前后两次有 10m 以上的搭接长度。

（3）TBM 工作面前方地下水预报

对于采用 HSP 法预报的地质构造，采用岩体温度法进行是否含水的预报。开挖到地质构造带位置之前，在 TBM 工作面后方围岩的拱顶和左右边墙采用 TBM 机上的自动凿岩机钻取温度测试孔，进行岩体温度测试，结合 HSP 法结果分析前方构造带是否含水，具体施作流程如图 5.1-6 所示。

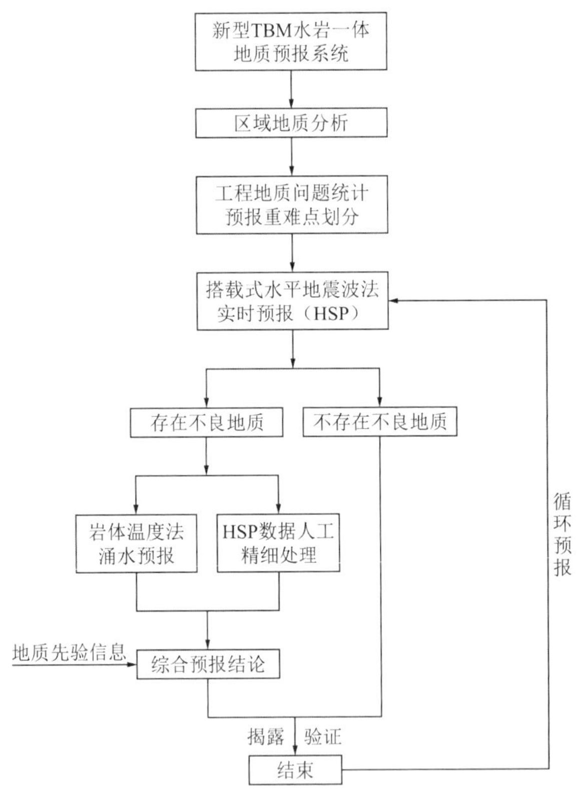

图 5.1-6　新型 TBM 施工水岩一体超前地质预报技术

5.1.2　水岩一体超前地质预报系统研制

1. 不良岩体超前预报系统研制

1）HSP 法检波器布置方案

利用水平声波/地震波剖面法（HSP）探测开挖面前方不良岩体，HSP 探测检波器主要布设于距工作面 12～32m 范围内，即盾尾面后 0～20m 范围内；测试检波器安装需与基岩接触并耦合，需钻孔直径 20mm，入基岩 10cm，并采用黄油或石膏耦合。测试时两排接收检波器同时接收 TBM 掘进产生的振动信号，每次接收都形成一个共炮记录阵列。TBM 掘进过程中，刀盘在推力作用下剪切掌子面岩体时进行数据采集，采集 10～15min 内振动信号，确保记录有效数据 800 道以上，用于数据处理和反演。探测空间阵列式布置方案如图 5.1-7 所示。

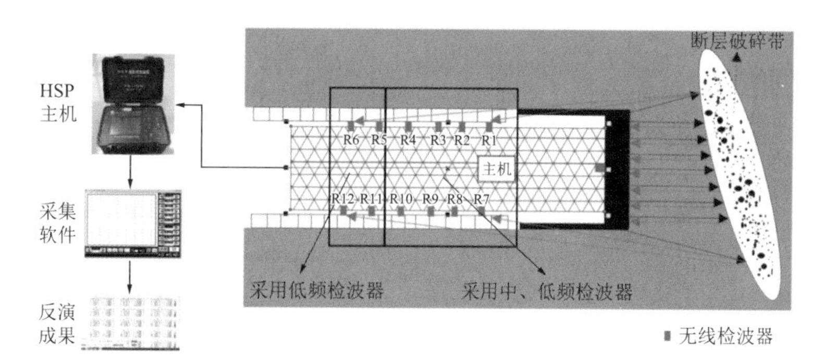

图 5.1-7 探测空间阵列式布置方案

探测检波器采用空间阵列式布置的优点如下：

（1）阵列式的布置方法能在空间多个位置对同一界面进行规律性观察，避免偶然性，提高准确率。同时也建立了科学的反射波分析模型，测试波形记录形成共炮排列，反射波呈双曲线形态，为采用能量叠加最大化原理进行反射成像提供了条件。

（2）具有信号叠加滤波功能。不同激发点得到的反射双曲线叠加，可以使反射波相干叠加加强，随机干扰波、侧面回波等干扰波叠加相消滤除，起到了很好的滤波效果，避免了因干扰波而造成的误判。

（3）相对于目前地质预报的单发单收方式，该方法的一发多收方式避免了单发单收重复测试的缺点，能有效提高采集效率。

2）弯扭式压电检波器研制

（1）弯扭式压电检波器设计

为了克服现有检波器的缺点，研发一种灵敏度高、频带宽、体积和重量小的弯扭式压电检波器。该类型检波器融合了动圈式和压电式特点，一般加速度传感器就是利用其内部由于加速度造成的晶体变形这个特性。由于这个变形会产生电压，只要计算出产生电压和所施加的加速度之间的关系，就可以将加速度转化成电压输出。当然，还有很多其他方法来制作加速度传感器，比如压阻技术、电容效应、热气泡效应、光效应，但是其最基本的原理都是由于加速度使某个介质产生变形，通过测量其变形量并用相关电路转化成电压输出。

研制的压电检波器由基座、安装在基座上的外壳、安装在外壳中的信号输出电路和装有压电片及惯性棒的芯体以及盖接在外壳上的上盖组成，其中芯体与信号输出电路用线路连接并嵌固在上盖和外壳内部，信号输出电路的输出端从上盖引出，其特征是所述的芯体由压电片、下端嵌固于压电片中心点上的惯性棒和连接在芯体壳体与惯性棒上端之间的约束弹簧片共同构成。

弯扭式压电检波器利用惯性棒直接作用在压电片的中心点，使力的作用线和支点（压电片边缘固定端）之间形成较大力臂，因此在受到即便是很轻微的振动时，惯性棒在其惯性力和与其上端连接的约束弹簧片的弹力作用下向压电陶瓷片中心作用外力，使压电片产生较大的弯扭变形，从而产生较大的压电信号，使检波器的分辨率和灵敏度得以提高。研制的弯扭式压电检波器如图 5.1-8 所示。

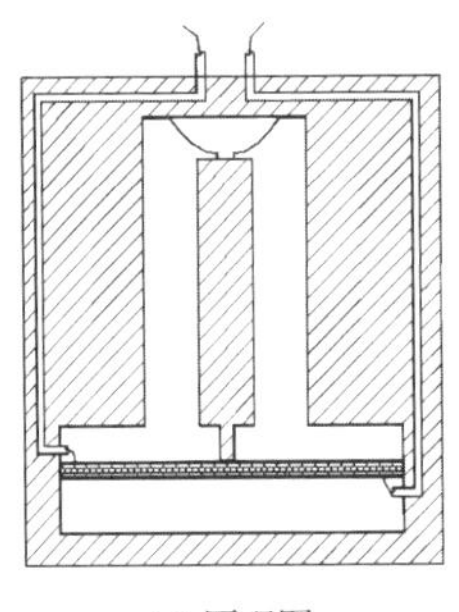
(a) 原理图

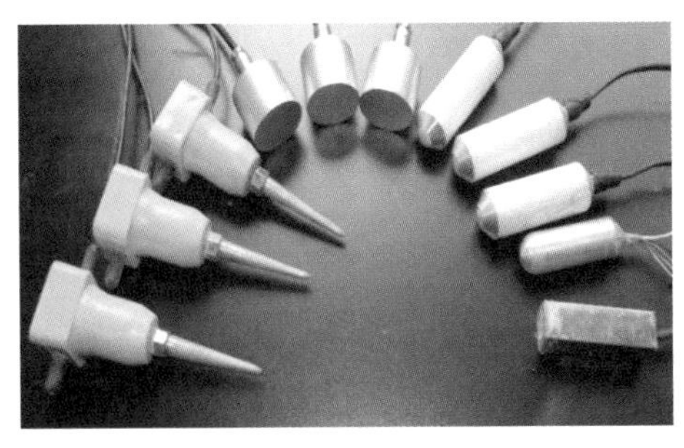
(b) 实物图

图 5.1-8　研制的弯扭式压电检波器

（2）弯扭式压电传感器关键技术

最大测量值：带有前置放大电路的传感器，其测量的最大值和放大电路有着密切的关系，一般放大电路的最高电压也决定了测试输出信号的最高电压。对于工程中的弹性振动来说，输出信号最大值取 10V 就够用了。研制的传感器的最大输出值为 12V。

灵敏度测试：一般来说，越灵敏越好。越灵敏的传感器对一定范围内的加速度变化更敏感，输出电压的变化也越大，这样就比较容易测量，从而获得更精确的测量值。为了分析新制传感器的灵敏度，开展了对比试验。

把常用的测桩传感器与研制的传感器对同一个信号进行灵敏度对比。信号源采用 25K 压电传感器激发，对比结果如图 5.1-9 所示。

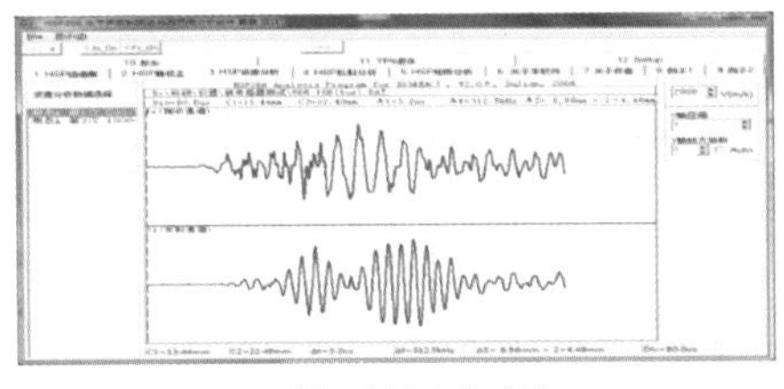
(a) 弯扭式压电传感器

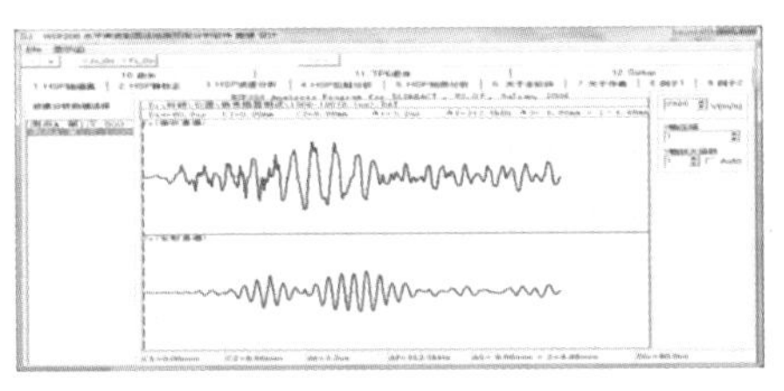
(b) 测桩传感器

图 5.1-9　研制传感器与测桩传感器灵敏度对比

把地震用的动圈传感器与新制传感器对同一个信号进行灵敏度对比。信号源采用 25K 压电传感器激发。对比结果如图 5.1-10 所示。

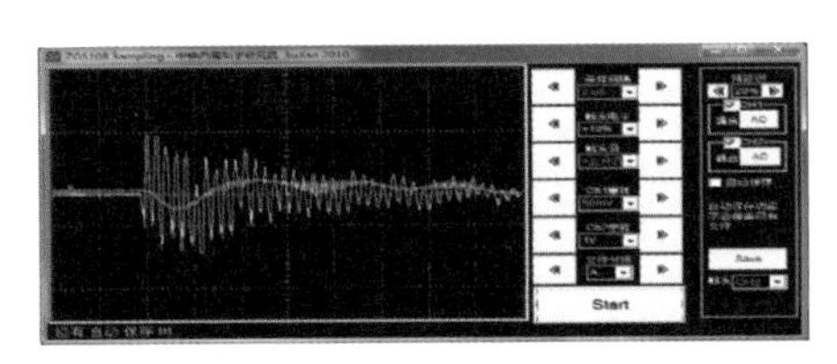

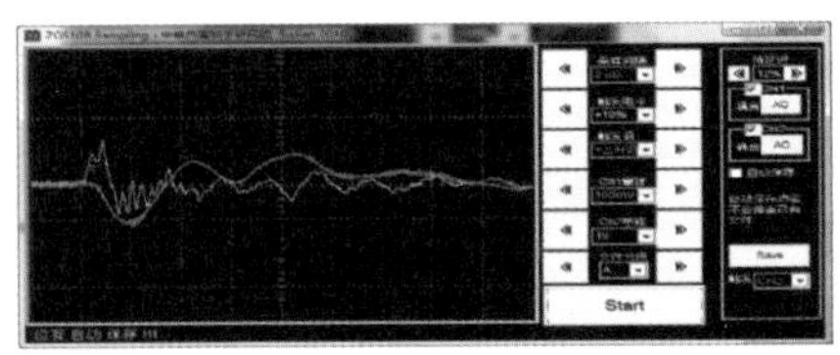

图 5.1-10　新制传感器与动圈检波器灵敏度对比

根据对比试验分析，可以看出新制传感器有以下特点：与传统的压电检波器相比，灵敏度提高了 5 倍；灵敏度与传统的动圈式检波器相比没有降低；频率响应达到 40K，与传统压电检波器相比，频率响应没有降低；稳定性方面，测试过程中表现稳定。

3）信号无线采集传输技术

（1）无线传输采集方法设计

针对 TBM 施工特殊环境，为 TBM 施工提供一种能确保提供高保真信号以提高预报准确率的无线传输式 HSP 地质超前预报系统。为实现探测的便捷性，研发了无线传输技术，图 5.1-11 为 TBM 施工 HSP 预报无线传输模块示意图。

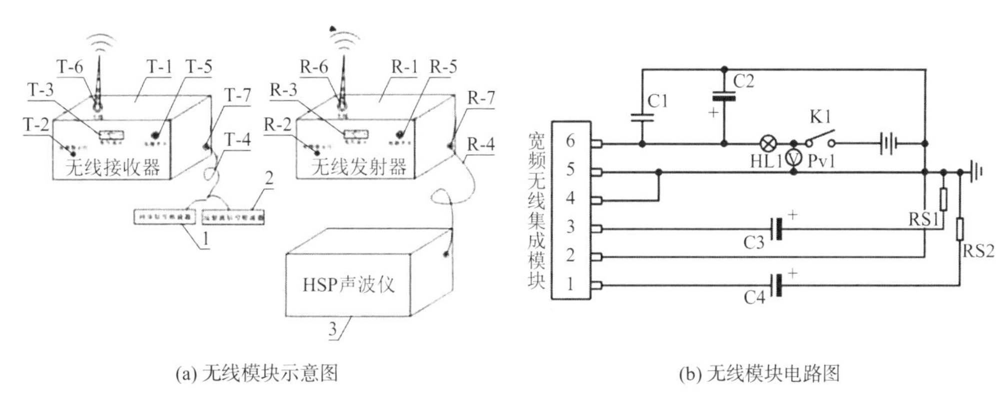

(a) 无线模块示意图　　(b) 无线模块电路图

图 5.1-11　HSP 预报无线传输模块示意图

将从刀盘传输至 HSP 主机信号的有线传输改为无线传输，具有以下优点：省略了信号传输线的布设和维护过程，使 TBM 施工 HSP 地质超前预报操作更方便、快捷，大大提高了地质预报工作效率；通过设置滤波电路来有效地获取 TBM 工作面前方的真实信号，保真度高。

HSP 无线技术的最终功能是进行地质预报的测试，因此其最初的信号经无线系统采集后，与原信号相比不能失真，以下针对 HSP 的无线系统进行了信号采集试验，见图 5.1-12。分别用 5Hz、20Hz、50Hz、200Hz、500Hz、1000Hz 标准正弦信号进行有线传输和无线传输对比，从图形中可以看出有线传输波形与无线传输特征相似，无畸变，但存在一定的延迟，需进行延迟校正。

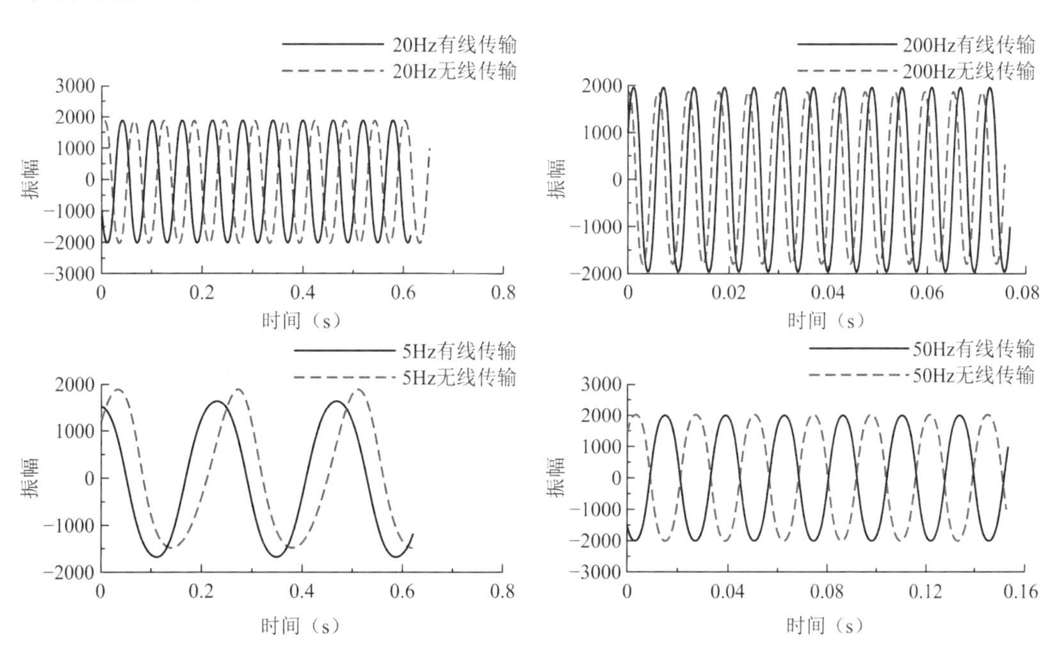

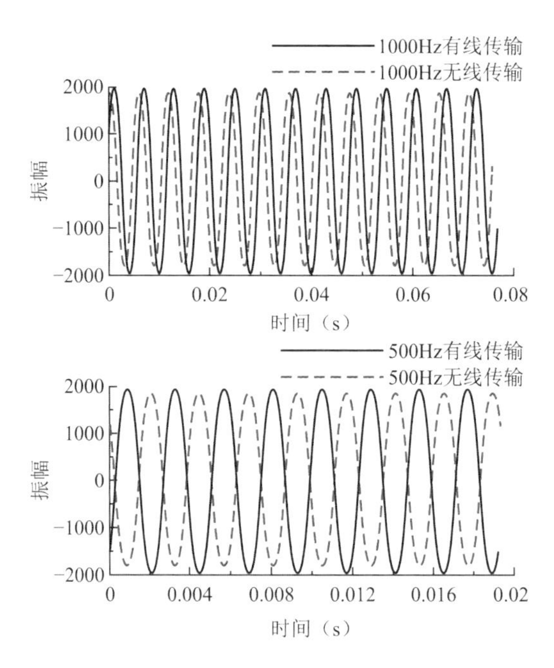

图 5.1-12 正弦信号进行有线传输和无线传输对比图

利用实际锤击宽带子波信号进行有线传输和无线传输试验，获取波形图见图 5.1-13，Fs（发射通道）是经有线系统采集的原信号，Js（接收通道）是经无线系统经延迟修正后采集的信号。经对比可以看出，无线采集系统具有非常好的信号采集性能，无线采集信号的采集频率可达 65kHz，地震波的频率一般都较低，所以对于 HSP 系统来说这个频率已远远够用。

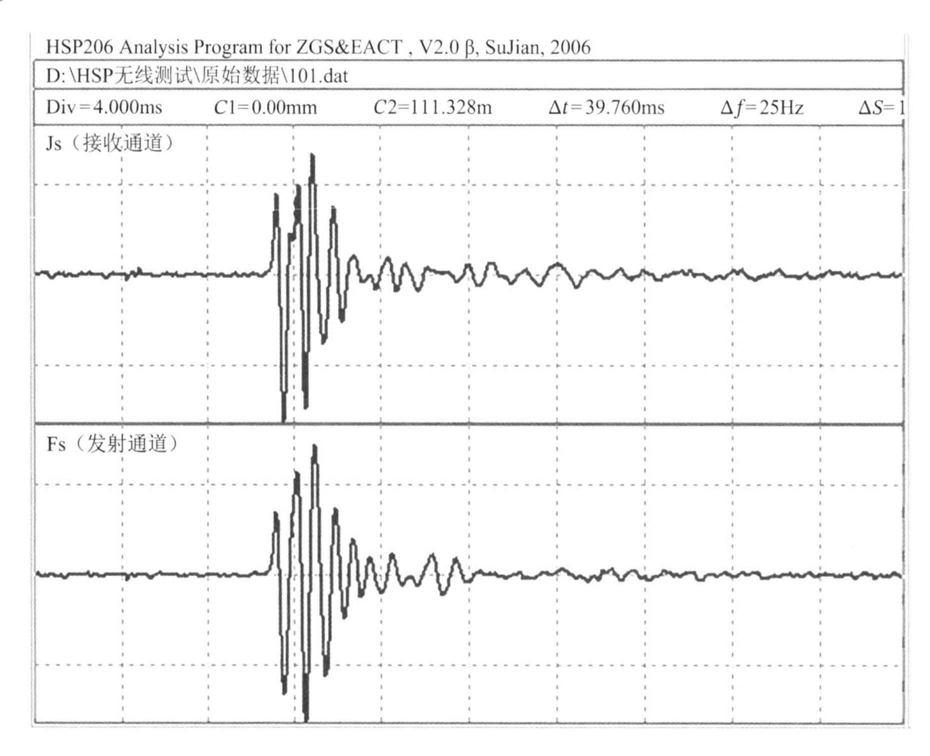

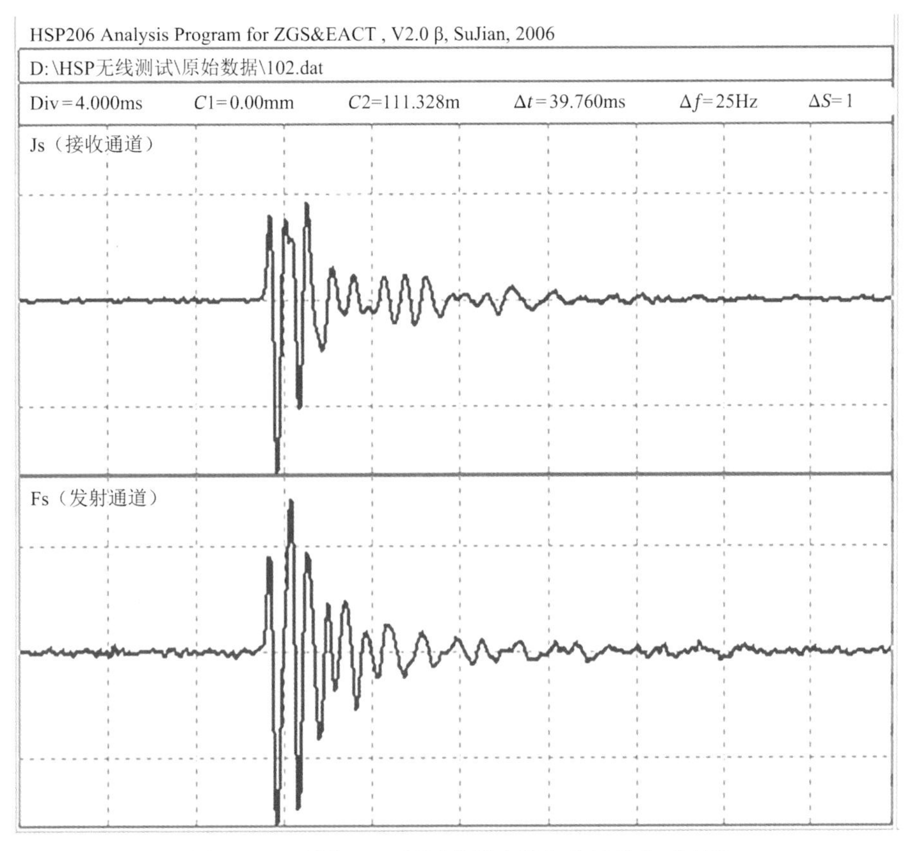

图 5.1-13　锤击 HSP 探测信号有线与无线接收对比图

在 TBM 内进行有线传输和无线传输试验，获取波形图如图 5.1-14 所示，Fs（发射通道）是经有线系统采集的原信号，Js（接收通道）是经无线系统延迟修正后采集的信号。经对比可以看出，无线采集系统具有非常好的信号采集性能。

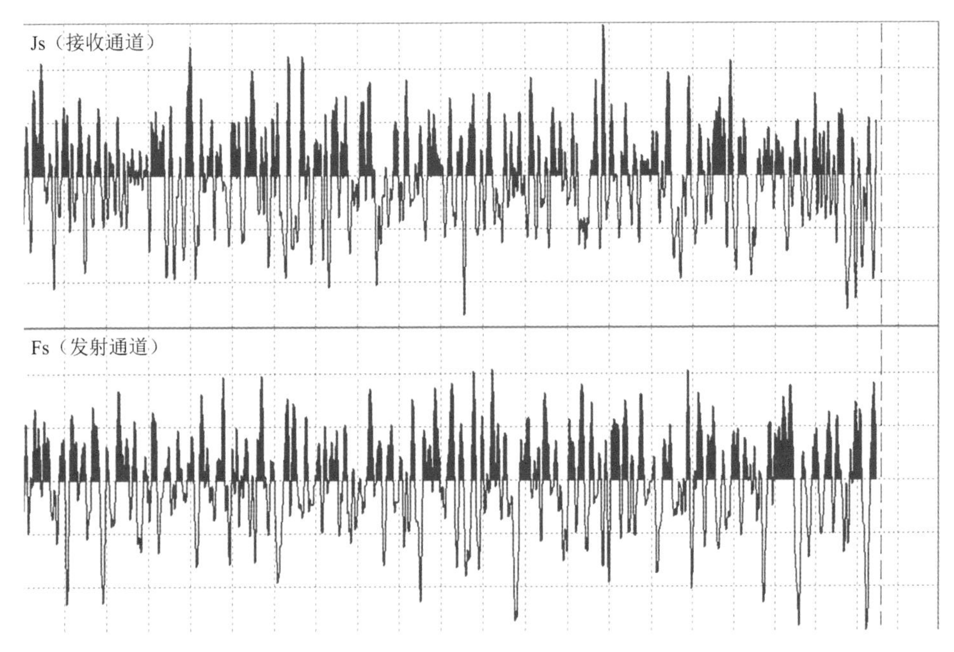

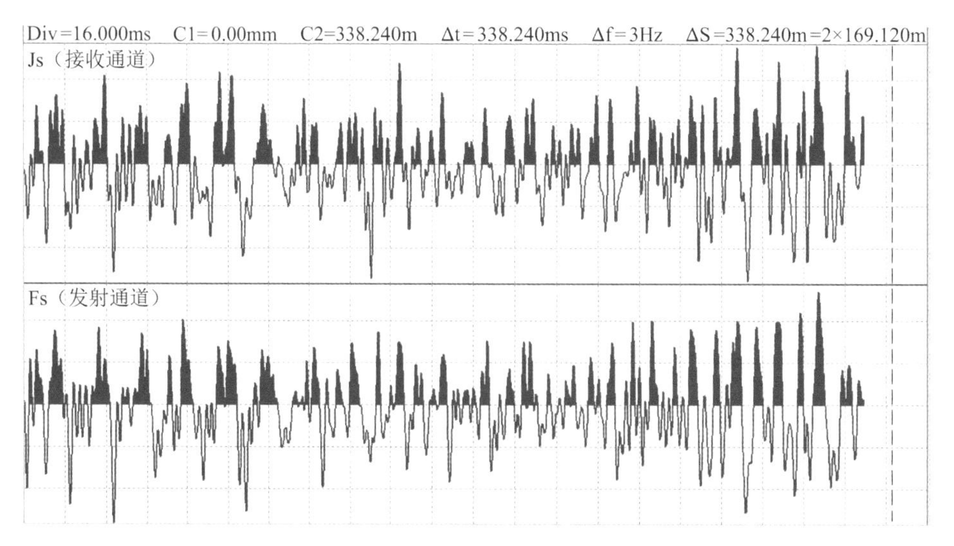

图 5.1-14 TBM 施工 HSP 探测信号有线与无线接收对比图

（2）无线传输采集模块研制

无线数字检波器的无线遥测技术的研制成功，保证了数据采集的高保真、高精度要求，同时使现场采集更加灵活方便，这在 TBM 施工隧道超前地质预报领域率先取得突破。图 5.1-15 为无线收发模块及主机实体照片，其体积小，接收模块与发射模块可通过快速接插件分别与主机及边墙检波器相连，使用便捷。

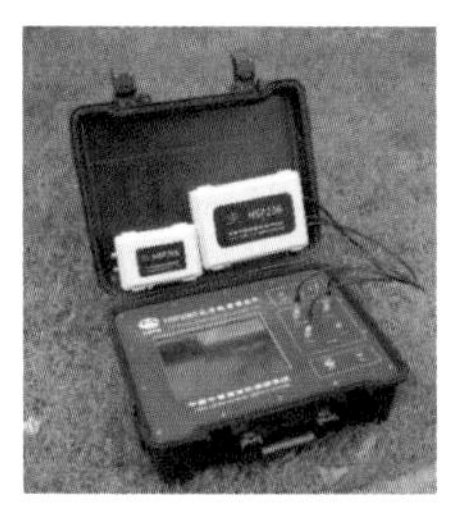

(a) 便携式

(b) 集成式

图 5.1-15 无线收发模块及主机

2. 不良水体超前预报系统研制

岩体温度法隧道涌水预报仪提供一种利用新原理、抗干扰能力强、工作范围宽、体积小、易操作的数显超前地质预报仪。它能够在突涌水、突泥事故发生之前，对围岩岩体的温度场进行探测，通过对测得的温度场或温度曲线进行分析，预测不良地质体含水性，从而预防灾害事故的发生。

智能岩体温度法隧道涌水预报仪由检测控制仪器和温度传感器组成，其中温度传感器主要来自市售现成品，根据精度要求来进行比选，主要包括热敏电阻和热电阻两种类型的传感器。

所述的温度传感器为单独设置，一个以上，固定在 PVC 管端，采用人工推进到岩壁钻孔内所需深度，并采用砂浆密闭。

检测控制仪器包括信号发生器、隔离式触发开关电路、A/D 转换电路、隔离式稳压块、RS485 转换器、直流电源及主机系统，其中主机系统主要由 CPU、存储器、液晶显示器组成。CPU 输出端接液晶显示器及存储器，CPU 的通信接口接 RS485 转换器，RS485 转换器通信接口接信号发生器；主机系统通信接口电源输出端接隔离式开关电路，直流电源经隔离式开关电路接信号发生器、状态指示灯及 A/D 转换电路向其供电。

箱体采用 GE 树脂材料制作的安全箱，箱体材料具有耐磨、防划、抗冲击、坚固耐用性能，且抗化学物质腐蚀，箱体外部尺寸为 512mm × 430mm × 242mm（长 × 宽 × 高），内部尺寸为 461mm × 346mm × 221mm（长 × 宽 × 高）。工控电脑内置于箱体内顶部面板上，蓄电池为自制，内置于箱体内部。PC 机自身电池可持续续航，电路板芯片由蓄电池供电，PC 机工作时，同时启动继电器，由继电器导通蓄电池与芯片之间的连接，通过控制 PC 机即可完成数据采集工作。岩体温度法隧道涌水预报仪系统如图 5.1-16 所示，其传感器布置如图 5.1-17 所示，其实物如图 5.1-18 所示。

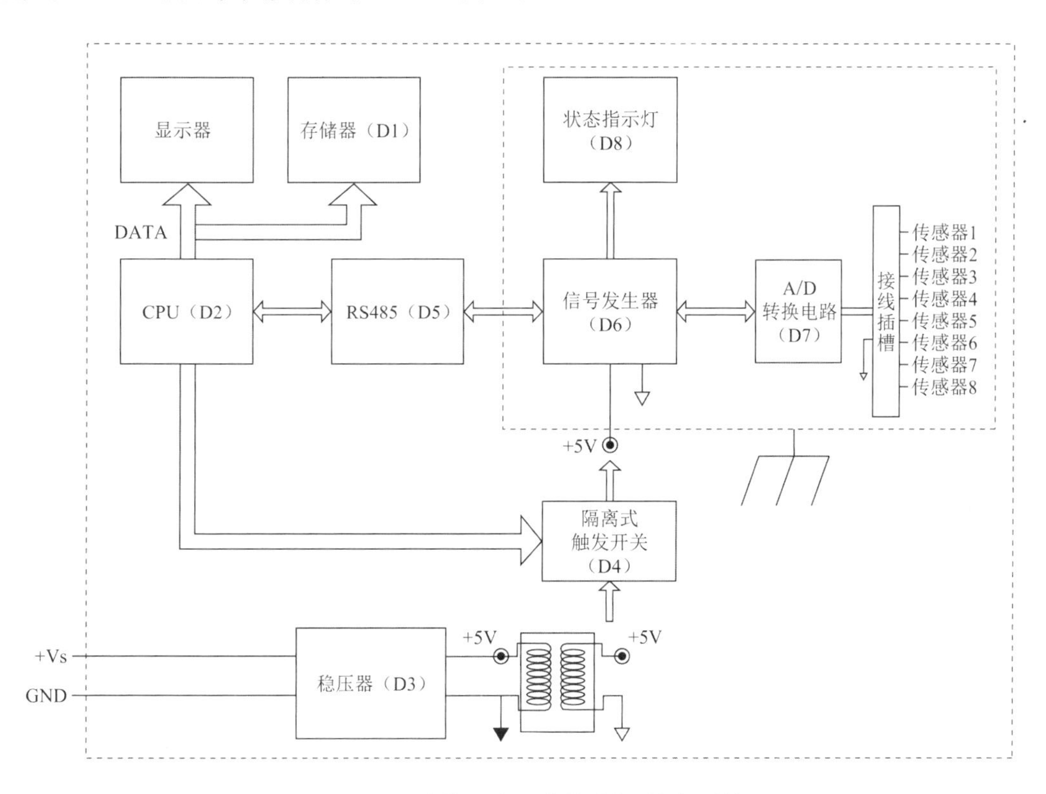

图 5.1-16　岩体温度法隧道涌水预报仪系统

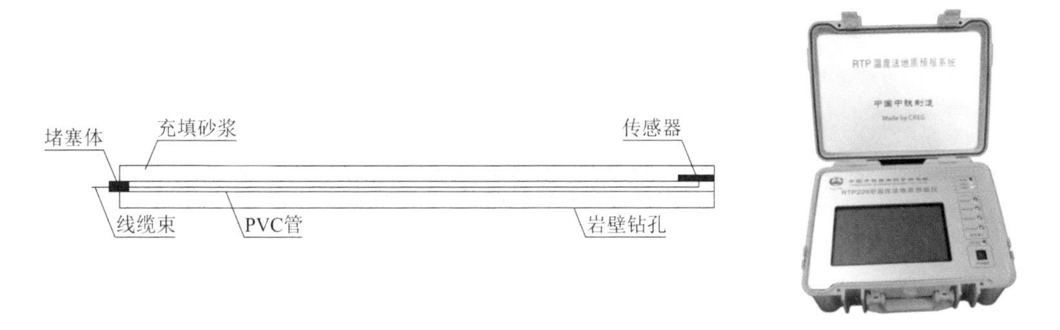

图 5.1-17　传感器布置图

图 5.1-18　岩体温度法涌水预报仪

智能岩体温度法隧道涌水预报仪特点：

（1）采用8通道24位高精度同步自动采集，可形成剖面测试，测试速度为8次/s，测试速度快；

（2）性能稳定性高，仪器轻便，使用范围广，具有防水、防尘及防震功能的测试系统，不受外界干扰，重复性好，既可在一般环境中使用，也可在特别环境中使用（例如TBM隧道施工环境）；

（3）仪器适应性强，可接多种温度传感器；

（4）仪器采用12V直流电源供电，耗电量小，可长期工作，使用方便。

5.1.3 水岩一体超前地质预报系统软件开发

1. HSP法超前地质预报软件开发

1）针对TBM施工的滤波及处理方法

TBM施工环境复杂、噪声干扰强，采用多种数据处理方法，最大程度上使原始波形达到归整排列、去燥和振幅恢复的目的。

（1）预处理

将野外原始数据进行初步加工，以满足计算机及处理系统中各处理方法的要求。包括：解编、编辑、抽道、真振幅恢复、零漂归位等步骤。

（2）数据提取与分析

主要包括频谱分析与相关分析，频谱分析主要任务是弄清有效波及干扰波的频率特性差异，以便设计合适的频率滤波器来压制干扰，突出有效信号；相关分析主要任务是分析道间相似程度、求取静校正时移量，进行地震子波求取和相关滤波。

（3）波场分离技术

波场分离方法较多，依据主要为波场视速度特性和偏振特性差异，HSP地质预报技术主要利用波场视速度特征进行波场分离，采用F-K滤波方法去除后方及周边反射波信号，保留掌子面前方回波。在目前许多隧道超前地质预报方法中都未进行波场分离，从而导致预报结果不够准确。

图5.1-19为HSP预报技术波场分离技术程序实现。图5.1-19（a）为采集的原始波场，波场中包含多组不同视速度的声波，将原始波场进行傅里叶变化，将原始波场转化到频率-波数域，如图5.1-19（b）所示，可以看到掌子面后方回波位于正波数平面，掌子面前方回波位于负波数平面，另外还有较弱的一组干扰信号。如图5.1-19（c）所示，在做滤波处理后在F-K域仅存在前方回波信号，通过傅里叶反变换转化为时间-空间波场，如图5.1-19（d）所示波场中滤掉了后方回波和干扰波，达到了波场分离的目的。

（4）反褶积技术

反褶积处理的目的是压缩子波的长度，同时可以压制噪声和多次波，提高成像剖面的分辨率。在普通波形记录上，一个界面的反射波往往延续时间较长，由于前方地层反射界面间距离一般为几米至几十米，它们的到达时间差和子波延续时间重叠、彼此干涉，难以区分，为了提高反射波的分辨能力，HSP技术将每个界面的反射波表现为一个窄脉冲，每个脉冲的强弱与界面的反射系数大小成正比，而脉冲的极性反映界面反射系数的符号，这样就将延续时间较长的子波压缩成为一个反映反射系数的窄脉冲，这就是反褶积的目的。图 5.1-20 为原始波形记录和经过反褶积处理后的效果。

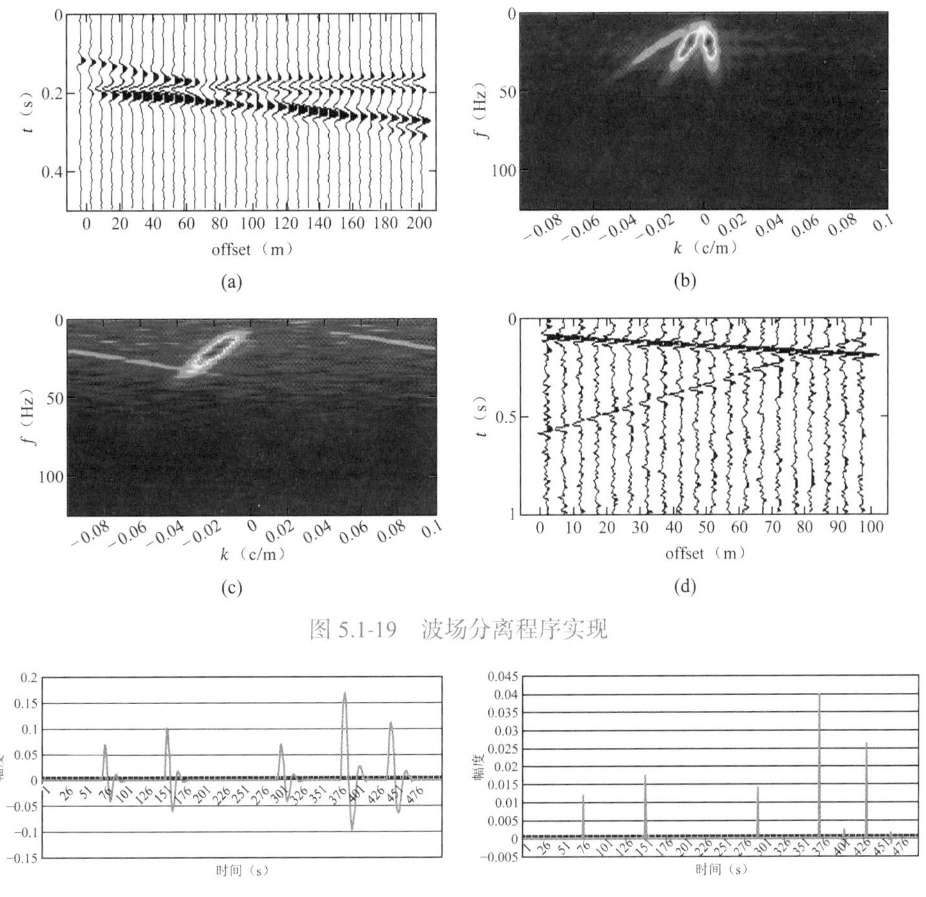

图 5.1-19　波场分离程序实现

图 5.1-20　子波记录及反褶积效果

2）HSP 反射与散射联合成像方法及软件

（1）应用反射与散射联合成像技术提高预报准确率

当弹性波遇到几何尺寸与其波长基本相当的不均匀地质体时，如断层错位造成的棱、角点（简称断点）、地层尖灭点、洞穴等往往都能满足散射波（绕射波）的形成条件。因此，绕射波是识别断层（特别是反射法难以分辨的倾斜断层）、地层尖灭点、洞穴等突变地质体的重要标志。散射波（绕射波）在声波信号记录上的形态是一条规则的双曲线，因此在剖面上很容易识别。

（2）反射与散射联合成像进行隧道地质预报的方法

在分析 HSP 测试布置方式下反射波与散射波特征规律的基础上，充分发挥反射法和散射法各自的优点，以叠加能量最大化原理确定扫描速度进行深度偏移联合成像。

将反射和散射偏移成像剖面联合，组成反射与散射联合成像剖面，这种成像方法具有速度快、精度高、适用性广泛的优点，有力地提高了隧道超前地质预报的分辨能力。图 5.1-21 为经过速度扫描和反射、散射联合成像得出的预报成果图，成果图中包括了断层、褶皱和空洞等多种典型不良地质体的组合成像，预报结果直观、准确。

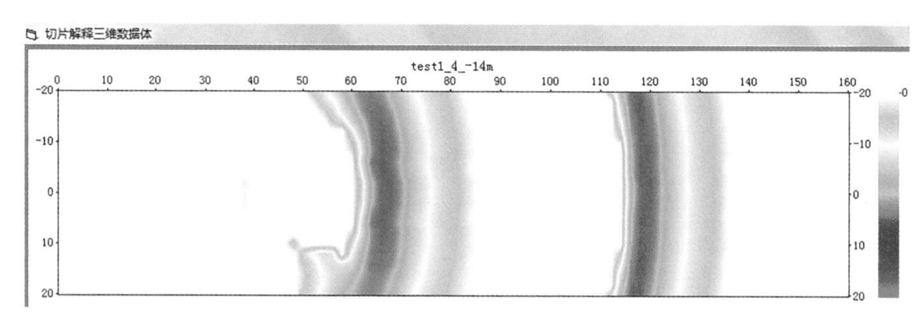

图 5.1-21　反射与散射联合成像成果图

（3）数据成像软件系统开发

数据处理软件系统的开发，结合前期试验及应用，将各数据处理方法及模块整合开发，实现了“弹性波数据处理与解释系统”。该系统主要包含四个模块，分别为数据处理模块、数据反演模块、分析解释模块、正演模拟模块。

经数据反演处理后，获取的地层特征数据为空间三维数据，其中图 5.1-22 为反演成果展示界面-*YOX*面切片，从图中可以看出针对不同位置的*Z*值获取了地层*YOX*面切片，从而了解在*Z*方向上地层特征变化；同理，图 5.1-23 为反演成果展示界面-*XOZ*面切片，从图中可以看出针对不同位置的*Y*值获取了地层*XOZ*面切片，从而了解在*Y*方向上地层特征变化；图 5.1-24 为反演成果展示界面-*YOZ*面切片，从图中可以看出针对不同位置的*X*值获取了地层*YOZ*面切片，从而了解在*X*方向上地层特征变化。从三个不同角度切片成果图获取地层全空间特征信息，用以指导施工，具有重要意义。

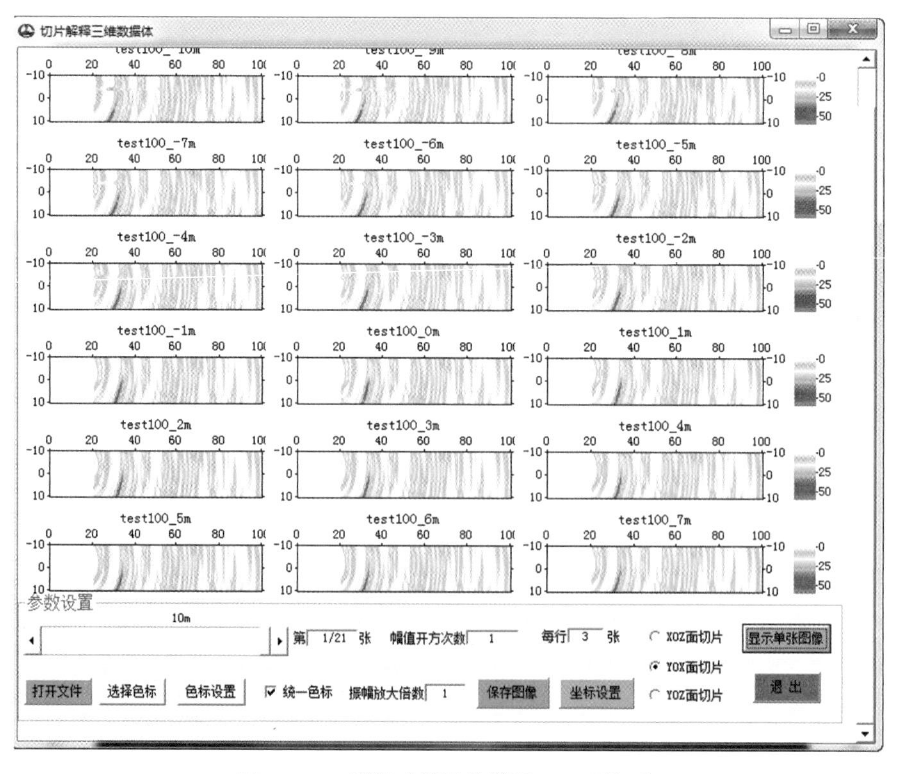

图 5.1-22　反演成果展示界面-*YOX*面切片

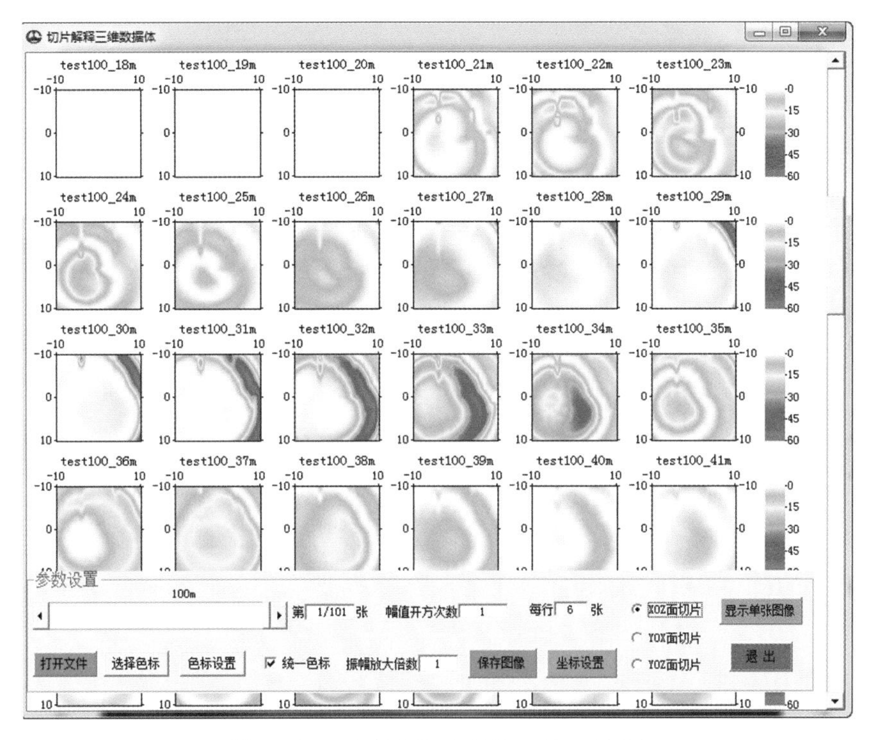

图 5.1-23　反演成果展示界面-*XOZ*面切片

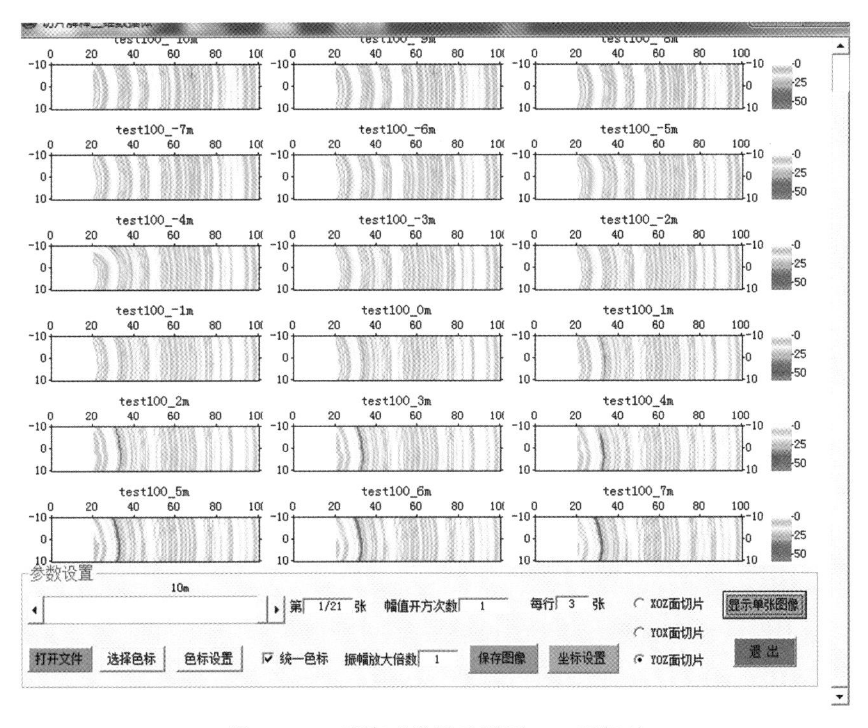

图 5.1-24　反演成果展示界面-*YOZ*面切片

HSP 三维可视化是为 HSP 探测成果数据提供直观形象的三维展示、编辑功能；软件包括文件加载保存、里程设置、步长设置、里程方向设置和颜色直方图设置，整体界面如图 5.1-25 所示。

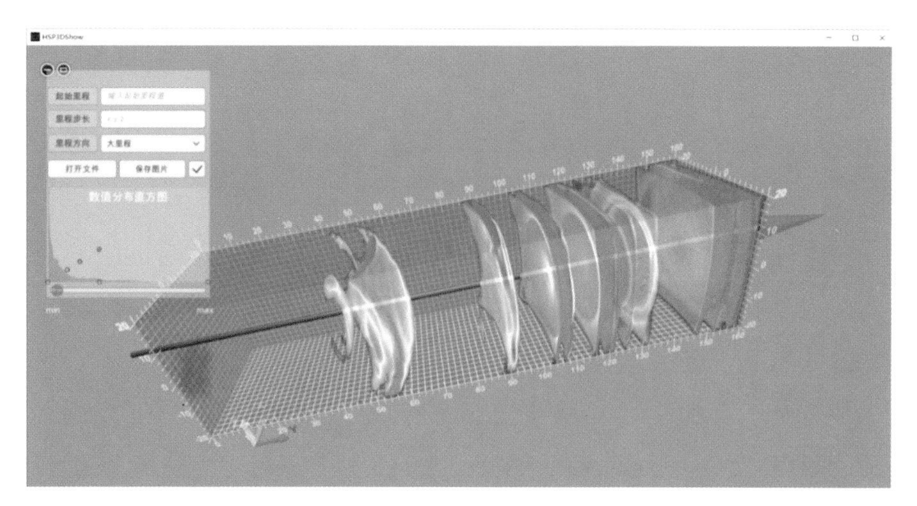

图 5.1-25　三维可视化软件整体图

可以通过编辑功能设置起始里程，在起始里程右边输入框键入起始里程，回车或者鼠标单击输入框外部即可更新里程起点，如图 5.1-26 所示。

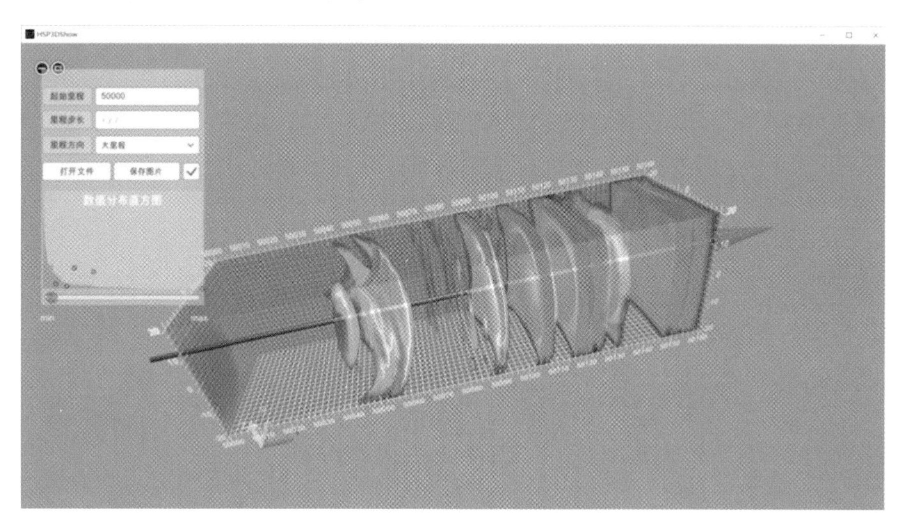

图 5.1-26　设置里程后软件图

调整里程方向，下拉框包含大里程和小里程两个方向，选中之后可以调整Y方向刻度增减的方向。大里程：Y方向刻度从左到右递增；小里程：Y方向刻度从左到右递减。可通过色标点设置显示颜色和透明度，也可通过鼠标进行图片的三维旋转，让成果更为直观。

（4）正演模拟试验

该套数据处理系统还带有一套正演模拟系统，任何反演都离不开正演，正演的有效性直接影响着实测数据反演的可信性。为验证软件系统的可信度，故设计一正演模型进行正反演分析。

经数据反演处理后，获取的地层特征数据为空间三维数据，其中图 5.1-27 为反演成果展示界面-*XOY*面切片，图 5.1-28 为反演成果展示界面-*XOZ*面切片，图 5.1-29 为反演成果-*YOZ*面切片。从三个不同角度切片成果图获取地层全空间特征信息，可以看出异常位置分别在 88m、118m、158m 位置。

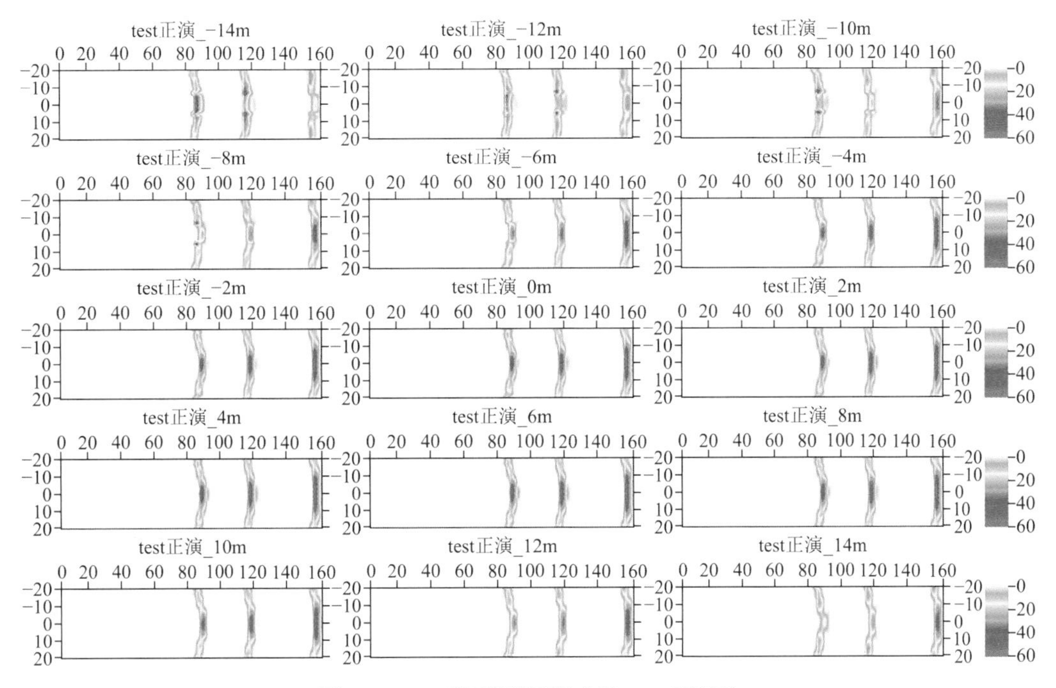

图 5.1-27　正演模型反演成果-*XOY*面切片

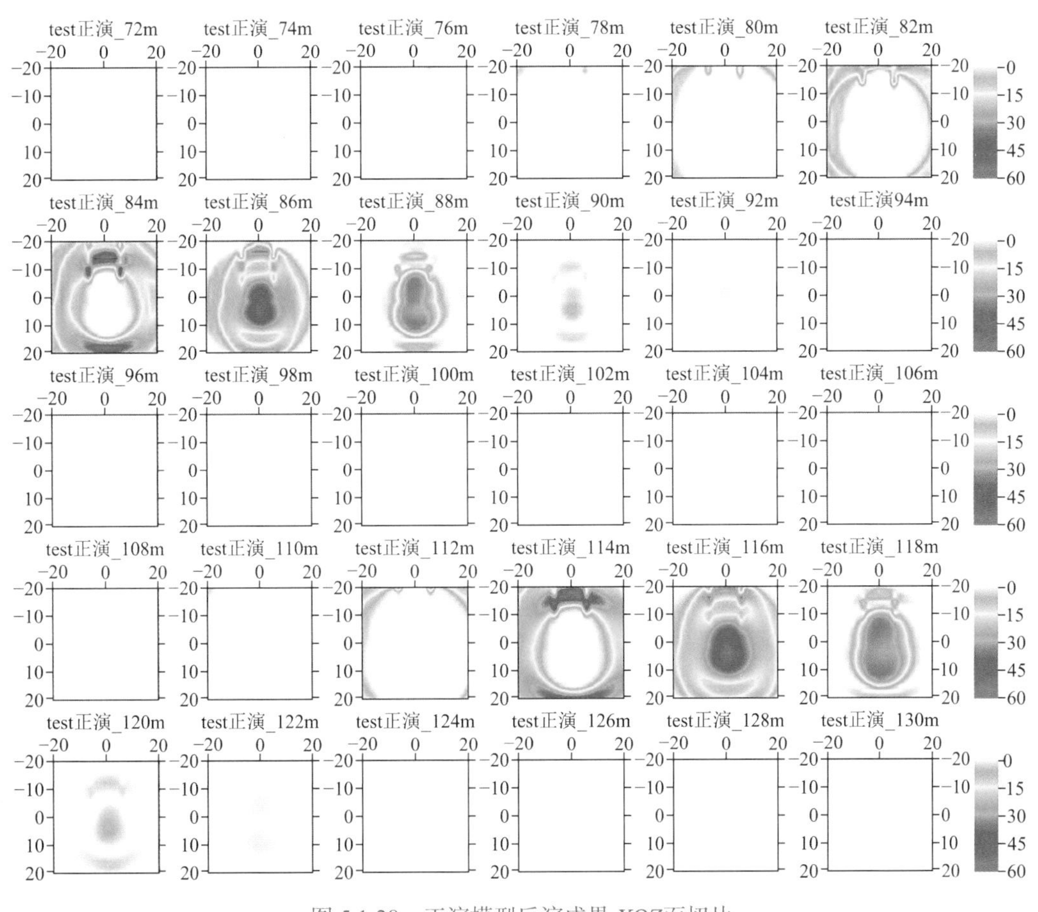

图 5.1-28　正演模型反演成果-*XOZ*面切片

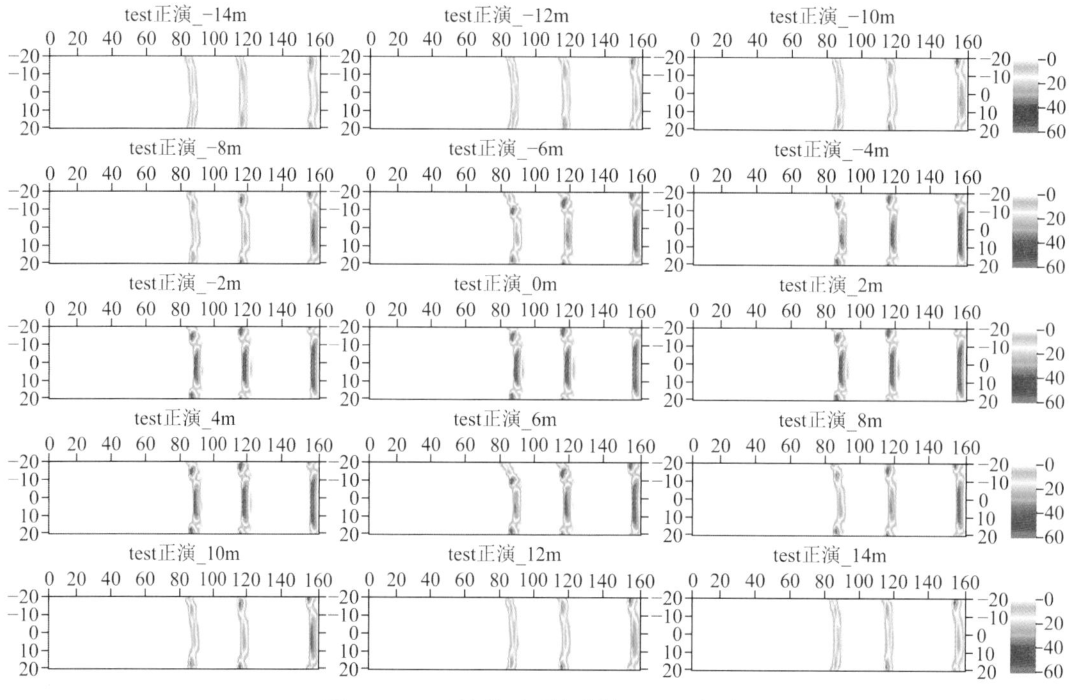

图 5.1-29　正演模型反演成果-*YOZ*面切片

2. 智能岩体温度法配套软件

岩体温度法涌水预报系统包括数据采集系统和数据解释处理系统两大部分。

数据采集系统主要包括：嵌入式触摸电脑；记录单元：24 位 ADC 转换器（1～16 道，采集速率 8 次/s，带宽 5.24Hz，灵敏度±0.1%，工作环境温度−25～75℃）；温度传感器（灵敏度±0.35%，测量范围−20～65℃，工作电流＜1mA，高温稳定性高，能承受高电压，绝缘性好）。

数据解释处理系统采用 Windows 作为软件操作平台，具有高速智能化。图 5.1-30～图 5.1-33 分别为岩体温度法涌水预报系统软件参数设置界面、数据记录界面、实时监测界面和数据浏览及成图界面。

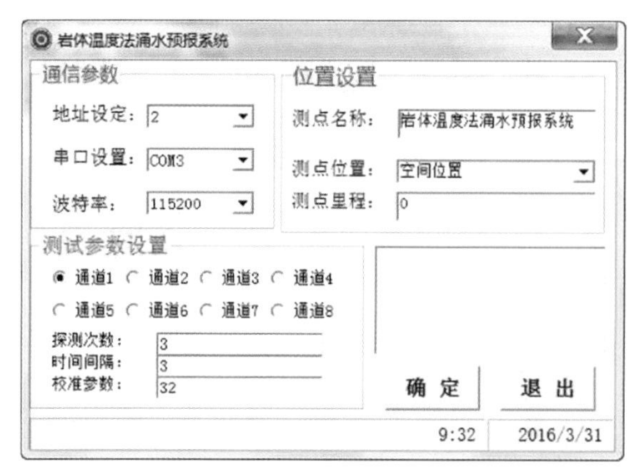

图 5.1-30　参数设置界面

图 5.1-31　数据记录界面

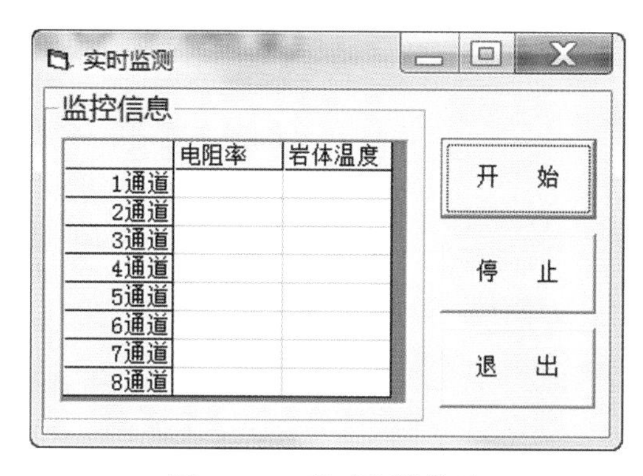

图 5.1-32　实时监测界面

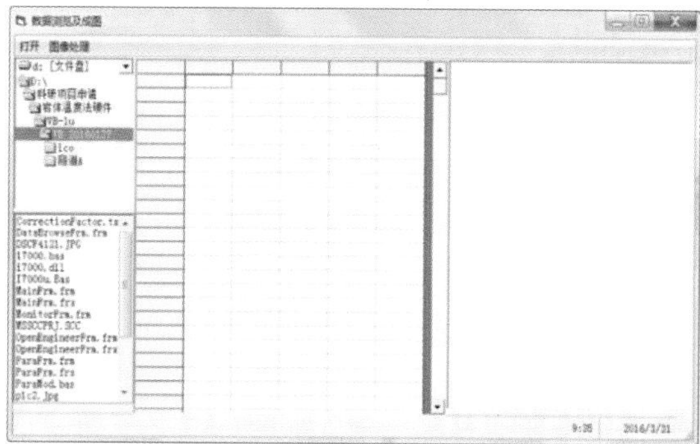

图 5.1-33　数据浏览及成图界面

数据解释处理系统主要功能包括：

（1）数据预处理：输入各测点相应的参数（坐标、里程、高程等）。

（2）地形校正：岩体温度测试结果受地形效应的影响，难以对结果做出判断，通过地形校正，可凸显地下水对岩体温度场影响程度。

（3）网格化及回归分析：通过网格化对整个测线所形成的剖面进行有限元计算，便可得到整个区域的岩体温度场；回归分析则是为测线建立函数关系，通过得到的特征曲线，可计算隧道施工掌子面前方地下水的位置。

（4）自动成图及输出：成果的输出主要包括两部分，即岩体温度场特征曲线；岩体温度场 2D 等值线图，如图 5.1-34 所示。

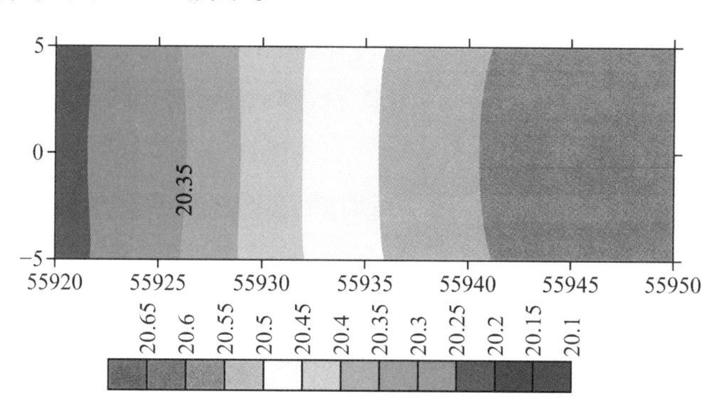

图 5.1-34　隧道围岩温度场等值线图

3. 集成式 HSP 法实时地质预报软件开发

因 TBM 高效的掘进速率，在研究 TBM 破岩振动信号特点、结合现场应用统计情况后，实现了 TBM 施工的 HSP 法实时地质预报技术。

进行 TBM 实时地质预报时，预报流程见图 5.1-35，具体操作如下：

（1）首先进行检波器布置，并进行检波器接收性能调试和环境噪声调查。

（2）其次进行相关参数设置，如采集参数、采集模式、点位信息、数据处理参数等。其依据前期工程项目及 TBM 实际情况进行设置。

（3）自动采集，根据采集模式要求进行实时数据采集。

（4）采集结束后，进行自动数据处理、反演成像、反射层拾取、异常解释等，并进入下一次地质预报工作，实现循环实时预报。如遇重大异常区，则进行人工数据处理，进一步复核异常区位置、规模、性质等，完成地质预报工作。

为实现 TBM 施工的 HSP 法实时地质预报技术软件的开发，应统计 TBM 施工隧道 HSP 探测技术参数，如引红济石、引汉济渭、西藏派墨农村公路等 TBM 施工隧道预报项目的数据采集参数要求、处理方法及参数范围、波形时频域特征、异常形态与图谱相关性等资料。图 5.1-36 为 HSP 法实时地质预报主控软件界面。

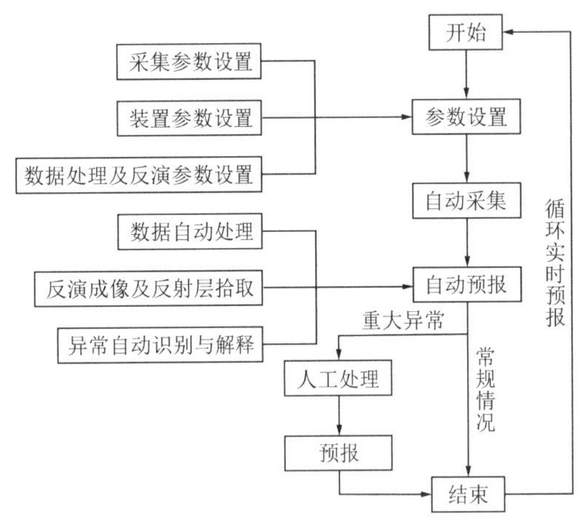

图 5.1-35 实时地质预报流程

图 5.1-36 HSP 法实时地质预报主控软件界面

通过主控软件分别调出各子模块，完成实时预报工作，各模块功能介绍如下：

（1）对 TBM 施工 HSP 法实时预报系统的参数模块进行设计，并不断优化，见图 5.1-37，其包括硬件控制参数、装置参数等在内的多流程参数设计。如采集参数（采样间隔、预延迟、采集长度等）；装置参数（隧道半径、掌子面相对位置、检波点坐标、掘进方向等）；数据处理参数（滤波参数、干涉方法、虚拟震源道等）；采集模式（实时预报数据量、启动方式等）。

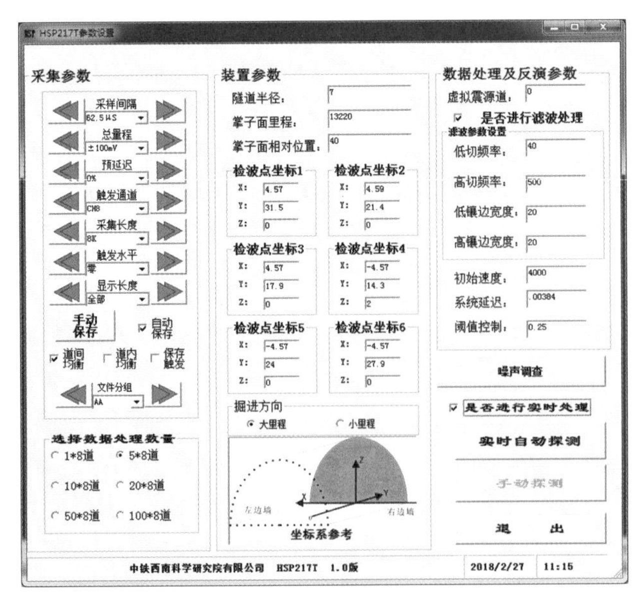

图 5.1-37 参数设计界面

（2）对 TBM 施工 HSP 法实时接收时域波形的展示、编辑与回放，见图 5.1-38。

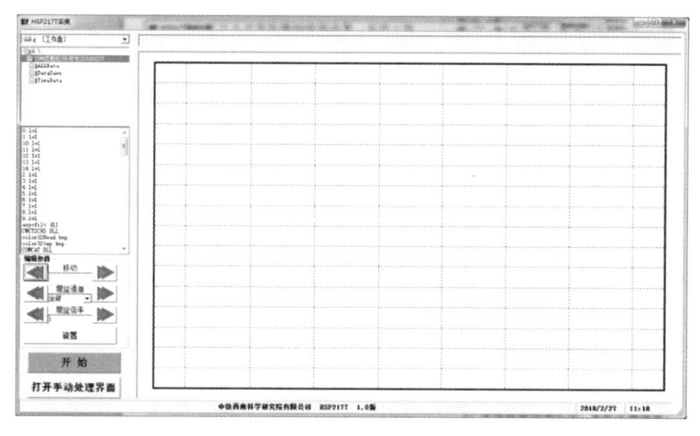

图 5.1-38　数据采集界面

（3）实现数据快速处理、智能反演成像、异常拾取、成果解释等后台控制与成果展示，实现实时地质预报技术，指导 TBM 掘进。形成的反射成像切片图、反射异常识别图、推测不良地质图见图 5.1-39、图 5.1-40。

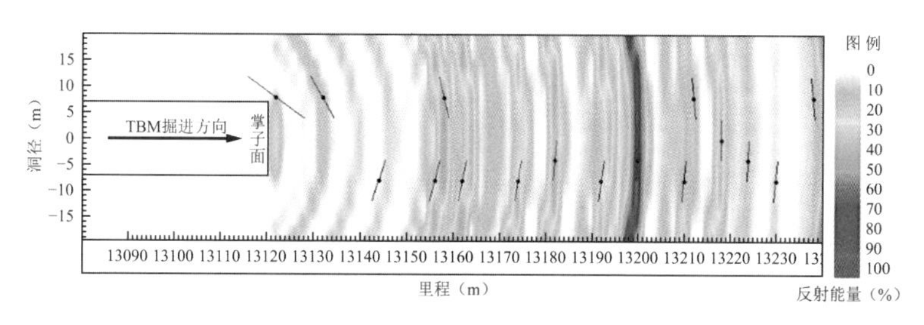

图 5.1-39　地层反射成像切片图

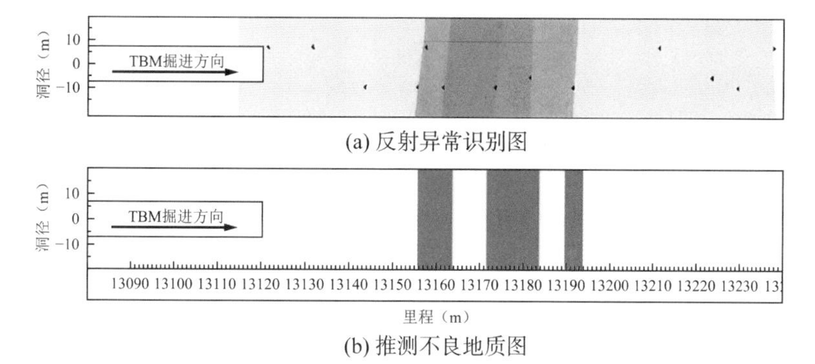

图 5.1-40　成果展示界面

5.1.4　超前地质预报系统与 TBM 集成设计

以大瑞铁路高黎贡山隧道用“彩云号”TBM 为基础，研制了水平声波/地震波剖面法岩体超前预报系统和岩体温度法水体超前地质预报系统，但考虑到高黎贡山隧道地下热水的影响，超前地质预报系统与 TBM 集成设计时采用了水平声波/地震波剖面法岩体超前预报系统，另外还采用了激发极化法水体超前预报系统和三维地震法岩体超前预报系统。并且三种超前预报系统均安装在主控室内，如图 5.1-41、图 5.1-42 所示。另外，在 TBM 施工过程中也采用 TSP 法进行超前地质预报。

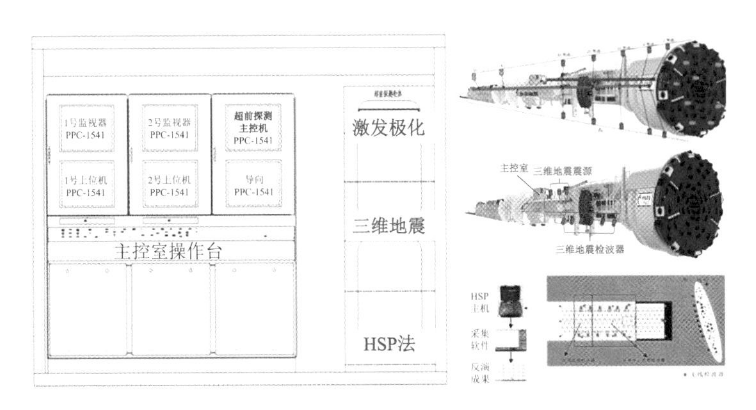

图 5.1-41　TBM 预留超前地质预报空间位置及显示区

1. HSP 超前地质预报系统

集成式 HSP 超前地质预报系统应具有小型化、信号采集自动化、数据处理快速化、异常提取智能化等特点，实现 HSP 法实时地质预报技术。其设计具体参数如下：

（1）预报有效距离：硬岩段（80～120m），软岩段（60～80m）。

（2）预报分辨率：子波波长的 1/4（与区域围岩特性相关通常情况下大于 0.5m，并且随预报距离的增加分辨率下降）。

（3）主机尺寸大小：250mm × 250mm × 73.5mm，安置于 TBM 预留超前地质预报安装位置处，并优化仪器展示面板（图 5.1-43）。通过采用快速粘连式布极实现接收检波器安装，检波器在隧道轮廓上采用空间阵列式布设。

图 5.1-42　多种超前地质预报系统与 TBM 集成实物图

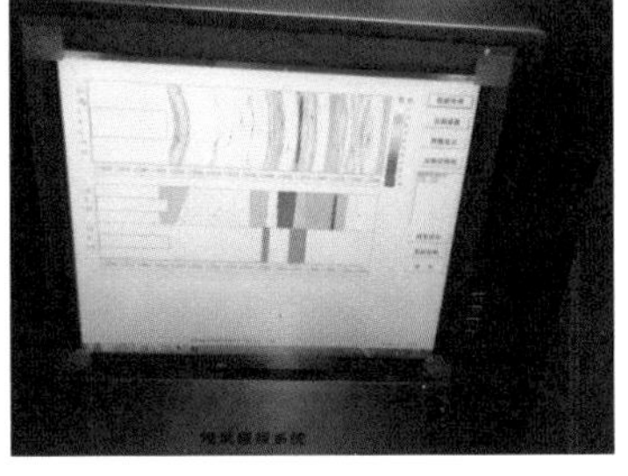

图 5.1-43　仪器展示面板

（4）兼容 Windows XP/WIN7/WIN8（支持 32 位和 64 位）操作系统的工控电脑。

（5）数据传输性能：USB2.0 高速总线传输，最大传输速度达 480Mb/s（对应：工控电脑应支持 USB2.0 及以上）。

（6）仪器 A/D 转换精度 24bit。

（7）输入阻抗：1MΩ。

（8）采样率 7.6～500μs，多档可调。

（9）通道数：8 道。

（10）单通道记录长度 1～16K（1K = 1024 点）。

（11）动态范围 1mV～10V，多档可调。

（12）仪器供电：DC-5V 或 USB 供电。

（13）工作温度：−15～65℃。

2. 三维地震探测系统

三维地震探测系统采用空间观测方式，可实现不良地质界面的三维定位，三维地震探测范围为掌子面前方 100m，隧洞左右各 20m，上下各 20m（宽 40m × 高 40m × 长 100m）；三维地震法利用停机时间进行探测，采用 8 个液压震源依次进行激震，可重复性好、对衬砌无损伤，适用于掘进机施工隧道。

三维地震探测系统主要包括 12 个检波器、6 个震源、主机三大部分，检波器按照 2-2-2-2-2-2 的布置方式布置在刀盘后 12～32m 位置，每组间距约 5m，安装位置位于洞体中下部左右各 1 个。震源 6 个，分 3 组，按照 2-2-2 的布置方式布置在刀盘后 54～64m 位置，每组间距 5m，安装位置位于台车中上部，配合撑靴换步（一般换步移动 1.8m 左右）进行测量，换步前测量一次，换步后测量一次，震源能够由 6 个变为 12 个，如图 5.1-44 所示。三维地震法利用 TBM 停机时间进行探测，探测时检波器快速安装到隧道壁上，主机控制检波器进行测量。测量结束后，检波器和震源收回去。

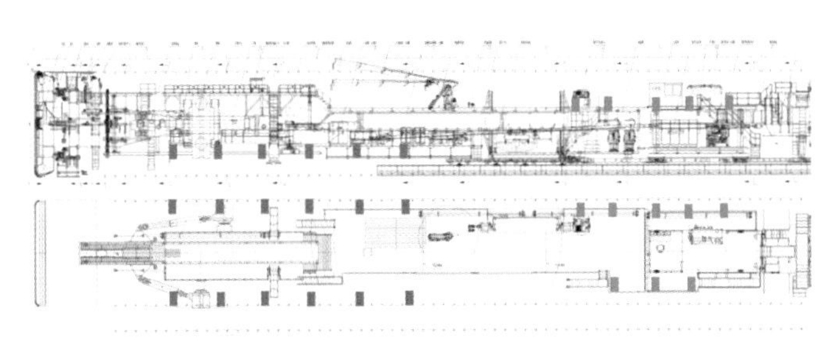
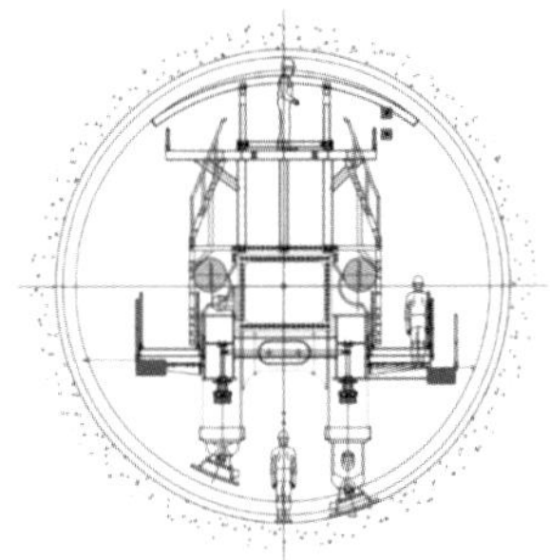

图 5.1-44　三维地震法布置

1）检波器的布置

检波器布置在 TBM 后方 12～32m 位置范围内，每组间距约 5m，位于 TBM 左右下部，检波器及线放置在收纳盒内，预报时，采用激光定位，在检波器上涂抹耦合剂黏在隧道壁内，预报完毕收回。

2）震源设计与布置

（1）主要技术规格

工作压力：210bar；

工作油温：15～45℃可控，工作温度误差±3℃；

油液清洁度：10μm；

蓄能器充油时间：< 8min；

油缸行程：50mm；

定位精度：±0.1mm；

油缸最大运动速度：1.5m/s。

（2）震源的电控方案

系统未工作时，开关电磁阀处于中位，泵通过比例溢流阀卸荷。

当 TBM 控制系统给出工作信号时，PLC 控制开关电磁阀换向动作，电磁铁通电，换向阀处于平行位，这样伺服阀与泵源接通，通过伺服阀控制液压缸伸出，撞击到墙壁后，通过检测两腔压力使液压缸快速退回。几个液压缸依次激震，产生振动信号；同时 PLC 向 TBM 控制系统反馈信号，通知激振完毕，见图 5.1-45。

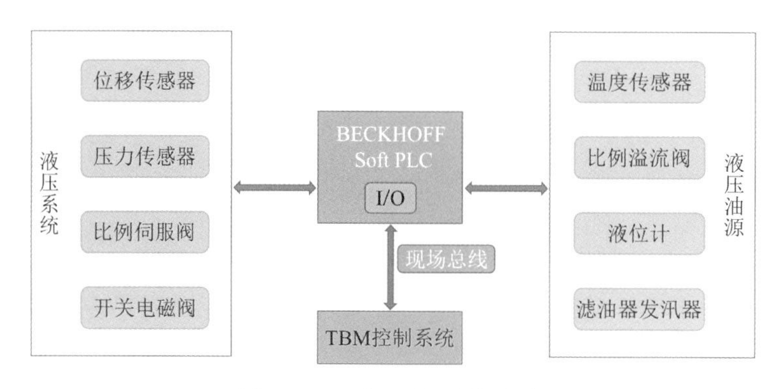

图 5.1-45　液压震源电控方案

（3）震源设计

该 TBM 共搭载 6 个震源，6 个震源配备一个大蓄能器，每个震源的尺寸约为 330mm × 230mm × 280mm，大蓄能器尺寸约为 360mm × 360mm × 820mm，具体设计见图 5.1-46。

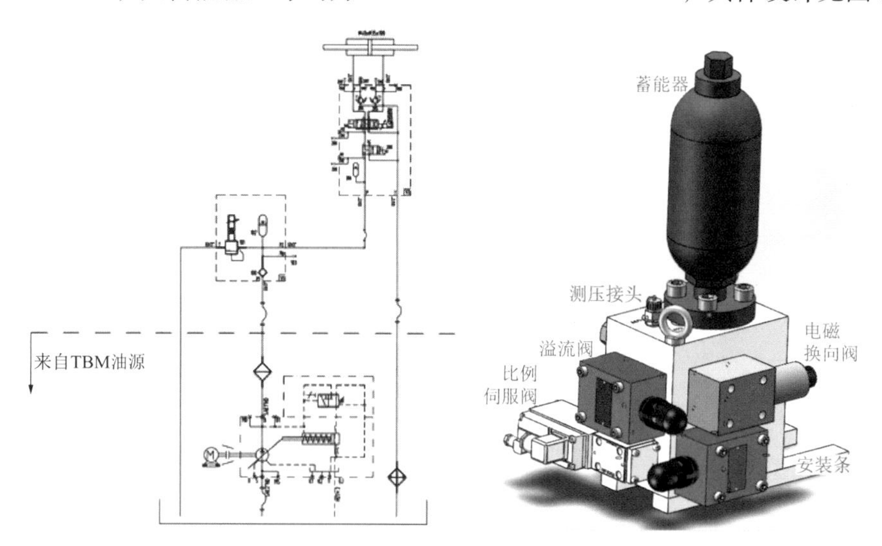

图 5.1-46　震源设计图

3）线路布置及整机效果

（1）12 个检波器通过 12 根单芯电缆连接到主控室，6 个震源通过 6 根单芯电缆连接到主控室。

（2）整体效果图如图 5.1-47 所示。

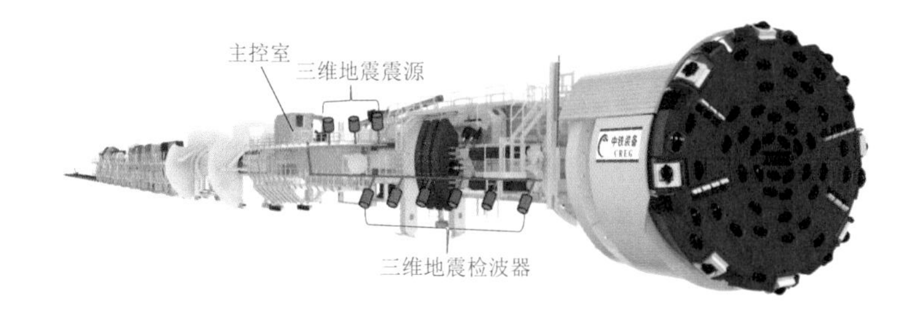

图 5.1-47　三维地震搭载整体效果图

3. 激发极化探测系统

1）激发极化法超前预报原理

见第 3.3.2 节第 1 项。

2）激发极化法搭载方案

见第 3.3.2 节第 4 项。

5.2 隐藏式常态化超前钻机系统

5.2.1 传统 TBM 搭载超前钻机存在问题分析

传统 TBM 超前钻机与 L1 区锚杆钻机推进梁公用一套弧形齿圈轨道，但由于空间的限制，锚杆钻机和超前钻机不能同时安装，如图 5.2-1 所示为某国外厂家 TBM 安装超前钻机时占用了锚杆钻机的轨道。超前钻机和锚杆钻机相比，锚杆钻机使用频率更高，因此正常掘进情况下，TBM 不安装超前钻机。当遇到不良地质需要进行超前钻探和超前加固时，TBM 停机临时安装超前钻机，超前钻机的安装工作往往需要耗时约 7d；超前钻机钻孔作业完成后需要将钻机拆除，同样需要耗时约 7d，严重影响 TBM 施工进度。另外，传统设计超前钻机安装限制了主梁上方材料运输和人员行走的作业通道。

图 5.2-1 某国外厂家超前钻机照片

上述问题导致 TBM 施工现场不到万不得已，往往不愿采用超前钻机，大大削弱了 TBM 超前加固功能，导致 TBM 在不良地质下易卡机。

5.2.2 隐藏式常态化超前钻机设计

为了解决原有超前钻机安装拆卸时间长、作业范围受限的难题，设计了隐藏式常态化超前钻机，发明了超前钻机快速搭载装置。

新型 TBM 超前钻机采用了隐藏式设计，TBM 正常掘进时，超前钻机随一段齿圈轨道梁暗藏于主梁平台下方，齿圈轨道梁仅固定安装两侧的两端，不安装顶部和底部的两端，不影响底部刀具运输和顶部支护作业等工序。如图 5.2-2（a）、图 5.2-3（a）所示。

需要超前钻探或超前加固作业时，首先，TBM 停止掘进，通过两侧油缸将超前钻机及齿圈轨道梁一同升起并与两侧齿圈梁连接，如图 5.2-2（b）所示；其次，超前钻机与 L1 区锚杆钻机公用液压动力系统，可实现油路的快速切换，解决了原有超前钻机拆装耗时长的难题。

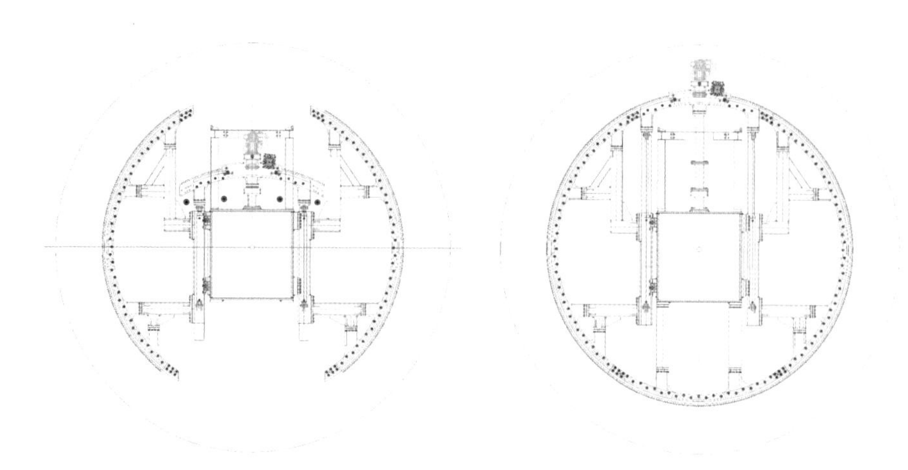

(a) 隐藏状态　　　　(b) 工作状态

图 5.2-2　隐藏式常态化超前钻机两种工作状态

超前钻机升起后，安装底部齿圈轨道梁，形成一整圈环形轨道梁，超前钻机可沿着齿圈梁以 7°的外插角行走一圈，可实现 TBM 前方 360°钻探与加固，解决了原有超前钻机作业范围受限的难题，如图 5.2-3（b）所示。

超前钻机和锚杆钻机可同时装载，见图 5.2-4。

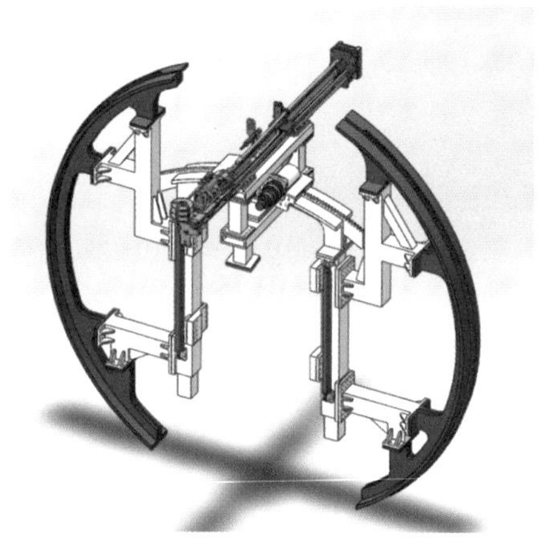

(a) 隐藏状态

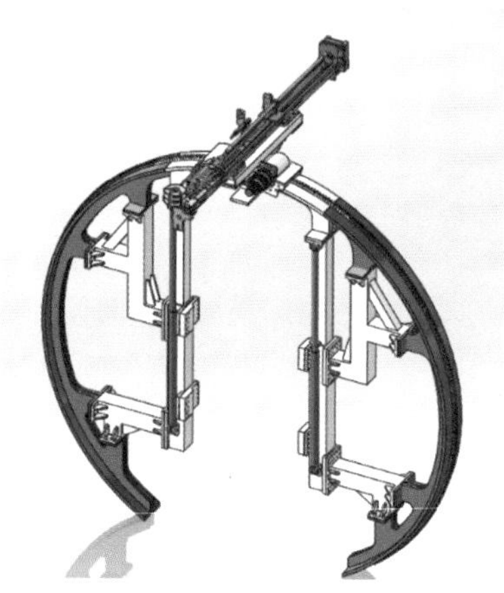

(b) 工作状态

图 5.2-3　超前钻机正常作业状态

图 5.2-4　超前钻机和锚杆钻机可同时装载

5.2.3 隐藏式常态化超前钻机应用效果

隐藏式常态化超前钻机总体使用效果好，每次准备时间 1～2h，钻孔平均速度为0.2m/min，每次超前钻探 30m 的距离 2～3h 可完成，大大提高了超前钻机的使用效率。隐藏式常态化超前钻探系统对不良地质的超前加固发挥了重要作用。

存在的主要问题包括：超前钻机与锚杆钻机动力源共用，管路连接影响效率；第一根钻杆开始定位时容易滑落；另外，现有钻机钻孔工作效率不高，尤其钻孔效率随钻孔深度增加而降低。

5.2.4 隐藏式常态化超前钻机优化

将超前钻机油路与锚杆钻机油路通过增加三通和球阀共用动力源，有效缩短了管路连接时间；需要进行超前钻探作业时，事先利用锚杆钻机在需要进行超前钻机开孔位置凿出凹坑，减少钻头开孔时的偏载力，如图 5.2-5 所示。

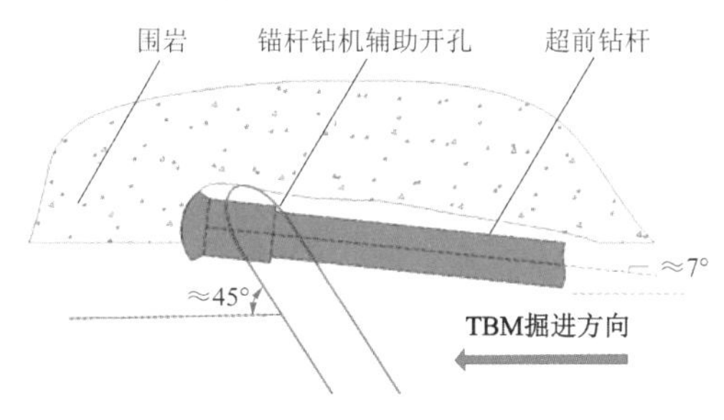

图 5.2-5 锚杆钻机辅助开孔

5.2.5 隐藏式常态化超前钻探系统改进

见第 3.2.5 节。

5.3 前置式自动化湿喷系统

5.3.1 传统 TBM 混喷系统存在问题分析

不良地质露出护盾后，除了采用锚杆、钢拱架、钢筋排、钢网片进行支护外，还需要喷射混凝土及时封闭。以前 TBM 混凝土湿喷系统仅在 L2 区安装，滞后围岩出护盾位置约 70m，起不到及时封闭的作用，L1 区无混凝土湿喷系统，如图 5.3-1 所示。TBM 在不良地质施工时，围岩露出护盾后，为了能够及时喷射混凝土封闭围岩，原有施工工艺为采用人工手持式喷嘴进行潮喷，潮喷粉尘大，严重影响隧道施工环境，且对人员身体危害大、劳动强度高。

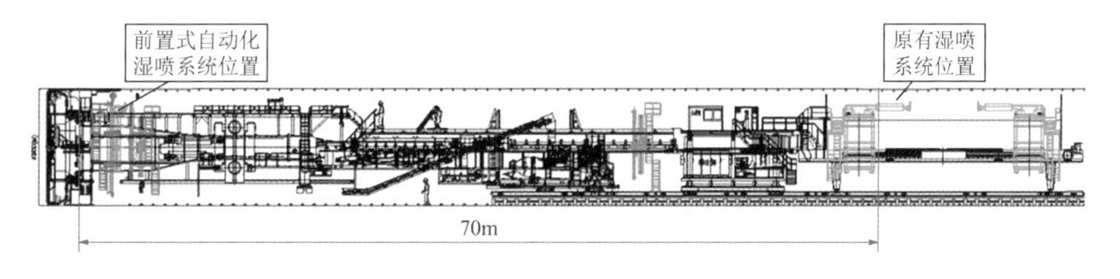

图 5.3-1 原有混喷系统安装位置

5.3.2 前置式自动化湿喷系统设计

为了解决不良地质露出护盾及时封闭的难题，设计了前置式自动化湿喷系统。通过结构及空间优化，在护盾尾部钢拱架撑紧机构上安装弧形齿圈轨道，实现了 L1 区两组喷嘴在钢拱架撑紧机构的圆弧轨道上的行走，湿喷喷嘴安装于湿喷小车上，并可调节洞臂距喷嘴的间距。如图 5.3-2、图 5.3-3 所示；拼装钢拱架时，两组喷嘴分别移动到弧形轨道底端，不影响钢拱架安装。

湿喷料通过 L2 区混喷泵和设备桥混喷泵接力输送至 L1 区。L2 区混喷泵将湿喷料输送至设备桥右侧两台混凝土输送泵中，再通过设备桥右侧输送泵，将混凝土泵送至 L1 区湿喷喷嘴。L1 区湿喷上料，采用了接力方式进行混凝土泵送。

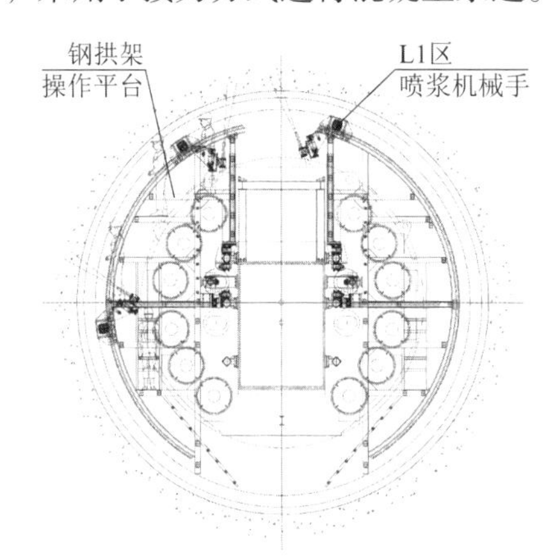

(a) 前置式自动化湿喷系统平面图

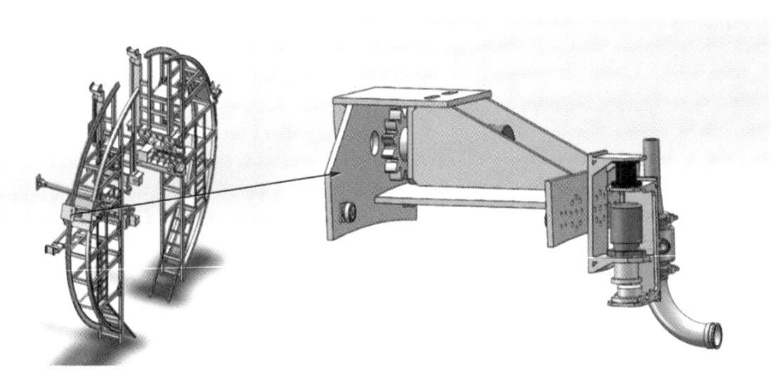

(b) 前置式自动化湿喷系统三维图

图 5.3-2 前置式自动化湿喷系统行走轨道及湿喷小车

图 5.3-3 前置式自动化湿喷系统实景

为了满足破碎地层大塌腔的及时封闭，L1 区除了设计前置式自动化湿喷系统外，还布置了应急潮喷系统，满足紧急情况下利用混凝土封闭破碎围岩的应对能力。如图 5.3-4 所示。

图 5.3-4　L1 区应急潮喷机

5.3.3　前置式自动化湿喷混系统应用效果

前置式自动化应急喷混与人工潮喷相比，污染小、劳动强度低，前置式自动化应急喷混对破碎围岩的及时封闭发挥了重要作用。

5.4　抬升式变截面开挖技术及系统

5.4.1　驱动抬升设计方案

TBM 要实现连续长距离扩挖，需要刀盘变直径的同时，进行驱动的抬升，防止因为刀盘直径变大后，在底护盾与围岩之间形成间距。原有 TBM 大多驱动无法抬升，即使能够抬升，驱动抬升后与底护盾之间未采用刚性连接，导致 TBM 主机可靠性无法保证。

为实现刀盘抬升功能，在底护盾两侧安装了 4 组抬升油缸。抬升油缸通过一套同步控制系统，保证抬升和降落过程的精准同步。在底护盾中央处，驱动箱和底护盾之间设计一个导向柱，导向柱与底护盾滑轨之间只允许存在竖直方向位移，保证抬升和降落过程方向垂直并抵抗偏载。抬升油缸仅仅是在驱动升降过程提供动力，在掘进过程中均处于卸载状态。如图 5.4-1 所示。

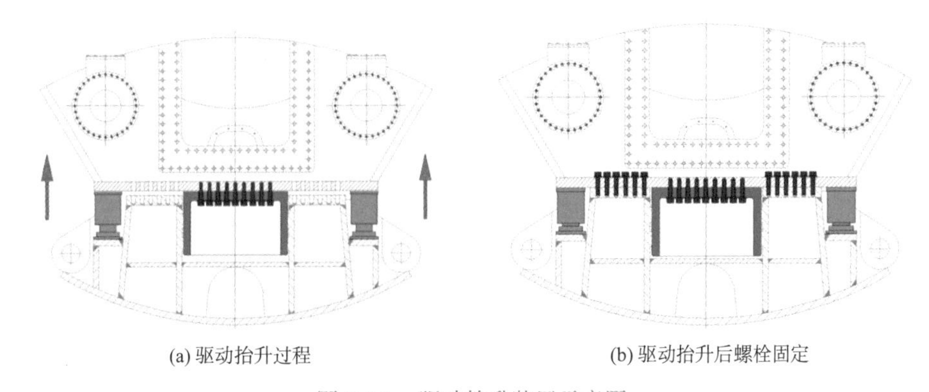

(a) 驱动抬升过程　　(b) 驱动抬升后螺栓固定

图 5.4-1　驱动抬升装置示意图

TBM 底护盾与机头架之间通过螺栓进行刚性连接。若需要变直径开挖，首先，需拆除底护盾与机头架直径的连接螺栓，通过举升油缸将机头架抬起一定高度，其次，在机头架与底护盾之间填装入相应厚度的钢板，最后，将机头架与底护盾重新刚性连接，具体如图 5.4-2 所示。

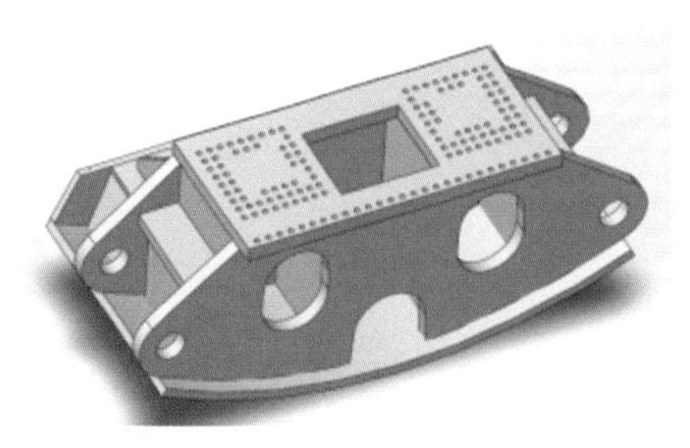

(a) 底护盾模型图

(b) 驱动抬升装置实物图

图 5.4-2　驱动抬升装置模型及实物

5.4.2　底护盾受力分析

为了满足驱动抬升的需要，需要对底护盾特殊设计，对于特殊设计后的底护盾进行受力分析，确保底护盾的可靠性。

底护盾受力工况包括：正常掘进工况、后退工况、抬升工况。底护盾承担主机约 70% 的重量，底护盾与围岩发生相对滑动时，围岩对底护盾有摩擦力 f。TBM 主机总重约 1000t，取盾体与围岩摩擦系数为 0.5，三种工况下底护盾的受力如图 5.4-3 所示。

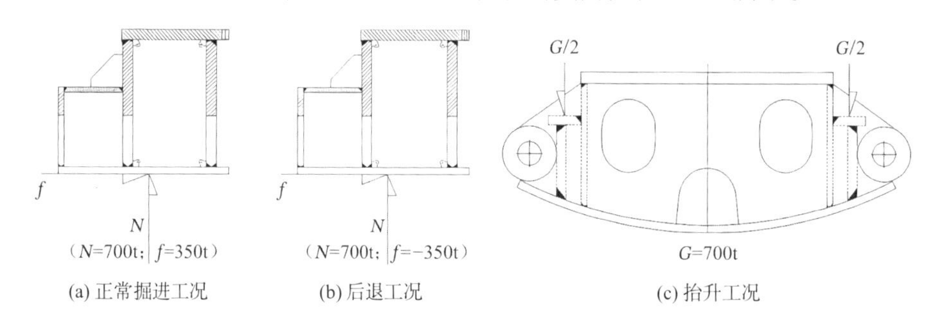

(a) 正常掘进工况　(b) 后退工况　(c) 抬升工况

图 5.4-3　不同工况下底护盾受力分析简图

正常掘进工况下，底护盾最大应力为 103MPa，底护盾材质为 Q345，设计安全余量满足要求；后退工况下，最大应力为 100MPa，普遍应力在 60MPa 以下，底护盾材质为 Q345，设计安全余量满足使用要求；抬升工况下，最大应力为 72MPa，最大应力集中在油缸底座处，远小于 Q345 屈服强度，满足设计要求。如图 5.4-4 所示。

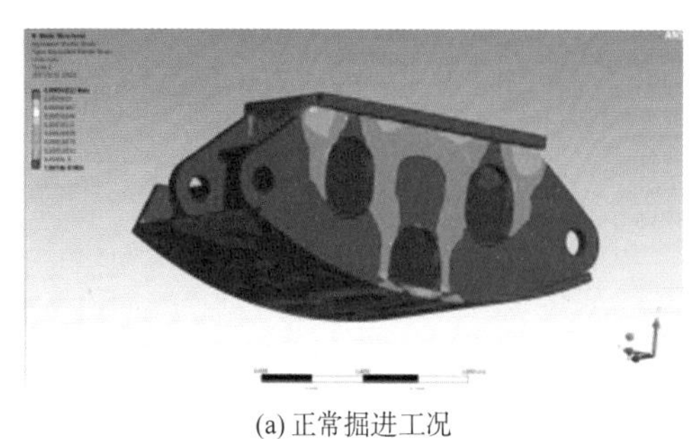

(a) 正常掘进工况

(b) 后退工况

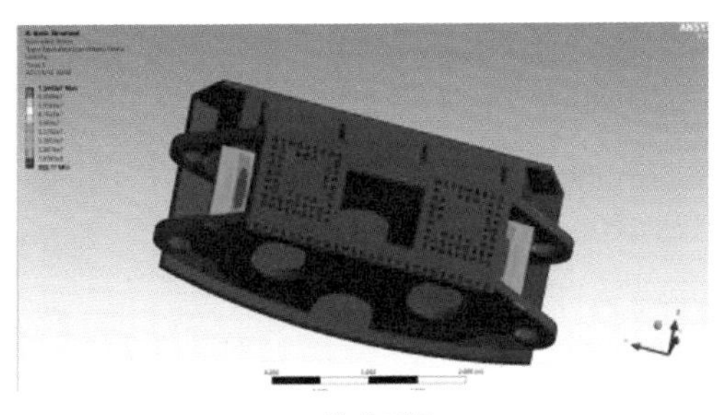

(c) 抬升工况

图 5.4-4　不同工况下底护盾受力结果

5.4.3　刀盘抬升与扩挖施作方法

正常状态下，底护盾与驱动箱之间通过螺栓进行刚性连接。需要变直径开挖时，首先需拆除底护盾与驱动箱之间的连接螺栓。通过抬升油缸将驱动箱抬起一定高度，在驱动箱和底护盾之间安装垫块。垫块的厚度与刀盘半径方向扩挖量一致，并布置与连接螺栓相匹配的圆形孔。抬升油缸缓慢同步卸载后，使用加长螺栓重新连接驱动箱、垫块和底护盾。此时，刀盘跟随驱动箱抬升到指定高度。与正常开挖状态相比，刀盘扩挖后，仍能保证开挖洞径最底部与底护盾最底部位置关系不变。

如图 5.4-5 所示，刀盘仅经过扩径改装后，扩挖洞径底部将低于护盾底部。通过抬升机构将刀盘抬升后，扩挖洞径圆心由点O变成点O′，扩挖洞径底部与原洞径底部平齐，避免了主机“栽头”。隧洞扩挖量由底部向顶部逐渐递增，通过将刀盘扩挖量向隧洞顶部偏移，不仅更加利于应对围岩收敛，还利于提高隧洞顶部支护厚度，提升工程质量。

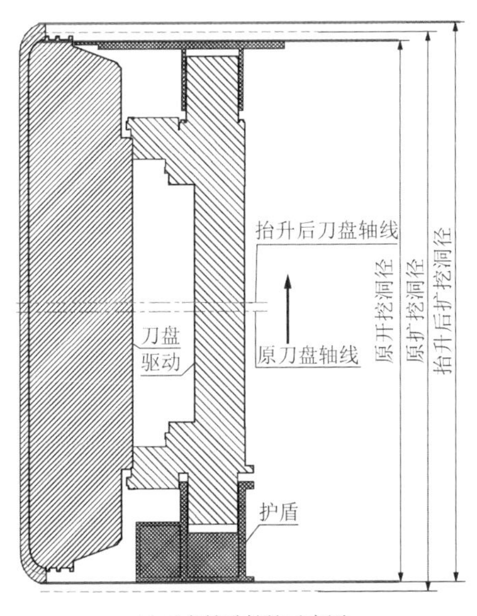

(a) 刀盘抬升扩挖示意图

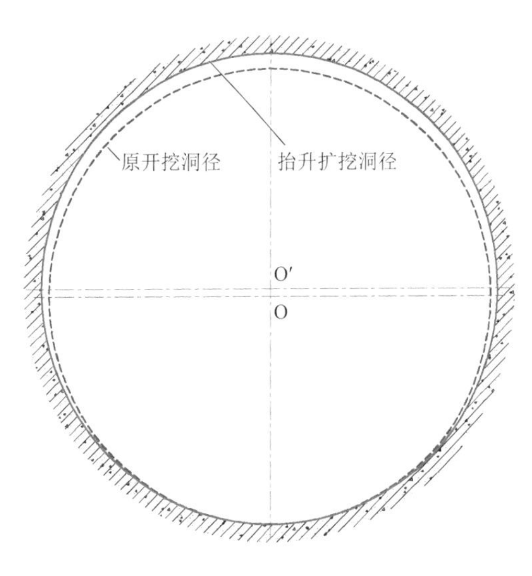

(b) 刀盘抬升扩挖截面

图 5.4-5　刀盘抬升扩挖原理图

刀盘由正常开挖模式转变为扩挖掘进模式，需要经过一些必备步骤，以刀盘半径方向扩挖 100mm 为例说明：

（1）刀盘由掌子面向后退约 1.2m，将该区域通过人工扩挖出直径 9230mm 的断面，扩挖断面圆心参照原洞径中心向外偏移 100mm；

（2）刀盘重新向前推进约 1.1m；

（3）顶护盾向内收缩 110mm，防止驱动抬升时护盾卡死；

（4）拆掉底护盾与驱动箱体连接螺栓，通过抬升系统将刀盘抬升 110mm，插入预先制作的厚度为 100mm 垫板，抬升油缸卸载；

（5）更换加长的螺栓，重新连接底护盾、垫板和驱动箱；

将需要调整的边滚刀安装对应的垫块或者更高 L 形块，在预留刀箱安装 2 把扩挖用滚刀，同时更换刀盘外缘刮板，实现滚刀半径方向扩挖 100mm；

（6）TBM 完成扩挖掘进模式转变工作。

第 6 章

TBM 大数据智能掘进技术

本章重点

本章对 TBM 大数据智能掘进技术进行了重点阐述，主要包括 TBM 大数据平台远程监控、TBM 大数据平台数据分析、TBM 大数据平台风险预警和 TBM 大数据平台掘进决策。

6.1 TBM 大数据平台远程监控

TBM 施工监控应用系统主要包括系统前台管理、后台管理，该系统主要功能是实时显示，满足现场施工及远程监控需要。监控页面主要包含：主界面、驱动系统、其他系统、导向系统等；每个监控页面的头部显示线路相关信息：项目名称、工作状态，隧道（洞）长度、当前长度、机型、采集器通信状态及采集时间；页面主体使用 Canvas 绘制，数据用定时器在 Redis 中获取，定时器间隔时间为 5s。

该模块主要实现 TBM 施工监控应用系统的前台管理及监控应用。数据监控功能主要目的是实现对 TBM 施工关键数据进行远程监控，因为根据掘进装备类型不同，监控的内容也不尽相同，根据用户项目类型自动进入对应的界面，如果用户的项目为敞开式 TBM，则显示的界面为敞开式 TBM 监控界面，双护盾 TBM 和单护盾 TBM 与之同理。

TBM 大数据平台远程监控系统功能框图如图 6.1-1 所示。通过数据监控模块可实现对多厂家、多类型的盾构 TBM 的施工状态进行有效监控管理，实现对关键掘进参数等信息的远程在线实时监测与控制，实现对施工现场的视频监控，提高施工信息化程度和管理水平，有效保证施工的安全。可满足管理人员和专家随时随地可通过计算机或手机查看 TBM 的工作状态、掘进参数和运行记录，对施工进行指导，减少误操作，提高施工效率。通过对关键掘进参数实时监控和预警，发现异常并及时处理，大大减少施工风险，避免不必要的损失。

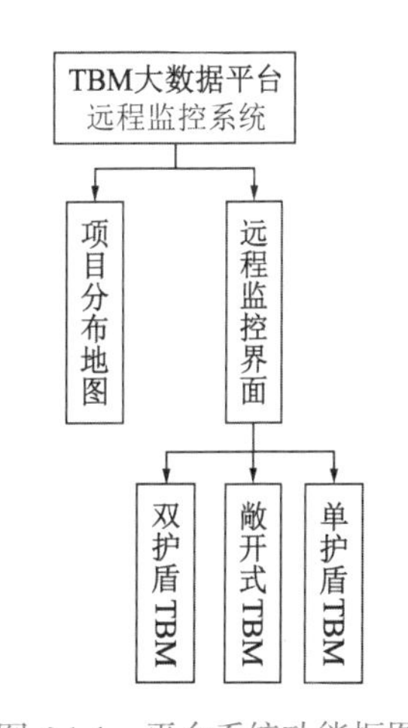

图 6.1-1　平台系统功能框图

6.1.1 项目分布地图

项目分布地图中显示 TBM 掘进的线路，通过项目地图中的刀盘图标，可以快速查询设备类型、设备关键参数及项目概况等信息。如图 6.1-2 所示。

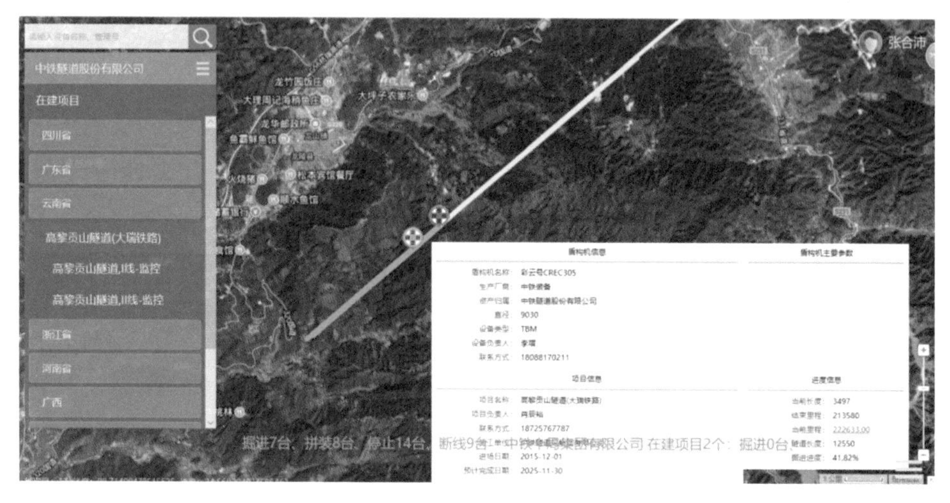

图 6.1-2 项目分布地图

6.1.2 远程监控界面

TBM 远程监控界面主要包括主界面、驱动系统、其他系统及导向系统等监控界面，通过主界面可以实时对 TBM 当前掘进关键参数进行掌控。

1. *护盾式* TBM

护盾式 TBM 主界面主要满足项目现场施工技术管理或生产人员对主要掘进参数的需求，如图 6.1-3 所示；驱动系统界面主要实现对护盾式 TBM 主驱动变频电机电压、电流及频率等运行参数的实时监控，如图 6.1-4 所示；其他系统界面监控主要满足护盾式 TBM 主推进系统和辅助推进系统运行参数的实时监控，如图 6.1-5 所示；导向系统界面对护盾式 TBM 的掘进状态和设计轴线的水平偏差、垂直偏差、滚动角、俯仰角及掘进里程等参数的实时监控，如图 6.1-6 所示。

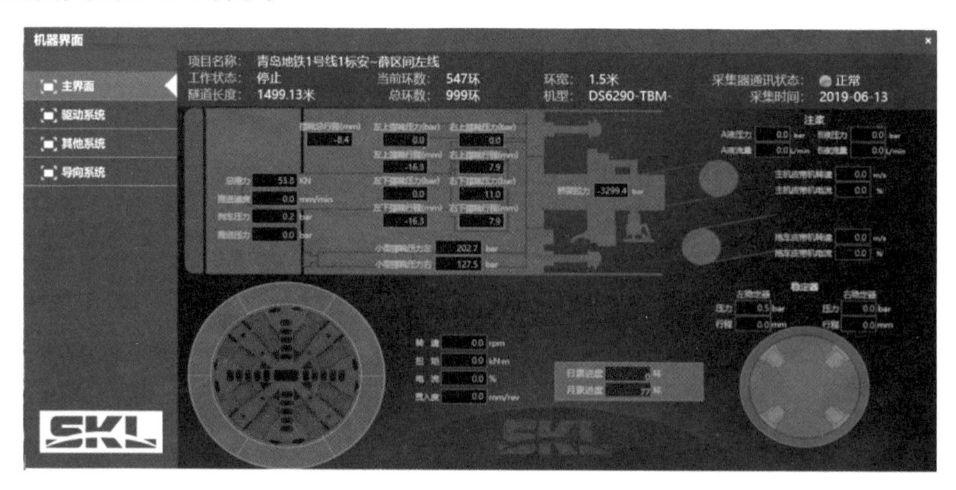

图 6.1-3 护盾式 TBM 远程监控主界面

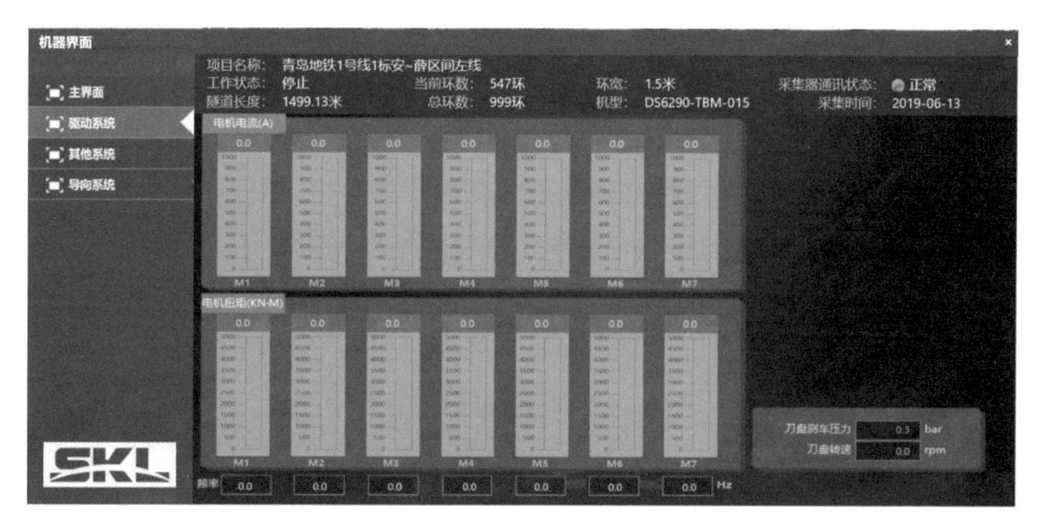

图 6.1-4　护盾式 TBM 远程监控驱动系统

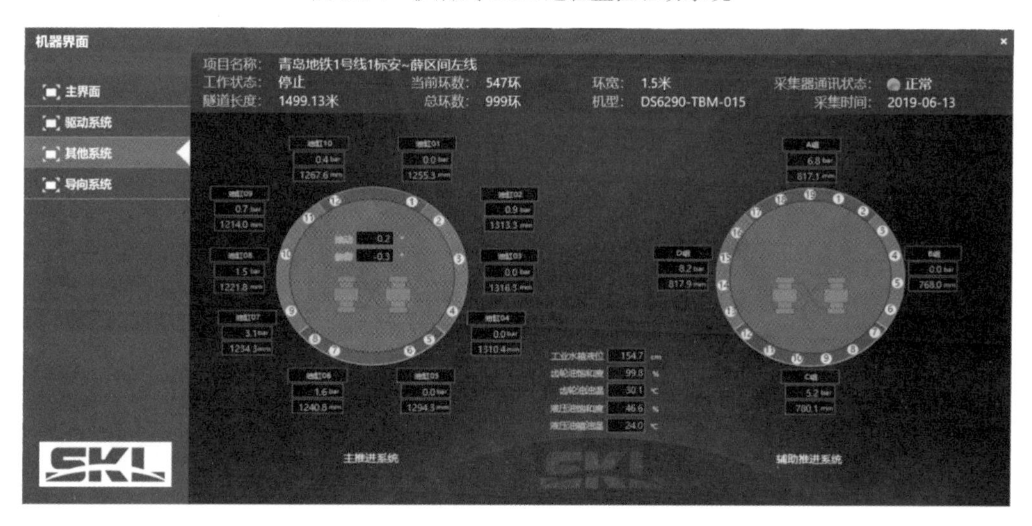

图 6.1-5　护盾式 TBM 远程监控其他系统

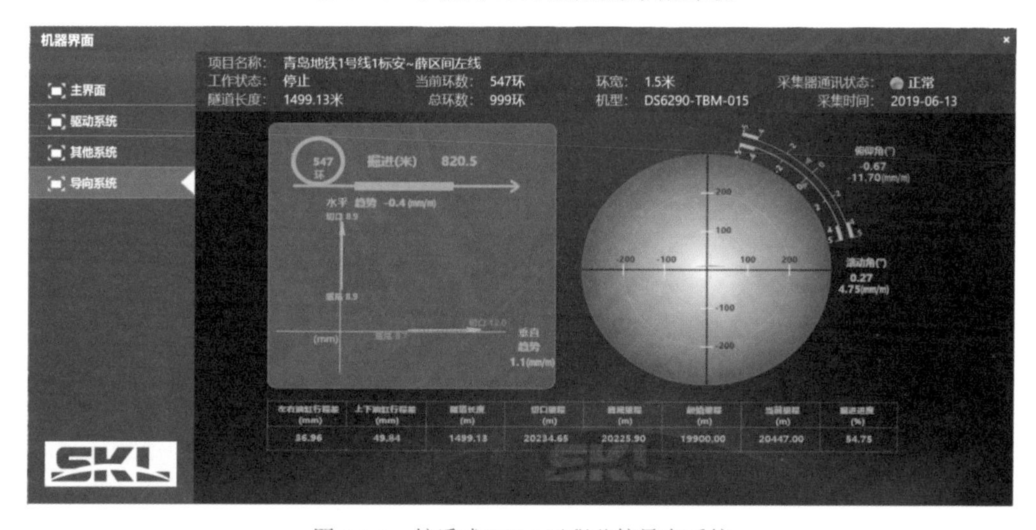

图 6.1-6　护盾式 TBM 远程监控导向系统

2. 敞开式 TBM

敞开式 TBM 主界面主要满足项目现场施工技术管理或生产人员对主要掘进参数的需求，如图 6.1-7 所示，其他系统界面与护盾式 TBM 类似。

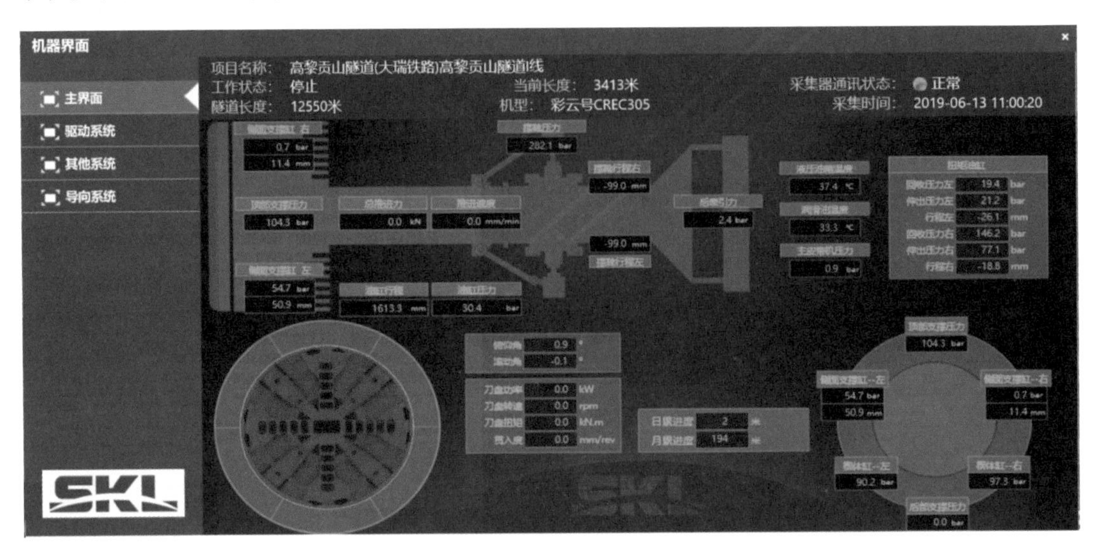

图 6.1-7　敞开式 TBM 远程监控主界面

6.2　TBM 大数据平台数据分析

数据分析模块主要包括施工平面图、纵断面图、导向参数、掘进参数及综合参数分析等，如图 6.2-1 所示。综合分析模块将施工情况数字化、表格化、图像化，管理人员可对同一项目不同环数的关键参数和业务管理数据进行运行趋势、相关性进行详细对比分析，及时发现、解决施工中存在的问题，对盾构 TBM 施工具有积极的指导作用。在掘进数据分析中对掘进参数、导向参数、综合参数、管片姿态、地面沉降等参数进行关联性分析，总结掘进规律，以此来判断掘进状态及其地质适应性，为后续施工提供技术支持，提高掘进效率。

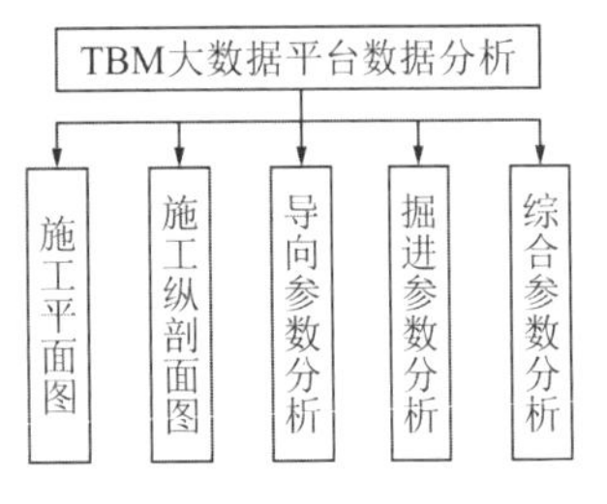

图 6.2-1　TBM 大数据平台数据分析模块主要功能

6.2.1　施工平面图

通过施工平面图可以看出盾构掘进的线路走向和监测点信息，可以查看隧道（洞）的报警点和报警程度。施工平面图展示，可以进行放大缩小拖动操作，在图上显示了监测点状态，以及盾构机定位。点击检查点，弹出窗口，显示该监测点基本信息和统计图表。统计图以折线图显示累积量分析和沉降速率分析，统计表显示列包括：监测点号，日期，初始值（m），上次值（m），本次值（m），本次变化量（mm），累计变化量（mm），变化速率（mm/d），如图 6.2-2 所示。

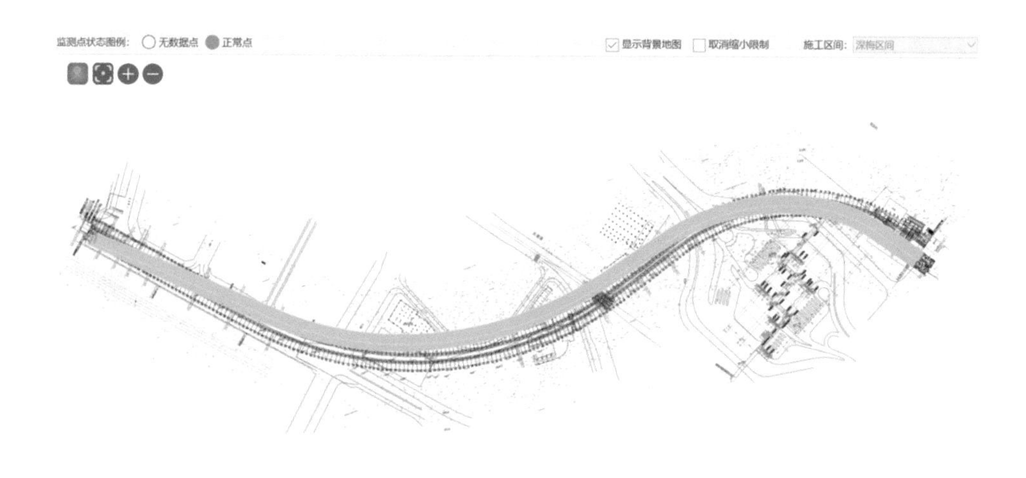

图 6.2-2　施工平面图

6.2.2　施工纵剖面图

施工纵断面图中可以看出地层信息、勘探孔位置及风险源位置。施工纵断面图展示，可以进行放大缩小拖动操作，在图上显示了地质信息，风险源信息，如图 6.2-3 所示。

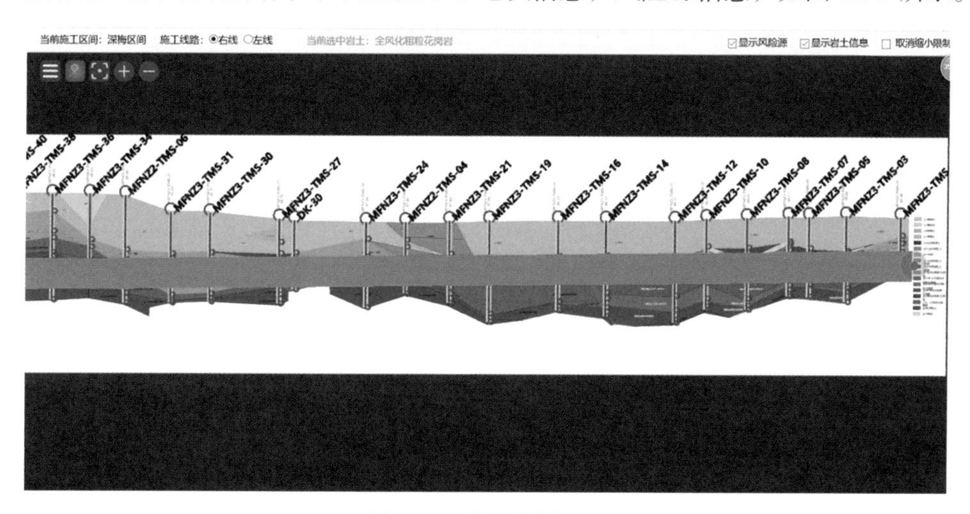

图 6.2-3　施工纵剖面图

6.2.3　导向参数分析

导向参数主要是该项目的导向参数数据查询。根据线路、盾构机、参数编码、环号或时间在大数据中查询掘进参数历史数据，使用列表加图表的方式展示。

列表显示字段：参数名称、参数值、时间、环号。图表用带有区域缩放的多纵轴曲线图显示，横轴为时间、环号，纵轴为各个参数的值。

进入导向参数页面，首先选择项目、区间、线路；然后选择该项目需要查询的导向参数，选择按时间（环号），输入需要查询的时间段或环号；最后单击查询按钮。

单击图表或数据按键可以进行相互功能切换，如果有需要导出数据，单击导出 Excel 按钮即可，如图 6.2-4、图 6.2-5 所示。

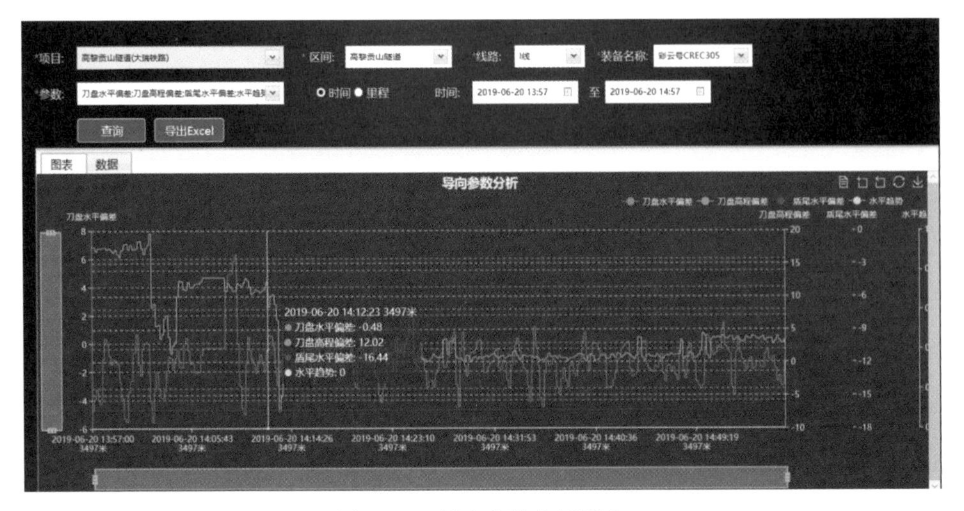

图 6.2-4　导向参数分析图表

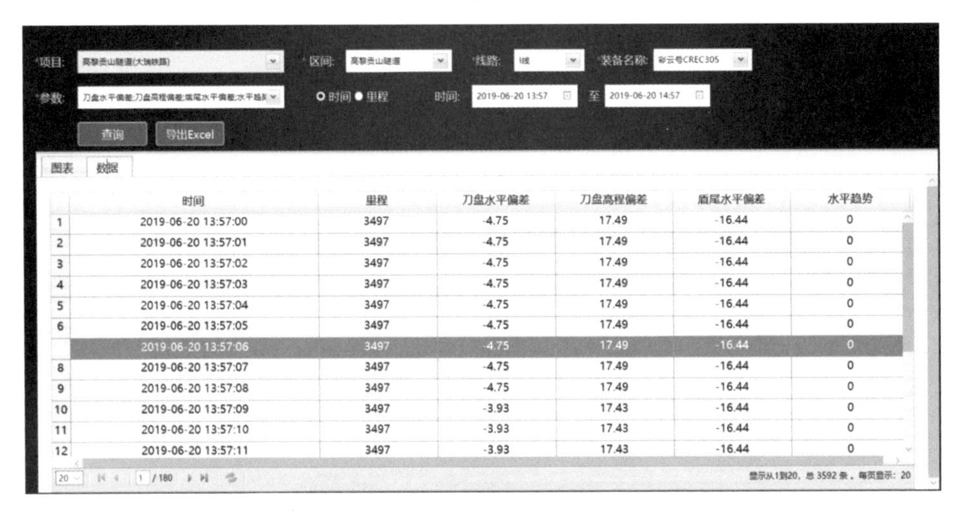

图 6.2-5　导向参数分析数据

6.2.4　掘进参数分析

掘进参数主要是该项目的掘进参数数据和关键参数数据查询。根据线路、盾构机、参数编码、环号或时间在大数据中查询掘进参数历史数据，使用列表加图表的方式展示。进入掘进参数查询页面，先选择项目、区间、线路；然后选择该项目需要查询的参数，选择按时间(环号)，输入需要查询的时间段或环号，再选择掘进参数查询或关键参数分析查询，结果如图 6.2-6 所示。

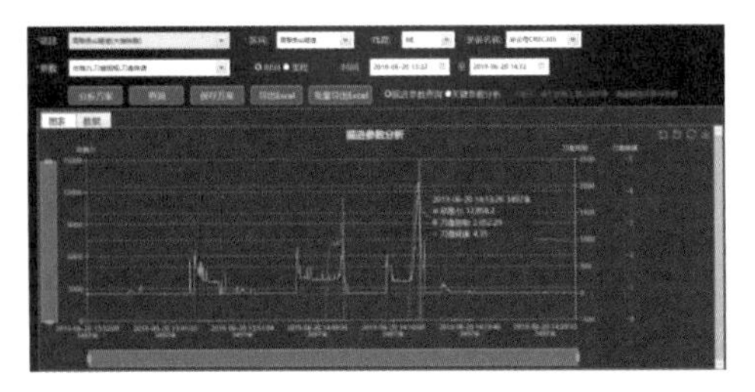

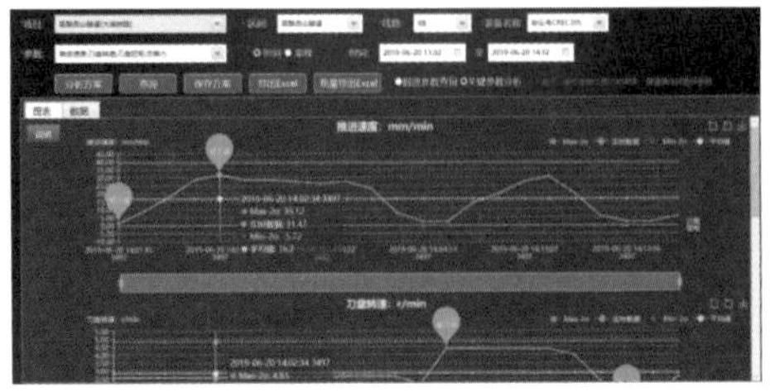

图 6.2-6　掘进参数查询和关键参数分析

6.2.5 综合参数分析

综合参数主要是该项目的参数数据查询。按照环号段查询当前线路油缸压力参数、掘进行程参数、刀盘参数并按特定条数抽取后的历史数据。使用图表的方式展示，图表按照混合模式与三维 + 辅助视图的模式显示。新增分析方案功能，保存当前用户查询的习惯，方便查询。进入综合参数查询页面，首先选择按时间（环号），输入需要查询的时间段或环号（m），再选择三维 + 辅助视图或混合视图显示模式；然后选择需要查询的参数；最后单击显示按钮，如图 6.2-7 所示。

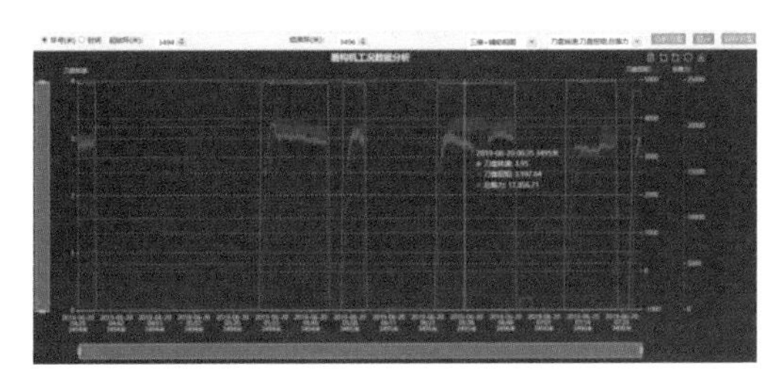
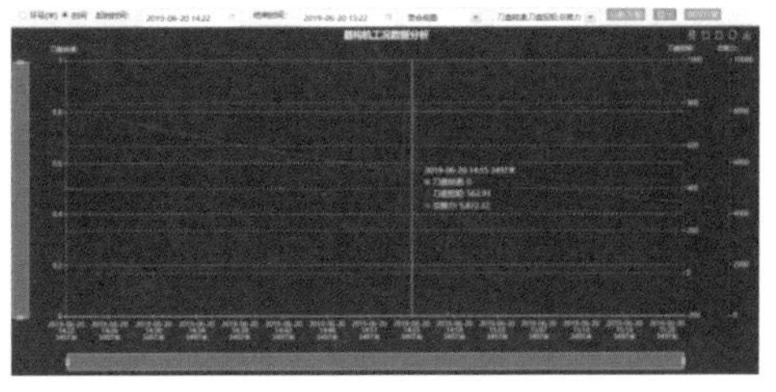

图 6.2-7　综合参数分析图

6.3 TBM 大数据平台风险预警

TBM 大数据平台风险预警是对 TBM 掘进过程中参数进行实时采集，并有效关联工程数据后，构建全面的 TBM 设备及工程的大数据，实现 TBM 施工全生命周期数据的实时监控、动态管理、汇总与决策，为技术管理人员提供及时、准确的 TBM 施工情况，然后依据基准值构建立体风险评估模型。一旦发生风险预警，可以实时监测并把相应预警信息推送相关责任人员，子分公司及项目人员也可以根据工程实际需要对基准值进行修改。主要包括工程风险、参数预警、沉降预警、姿态预警、方案预警、状态预警、搬站校差、推送管理八个模块，如图 6.3-1 所示。

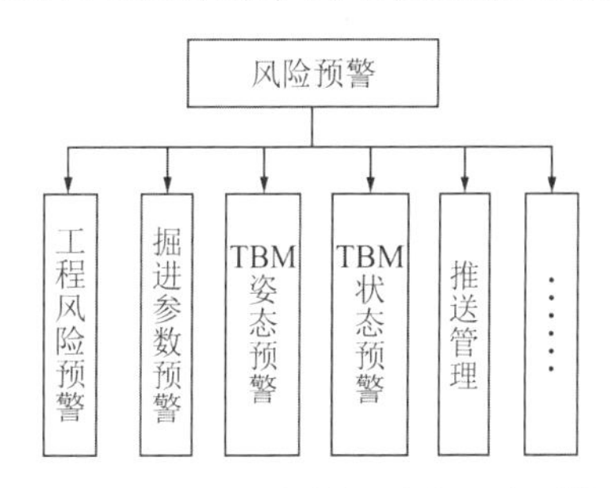

图 6.3-1　TBM 大数据平台风险预警功能结构图

6.3.1 工程风险预警

工程风险预警主要显示根据“报警设置里程”靠近风险源的项目和风险源的信息，按照里程到达预警（实现二级预警）。要包括序号、工程名称、区间、线路、里程、风险事件、位置预警、风险级别、一级预警触发，二级预警触发，其中距离风险点 50m、100m、200m、300m 作为预警触发设置条件，同时可以按照工程名称、位置预警、风险级别查询。

6.3.2 掘进参数预警

掘进参数主要是根据预警设置及预警限度设置功能实现掘进参数的黄线预警与红色预警，当平台检测到设备掘进时参数值超出预警阈值会实时做出预警和提醒。

建议黄线：推力（大于 10%或者小于 10%）、扭矩（大于 10%或者小于 10%）、刀盘转速（大于 20%或者小于 20%）、掘进速度（大于 10%或者小于 10%）、时间持续长于 10min。

建议红线：推力（大于 10%或者小于 10%）、扭矩（大于 10%或者小于 10%）、刀盘转速（大于 20%或者小于 20%）、掘进速度（大于 10%或者小于 10%）、时间持续长于 20min。

或者推力（大于 20%或者小于 20%）、扭矩（大于 20%或者小于 20%）、刀盘转速（大于 20%或者小于 20%）、掘进速度（大于 10%或者小于 10%）、时间持续长于 10min。如图 6.3-2、图 6.3-3 所示。

掘进参数预警

预警记录管理　预警设置管理　预警限度管理

开始时间：年/月/日　结束时间：年/月/日

序号	预警等级	盾构机名称	点位编码	点位名称	当前值	黄色预警上限	黄色预警下限	红色预警上限	红色预警下限	开始时间	结束时间	预警时长(分钟)	状态	企业	项目	区间	线路	备注
1	红色预警	DZ015	100004	刀盘扭矩	3780	2529.43	--	2759.38	--	2018-5-8 19:26:0	-	36	当前预警	中铁隧道集团二处有限公司	昆明市轨道交通4号线12标	寰~联区间	左线	-
2	红色预警	彩云1号TBM-MB337	100005	总推进力	11000	9250.54	--	10091.5	--	2018-5-8 19:39:0	-	23	当前预警	中铁隧道股份有限公司	高黎贡山隧道(大瑞铁路)	高黎贡山隧道	II线	-
3	黄色预警	中铁装备297	100004	刀盘扭矩	9608.83	9500	--	12000	--	2018-5-8 20:2:0	-	0	当前预警	中铁隧道集团二处有限公司	京沈客专13标	望京隧道进口1号井-2号井	右线	-

显示第 1 到第 3 条记录，总共 3 条记录

说明：

1. (关键参数实时值) < (黄色预警下限) 或者 (关键参数实时值) > (黄色预警上限)，预警等级为黄色
2. (关键参数实时值) < (红色预警下限) 或者 (关键参数实时值) > (红色预警上限)，预警等级为红色
3. 系统每隔1分钟判断设置参数的实时值是否超过预警上下限，超过则预警

图 6.3-2　掘进参数实时报警

掘进参数预警

预警记录管理　预警设置管理　预警限度管理

序号	点位名称	点位编号	阈值限度黄色上限	阈值限度黄色下限	阈值限度红色上限	阈值限度红色下限	是否启用
1	推进速度	100002	10	-	20	-	未启用
2	刀盘转速	100003	50	-	70	-	启用
3	刀盘扭矩	100004	38	-	50	-	启用
4	总推进力	100005	10	-	20	-	启用
5	进浆比重	101401	10	-	20	-	未启用
6	排浆比重	101402	10	-	20	-	未启用
7	进浆流量	101403	10	-	20	-	未启用
8	排浆流量	101404	10	-	20	-	未启用

显示第 1 到第 8 条记录，总共 8 条记录

说明：

建议黄线：土仓压力（大于0.2bar或者小于0.2bar）、推力（大于10%或者小于10%）、扭矩（大于10%或者小于10%）、刀盘转速（大于50%或者小于50%）、掘进速度（大于10%或者小于10%）进浆密度（大于10%或者小于10%）、进浆流量（大于10%或者小于10%）、排浆密度（大于10%或者小于10%）、排浆流量（大于10%或者小于10%）、时间持续长于 2 min。

建议红线：土仓压力（大于0.3bar或者小于0.3bar）、推力（大于20%或者小于20%）、扭矩（大于20%或者小于20%）、刀盘转速（大于70%或者小于70%）、掘进速度（大于10%或者小于10%）进浆密度（大于15%或者小于15%）、进浆流量（大于15%或者小于15%）、排浆密度（大于20%或者小于20%）、排浆流量（大于20%或者小于20%）、时间持续长于 2 min。

图 6.3-3　掘进参数预警阈值管理

6.3.3　TBM 姿态预警

根据 TBM 实时姿态数据，统计出切口水平偏差、盾尾水平偏差、切口高程偏差、盾尾高程偏差超出阈值的数量和比例；多个 TBM 项目导向姿态实时数据汇总信息，主要针对多个项目的导向姿态数据在一个界面进行汇总。直观展示出各项目的导向姿态数据变化情况，对超过报警阈值范围的参数数据高亮显示；超过报警阈值（默认 > ±50mm 黄色，> ±100mm 红色）标示。

姿态预警报警参数设置，可实现对姿态参数的报警上下限设置。报警等级默认分为两个等级，用不同的颜色标示，分别用黄色和红色。

可设置的报警参数：

（1）切口水平偏差；

（2）切口高程偏差；

（3）盾尾水平偏差；

（4）盾尾高程偏差。

报警阈值：默认偏差数据 ≥ ±50mm 黄色，偏差数据 ≥ ±100mm 红色。可根据不同项目、地质等情况，调整报警阈值。

报警规则：参数实际数据连续一段时间（默认：60min，可人工设置）超出限值，即按相应的级别发出报警。

报警提示方式：PC 端导向监控界面显示、APP 弹出消息、手机短信；

报警通知格式：项目名称、区间名称、TBM 管理号、姿态数据、时间、测量负责人电话；

消警处理：消警按权限级别不同，消除相应的报警消息。

6.3.4 TBM 状态预警

TBM 通信状态（大于 12h 黄色预警或大于 24h 红色预警）、停机时间（大于 12h 黄色预警或大于 24h 红色预警）。

默认通信状态的黄色、红色预警时间分别为 12h、24h。需要特殊设置的线路可以在预警参数设置页面进行设置，如图 6.3-4 所示。

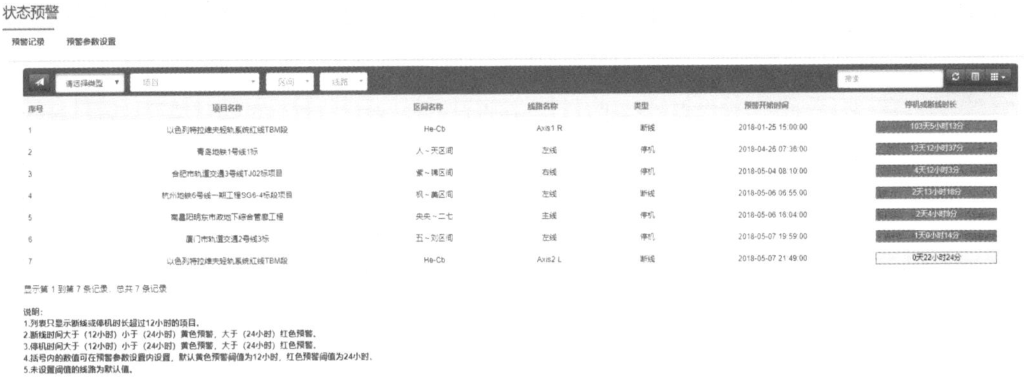

状态预警

预警记录　预警参数设置

序号	项目名称	区间名称	线路名称	类型	预警开始时间	停机或断线时长
1	以色列特拉维夫轻轨系统红线TBM段	He-Cb	Axis1 R	断线	2018-01-25 15:00:00	103天5小时13分
2	青岛地铁1号线1标	人~天区间	左线	停机	2018-04-26 07:36:00	12天12小时37分
3	合肥市轨道交通3号线TJ02标项目	紫~楝区间	右线	停机	2018-05-04 08:10:00	4天12小时3分
4	杭州地铁6号线一期工程SG6-4标段项目	枫~黄区间	左线	断线	2018-05-06 06:55:00	2天13小时18分
5	南昌阳明东市政地下综合管廊工程	央央~二七	主线	停机	2018-05-06 16:04:00	2天4小时9分
6	厦门市轨道交通2号线3标	五~刘区间	左线	停机	2018-05-07 19:59:00	1天0小时14分
7	以色列特拉维夫轻轨系统红线TBM段	He-Cb	Axis2 L	断线	2018-05-07 21:49:00	0天22小时24分

显示第 1 到第 7 条记录，总共 7 条记录

说明：
1.列表只显示断线或停机时长超过12小时的项目。
2.断线时间大于（12小时）小于（24小时）黄色预警，大于（24小时）红色预警。
3.停机时间大于（12小时）小于（24小时）黄色预警，大于（24小时）红色预警。
4.括号内的数值可在预警参数设置内设置，默认黄色预警阈值为12小时，红色预警阈值为24小时。
5.未设置阈值的线路为默认值。

图 6.3-4　状态预警记录

6.3.5 推送管理

推送管理模块由预警推送设置及自定义推送组成，其数据来源由人工手工录入。本模块主要配合整个风险管理功能使用，当某个模块出发了预警机制，生成一条报警记录时，由服务器端进行逻辑判断，达成推送条件时，即将相关的报警信息推送到预先设置责任人手机上。

6.4 TBM 大数据平台掘进决策

TBM 大数据平台可以运用大数据分析与深度学习方法，将储存在数据中心的 TBM 多维、海量、异构数据实时的分析及风险识别，并能够综合考虑设备运行环境、历史运行工况等方面因素，实现多维数据互联互通，建立 TBM 智能诊断样本数据库及设备缺陷和故障综合案例库；利用深度学习算法，构建 TBM 故障智能识别策略，进行各种典型故障的智能识别和判断，为设备状态及掘进提供辅助决策。主要包括实时故障、维修管理、方案管理、进度管理、工序管理、质量管理及地质管理等功能分析模块，具体见图 6.4-1。

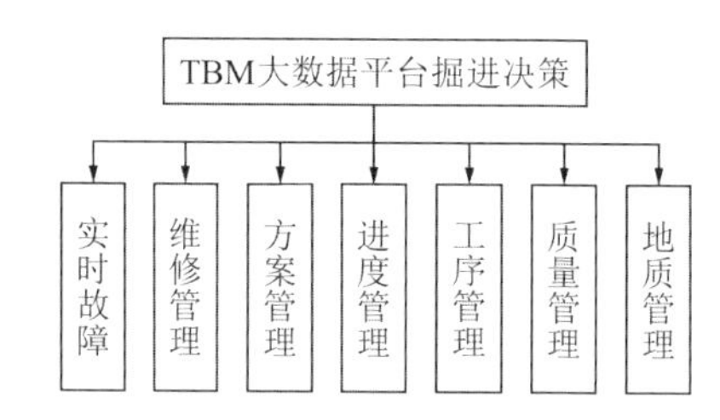

图 6.4-1　TBM 大数据平台掘进决策模块框架

6.4.1　实时故障

实时故障信息统计由实时故障、历史故障及报警点位设置组成。故障记录数据来源由现场数据采集黑匣子进行数据提取，实现 TBM 机故障点的记录及模糊查询分析。

6.4.2　维修管理

TBM 维修管理模块分为两部分：维修管理和刀具管理，维修管理是设备维修管理的维修项目、维修记录及维修记录查询管理的有效手段，可以按照项目或修理类别进行查询，为系统部门对 TBM 设备健康维修管理作出指导性意见；建立项目维修库（后台词典可维护），项目端录入，实现 TBM 编号、故障种类查询分析；刀具管理实现项目现场换刀记录、区段（包括地质）统计分析功能，为同类型 TBM 设备在类似地层掘进过程中提供刀具管理和决策依据。

6.4.3　方案管理

方案管理模块主要包括专项方案，专项方案包括组装方案、拆机方案、临电方案及专项维修方案（由项目端录入，并进行永久保存），按照项目生成相关信息，并可根据关键词实现模糊查询。

6.4.4　进度管理

进度统计页面根据系统数据自动生成，用图形及表格详细的显示出了当前公司正常、轻度预警、严重预警线路的数量。并且可以直观的显示出当前环数、当前工期与剩余环数、剩余工期的数量，如图 6.4-2 所示。进度汇总页面由系统统计出相关企业下的所有项目当月每天及总共掘进进度，并以图形和表格的形式显示；当前进度页面对各项目的进度情况、进度预警、进度预测表，进度预测表根据掘进历史参数在相关约束关系下进行简单进度预测分析。历史进度页面分为多项目的历史进度和单项目单线路的历史进度展示出各项目当月的月掘进进度。多项目的历史进度根据月份查询不同线路的月累并按月累排序。单项目或多项目不同线路查询比较，进行效率分析。

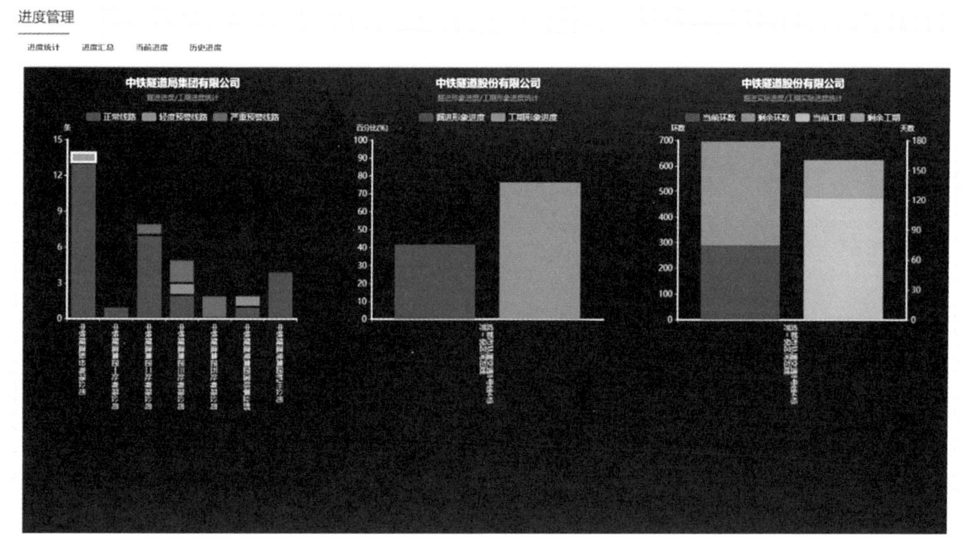

图 6.4-2　进度统计

6.4.5　工序管理

工序管理是以线路为单位，对掘进效率分别以柱状图、饼状图的形式进行分析，主要显示每一环工作、停止、掘进、拼装时间所占比例，并且可以对每一环的超时停机时间进行设置和说明，如图 6.4-3 所示。

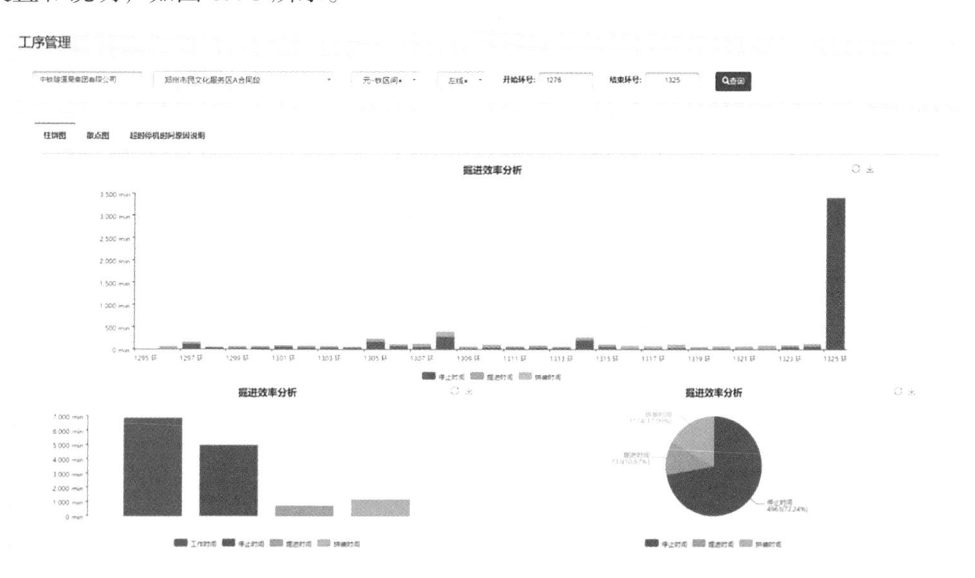

图 6.4-3　工序管理柱状图

6.4.6　质量管理

质量管理包含三大模块：渣土管理、注浆管理以及管片质量。

1. 注浆管理

注浆管理包括每环理论注浆量、实际注浆量、自动实际注浆量、每冲程缸实际注浆量的统计。理论出土量：理论注浆量的统计是根据开挖面积减去管片外环面积，再乘以环宽和注浆系数，理论推算每环出土量。如图 6.4-4 所示。

计算公式：（开挖面积减去管片外环面积）乘以环宽，乘以注浆系数。

管片外环面积、注浆系数由项目端负责填写。

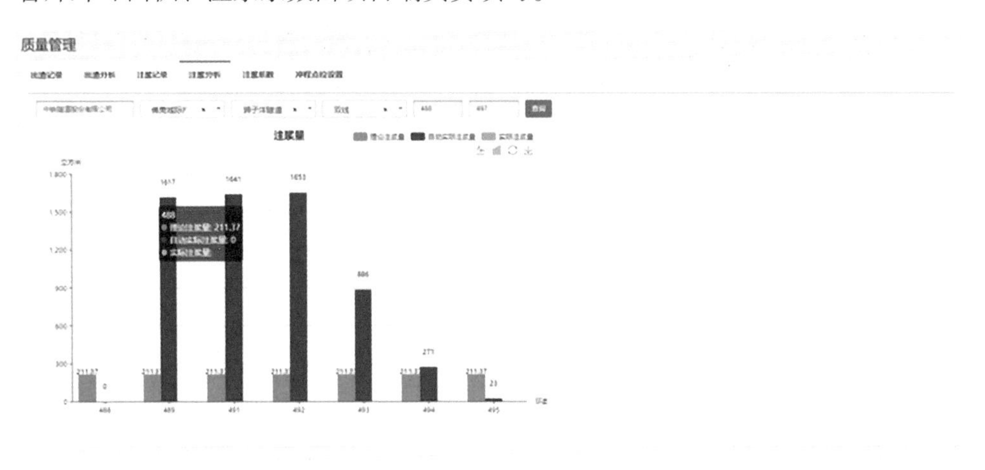

图 6.4-4　注浆分析

2. 渣土管理

渣土管理包括每环理论出土量和实际出土量的统计。如图 6.4-5 所示。

理论出土量：理论出土量的统计是根据从导向系统中采集的环开始里程和结束里程再结合开挖直径、管片宽度和膨胀系数理论推算的每环出土量。

计算公式：开挖横截面积（结束里程减去开始里程）乘以膨胀系数。实际出土量及膨胀系数由项目端负责填写。

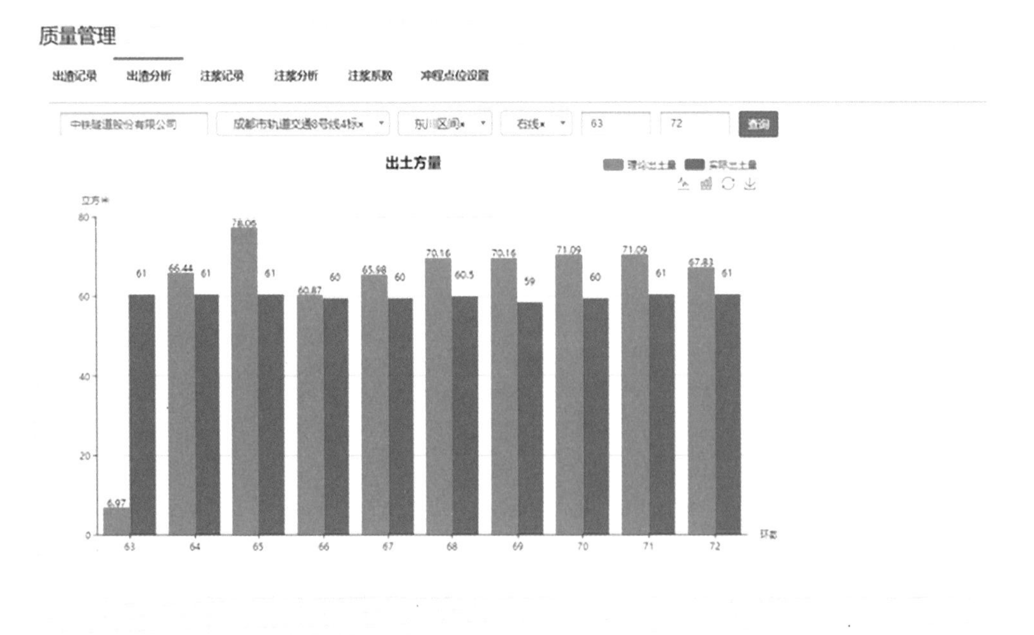

图 6.4-5　出渣分析

3. 管片管理

管片质量主要包括影响管片拼装质量的水平偏差和高程偏差。管片姿态主要是该项目水平偏差和高程偏差数据查询。按照环号段或时间段查询当前线路的管片姿态数据。使用列表加图表的方式展示，列表显示字段：环号、读取水平偏差（mm）、实测水平偏差（mm）、读取高程偏差（mm）及实测高程偏差（mm）；列表下部附加统计结果：水平偏差平均值、水平最小 2 倍标准差、水平最大 2 倍标准差、高程偏差平均值、高程最小 2 倍标准差、高程最大 2 倍标准差。图表使用带有区域缩放功能的曲线图，分别显示水平偏差与高程偏差，图例为读取水平偏差、实测水平偏差、水平平均值、水平最小 2 倍标准差、水平最大 2 倍标准差、读取高程偏差、实测高程偏差、高程平均值、高程最小 2 倍标准差、高程最大 2 倍标准差，横轴为环号与里程，纵轴为水平偏差或高程偏差。如图 6.4-6 所示。

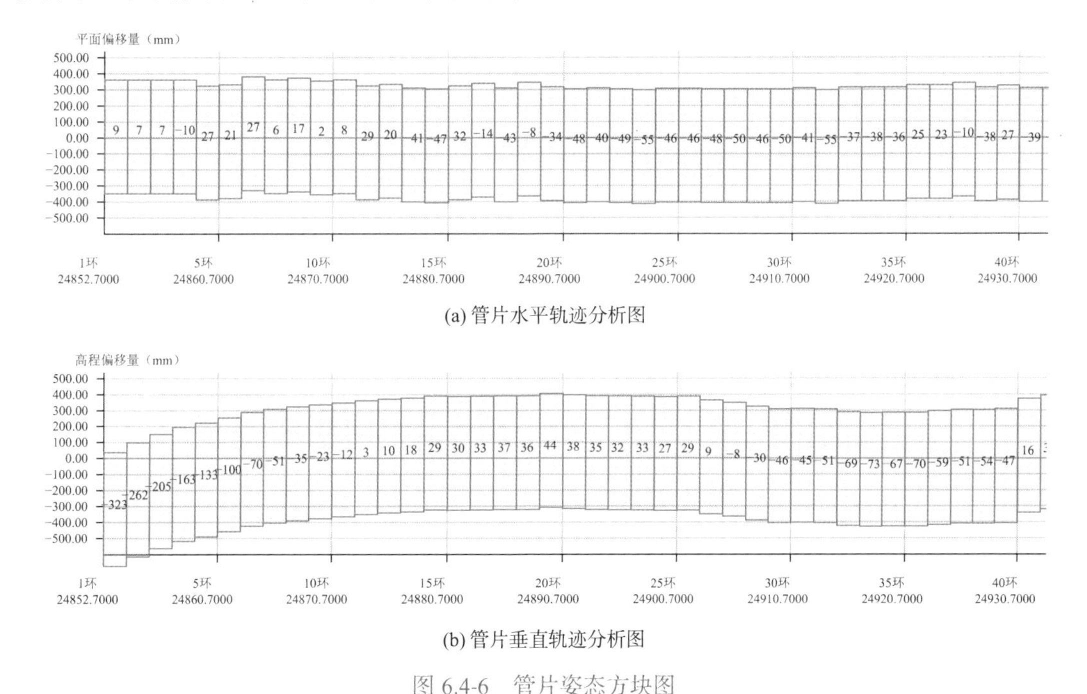

(a) 管片水平轨迹分析图

(b) 管片垂直轨迹分析图

图 6.4-6　管片姿态方块图

6.4.7　地质管理

项目实际地质录入：查询功能，根据项目、区间和线路信息查询其地质数据（地质的录入由项目端负责），在 TBM 掘进过程中地质发生严重变化的岩芯照片可以录入系统，作为证据，按照里程实现项目工程设计地质与实际地质对比查询。

第 3 篇

极端地质条件的围岩判识

第 7 章

复杂地质环境围岩判识概述

本章重点

本章主要从围岩判识的特点、围岩判识的目的、围岩判识的必要性以及围岩判识的内容等方面，阐述了复杂地质环境围岩判识的关键点。

7.1 围岩判识的特点

相较而言，复杂地质环境隧道施工遭遇不良地质体并引发隧道施工地质灾害的概率远高于地质简单隧道。因此，在地质复杂隧道中实施施工期地质预报，尤显重要。

隧道施工期地质预报，是在隧道施工阶段采用各种方法手段对隧道施工掌子面前方业已存在的但未可知的地质条件做出的科学且正确的判断。因此，较之于地质简单隧道，复杂地质隧道施工期地质预报具有更强的综合性、系统性、未知性、实用性（指导性）、客观性和时效性。

（1）综合性。在学科与专业相互渗透、相互融合的当下，隧道地质预报亦不例外，除了需要博采地质学各专业之长，还要广泛汲取诸如数学、物理学、概率学、计算机科学等相关学科的理论，在预报实施中采用多种方法、手段，要熟练掌握各种地球物理探测方法的使用原理、适用条件，要对各种隧道地质灾害的预防、治理措施有较系统和深入的认识。

（2）系统性。隧道地质预报的对象——地质体非常复杂，如软夹层、断层及其破碎带、煤层、岩溶及其充填物、废弃矿巷及其充填物等，需要对其宏观分布、微观性质等进行全面系统的研究，以准确揭示其分布规律。

（3）未知性。隧道掌子面前方不良地质体的准确分布、性质，在施工开挖揭示前是未知的，施工开挖后的变化更是未知的，需要通过科学的预测去确定。

（4）实用性（指导性）。隧道地质预报直接为隧道施工服务，预报的准确与否直接关系到隧道施工的安全，严重的甚至关系到工程建设的成败。

（5）客观性。隧道地质预报采用的方法、依据的事实和做出的预报结论应具有客观性。

（6）时效性。预报直接为施工服务，预报结果要及时反馈给施工单位、设计单位等有关各方，以便做出应对对策措施。

隧道地质超前预报的特点决定了要做好隧道地质超前预报，需要采用多学科的知识和各种各样的手段和方法，以及不同专业的人员配合。

7.2 围岩判识的目的

（1）查清隧道开挖工作面前方存在的、施工开挖揭穿和通过可能造成隧道施工地质灾害的不良地质体（致灾构造）的性质、分布位置、规模，为不良地质体处治工程措施决策提供依据。

（2）避免因施工开挖接近、揭穿不良地质体可能发生的隧道施工地质灾害及因此引发的隧道上方地表生态环境灾害。

（3）减轻因施工开挖接近和揭穿不良地质体发生的隧道施工地质灾害，以及因隧道洞内地质灾害发生引发的隧道上方地表生态环境灾害的危害程度和损失。

（4）确保隧道施工安全和隧道上方地表生态环境安全。

7.3 围岩判识的必要性

隧道工程设计的基本依据是地质勘察资料，而隧道施工的依据主要是设计文件。

大量的隧道工程建设实践表明，由于地质勘察时间、经费和隧道穿越地区复杂地质条件、复杂环境条件、交通条件等诸多条件的限制，一些先进的勘察技术难以应用，指望在较短的时间内完全查明隧道穿越区工程地质水文地质条件，特别是因隧道施工接近和通过可能导致隧道施工地质灾害发生的不良地质体-致灾构造，既不现实也不可能；根据地质勘察资料做出的设计与实际不符的情况屡有发生，由此而来的隧道洞内塌方、涌水、涌泥、涌砂、岩爆、瓦斯爆炸等灾害时有发生，给隧道施工造成极大危害。因此，在隧道施工期间，采用各种技术、手段和方法对隧道掌子面前方地质条件进行及时准确的预测，是提前采取预防措施、避免灾害发生或在一定程度上减少因灾害造成的损失、保证隧道施工安全的需要，同时也是当今环境生态保护给隧道工程建设提出的重要研究课题。

一般而言，隧道在勘测设计各阶段，对隧道地质背景进行的地质调查、勘探是对隧道地质条件的预估和预评价。对地质条件单一的短隧道而言，这一工作已足以提供设计与施工所需，无须在施工期实施超前预报工作，或只需在施工阶段采用地质法进行常规地质预报工作，完成施工地质资料的收集，建立隧道工程完整地质资料。

随着近年来我国国民经济的飞速发展和隧道工程技术的进步以及铁路隧道工程建设在从前所谓的地质禁区的修建，隧道修建长度越来越长，在复杂地质条件下修建的隧道越来越多，遇到的隧道工程地质问题越来越复杂。因此，对于：（1）深埋长大隧道；（2）地质复杂的隧道；（3）水下隧道；（4）可能存在大断层、岩溶、大量涌水涌泥、岩爆、废弃矿巷、瓦斯突出等严重工程地质灾害的隧道；（5）可能因开挖造成环境生态破坏的隧道；（6）覆盖层太厚、植被良好不易进行地质调查和勘探的隧道等，则应进行地质超前预报，特别是施工期地质超前预报。

这主要是由于：

（1）隧道工程建设向地质复杂地区挺进，遇到的地质问题越来越多，可能遭遇的地质风险越来越高，隧道洞内地质灾害对施工人员、机具设备的危害性越来越大，可能导致环境灾害的风险越来越高。

（2）大量的隧道工程建设实践表明，由于地质勘察精度、勘察条件等的限制，根据地质勘察资料做出的设计与实际不符的情况屡有发生，由此而来的隧道洞内塌方、涌水、涌泥、涌砂、岩爆、瓦斯爆炸等灾害时有发生，给隧道施工造成极大的危害。

（3）地质预报是确保隧道施工安全，避免施工地质灾害发生，降低灾害损失，降低因隧道洞内施工地质灾害发生引发的环境灾害风险、保护环境生态（环境保护）的需要。

（4）地质预报是复杂地质隧道施工方法变更的依据。

（5）地质预报是确保隧道施工工期的需要。

（6）地质预报作为地质工作全过程的组成部分，是隧道施工根据实际地质、水文条件变化及时调整施工方法和采取相应技术措施的需要，是完善设计地质资料、优化施工方案、指导施工决策和保证施工人员与设备安全的需要，也是隧道运营阶段地质灾害治理的依据。

（7）地质预报是相关指南、规范、规程规定。

在我国，由于可行性研究阶段和勘察阶段投入的限制，依据既有地质资料和有限的钻孔地质资料、水文地质资料、物探资料及钻孔岩芯岩石物理力学试验资料所做出的施工设计与实际不符的情况不在少数，特别是在构造变动复杂地区和火成岩分布地区的隧道工程更是如此。

即便在国外，尽管可行性研究和勘察工作深度远较国内深，并且勘察阶段进行了大量的地球物理勘探，但设计与实际不符的情况仍在所难免。

7.4 围岩判识的内容

通常，隧道施工地质预报的基本内容包括：

（1）断层及其影响带和节理密集带的位置、规模及其性质。

（2）软弱夹层（含煤层）的位置、规模及其性质。

（3）岩溶发育位置、规模及其充填性质。

（4）不同岩类、岩性接触界面位置。

（5）在采、废弃矿巷分布及其与隧道的关系。

（6）工程地质灾害可能发生的位置和规模。

（7）隧道围岩级别变化及其分界位置。

（8）不同风化程度的分界位置。

（9）不良地质体（带）的成灾可能性。

（10）隧道涌水位置、水压及水量。

（11）隧道围岩级别变化及其分布。

复杂地质隧道，有别于一般隧道，施工地质预报的重点应是对因隧道施工开挖接近和揭穿可能导致地质灾害发生、对洞内施工机具设备特别是掘进机和施工人员人身安全构成威胁、其处理可能造成重大工期延误的不良地质体-致灾构造。因此，复杂地质隧道施工地质预报的内容包括：

（1）软岩位置。

（2）断层位置、规模、性质及断层破碎带含水性。

（3）密集节理发育岩体破碎带位置、规模及含水性。

（4）岩溶发育位置、规模及其充填性质。

（5）废弃矿巷分布位置及其充填性质。

（6）岩爆发生位置。

应该指出：

（1）岩体中裂隙的发育分布，为瓦斯等有害气体的运移提供了通道，瓦斯溢出后可能集聚的空间——隧道拱部坍腔、通风死角等属于施工管理问题。瓦斯隧道施工过程中对拱部坍腔回填、局扇通风处理通风死角及进行隧道洞内瓦斯等有害气体浓度监测，对确保瓦斯隧道施工安全尤为重要。因此，隧道施工地质预报主要是对煤层位置的探测预报。

（2）隧道施工岩爆，是隧道施工开挖破坏原有岩体结构应力平衡状态完整脆性岩体中聚积的高弹性应变能远大于岩体破坏所需要的能量、岩体应力重分布过程岩体中弹性变形势能猛烈释放、隧道开挖轮廓面附近岩体爆裂从岩体中剥离、崩出的动力破坏现象。因此，岩爆的预报，实际上是对处于高、极高应力状态完整脆性岩体和地表地形陡变点下方完整脆性岩体分布位置的预报。

第 8 章

复杂地质环境围岩判识技术方法

本章重点

本章对主要的围岩判识技术方法进行了概述，其中包括直接法、电法勘探、电磁法勘探、地震波反射法、声波探测、层析成像、岩体温度法以及探测方法。

由于 TBM 设备庞大占据了隧道的大部分空间，当在没有预警的情况下遇到不良地质条件时，TBM 掘进轻则会导致掘进速度缓慢、效率低下、工期拖延，重则引起隧道地质灾害、人员伤亡、设备损毁。因此，准确把握地质条件，对于 TBM 的快速施工具有十分重要的作用。由于隧道不良地质体的存在，仅依靠施工揭露再行处理的办法，带有很大的盲目性，这就要求在隧道施工中进行超前地质预报。隧道施工中的超前地质预报实际上是地质勘察工作的继续，其通过地质调查、地质分析、钻探、物探等探测手段获得隧道掌子面前方的地质信息，以地质学为基础，借助于物理学、数学、逻辑学、计算机科学等多学科，对隧道施工可能遇到的不良地质体的工程性质、位置、产状、规模等进行探测、分析及预报，并为预防隧道地质灾害提供信息，使工程单位提前做好施工准备采取必要的工程措施保证施工安全或减轻地质灾害的损失。所以，TBM 隧道施工超前地质预报对于安全科学施工、提高施工效率、缩短工期、避免事故损失、节约投资等具有重要的社会效益和经济效益。

8.1 围岩判识技术方法概述

在 TBM 施工前后，在区域地质分析的基础上，分析 TBM 隧道施工可能遇到的不良地质问题及分布范围、发生的可能性和对 TBM 施工的影响程度，主要内容包括地层岩性、构造形式、岩体结构、断层破碎带、地下水条件、溶洞、地温、有害气体等。区域地质分析主要是定性的，在精度上稍差，主要目的是识别重大的工程地质和水文地质问题，可为 TBM 施工的可行性研究、TBM 设备选型及配置、施工预案制定等提供地质依据。

隧道掘进过程中地层、岩性、构造等地质问题对隧道安全影响较大，常见的几种主要探测方法的地层应用范围和适用条件见表 8.1-1。

几种主要探测方法的地层应用范围和适用条件　表 8.1-1

方法名称			应用范围	适用条件
电法勘探	电阻率法	电阻率剖面法	探测地层岩性、地质构造在水平方向的电性变化，解决与平面位置有关的问题	被测地质体有一定的宽度和长度，电性差异显著，电性界面倾角大于 30°；覆盖层薄，地形平缓
		电阻率测深法	探测地层在垂直方向的电性变化，解决与深度有关的地质问题	被测岩层有足够厚度，岩层倾角小于 20°；相邻层电性差异显著，水平方向电性稳定；地形平缓
		高密度电阻率法	探测浅部不均匀地质体的空间分布	被测地质体与围岩的电性差异显著，其上方没有极高阻或极低阻的屏蔽层；地形平缓，覆盖层薄
	激发极化法		寻找地下水，测定含水层埋深和分布范围，评价含水层的富水程度	在测区内没有游散电流的干扰，存在激电效应差异
电磁法	频率测深法		探测地层在垂直方向的电性变化，解决与深度有关的地质问题	被测地质体与围岩电性差异显著；没有极低阻屏蔽层，没有外来电磁干扰
	瞬变电磁法		可在基岩裸露、沙漠、冻土及水面上探测断层、破碎带、地下洞穴及水下第四系厚度等	被测地质体相对规模较大，且相对围岩呈低阻；其上方没有极低阻屏蔽层；没有外来电磁干扰
	可控源音频大地电磁测深法		探测中、浅部地质构造	被测地质体有足够的厚度及显著的电性差异；电磁噪声比较平静；地形开阔、起伏平缓
	探地雷达		探测地下洞穴、构造破碎带、滑坡体；划分地层结构；管线探测等	被测地质体上方没有极低阻的屏蔽层和地下水的干扰；没有较强的电磁场源干扰
地震波法	直达波法		测定波速，计算岩土层的动弹性参数	
	反射波法		探测不同深度的地层界面、空间分布	被探测地层与相邻地层有一定的波阻抗差异
	折射波法		探测覆盖层厚度及基岩埋深	被测地层的波速应明显大于上覆地层波速
	瑞雷波法		探测覆盖层厚度和分层；探测不良地质体	被测地层与相邻层之间、不良地质体与围岩之间，存在明显的波速和波阻抗差异
	TSP 超前预报		隧道施工过程中对开挖掌子面前方不确定的不良地质体（如裂隙破碎带和断层等）进行长距离的超前预报	声波在岩土体中的传播速度及幅度等参数和岩土体的组成成分及岩体的结构状态等有关，不良地质体如断层破碎带、岩溶洞穴、地下水富集带等与周边地质体存在明显的声学特性差异
声波探测			测定岩体的动弹性参数；评价岩体的完整性和强度；测定洞室围岩松动圈和应力集中区的范围	—
层析成像			评价岩体质量、划分岩体风化程度、圈定地质异常体、对工程岩体进行稳定性分类；探测溶洞、地下暗河、断裂破碎带等	被探测体与围岩有明显的物性差异；电磁波 CT 要求外界电磁波噪声干扰小

8.2 直接法

8.2.1 地质描述

隧道开挖过程中的工程地质状态，能客观、真实地反映围岩的实际情况，通过地质描述不仅可以评价已开挖的围岩状态，还可以对掌子面前方围岩进行预测。掌子面地质描述是通过对掌子面已揭露的地质体（岩层或不良地质等）进行观测与编录，对掌子面前方地质体的延伸情况进行有根据的推断。在大多数情况下，地表岩层的层位、层序及其岩性和岩层组合与隧道中的岩层层位、层序及其岩性和岩层组合是对应的，掌子面预测法正是利用这个原理进行超前地质预报的。如果隧道采用的是敞开式TBM施工，可在TBM停机维护时，对隧道掌子面、洞壁及顶拱进行地质素描，素描包括地层岩性、节理裂隙的发育情况、岩石风化程度、断层分布及其走向、地下水状态、软弱岩层的厚度及分布范围等。当采用护盾式TBM施工时，由于TBM的刀盘、护盾及衬砌管片将围岩几乎完全遮挡，因此无法对围岩进行直接地质素描，仅能通过刀盘空隙、护盾观察窗口及伸缩护盾连接处对掌子面和洞壁围岩进行局部观察，所获得的地质信息亦非常有限。

根据以上内容可对围岩稳定性做出评价并采用合适的支护方式，同时可根据已开挖围岩的地质条件对掌子面前方的围岩进行预测。

根据地质描述可以获得隧道内不良地质体的前兆标志。

（1）邻近大型溶洞水体或暗河的前兆标志主要有：裂隙、溶隙间出现较多铁染锈或黏土，岩层明显湿化、软化或出现淋水现象；小溶洞出现的频率增加，目测多有流水、河砂或水流痕迹；钻孔中的通水量剧增，夹有泥砂或小砾石；有哗哗的流水声；钻孔中有凉风冒出。

（2）邻近断层破碎带的前兆标志主要有：节理组数急剧增加；岩层牵引弯曲的出现，岩石强度的明显降低，压碎岩、碎裂岩、断层角砾岩等出现；邻近富水断层前断层下盘泥岩、页岩等隔水岩层明显湿化或软化。

（3）邻近人为坑洞积水的前兆标志主要有：岩层明显湿化、软化或出现淋水现象；岩层的裂隙有涌水现象；开挖工作面空气变冷或发生雾气；有嘶嘶的水声等。

（4）大规模塌方的前兆标志主要有：拱顶岩石开裂，裂缝旁有岩粉喷出或洞内无故出现尘飞扬现象，初期支护开裂掉块、支撑拱架变形或发出声响；拱顶岩石掉块或裂缝逐渐扩大，干燥围岩突然涌水等。

（5）煤与瓦斯突出的前兆标志主要有：开挖工作面地层压力增大、鼓壁、深部岩层或煤层破裂声音明显、掉渣、支护严重变形，瓦斯浓度突然增大或忽高忽低，工作面温度降低，人员感觉闷气、有异味等；煤层结构变化明显、层理紊乱、倾角发生变化，煤由湿变干、光泽暗淡，煤层顶、底板出现断裂、波状起伏等：钻孔时有顶钻、夹钻、顶水、喷孔等动力现象；工作面发出瓦斯强涌出的嘶嘶声，同时带有粉尘；工作面有移动感等。

根据前兆标志，可以对掌子面前方的不良地质体有初步预判，同时可结合其他探测手段进行精确探测，以确定不良地质体的位置、性质和规模等。

8.2.2 渣料和掘进参数互馈分析

TBM开挖产生的渣料一般由片状、块状和粉状岩渣构成，围岩类型不同，各部分所占比例不同，岩块的粒径大小及形态也不同。通过对岩渣的观察，可以获得岩性、岩石强度、岩体结构、构造特征、风化特征和地下水情况等；通过分析岩渣可对地质条件做出一定的判断，如围岩较完整，则岩渣以片状为主；如围岩节理裂隙较发育，则岩渣以块状为主，如遇断层破碎带，则岩渣不均匀，岩粉含量降低同时伴有构造岩出现。

TBM的掘进参数也可在一定程度上反映围岩地质状况，掘进参数主要有刀盘推力、刀盘扭矩、贯入度、掘进速度等。在硬岩中掘进时，一般刀盘推力先达到最大值，而扭矩未达到额定值，同时伴随刀盘贯入度低，掘进速度缓慢；在软岩中掘进时，一般扭矩先达到额定值，而推力未达到最大值，同时伴随着刀盘贯入度高，掘进速度快；当在节理密集发育的岩体中掘进时，掘进推力变化较大，同时伴随着机器的振动。

一般情况下，在围岩地质条件变化不大的情况下，根据岩渣、TBM 掘进参数等可对掌子面前方地质情况做出判别；在围岩地质条件变化大的情况下，可结合区域地质勘察资料、地下水活动情况进行综合分析判断。

8.2.3 常规超前钻探技术

TBM 上一般配备有超前钻机，可对掌子面前方 10～30m 范围内的岩体进行钻探，通过钻探结果可以对掌子面前方的围岩做出判断和预测。超前钻机可分为两种：一种是冲击式钻机，钻进速度快，占用施工时间较少，但无法采取岩芯；另一种是地质钻机，钻进速度慢，占用施工时间较多，但可采取原状岩芯。

当初步判断掌子面前方存在以下地质条件时，有必须进行超前钻探：具有一定规模的断层破碎带及影响带；在岩溶发育区规模可能较大、有必要采取特殊施工措施的溶洞；隧道前方短距离内可能有异常的地下涌水，膨胀岩；赋存有害气体的围岩。

Wirth TB880E 敞开式硬岩掘进机在西合线磨沟岭隧道施工中配备了一台由汤姆洛克公司生产的 HL500S 型超前地质钻机，得到了很好的使用效果。

1. HL500S 型超前地质钻机的结构和安装

液压钻机安装在推进梁上，并可在推进梁上前后运动钻孔作业，如图 8.2-1 所示。推进梁安装在有导轨的弧形梁上，弧形梁固定在K_1平台上。在推进梁的支撑架上，有一液压行走马达，使推进梁和钻机一起沿弧形梁做圆弧运动，这样可在岩壁上半部 83°夹角的范围内进行钻进作业。在推进梁上有一仰俯油缸，可以调节钻孔的仰俯角度（孔和岩壁的夹角），调节范围在 0°～8°。液压钻机可安装偏心钻具进行跟管法钻孔，也可安装球齿形钻头不跟管钻孔（即普通钻孔作业）。

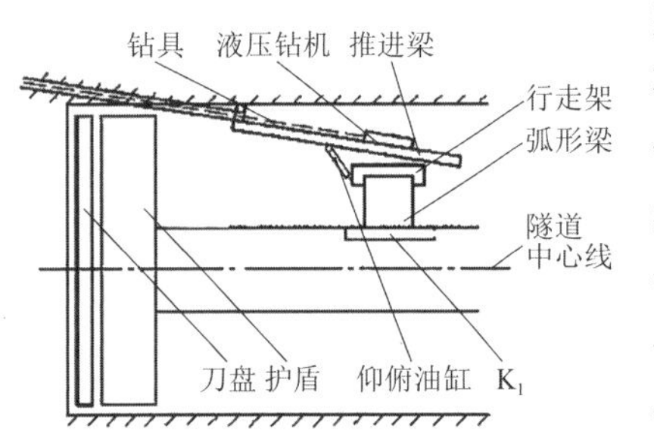

图 8.2-1 超前地质钻机的结构

2. 使用超前钻机的优点

（1）由于超前钻设备采用了先进的液压钻机和液压操作系统，故设备故障率低、性能可靠、钻孔速度快。经过多次钻孔统计，跟管法钻孔平均速度为 6.61m/min，用球齿形钻头普通法钻孔平均速度为 5.43m/min，其中均包括定位、钻孔和拆卸钻具的时间。

（2）由于提供了两种钻孔方法，特别是跟管法，使其能够适应各种恶劣地质条件，用跟管法钻孔完毕后跟管直接留在孔中，一方面节省了重新安装管棚所用的时间，另一方面也防止了塌孔现象，大大提高了孔的利用率，收到了良好的支护效果。

（3）钻孔作业只需一名施钻工、两名钻具安装和拆卸人员，节省人力，经济效益好。

3. 超前钻机存在的缺点

（1）钻杆的拆卸问题

超前钻使用初期，当钻孔结束拆卸钻杆时，出现了钻杆和连接套咬合过紧无法拆卸的现象，严重影响了超前钻的可操作性。

（2）使用空间挤压的问题

TBM L1 区有限的工作空间范围内，安装锚杆超前钻机，占据了较大一部分空间，这将大大减小锚杆钻机以及拱架安装器的工作空间，给施工带来诸多不便。

（3）超前钻机工作范围有限

本设计中，由于推进梁和钻机只能沿弧形梁做圆弧运动，进而只能在岩壁上半部 83°范围内进行钻进作业，83°以外的部分在施工中将会束手无策，这大大降低了超前钻机的使用范围。

8.2.4 隐藏式自动化顶锤式液压超前钻探技术

1. 隐藏式超前钻机的设计方案

针对常规 TBM 超前钻机使用过程中存在的问题，并结合高黎贡山隧道的地质特点，通过资料调研、数值模拟以及专家论证的方法，得出了新型 TBM 隐藏式超前钻机的设计方案。

隐藏式超前钻机设计示意图和结构示意图分别如图 8.2-2、图 8.2-3 所示，在主梁平台下部单独设计了超前钻机、推进梁及环形齿圈梁。超前钻机泵站与 L1 区锚杆钻机系统共用。正常掘进时超前钻机随一段齿圈轨道梁暗藏于主梁平台下方，两侧分别固定两段齿圈轨道梁，需要超前钻孔作业时，通过两侧油缸将超前钻机及齿圈轨道梁一同升起并与两侧齿圈梁连接，可形成一整齿圈环。超前钻机可沿着齿圈梁以 7°的外插角行走一圈，可用于超前锚杆、超前小导管、超前管棚等钻孔作业，并可配合超前注浆设备辅助进行刀盘前方围岩的超前支护。超前钻机通过螺栓与其固定座连接，便于拆卸。超前钻机装机设计总图见图 8.2-4。

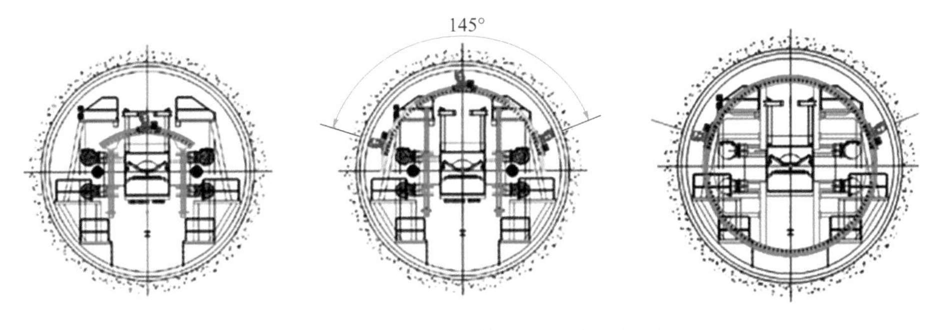

图 8.2-2 隐藏式超前钻机设计示意图

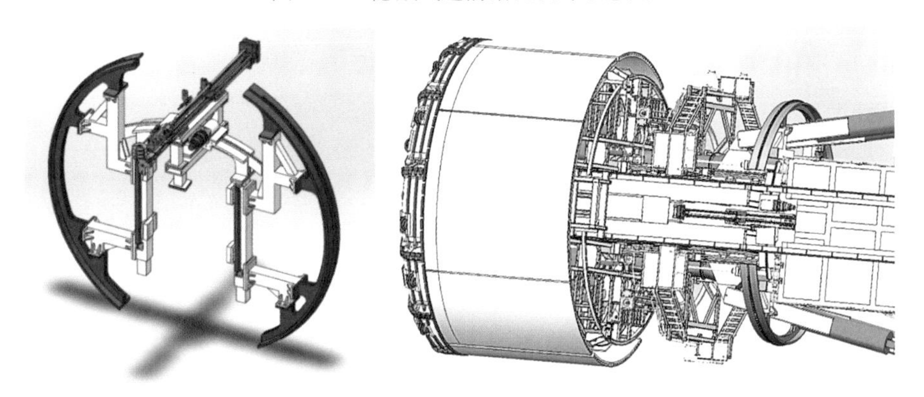

图 8.2-3 隐藏式超前钻机结构示意图

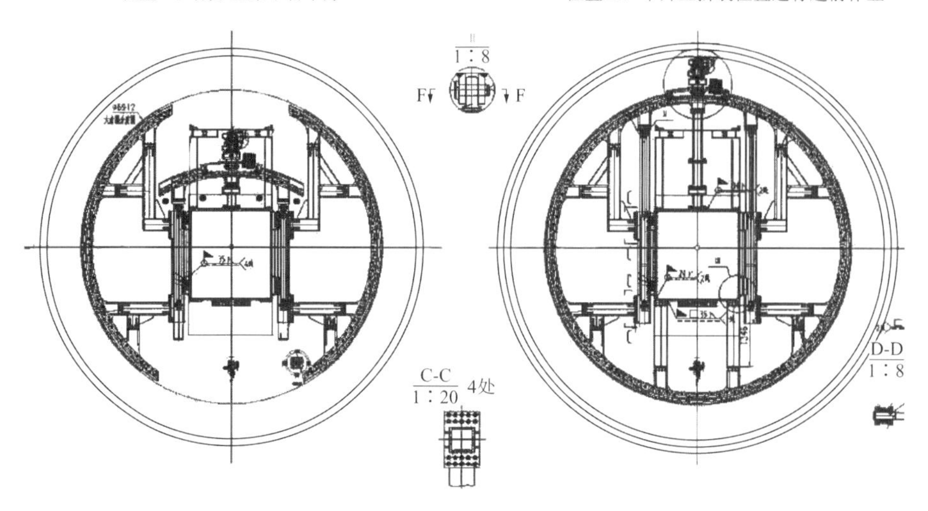

图 8.2-4　超前钻机装机设计总图

2. 隐藏式超前钻机的应用效果

隐藏式超前钻机系统的具体装机情况如图 8.2-5 所示，该钻机总体应用效果良好，每次准备时间 1～2h，钻孔平均速度为 0.2m/min，每次超前钻探 30m 的距离 2～3h 可完成，隐藏式常态化超前钻探系统对不良地质的超前加固发挥了重要作用。但在使用过程中也存在一些需要解决的问题，具体为超前钻机与锚杆钻机动力源共用，管路连接影响效率；第一根钻杆开始定位时容易滑落等。

图 8.2-5　隐藏式超前钻机的安装实物图

8.2.5　隐藏式水动力潜孔式超前钻探技术

上述隐藏式自动化顶锤式液压超前钻探技术，虽然在很多方面与以往工程使用的超前钻机有很大改进，但是高黎贡山隧道 TBM 配置的超前钻机为动力后置式非冲击钻机，钻孔效率较低，影响 TBM 施工效率；另外钻孔无法跟套管，不良地质下钻孔容易塌孔，无法满足超前管棚的施作。

为了确保钻进效率和超前管棚的施作，滇中引水隧洞工程隐藏式常态化超前钻探系统设计采用动力前置的跟管水锤超前钻机，内钻杆直径 76mm，外套管直径 108mm，钻头直径 118mm，跟管深度 25～30m。钻机系统构成如图 8.2-6 所示，钻机系统结构组成如图 8.2-7 所示。

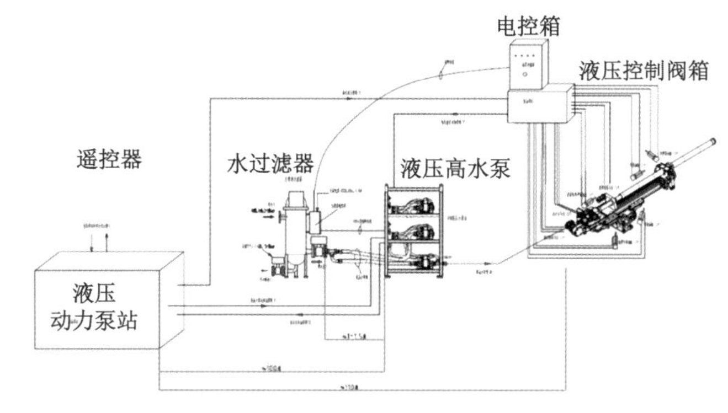

图 8.2-6　跟管水锤超前钻机系统构成

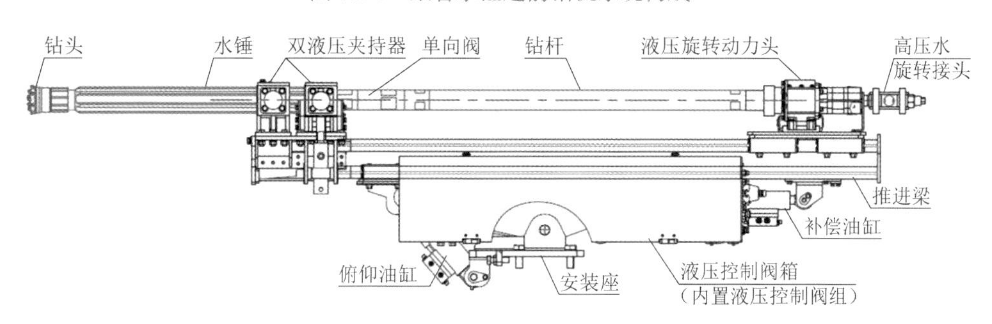

(a) 超前钻机结构平面图

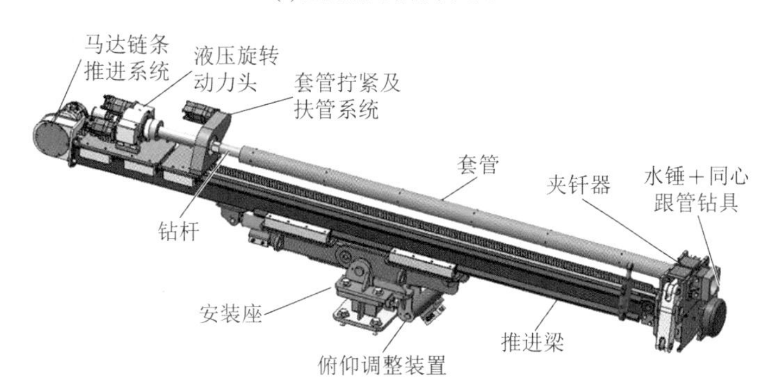

(b) 超前钻机结构三维结构图

图 8.2-7　超前钻机系统结构组成

动力前置式水动力钻孔技术的核心是水锤，在整个钻具动力传输过程中能量损失小，使水锤在任何钻孔深度的钻进过程中都能保持较高的钻进效率。水锤超前钻探系统的工作原理为采用高压水为潜孔水锤提供动力，高压水为每次冲击提供高频率和高能量，当水离开水锤后，仍有足够的速度将切削物和残渣带到表面并清洁孔道。水锤钻头、钻杆结构如图 8.2-8 所示，TBM 布置 2 台超前钻机，如图 8.2-9 所示。

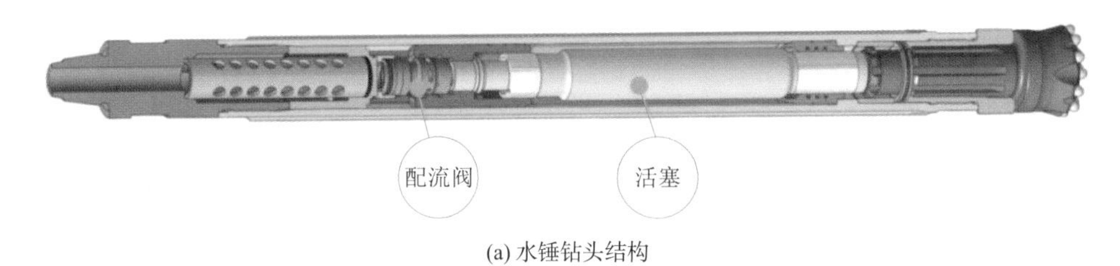

(a) 水锤钻头结构

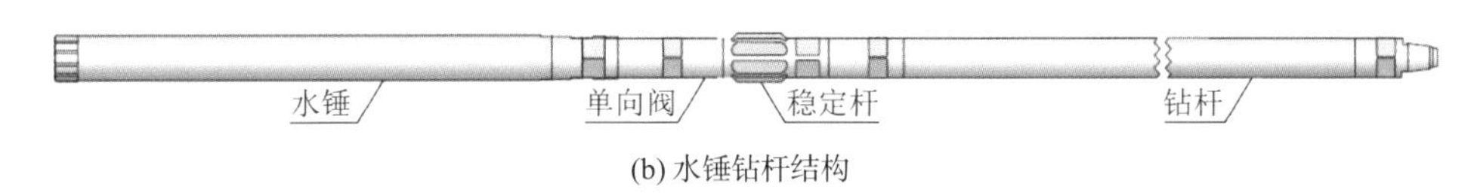

(b) 水锤钻杆结构

图 8.2-8　水锤式超前钻机钻头及钻杆结构

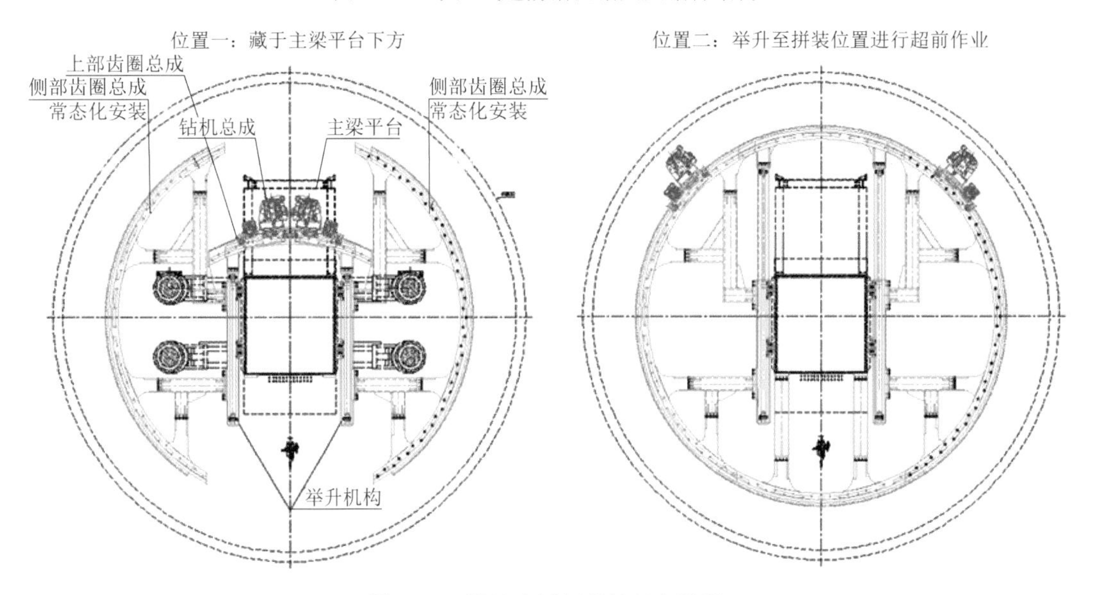

图 8.2-9　跟管水锤超前钻机布置图

8.3 电法勘探

隧道掘进过程中，由于围岩的种类、成分、结构、湿度和温度等因素的不同，而具有不同的电学性质；电法勘探是以这种电性差异为基础，利用仪器观测天然或人工的电场变化或岩土体电性差异，来解决隧道地质问题的物探方法。电法勘探根据其电场性质的不同可分为电阻率法和激发极化法等。

8.3.1 电阻率法

1. 基本原理

不同岩层或同一岩层由于成分和结构等因素的不同，而具有不同的电阻率；通过接地电极将直流电供入地下，建立稳定的人工电场，在地表观测某点垂直方向或某剖面水平方向的电阻率变化，从而了解岩层的分布或地质构造特点。

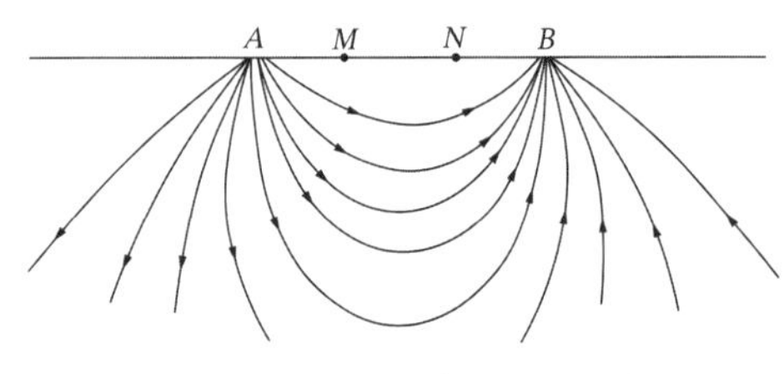

图 8.3-1　均匀介质中电流线分布图

均质各向同性岩层中电流线的分布见图 8.3-1，图中AB为供电电极，MN为测量电极。当AB供电时用仪器测出供电电流I和MN处的电位差ΔV，则岩层的电阻率按下式计算：

$$\rho = K\frac{\Delta V}{I} \tag{8.3-1}$$

式中：ρ——岩层的电阻率（Ω · m）；

ΔV——测量电极间的电位差（mV）；

I——供电回路的电流强度（mA）；

K——装置系数（m），与供电和测量电极间距有关。按表 8.3-1 所列公式计算。

K 值计算公式　　表 8.3-1

电探方法	K值计算公式
对称测深、对称剖面	$K=\pi\frac{AM\cdot AN}{MN}$
三极测深、三极剖面、联合剖面	$K=2\pi\frac{AM\cdot AN}{MN}$
轴向偶极测深、偶极剖面	$K=\frac{2\pi\cdot AM\cdot AN\cdot BM\cdot BN}{MN\cdot(AM\cdot AN-BM\cdot BN)}$
赤道偶极测深	$K=\frac{AM\cdot AN}{AN-AM}$
双电极剖面	$K=2\pi\cdot AM$
中间梯度	$K=\frac{2\pi\cdot AM\cdot AN\cdot BM\cdot BN}{MN\cdot(AM\cdot AN+BM\cdot BN)}$

在各向同性的均质岩层中测量时，从理论上讲，无论电极装置如何，所得的电阻率应相等，即岩层的真电阻率；但实际工作中所遇到的地层既不同性又不均质，所测得的电阻率为视电阻率ρ_s，是不均质体的综合反映。

部分岩土的电阻率可参考表 8.3-2。

部分岩土的电阻率参考值　　表 8.3-2

物质种类	电阻率（Ω · m）	物质种类	电阻率（Ω · m）
黏土	$n\times0.1\sim n\times10$	辉长岩	$n\times10^2\sim n\times10^5$
白云岩	$n\times10\sim n\times10^2$	片麻岩	$n\times10^2\sim n\times10^4$
石灰岩	$n\times10^2\sim n\times10^3$	花岗岩	$n\times10^2\sim n\times10^5$
砾岩	$n\times10\sim n\times10^3$	河水	$n\times10\sim n\times10^2$
砂岩	$n\times0.1\sim n\times10^3$	海水	$n\times0.1\sim n\times1$
泥质页岩	$n\times10\sim n\times10^3$	潜水	<100
玄武岩	$n\times10^2\sim n\times10^5$	矿井水	$n\times1$

注：n为 1～9 的任意数。

2. 电阻率法的分类

为了解决不同的地质问题，常采用不同的电极排列形式和移动方式（简称为装置）。根据装置的不同将电阻率法分为电剖面法和电测深法。

1）电剖面法

电剖面法是测量电极和供电电极的固定排列装置不变，而测点沿测线移动，来探测某深度范围内岩层视电阻率ρ_s水平变化的方法；解决与平面位置有关的地质问题，如断层、岩层接触界面等。

（1）电剖面法根据装置的不同可分为下列几种，见图 8.3-2。

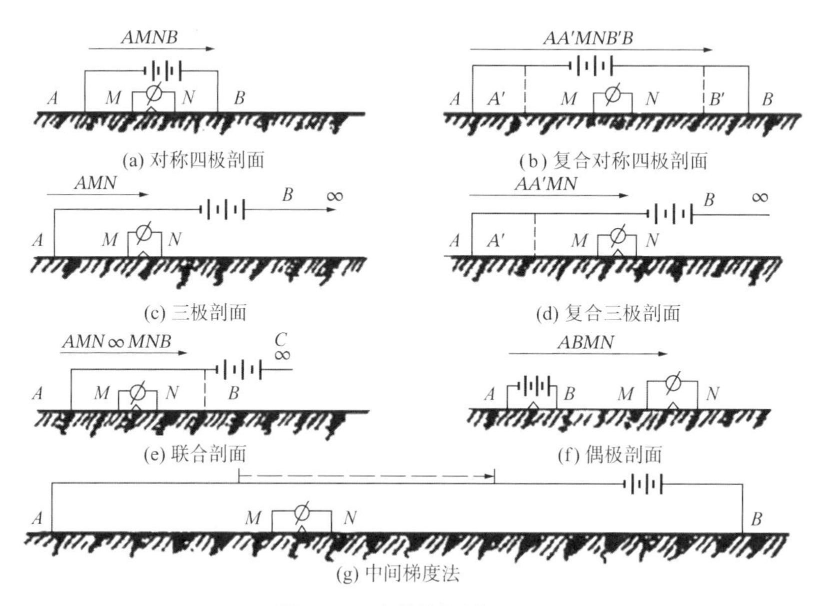

图 8.3-2　电测剖面装置

①对称四极剖面：*AMNB*布置在一条直线上，$AM = NB$，测量时*AMNB*的间距不变，四个电极同时沿测线方向移动；当取$AM = MN = NB = a$时，称为温纳装置。

②复合对称四极剖面：电极布置同对称四极剖面，但增加了两个供电电极$A'B'$，即同时可测两个*AB*深度的ρ_s值；如图 8.3-3 所示为两种不同地质情况，用对称四极剖面法测得的曲线形状相同；若用复合对称四极剖面法则测得的曲线类型不一，即能分辨出两种不同地质情况。

③三极剖面和联合剖面：三极剖面是将供电电极之一置于无穷远，*AMN*沿测线排列，并逐点进行观测；三极剖面一般很少单独使用，往往用两个三极剖面联合起来称联合剖面，联合剖面是*AMNB*布置在一直线上，增加一供电电极*C*，*C*极垂直于*AMNB*方向布置于无穷远处，一般$CO = (5 \sim 10)AO$，每一测点可分别测出绘成两条曲线，当地下有较窄的垂向构造时，两条曲线即相交成低阻或高阻交点，反映出构造位置；因此，联合剖面通常用来探测岩脉、断层、破碎带、溶洞等。

④复合三极剖面：电极布置同三极剖面，但增加了一个供电电极A'，同时可测两个深度的ρ_s值。

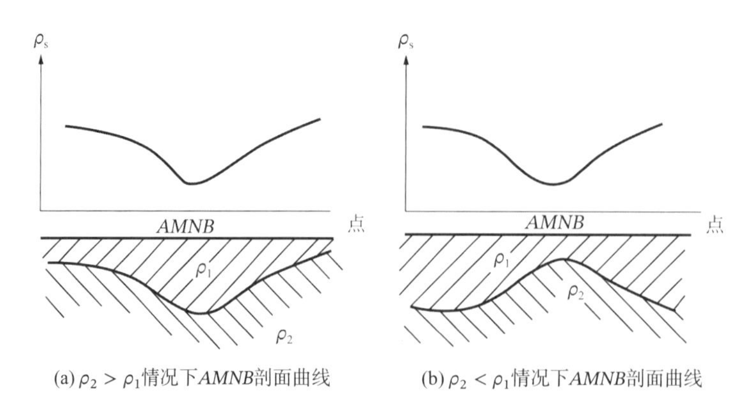

(a) $\rho_2 > \rho_1$情况下*AMNB*剖面曲线　　(b) $\rho_2 < \rho_1$情况下*AMNB*剖面曲线

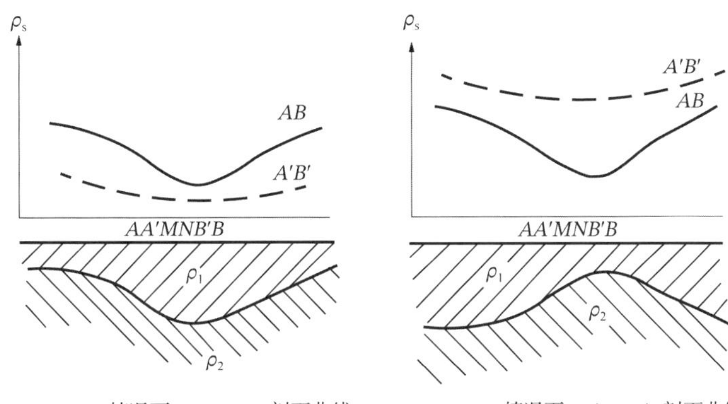

(c) $\rho_2 > \rho_1$情况下$AA'MNB'B$剖面曲线　　(d) $\rho_2 < \rho_1$情况下$AA'MNB'B$剖面曲线

图 8.3-3　两种不同地质剖面曲线

⑤偶极剖面：供电电极和测量电极同时沿测线同一方向移动，偶极剖面分为轴向偶极剖面和赤道偶极剖面；当MN一边布置AB时，称单边轴向偶极剖面和单边赤道偶极剖面；当MN两边均布置AB（对称MN布置）时，即$ABMN$，称为双边轴向偶极剖面和双边赤道偶极剖面；双边布置可在同一地点测出两个ρ_s值，同时可绘制两条ρ_s曲线，其性质与联合剖面的ρ_s曲线相似，亦有低阻或高阻交点。

⑥中间梯度法：是将供电电极AB相距很远、固定不动，测量电极MN在其中部约 1/3 的地段沿AB线或平行AB线进行观测，这样电场被认为是均匀的，若测量范围内有高、低阻不均匀地质体时，则ρ_s明显反映出极大或极小值；一般用来探测陡倾角高阻带状构造。

以上各种装置的记录点均为MN的中点。

（2）电剖面法的极距选择

电剖面可按下列方法选择极距，未列者可参考近似类型的方法。

①对称四极剖面：

$AB = (4\sim6)H$，$MN < AB/3$

②复合对称四极剖面：

$AB = (6\sim10)H$，$A'B' = (2\sim4)H$

③三极剖面、联合剖面：

$CO = (5\sim10)AO$，$AO \geqslant 3H$，$MN = (1/3\sim1/5)AO =$ 测点距

上述各式中H为探测对象埋藏深度（m）。

④偶极剖面：

$AB = (2\sim3)MN$

当地质条件简单时：$AB = MN$，$MN = OO/10 =$ 测点距。OO的间距可参考联合剖面中的AO间距，即：

$OO = AO + AB/2$

⑤中间梯度法：

$MN \geqslant H$或$MN = (2\sim5)H$，$AB = (30\sim40)MN$

2）电测深法

电测深法是在地表以某一点（即测深点）为中心，用不同供电极距测量不同深度岩层的ρ值，以获得该点处地质断面的方法；若测深点按勘探线布置时，可得出地质横断面情况。

（1）电测深法根据极距装置形式可分为下列几种。

①对称四极测深：*AMNB*四个电极布置在一条直线上，测量电极*MN*布置在供电电极*AB*中间，测量时*MN*不动（当*AB*增大到一定值后，*MN*按规定要求增大），对称式增大*AB*，每移动一次*AB*测得一次ρ值，或*AB*和*MN*按一定比值同时增大。

②三极测深：当有地形、地物阻碍四极测深的*AB*极距增大时，可采用三极测深。

③偶极测深又分为轴向偶极测深和赤道偶极测深：轴向偶极测深是*ABMN*布置在一条直线上，*MN*布置在*AB*的一侧，测量时*AB*间距不变，移动*AB*；赤道偶极测深是*AB*和*MN*平行排列，测量时*AB*间距不变，平行移动*AB*；该法也是在有地形、地物障碍，*AB*极距拉不开时采用。

④环形测深：装置形式仍为对称四极装置，所不同的是在一个测深点上进行几个方向（一般为四个方向）的测量，以了解同一地点不同方向上的岩性变化，如节理组发育方向等，将各方向上同一*AB*极距所测得的ρ值用同一比例绘制平面图，当岩层各向均质时，为一些同心圆；当在某方向岩性有差异时，则为一些椭圆，见图 8.3-4。

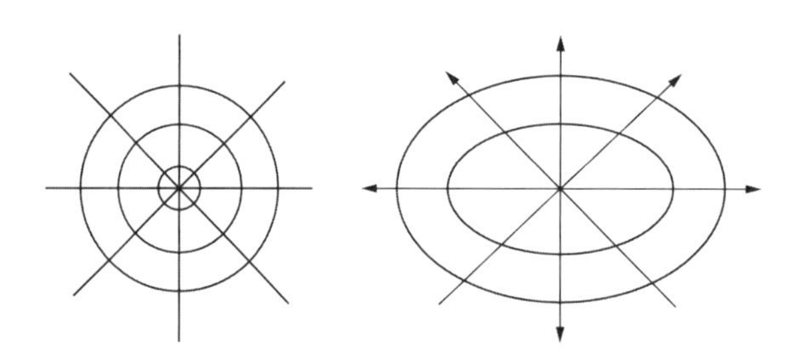

图 8.3-4　环形探测

（2）电测深法的极距选择

*AB*和*MN*的距离按下式原则选择：

$$AB_{\min} \leqslant h_1,\ H < AB_{\max} < 10H,\ AB/3 \geqslant MN \geqslant AB/30$$

式中：　h_1——由地表开始第一电性层（岩层）的厚度（m）；

H——要求的探测深度（m）；

$AB_{\min}$、$AB_{\max}$——*AB*电极的最小和最大间距（m）。

（3）资料整理及解释

①绘制ρ_s-$AB/2$ 的关系曲线：按供电极距不同所测得的ρ_s值，在双对数坐标纸上绘制ρ_s-$AB/2$ 关系曲线，其类型如表 8.3-3 所示。

电测深曲线类型　　表 8.3-3

断面层次	曲线类型	电阻率关系	曲线形状
二层断面	G	$\rho_1 < \rho_2$	
	D	$\rho_1 > \rho_2$	
三层断面	A	$\rho_1 < \rho_2 < \rho_3$	
	K	$\rho_1 < \rho_2 > \rho_3$	

断面层次	曲线类型	电阻率关系	曲线形状
三层断面	H	$\rho_1 > \rho_2 < \rho_3$	
	Q	$\rho_1 > \rho_2 > \rho_3$	

注：ρ_1、ρ_2、ρ_3分别为地表向下的第一、第二、第三岩层的电阻率。

表 8.3-3 所列类型是常见的曲线类型，此外，还有 AK、HK、HA 等四层断面类型和 HAK、HKQ、AKQ 等五层断面类型等。

②电测深ρ_s-$AB/2$ 曲线的解释分定性解释和定量解释两种：定性解释即根据曲线的类型划分层次，并大致确定每层的深度；定量解释有量板法、非量板法。

量板法：是采用实测曲线与理论曲线相对比的方法。量板是已制好的一系列理论曲线。量板法有二层量板与辅助量板法和二层量板与三层量板法。

非量板法：有切线法、平均电阻率法、对比法和计算作图法等。

无论定性或定量解释，均应有一定的地质资料做参考，这样才能使解释更符合实际。

8.3.2 激发极化法超前地质预报技术

1. 激发极化法超前预报原理（图 8.3-5）

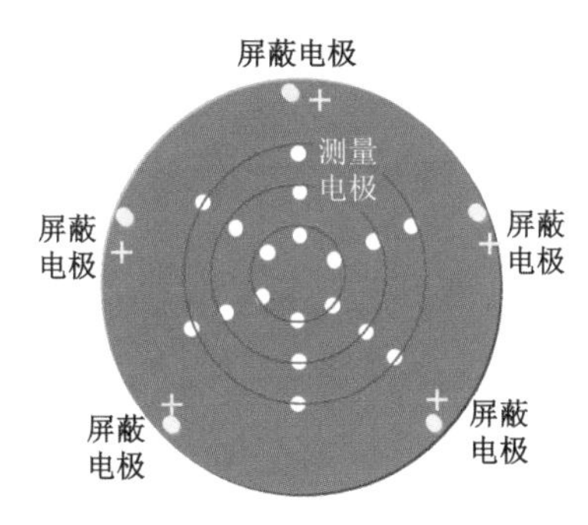

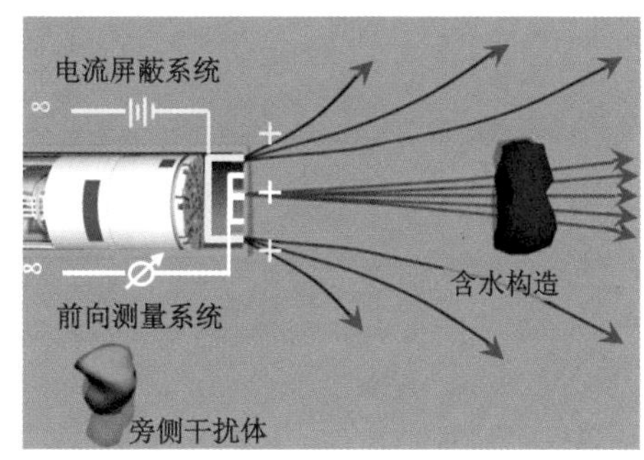

图 8.3-5　激发极化法原理图

激发极化法（Induced Polarization，IP）是电法勘探的一个重要分支。在进行电阻率法勘探时，会出现如下现象：在向地下供入稳定电流的情况下测量电极之间的电位差并非瞬间达到饱和值，而是随时间而变化，经过一段时间后趋于稳定的饱和值；而断开供电电流后，电位差也并非瞬间衰减为零，而是在最初的一瞬间很快下降，而后随时间缓慢下降并趋于零。这种发生在地质介质中因外电流激发而引起介质内部出现电荷分离，由于电化学作用引起附加电场的物理化学现象，称为激发极化效应。激发极化法正是以不同地质介质之间的激电效应差异为物质基础，通过观测和研究被测对象的激电效应进行地质探查的一种电法。图 8.3-6 为时间域激发极化现象的示意图。

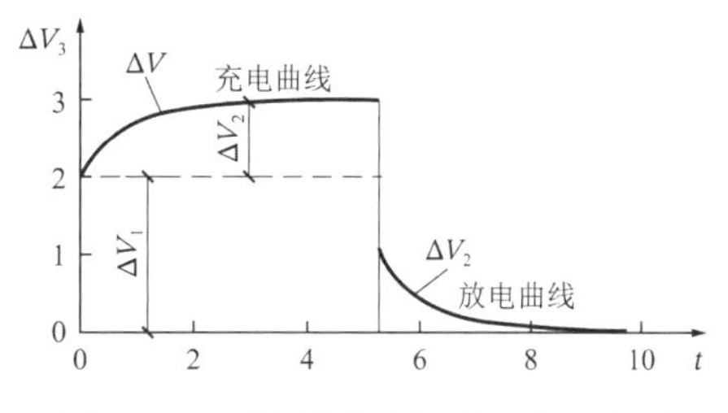

图 8.3-6　时间域激发极化现象示意图

通过对激发极化法中极化率、电阻率以及半衰时之差等参数进行分析和反演，可以得到掌子面前方岩体的电阻率、极化率结构，为进行超前地质预报提供重要的参考。半衰时之差的正值部分代表自由含水体或导水构造；三维成像的低阻部分代表含导水地质构造。建立掘进机的前向探测模式，多同性源阵列激发极化法，三维反演成像法，实现掌子面前方 30m 内不良地质三维成像定位。

2. 激发极化法超前探测优势

通过大量的含水构造超前预报模型试验以及大量的现场试验，发现激发极化反应的信息与探测水量呈近似线性关系。因此，可以通过激电信息与测线长度的包络面积来确定前方水量的大小，给施工提供有效指导，具体如图 8.3-7 所示。

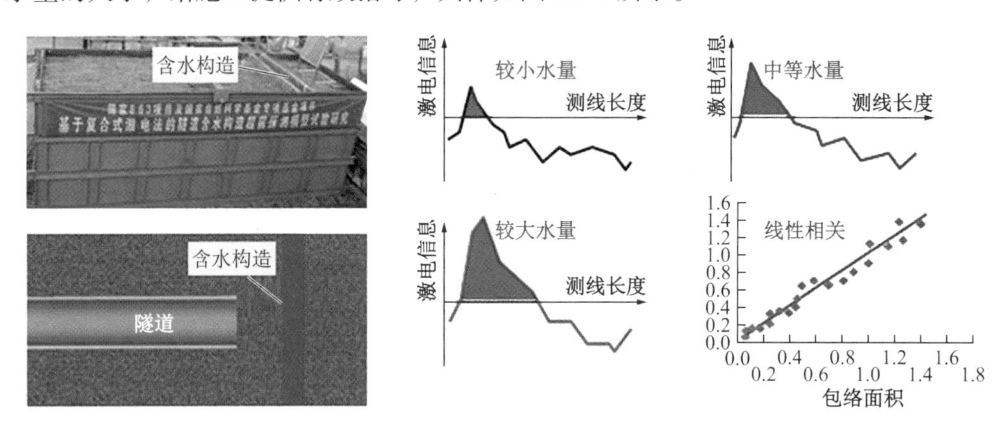

图 8.3-7　超前预报模型试验及激电信息对水量的响应

3. 装置类型的选择

激发极化法可沿用电阻率法的各种电极装置，以下为常用的几种：

（1）中间梯度装置：能在较大的面积上进行测量；由于A、B段中间地段接近水平均匀极化条件，因此得到的异常形态简单，易于解释，但要求供电电流大；

（2）联合剖面装置：能得到两条η曲线配合起来解释，准确地确定极化体的分布；但电极距对联合剖面异常的影响较大，且装置笨重，较少应用；

（3）近场源装置：供电和测量电极间的距离小，常用的二极装置异常形态简单，易于解释，对近地表的极化体反应灵敏；

（4）对称四极测深装置：在层状大地条件下，可提供地质断面随深度变化的资料，确定极化体埋深和判断极化体与围岩的相对导电性，在激发极化法中常使用此装置；

（5）偶极装置：对覆盖层的穿透能力较强，采用多个偶极间距系数时兼有剖面法和测深的双重性质，对极化体形状和产状的分辨能力较强，但要求供电电流大；在以上各种电极装置中，此装置的电磁耦合干扰最小。

除偶极装置主要用于频率域激电法外，其余几种装置主要用于时间域激电法。

4. 激发极化法在 TBM 上的应用

TBM 上搭载激发极化装置的方案设计本着简单、实用的思路，刀盘上通过开孔（75mm）安装 14 个测量电极，通过液压驱动实现电极的伸缩，设计独立液压站安装到主梁；2 圈供电电极安装到护盾上，无穷远B电极、N电极通过打孔安装；设计 2 条多芯电缆，其中 1 条连接 14 个测量电极，1 条连接 8 个供电电极，同时设计 2 根单芯电缆连接电极B与N，探测仪器安装在 TBM 主控室，电缆连接到主控室的仪器，刀盘前方的液压油与测量电极检测信号通过回转接头传输到 TBM 后方，具体如图 8.3-8、图 8.3-9 所示。

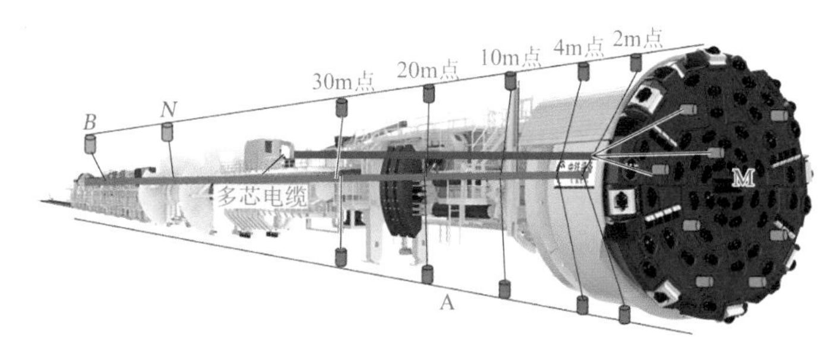

图 8.3-8　TBM 搭载前向三维激发极化法设计示意图

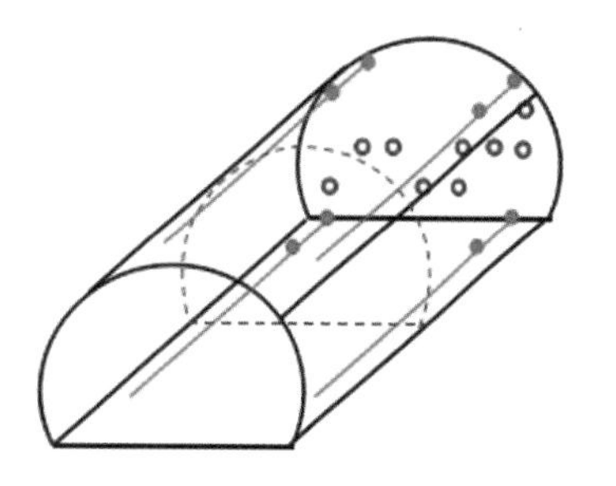

图 8.3-9　三维前向激发极化法超前探测示意图

5. 激发极化法预报结果分析

通过对激发极化法中极化率、电阻率以及半衰时之差等参数进行分析和反演，可以得到掌子面前方岩体的电阻率、极化率结构，完成隧道掌子面前方异常结构的位置与形态定位，为现场施工工序提供重要的参考，分析方法如图 8.3-10 所示。

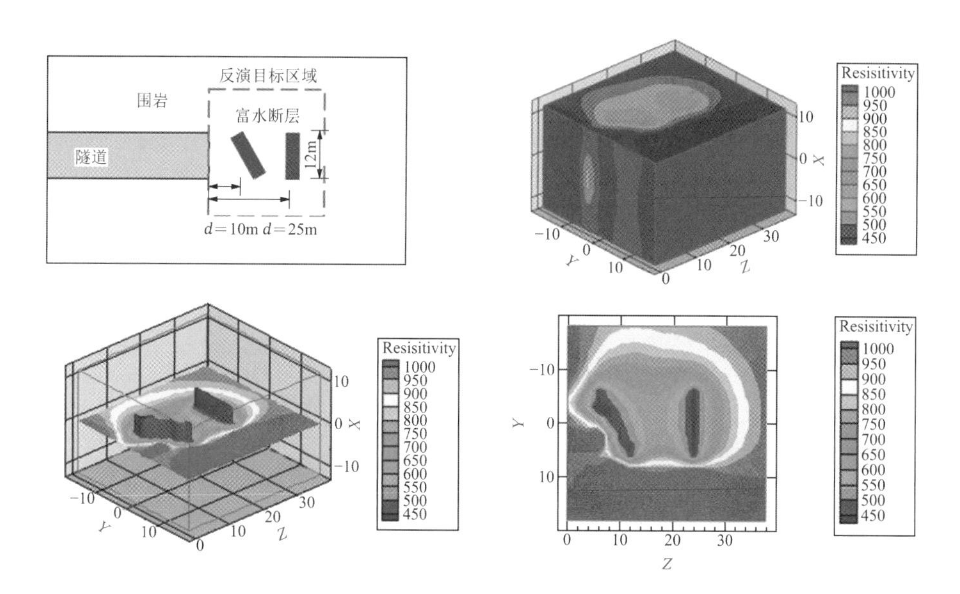

图 8.3-10　三维反演成像定位异常体位置与形态

8.4　电磁法勘探

电磁法是以地下围岩的导电性和导磁性差异为基础，观测和研究由于电磁感应而形成的电磁场的时空分布规律，从而解决有关工程地质问题的一种物探方法；电磁法的种类较多，本节简要介绍几种在工程地质勘察中的常用方法。

8.4.1 频率电磁测深法

1. 基本原理

频率电磁测深法是通过改变人工电磁场的频率来控制探测深度，查明岩层电阻率δ随深度的变化情况，借以判释地层分布及地质构造。

在频率测深中，当采用频率为 0.1～100kHz 的长波、超长波时，则有：

$$\delta = \sqrt{\frac{2}{\omega\mu\sigma}} = \frac{\lambda}{2\pi} \tag{8.4-1}$$

式中：λ——大地中电磁波波长（m）；

μ、σ——磁导率和电导率。

当频率较高时，δ小，电磁波集中在地表附近；随着频率的降低，δ增大，电磁波穿透深度增加；当地中电磁波振幅衰减至地表 $1/e$时，该深度称为“屈服深度δ”。

2. 工作方法

（1）装置类型

采用电偶极源的装置主要有AB-MN（$\theta = 90°$为赤道偶极，$\theta = 0°$为轴向偶极）和AB-s；磁偶极源的装置主要有S-MN和S-s（S表示发射线圈，s表示接收线圈）。

（2）装置大小的选择

最佳收、发距为探测深度的 3～5 倍，即：$r = (3～5)H$；电极AB和MN的距离按下式选择：$AB = H = r/4$，$MN = AB/2$。

3. 资料整理与解释

（1）绘制视电阻率、视相位断面图、视纵向电导率断面图及平面图，根据图形各参数的分布特点对岩层和地质现象进行定性解释；

（2）结合地质资料，通过正、反演计算，求取地质体的参数（厚度、深度、电阻率等），进行定量解释。

8.4.2 瞬变电磁法（TEM）

1. 基本原理

TEM 法为时间域电磁法，它是利用不接地回线通以脉冲电流向地下发射一次脉冲磁场，使地下低阻介质在此脉冲磁场激励下产生感应涡流，感应涡流产生二次磁场；利用接收仪器及接收线圈观测断电后的二次磁场，通过研究二次磁场的特征及分布，可获得地下地质体的分布特征。

2. 工作方法

1）工作装置

常用的工作装置见图 8.4-1。

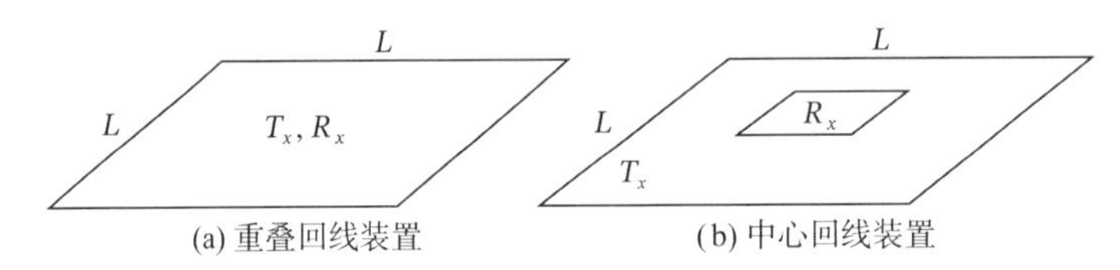

(a) 重叠回线装置　(b) 中心回线装置

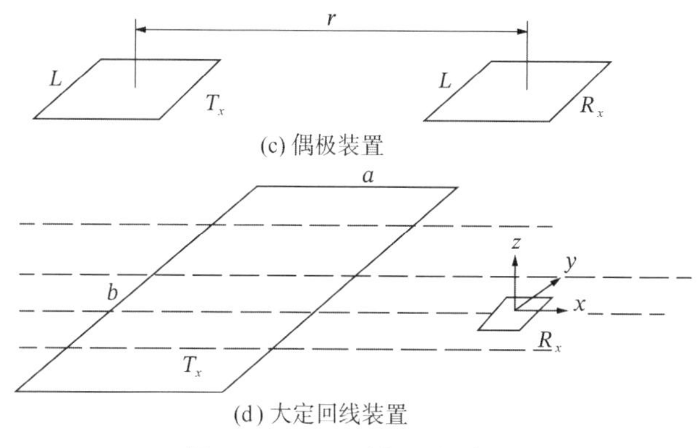

(c) 偶极装置

(d) 大定回线装置

图 8.4-1　TEM 剖面测量装置

（1）重叠回线装置：将发射回线（T_x）与接收回线（R_x）相重合敷设在剖面上；

（2）中心回线装置：将小型多匝R_x放置于边长为L的T_x中心，沿测线逐点进行观测；

（3）偶极装置：T_x与R_x保持固定的收发距r，并同时沿测线逐点移动进行测量；

（4）大定回线装置：T_x采用边长达数百米的矩形固定大回线，R_x采用小型线圈沿垂直于T_x长边的测线，逐点观测二次磁场三个分量。

2）测网的选择

线距一般为回线边长L或 2L，点距为L或$L/2$、$L/4$，工作比例尺根据地质任务确定。

3. 资料处理和解释

1）剖面资料处理：利用原始观测数据，计算ρ值，绘制ρ断面图，并绘制观测值$\mathrm{d}B_z/\mathrm{d}t$和$\mathrm{d}B_x/\mathrm{d}t$多道剖面图，进行模拟构造计算，结合地质资料划分剖面异常；

2）测深资料处理：利用原始观测数据计算ρ_s值，绘制ρ_s断面图，并绘制ρ_s单支曲线图，采用正、反演计算求取参数，结合地质资料进行判别分析，绘制地质剖面图；其视电阻率的计算公式为：

$$\rho_\mathrm{s} = \frac{\mu_0}{4\pi t}\left[\frac{2\mu_0 M}{5t(\mathrm{d}B_z/\mathrm{d}t)}\right]^{2/3} \tag{8.4-2}$$

式中：$M = S_\mathrm{r} \cdot I \cdot N_\mathrm{r}$；$\mathrm{d}B_z/\mathrm{d}t = V_2(t)/S_\mathrm{R}N_\mathrm{R}$，$S_\mathrm{R}$、$S_\mathrm{r}$为接收线圈和发射线圈的有效面积；$N_\mathrm{R}$、$N_\mathrm{r}$为接收线圈和发射线圈的匝数。

8.4.3　探地雷达（GPR）

探地雷达（GPR）是利用高频电磁脉冲波的反射，来探测目的体及地质界面的电磁装置，又称地质雷达。

1. 方法原理

探地雷达利用高频电磁波（主频为数十 MHz 至数百 MHz 以至千 MHz）以宽频带短脉冲的（脉冲宽为数 ns 以至更小）形式，由地面通过天线T送入地下，经地下地层或目的体反射后返回地面，为另一天线R所接收，如图 8.4-2 所示根据接收到的回波来判断反射界面的存在。脉冲波旅行时间为：

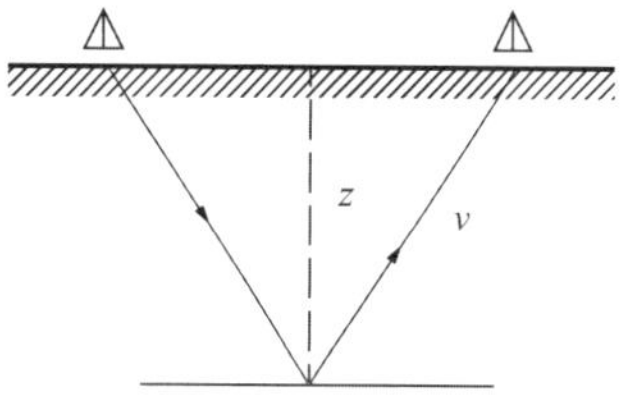

图 8.4-2　反射雷达探测原理

$$t = \frac{\sqrt{4z^2 + x^2}}{v} \tag{8.4-3}$$

当地下介质中的波速v（m/ns）为已知时，可根据精确测得的走时t值（ns，1ns = 10^{-9}s），由式(8.4-3)求出反射界面的深度（m）。

地质界面上电磁波的反射系数和波穿透介质时的衰减系数，与导磁系数μ、相对介电常数ε和电导率σ等电磁参数有关，表 8.4-1 列出了常见介质的有关参数；根据观测到的反射脉冲信号的强度来判别界面的性质。

常见介质的物理量　　　　表 8.4-1

介质	电导率σ（S/m）	相对介电常数ε	速度v（m/ns）	衰减系数（dB/m）
花岗岩（干）	10^{-8}	5	0.15	0.01～1
花岗岩（湿）	3～10	7	0.10	0.01～1
灰岩（干）	9～10	7	0.11	0.4～1
灰岩（湿）	2.5×10^{-2}	8		0.4～1
砂（干）	10^{-7}～10^{-3}	4～6	0.15	0.01
砂（湿）	10^{-4}～10^{-2}	30	0.06	0.03～0.3
黏土（湿）	10^{-1}～1	8～12	0.06	1～300
土壤	1.4×10^{-4}～5×10^{-4}	2.6～15	0.13～0.17	20～30
混凝土		6.4	0.12	
沥青		3～5	0.12～0.18	
冰		3.2	0.17	0.01
纯水	10^{-4}～3×10^{-2}	81	0.033	0.1
海水	4	81	0.01	1000
空气	0	1	0.3	0

2. 现场测试方法及参数的选择

1）测试方法

测试方法主要有剖面法和宽角法。

（1）剖面法（CDP）：发射天线（T）和接收天线（R）以固定间距沿测线同步移动，观测结果用探地雷达时间剖面图像来表示；

（2）宽角法（WARR）：一个天线固定，另一个天线沿测线移动的测量方式，或者两天线同时由一中心点向两侧反方向移动；该方法记录的是电磁波脉冲通过地下各个不同介质层的双程传播时间，反映地下成层介质的速度分布。其图形是以天线间距为横坐标，双程走时为纵坐标，图形以同相轴呈倾斜形态显示，速度大者较缓，速度小者较陡；通过该测量成果的对比分析，可以确定地下各层介质的电磁波速度。

2）参数选择

（1）天线中心频率：选择时要考虑目的体（层）的埋深及其规模，一般情况下，在满足分辨率且场地条件许可时，应尽量使用中心频率较低的天线；

（2）记录时窗：选取最大探测深度与上覆地层的平均电磁波速度之商的 2.6 倍；

（3）测量点距：当离散测量时，测量点距由天线中心频率和地下介质的介电特性所决定（一般应 ≤ Nyquist 采样间隔）；当连续测量时，移动天线的最大速度取决于扫描速率、天线宽度和目的体的大小；

（4）天线间距：一般为目的体相对接收天线与发射天线的张角的 2 倍，或目的体最大深度的 20%。

3. 资料处理与解释

探地雷达探测资料的解释包含两部分内容：一为数据处理；二为资料解释。

1）数据处理方法

（1）数字滤波技术：利用频谱特征的不同来压制干扰波，以突出有效波，可分为频率域滤波和时间域滤波两种方式；

（2）偏移绕射处理技术：建立在射线理论基础上，使反射波自动偏移到其空间真实位置上；

（3）雷达图像增强处理技术：包括反射回波幅度变换技术和多次叠加技术；

（4）为消除地形起伏而引起的雷达图像畸变，应用软件对地形进行校正。

2）资料解释

探地雷达测试资料反映了地下介质的电性分布特征，结合地质、勘探等方面的资料，建立测区地质-地球物理模型，并以此得到地下介质地质结构形态特征。

4. 探地雷达的应用

探地雷达可以用于探测地下洞穴、构造破碎带、滑坡体、划分地层结构以及地下洞室围岩、混凝土衬砌质量的检测；在具备下列条件时能取得较好的应用效果：

（1）被测对象与周围介质之间具有电磁阻抗差异；被测目的体位于地下水位以上。

（2）被测目的体具有一定的规模，厚度大于电磁波有效波长的 1/4，水平尺寸大于第一菲涅尔半径的 1/2；区分两个水平相邻异常体时，其间的最小距离大于第一菲涅尔半径。

（3）目的体上方无极低阻屏蔽层，而且测区内无其他电磁干扰。

8.5 地震波法

由于岩土层的弹性性质不同，弹性波在其中的传播速度也有差异，地震波反射法是通过人工激发的弹性波在岩土层中传播的特点，来判定地层岩性、地质构造等，从而解决某一地质问题的物探方法；根据弹性波的传播方式，可将地震波反射法分为直达波法、反射波法、折射波法和瑞雷波法。

8.5.1 地震波探测原理

1. 直达波法（透射波法）

直达波是一种从震源出发不经过界面的反射、折射而直接传播到接收点的地震波；利用直达波的时距曲线（波到达观测点的时间t和到达观测点所经过的距离s的关系曲线）求得直达波波速，从而计算岩土层的动力参数。

直达波直接从震源传向接收点，因而其时距曲线为直线，其表达式为：

$$t = \frac{s}{v} \tag{8.5-1}$$

式中：t——直达波从震源到达接收点的时间（s）；

s——直达波从震源到达接收点的直线距离（m）；

v——直达波的速度（m/s）。

根据从震源到接收点的直达波传播时间及距离计算纵波速度或横波速度，利用纵波及横波速度与土的动力性质的关系，可求得E_a、G_a、μ_4。

2. 反射波法

弹性波从震源向地层中传播（图 8.5-1），遇到波阻抗不同的界面时会产生反射，并遵循反射定律，反射波回到地面所需的时间与界面埋深有关；根据反射波的时距曲线，可推求出所需探测界面的深度以及波在介质中传播的速度。

1）反射波的时距曲线

假设在地面下有一倾角为φ的倾斜平坦界面，界面以上为均匀介质，则其反射波可以看成由虚震源O'（震源对界面的对称点）出发经反射界面直接到达接收点M的波，如图 8.5-2 所示，反射波时距曲线的表达式为：

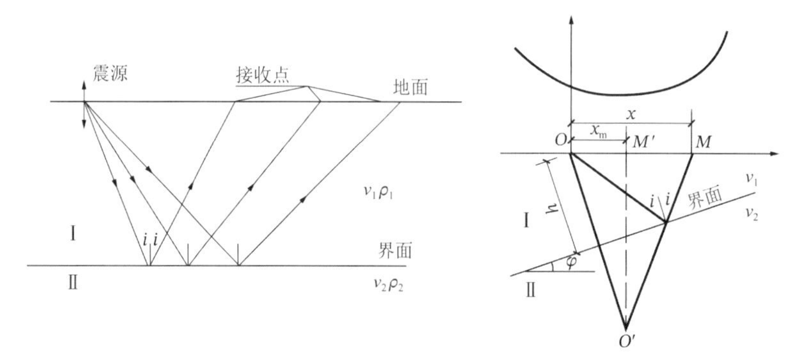

图 8.5-1　波的反射　　　　图 8.5-2　反射波的时距曲线

$$t=\frac{1}{v_1}\sqrt{x^2-2xx_m+4h^2} \tag{8.5-2}$$

式中：x——震源至观测点的距离（m）；

h——震源至反射界面的垂直距离（m）；

x_m——震源与虚震源在地面上的投影点之间的距离（m），$x_m=2h\sin\varphi$。

对于任意倾斜的多层介质，反射波对每个界面的时距曲线仍具有式(8.5-2)的形式，反射波的时距曲线是对称于虚源的地面投影点的双曲线。

当界面水平时（$\varphi=0°$），则反射波时距曲线的表达式为：

$$t=\frac{1}{v_1}\sqrt{x^2+4h^2} \tag{8.5-3}$$

2）外业工作

（1）测线布置：测线一般与勘探对象的走向垂直布置，布置形式有纵测线和非纵测线。

（2）震波激发：当对浅层（10～50m）进行勘探时，常采用锤击震源。

（3）震波接收：利用高频垂直检波器（纵波测量）或中频水平检波器（横波测量）进行接收，并使其灵敏方向与有效波的主振方向一致，保证检波器与地面耦合状态良好。

（4）道间距Δx的选择：保证各道间相位关系清楚，同相轴明显，一般情况下用下式估算道间距：

$$\Delta x\leqslant\frac{1}{2}v^*T^* \tag{8.5-4}$$

式中：v^*——有效波的视速度（m/s）；

T^*——有效波的视周期（s）。

（5）观测系统

①简单连续观测系统：如图 8.5-3 所示，O_1O_2、O_3O_4、……为依次的接收段，O_1、O_2、……为震源，在每一段上布置检波器的排列时，均在两端各进行一次激发来接收。时距曲线K_1、K_2、……分别顺次连续地反映了界面AB、BC、……的情况，利用各时距曲线之间的互换点（即互为震源与接收点的两点称为互换点，在互换点上波的到达时间相同）和连接点（具有共同的震源和接收点的点称为连接点，在连接点上波的到达时间相同）顺序连成一个连续地下界面的统一体系。

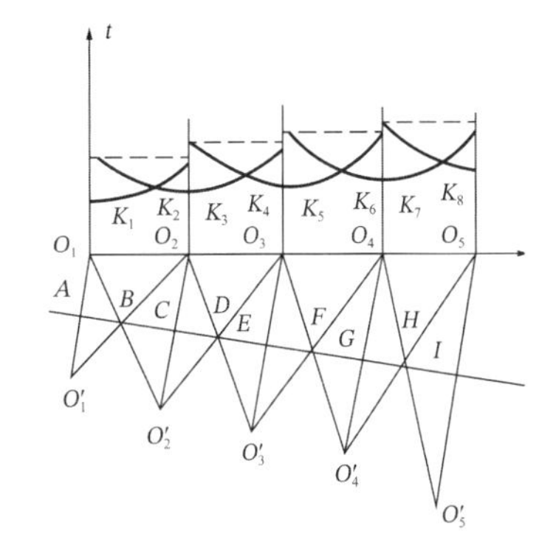

图 8.5-3　简单连续观测系统

②间隔连续观测系统：该观测系统也是在接收段的两侧激发而得到相遇时距曲线，与上述简单连续观测系统的不同之处，只是震源与接收段之间相隔一个排列的距离。

③共深点叠加观测系统：将震源偏移接收段一定的距离，在单侧或排列中进行激发，多次覆盖，覆盖的次数取决于记录的信噪比。

3）资料整理

（1）有效速度v_e的计算

①利用时距曲线平方坐标法求有效速度v_e（图 8.5-4），由双边反射时距曲线按t^2-x^2坐标法求有效速度，该法适用于倾斜界面的情况。

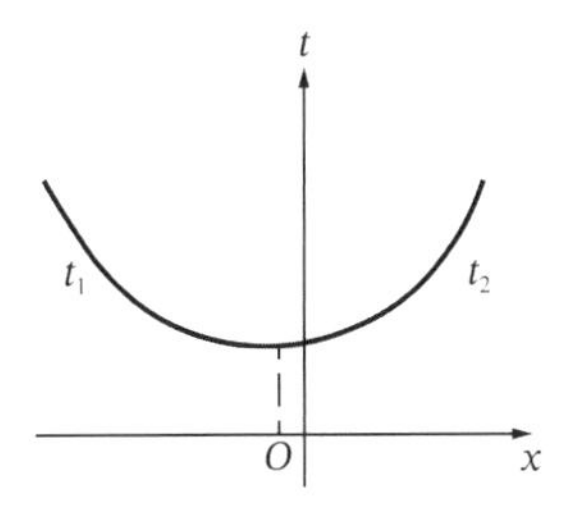

图 8.5-4　平方坐标法求反射波有效速度

②利用相遇时距曲线法求有效速度v_e

设有反射波相遇时距曲线K_1、K_2，在某一观测点，其波到达时间分别用t_1和t_2表示，如图 8.5-5 所示，按u-x坐标法求有效速度。

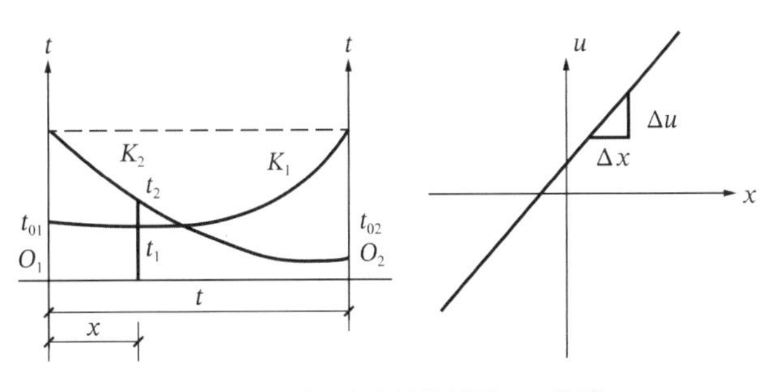

图 8.5-5　相遇时距曲线及u-x曲线

$$v_e = \sqrt{2l\frac{\Delta x}{\Delta u}\cos 2\varphi};\ \ \Delta u = t_2^2 - t_1^2 \tag{8.5-5}$$

式中：l——两震源间距离（m）;

φ——界面的视倾角（°）。

当$\varphi < 7° \sim 10°$时，$\cos 2\varphi \to 1$，则：

$$v_e = \sqrt{2l\frac{\Delta x}{\Delta u}} \tag{8.5-6}$$

（2）反射界面深度的计算

①展开排列观测系统求反射界面深度

$$H = \sqrt{\frac{(v_e t)^2 - x^2}{2}} \tag{8.5-7}$$

式中：H——激发点与接收点中间的反射界面深度（m）;

v_e——有效速度（m/s）;

t——反射波从震源到达接收点的时间（s）;

x——接收点到震源的距离（m）。

②共偏移剖面求反射界面深度

$$H = \sqrt{\frac{(v_e t)^2 - l^2}{2}} \tag{8.5-8}$$

式中：l——偏移距（m）。

③作图法求反射界面深度

以各观测点为圆心，分别以相应的$v_e t$为半径作弧，得到交点O（即为虚震源），连接OO'，作直线垂直二等分OO'，此直线夹于首尾接收点之边界射线间的部分AB，即为相应时距曲线段所控制的界面，见图 8.5-6。

3. 折射波法

弹性波从震源向地层中传播，若遇到性质不同的地层界面时，就会遵循折射定律发生折射现象，见图 8.5-7。

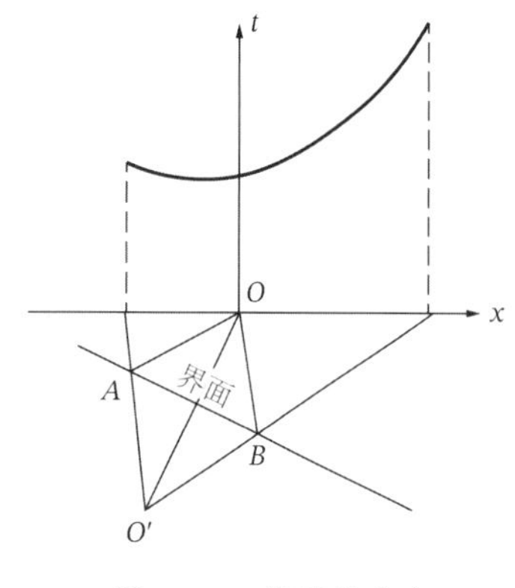

图 8.5-6　界面的确定

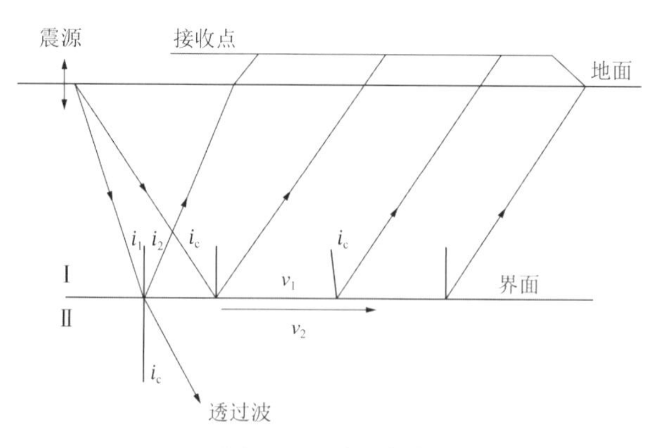

图 8.5-7　波的折射

折射定律为：

$$\frac{\sin i_1}{v_1}=\frac{\sin i_2}{v_2} \tag{8.5-9}$$

当入射角i_1逐渐变化到临界入射角i_c，而使折射角i_2增至 90°时，则波成为沿界面滑行的滑行波，此时：

$$\sin i_c=\frac{v_1}{v_2} \tag{8.5-10}$$

滑行波的速度为v_2，形成折射波的条件是$v_1 < v_2$。

如果将滑行波看作入射波，它将向第i层中折射，其折射角仍为i_c，所以折射波射线是以临界角i_c射出的一组平行线。

当接收点距震源的距离小于某一值时，就接收不到折射波，把这一地段称为折射波的盲区，可见使用折射波法勘探时，要在离开震源一定距离以外才能接收到折射波。

1）折射波的时距曲线

如图 8.5-8 所示，倾斜界面折射波时距曲线的表达式为：

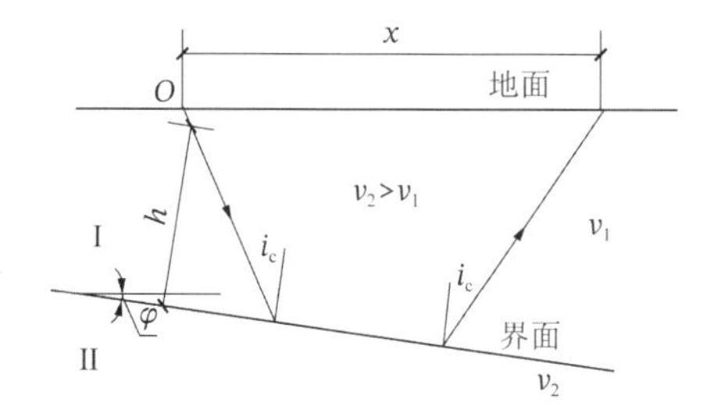

图 8.5-8　折射波行程示意图

$$t=\frac{2h\cos i_c}{v_1}+\frac{x}{v_2}\sin(i_c+\varphi) \tag{8.5-11}$$

式中：x——震源至观测点间的距离（m）；

h——震源至折射界面的垂直距离（m）；

φ——平整界面的倾角（°）；

i_c——临界入射角（°）。

当界面水平时：

$$t=\frac{x}{v_2}+\frac{2h\cos i_c}{v_1} \tag{8.5-12}$$

当地表下有n层水平界面时，折射波的时距曲线方程为：

$$t_n=\frac{x}{v_n}+2\sum_{k=1}^{n-1}\frac{h_k\cdot\cos i_{n\cdot k}}{v_k} \tag{8.5-13}$$

式中：t_n——第n层折射界面折射波到达观测点的时间（s）；

h_k——第k层的厚度（m）；

v_n——第n折射层中的波速（m/s）；

v_k——第k层中的波速（m/s）；

$i_{n\cdot k}$——第k层中折射波射线的临界入射角。

由以上各式可见，当界面为水平时，时距曲线为直线，如图 8.5-9 所示。

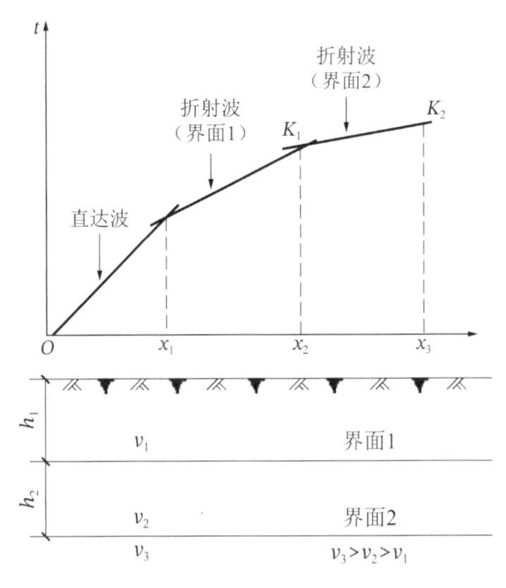

图 8.5-9　折射波时距曲线

2）外业工作

测线布置、震波激发和道间距选择参考反射波法，接收采用低频垂直检波器，观测系统原则上是间隔连续观测系统。

3）资料整理

一般用相遇时距曲线求取折射界面深度和界面速度，只有在近似水平层状介质、地表和界面起伏较小且速度横向无明显变化时或由于条件困难无法获得相遇时距曲线时，方可采用单支时距曲线截距时间法求解折射界面深度。

（1）单支时距曲线截距时间法求解折射界面深度

$$h_n=\frac{t_{0n}}{2}\frac{v_n v_{n+1}}{\sqrt{v_{n+1}^2-v_n^2}}-\sum_{k=1}^{n-1}h_k\frac{v_n\sqrt{v_{n+1}^2-v_k^2}}{v_k\sqrt{v_{n+1}^2-v_n^2}}\qquad(n=1、2、3\cdots)\tag{8.5-14}$$

式中：h_n——第n层界面的法线深度（m）；

v_n——第n层介质速度（m/s）；

t_{0n}——第n层折射波截距时间（s）。

（2）时间场法确定v_c和界面深度：折射界面上任意点，对应于两支相遇折射波等时面的时间之和等于互换时间T，以实际观测的时间值及上覆地层的平均或有效速度v_e作两支相遇折射波的时间场，其中满足关系式$t_1+t_2=T$点的连线，即为所追踪的界面。

界面速度为：

$$v_c=\frac{\Delta\xi}{\Delta t}\tag{8.5-15}$$

式中：$\Delta\xi$——两个等时面之间的界面距离（m）；

Δt——两个等时面之间的时间差（s）。

该方法适合于地表有一定起伏，折射界面起伏较大（无穿透现象）和界面速度有明显变化的情况。

4. 瑞雷波法

在弹性分界面上形成的反射波、折射波和透射波，随着时间向整个弹性空间传播，因此这些波称为体波；除体波外，在弹性分界面附近还存在着一类振动，称为面波，其中分布在地面附近自由界面的面波，称为瑞雷波。

1）方法原理

瑞雷波沿地表传播时，其穿透深度相当于它的波长；在均匀介质中，瑞雷波的传播速度（υ_R）与频率（f）无关；在非均匀介质中，传播速度随频率的改变而改变（所谓的频散效应）；当采用不同振动频率的震源产生不同波长的瑞雷波时，可以得到不同穿透深度的瑞雷波速度值，根据波速值来评价地质体或进行地质分层，从而达到探测的目的。

瑞雷波速度和横波速度的差异与地层的泊松比（ν）有关，近似关系如表 8.5-1 所示。

瑞雷波速度与横波速度近似关系　　表 8.5-1

ν	0.21	0.25	0.30	0.35	0.40	0.45	0.50
υ_R/υ_S	0.9127	0.9194	0.9274	0.9350	0.9420	0.9490	0.9553

注：ν为地层泊松比，υ_R为瑞雷波的传播速度，υ_S为横波速度；当ν取表中所示的中间值时，可近似采用内插法取值。

瑞雷波法适用于层状和似层状介质勘探，可用于浅部覆盖层厚度探测和分层，以及不良地质体探测，如饱和砂土液化势判定，软弱夹层、地下岩溶洞穴、掩埋物等的探测。瑞雷波法分为瞬态瑞雷波法和稳态瑞雷波法。

2）外业工作

（1）激发方法

①稳态法：利用激振器产生不同的稳定频率，测量不同频率下相对应的υ_R值。

②瞬态法：采用锤击法，产生一定频率范围的瑞雷波。

（2）观测系统

观测系统包括单端激发、两道或多道接收和两端激发、两道或多道接收的观测方式；检波器采用固有频率为 2～10Hz 的低频垂直检波器。两检波器之间的距离Δx应满足下式：

稳态法：

$$\Delta x \leqslant \lambda_R = \frac{\upsilon_R}{f} \tag{8.5-16}$$

瞬态法：

$$\frac{\upsilon_R}{3} \leqslant \Delta x \leqslant \lambda_R \tag{8.5-17}$$

式中：λ_R——瑞雷波的波长。

3）资料整理

（1）瑞雷波速度的求取：

①稳态法：

$$\upsilon_R = \frac{\Delta x}{\Delta t} \tag{8.5-18}$$

式中：Δx——两检波器之间的距离（m）；

Δt——两检波器接收瑞雷波的同相位时间差（s）。

②瞬态法

$$v_{\mathrm{R}} = \frac{2\pi f \cdot \Delta x}{\Delta \varphi} \tag{8.5-19}$$

式中：$\Delta\varphi$——在波的传播方向上两检波点之间的相位差。

（2）绘制深度-波速、深度-频率和波速-频率曲线，曲线中深度按表 8.5-2 进行修正。

深度与泊松比的换算关系　　表 8.5-2

ν	0.10	0.15	0.20	0.25	0.30	0.35	0.40	0.45
H	0.55λ	0.58λ	0.63λ	0.65λ	0.70λ	0.75λ	0.79λ	0.84λ

注：ν为泊松比；H为深度（m）；λ为波长（m）。

（3）利用深度-波速曲线计算层速度

①当地层的平均速度随深度增加而增大时：

$$v_{\mathrm{R}n} = \frac{H_n \bar{v}_{\mathrm{R}n} - H_{n-1} \bar{v}_{\mathrm{R}n-1}}{H_n - H_{n-1}} \tag{8.5-20}$$

式中：H_n、H_{n-1}——第n、$n-1$ 点的深度（m）；

$\bar{v}_{\mathrm{R}n}$、$\bar{v}_{\mathrm{R}n-1}$——第n、$n-1$ 点深度以上的平均速度（m/s）；

$v_{\mathrm{R}n}$——H_n至H_{n-1}深度间隔的层速度（m/s）。

②当地层的平均速度随深度增加而减小时：

$$v_{\mathrm{R}n} = \frac{H_0 - H_{n-1}}{\dfrac{H_n}{\bar{v}_{\mathrm{R}n}} - \dfrac{H_{n-1}}{\bar{v}_{\mathrm{R}n-1}}} \tag{8.5-21}$$

③不考虑地层平均速度随深度变化时：

$$v_{\mathrm{R}n}^2 = \frac{H_n \bar{v}_{\mathrm{R}n}^2 - H_{n-1} \bar{v}_{\mathrm{R}n-1}^2}{H_n - H_{n-1}} \tag{8.5-22}$$

8.5.2 TSP 超前地质预报系统

TSP 超前地质预报系统由瑞士 Amberq 测量技术公司开发生产，目前使用的 TSP203Plus 增强型预报系统是国内运用最广泛的隧道超前地质预报设备，其以地霄法为原理，目的是在隧道施工过程中对开挖掌子面前方不确定的不良地质体（如裂隙破碎带和断层等）进行长距离的超前预报，其可靠预测范围在掌子面前方 100～150m，在地质条件良好的硬岩中可达 200m 以上。

1. TSP 超前地质预报系统工作原理

TSP 是属于多波、多分量、高分辨率地震反射波的一种探测技术，是专门为长距离隧道施工地质超前探测、预报而设计的有别于常规地震反射波探测技术和一般的声波探测，是一种快速、有效、无损的地震波反射探测技术。

TSP 系统根据回声测量原理，采用多点激发、单点接收的激震方式，人为形成多个微震源，地震波在指定的震源点（通常在隧道的边墙，大约 24 个炮点布成一条直线）用少量炸药激发产生，地震波在岩石中以球面波形式向前传播，一部分地震信号透射进入前方介质；一部分反射回来向接收器方向传播，被接收器接收，形成直达波，TSP 系统由此计算波速；一部分沿着隧道掌子面轴向传播，当地震波遇到波阻抗界面时（即岩石物性界面，如断层、断碎带、岩性变化、溶洞和地下水）将产生反射波，反射波的传播速度、延迟时间、波形、强度和方向等均与相关界面的性质和产状有关，并通过不同的数据表现出来。反射信号被布置在隧道左右边墙上的单个或是 2 个高灵敏度的三分量加速度地震传感器（检波器）所接收记录下来，并被转换成电信号加以放大。TSP 系统利用配套的专用软件对数据进行处理，通过分析反射波速，获取 P 波和 S 波波场分布规律，用与隧洞轴线的交角和隧洞工作面的距离来确定反射层所对应地质界面的空间位置和规模，形成反映相关界面或地质体反射量的影像点图及探测范围内的 2D 或 3D 空间分布。并根据反射波（P 波和 S 波）的组合特征及其动力学特征、岩石物理力学参数等资料来分析推断掌子面前方不良地质体的性质。图 8.5-10 为 TSP 法工作原理示意图，图 8.5-11 为 TSP 系统集成示意图。

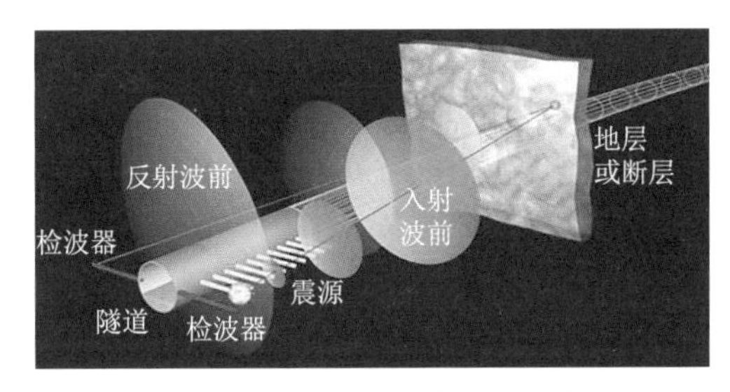

图 8.5-10　TSP 法工作原理示意图

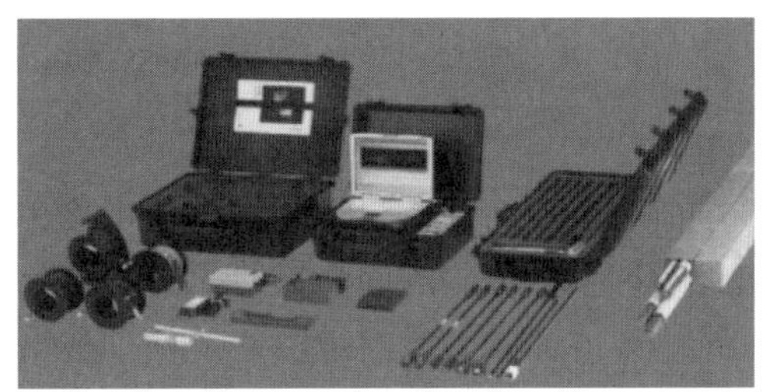

图 8.5-11　TSP 系统集成示意图

2. TSP 系统功能和特点

TSP 地震波超前地质预报系统在洞内数据采集的硬件部分主要由接收器、数据记录设备以及起爆设备三大部分组成。接收器主要用来接收地震波信号；数据记录设备将接收器接收到的信号放大、数模转换并进行测量过程控制、信号数据记录；起爆设备主要是用来控制引爆人工震源即电雷管和炸药的。现场布置系统由一系列炮点（24 爆炸孔）和 1～2 个三分量接收传感器（XK2 方向）、检波器孔、接收器组成，若是两个检波孔，则在隧道的两边墙对称位置布置。

TSP 系统软件部分主要由数据库、波场分析、确定反射事件三个程序块组成。经过处理后的地震波信息反映在隧道掌子面前方和隧道周围的坐标系上。根据需要可做出沿隧道轴向的剖面图和与隧道轴向成任意角度的断面图，这就是地震波的预测结果。

目前，TSP 系统在硬件设计方面采用了三维传感器、12 通道，大大提高了预报的精度，而且提高了仪器的整体便携性。在软件方面采用 WINDOWS 操作系统，功能强大且操作简便，增强了可视化效果，并且数据处理速度更快。配备的 TSPwins 数据处理软件，集数据采集、处理和评估整合为一体，增加了三维透视图显示功能，并有专门程序块输出岩石特性参数。

TSP 的技术特点如下：适用范围较广，可以在各种地层岩性条件下使用；预报距离长，能准确预报隧道掌子面前方 100～150m 范围内的地质情况；预报所需时间短，每次爆破记录时间仅需 45min，整个预报循环（包括仪器清理）也只需 2h，对施工干扰小，可以在隧道的施工间隙进行；提交资料及时，通过其专用处理软件能快速得到不良地质体的类型及相对于隧道的空间位置，费用合理，是目前预报效果最为理想的长距离超前地质预报技术。

目前在钻爆法和敞开式 TBM 施工中采用 TSP 系统进行超前地质预报的较多，但对于护盾式 TBM 施工，由于在掘进过程中同时进行了管片衬砌，无法在洞壁大量钻孔，因此并不适用护盾式 TBM 施工超前地质预报。

3. TSP 超前预报数据处理方法

对 TSP203Plus 仪器采集的数据利用 Amberd TSP Plus 软件进行处理，可以获得隧道掌子面前方的 P 波、SH 波和 SV 波的时间剖面、深度偏移剖面、岩石的反射层位、物理力学参数、各反射层能量大小等中间成果资料，同时还可得到反射层的二维和三维空间分布（图 8.5-12），根据上述资料预报隧道掌子面前方的地质情况，如溶洞、软弱岩层、断层、裂隙及富水情况等不良地质体。

4. TSP 超前预报结果分析原则

对处理成果的分析，根据以下原则进行：

（1）反射振幅越高，反射系数和波阻抗的差别越大。

（2）正反射振幅（红色）表明正的反射系数，也就是刚性岩层；负反射振幅（蓝色）指向软弱岩层。

（3）若 S 波反射比 P 波强，则表明岩层饱含水。

（4）V_p/V_s增加较大或泊松比突然增大，常常因流体的存在而引起。

（5）若V_p下降，则表明裂隙密度或孔隙度增加。

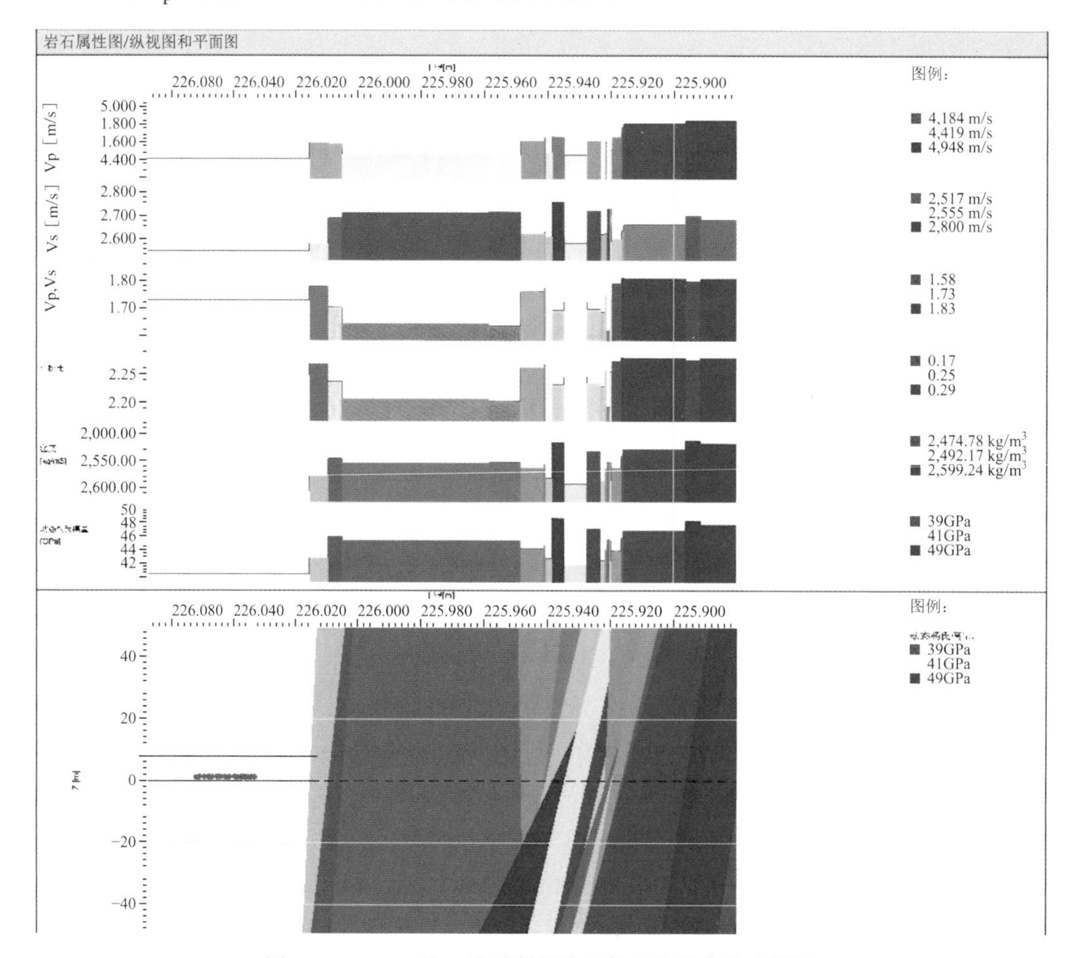

图 8.5-12　TSP 法二维反射层位及物理力学参数成果图

8.5.3 HSP 隧道超前地质预报系统

HSP 隧道超前地质预报系统以声波反射为原理，由中铁西南科学研究院有限公司开发生产，早期主要用于钻爆法施工隧道，目前其最新改进型号同样适用于 TBM 施工隧道。

HSP 声波反射法是建立在弹性波理论基础上的，传播过程遵循惠更斯-菲涅尔原理和费马原理。采用声波法探测不良地质的前提是：声波在岩土体中的传播速度及幅度等参数和岩土体的组成成分、密度、弹性模量及岩体的结构状态等有关，不良地质体如断层破碎带、风化带、岩溶洞穴、地下水富集带等与周边地质体存在明显的声学特性差异。通过数据解译，可对隧道掌子面前方围岩的工程地质条件或不良地质体做出判断，其探测距离可达 100～150m，可作为长期超前地质预报技术。

1. HSP 探测系统基本原理

因 TBM 庞大机身结构及施工特点，很多常规地质预报方法在 TBM 施工隧道内都无法使用或受到很大限制，导致专门针对或适合于 TBM 施工的地质超前预报系统较少或不成熟。HSP 法是水平声波/地震波剖面法（Horizontal Sonic/Seismic Profiling）的英文缩写，该技术遵循惠更斯-菲涅尔原理和费马原理，实施该方法的前提条件是介质存在差异的波阻抗。波场传播速度、质点振动幅度等与介质的组成成分、密度、结构特征等存在密切的相关关系。断层破碎带、岩溶、地下水等地质体与背景地层存在明显的波阻抗特性差异，为预报的实现提供了前提条件，其数学表达式如下：

$$R_{12} = \frac{\rho_2 \upsilon_2 - \rho_1 \upsilon_1}{\rho_2 \upsilon_2 + \rho_1 \upsilon_1} \tag{8.5-23}$$

式中：R_{12}——反射系数；

ρ——介质密度；

υ——介质的纵波速度。

该 HSP 法地质预报技术，不仅适用于矿山法施工，也适用于 TBM 施工地质预报。在 TBM 施工地质预报中，它利用 TBM 刀盘滚刀剪切岩石（土）时产生的振动信号作为激发震源。在利用 TBM 刀盘多滚刀破岩振动的 HSP 法地质预报技术中，多震源激发产生的是一种非相干波场，在混合采集中，通过较小的时间间隔激发震源，得到宽方位角分布的非相干记录波场。多个震源的响应在时间上的重叠得到连续的混合地震记录；震源由不同的偏移距、方位角和延迟时间为特征的多个震源组成，而且延迟时间可以很大（达到秒级），这和同步激发震源是不同的。

影响多震源波场的因素主要有 3 个：（1）震源个数；（2）震源位置；（3）随机延迟时间。因此，TBM 掘进时，刀盘滚刀剪切岩石所激发的振动信号，在空间岩体“滤波效应”影响下，其振动信息被 HSP 系统接收。并通过滤波、信号提取、干涉、聚焦成像等处理，从而定位 TBM 刀盘前方及周圈 1～2 倍洞径范围内不良地质体，实现预报的目的。

2. HSP 超前预报设备

HSP 地质超前预报仪采用一体机设计，仪器集主控装置、A/D 转换模块、数显屏幕、滤波电路、供电电路、过电保护电路等于一体；A/D 转换精度 24bit；8/16/24 通道，可根据实际测量需求配置；仪器操作实现智能化，抗干扰能力强、防震、防潮，仪器设备见图 8.5-13。

针对适于 TBM 施工隧道搭载式超前地质预报系统，实现了小型化，主机可以搭载于 TBM 主机内，如图 8.5-14～图 8.5-16 所示。

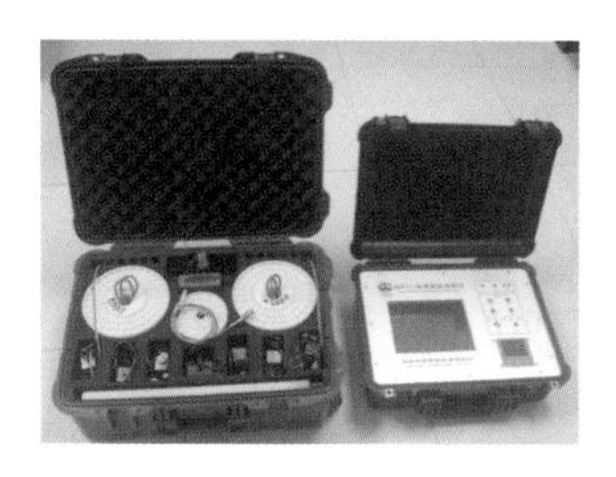

图 8.5-13　新型 HSP217 型地质预报仪（2018 版-便携式）

图 8.5-14　TBM 搭载式 HSP 地质预报仪（2018 版）

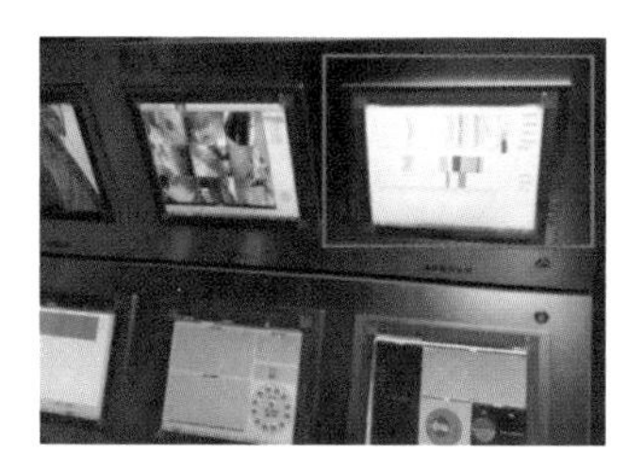

图 8.5-15　搭载于 TBM 主控室内显示界面

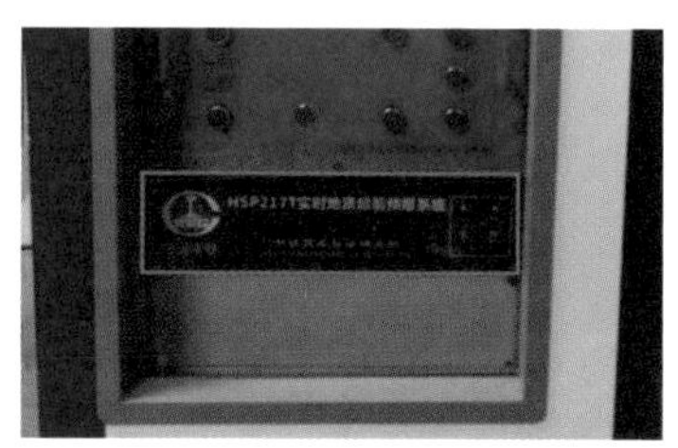

图 8.5-16　数据模块安装区

将 HSP 仪器与 TBM 设备融为一体，实现实时探测技术，具体实施：

（1）HSP 仪器搭载于 TBM 设备内，通常固定于控制室内，借用控制室内工控机和显示屏，实现采集控制与实时数据处理；

（2）探测检波器主要布设于距工作面 12～32m 范围内，即盾尾面后 0～20m 范围内，采用快速粘连式布极，无线传输技术，不影响施工；

（3）通过主机控制，实现数据实时采集与后台处理，实时展现掌子面前反射结构面情况，如遇长大或强反射结构面，也可采用人机交互式获取精细探测成果，指导施工。

3. HSP 超前预报的特点及适用范围

HSP 法是利用 TBM 刀盘滚刀剪切岩石（土）时产生的振动信号作为激发震源的一类弹性波探测方法，其特点表现在：

（1）破岩振动作为探测震源，被动震源探测，现场测试便捷，无需进行爆破或锤击。

（2）全空间阵列式布极，检波点可以布置在盾尾后面 0～30m 范围隧道轮廓的任一位置，记录好检波点空间坐标即可。

（3）不影响施工，采用的是破岩振动作为探测震源，在 TBM 掘进过程中进行探测。

（4）测试时间短（25min），现场检波器布设时间 10min 左右，测试时间 10～15min。

HSP 法采用弹性波探测，可用于探测岩溶、孔洞、水害、软弱夹层、破碎地层、断层、节理密集带、孤石等存在波阻抗差异的不良地质（体）。曾在辽宁省大伙房输水工程特长隧洞 TBM 施工段、锦屏二级水电站 TBM 施工段、兰渝铁路西秦岭隧道 TBM 施工段进行探索性试验；在陕西省宝鸡市引红济石调水工程双护盾 TBM 施工段、陕西省引汉济渭工程秦岭隧洞 TBM 施工段进行不断升级，形成最佳探测方案，进一步推广应用于大瑞铁路、派墨农村公路、尼泊尔巴瑞巴贝引水隧洞、青岛地铁 8 号线海底导洞等工程隧道，应用效果良好。

4. 现场测试方法

通过空间阵列式测试布置方法，实现 TBM 施工被动震源的高效利用，在接收围岩振动回波的同时，同步接收 TBM 机身振动噪声，用以指导数据处理。TBM 完全掘进状态下，连续接收同一时段内的振动信号，通常接收时间不少于 10min，以保证数据量足够大，图 8.5-17 为适合 TBM 及盾构施工隧道 HSP 法测试布置示意图。

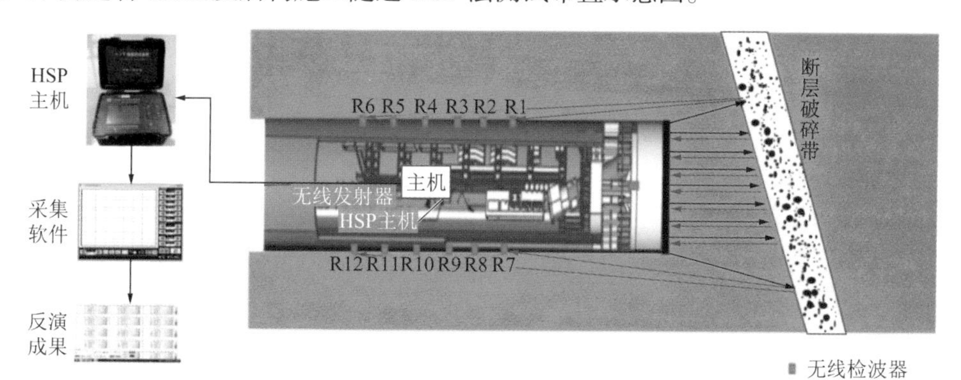

图 8.5-17　适合 TBM 及盾构施工隧道 HSP 法测试布置示意图

5. 数据采集及分析

在数据处理流程中，通过对记录信号进行相关干涉处理，即将非震源接收点振动信号进行处理，获取等效震源位置与信号，形成新的信号集，并对新的信号集进行反演成像与速度修正，实现不良地质的探测。图 8.5-18 为数据处理流程图。

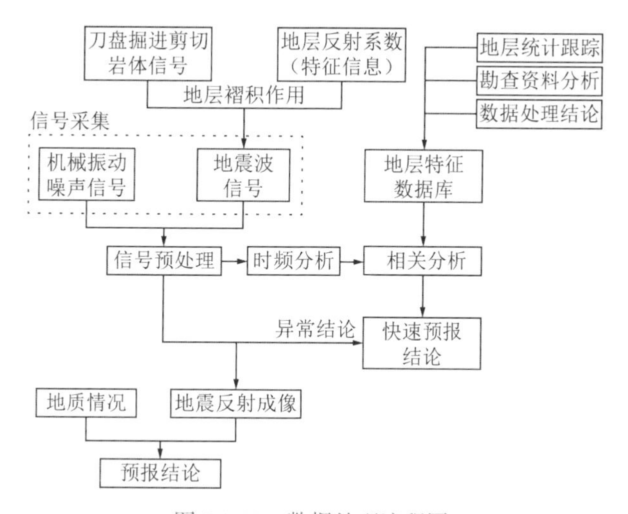

图 8.5-18　数据处理流程图

为了从足量的原始数据中提取有用信号，需要对数据进一步处理，通常执行的处理技术包含：时域波形分析、频谱分析、数字滤波、相关干涉分析、反射成像、时深转换、物探异常提取、地质解译等，最终获取前方不良地质空间位置及范围，完成地质预报工作，指导 TBM 施工。

6. 数据处理解译

经过数据处理与反演后，形成了预报成果图，其成果形式分别如图 8.5-19、图 8.5-20 所示。也可结合多个里程点探测数据进行联合反演获取掌子面前方地震纵波速度分布图，见图 8.5-21。

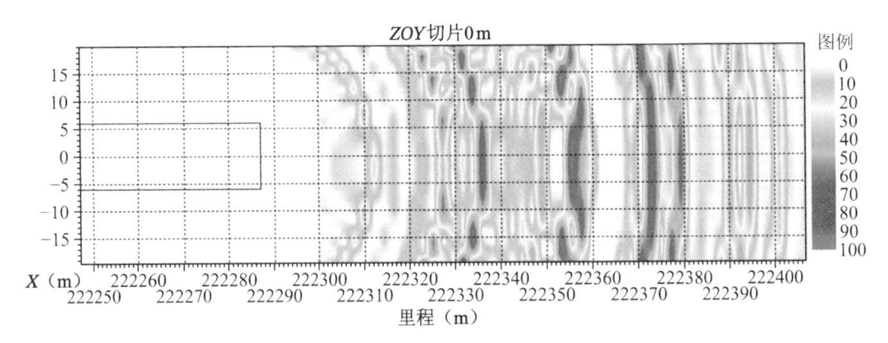

图 8.5-19　二维预报成果切片

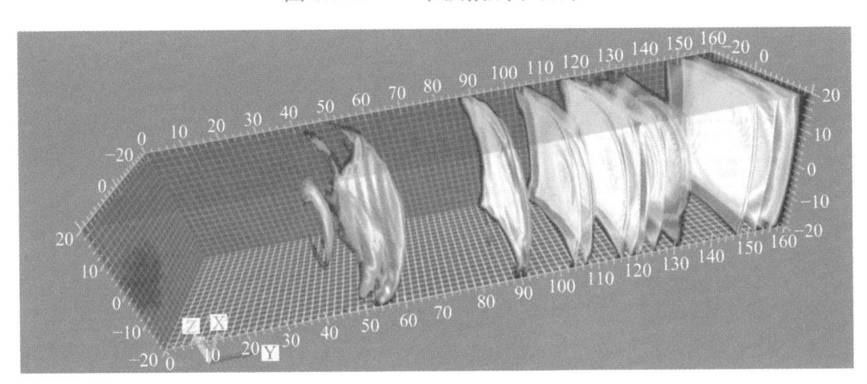

图 8.5-20　三维预报成果

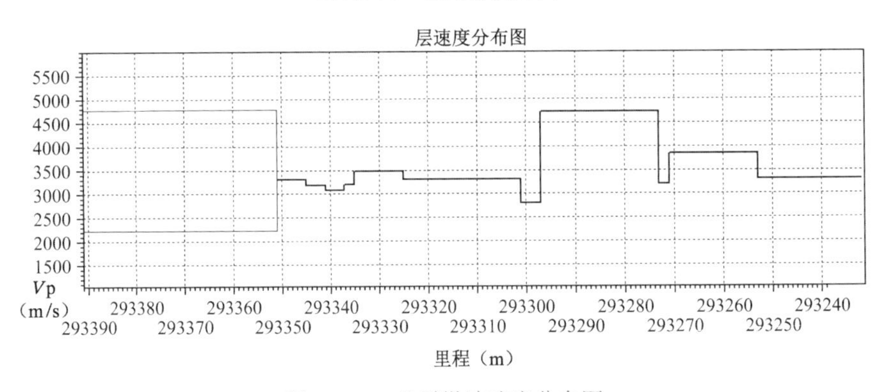

图 8.5-21　地震纵波速度分布图

同时，对预报成果图谱反射能量团的大小与形态进行解译。如：

完整围岩图谱：区域反射能量均显，见图 8.5-22。

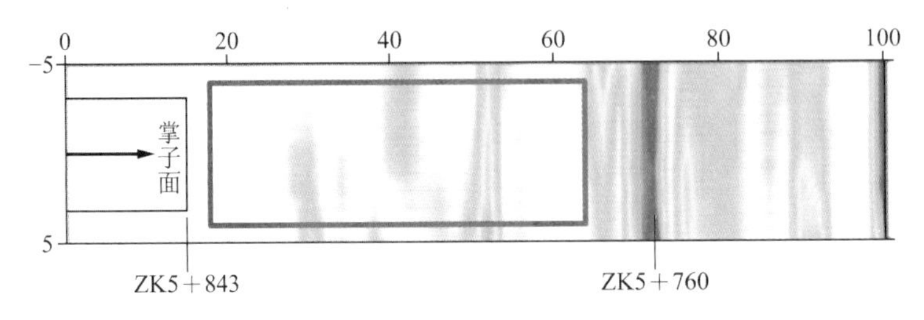

图 8.5-22　完整围岩反演分析成果图

溶洞探测预报图谱：异常反射能量强，呈现双月牙状，具体见图 8.5-23。

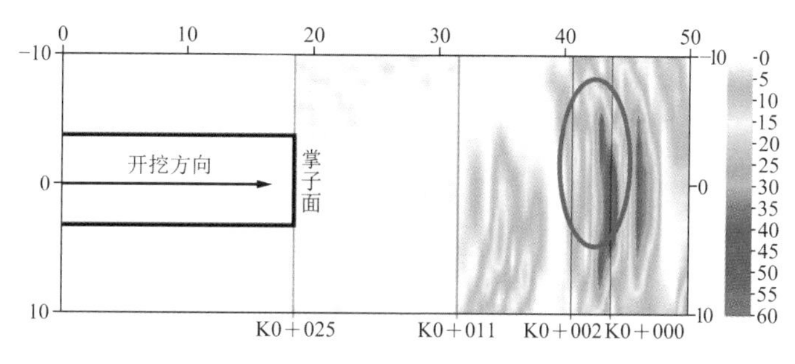

图 8.5-23　溶洞反演分析成果图

破碎岩体（带）图谱：反射强弱交替，且无明显规律可循，具体见图 8.5-24。

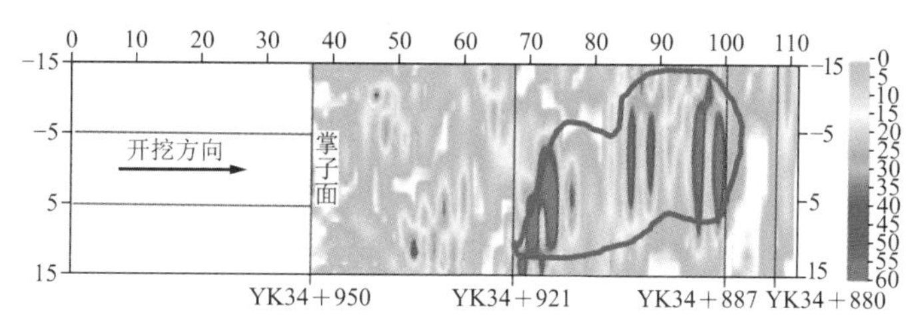

图 8.5-24　破碎岩体（带）反演分析成果图

软弱夹层图谱：异常反射能量强，呈条带状，且在局部条带异常出现强弱变化，具体见图 8.5-25。

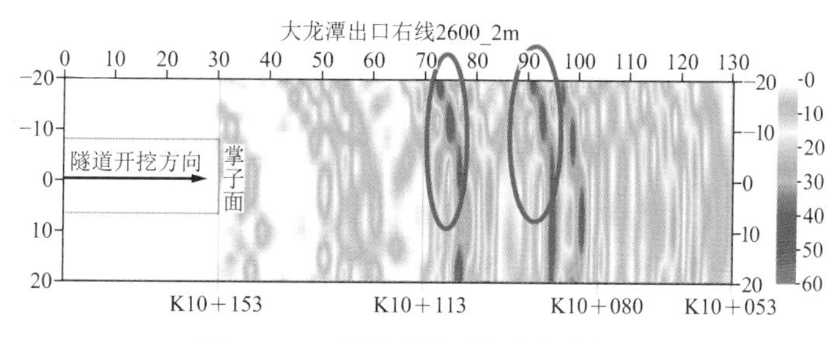

图 8.5-25　软弱夹层反演分析成果图

8.5.4　TRT 真地震反射成像法

TRT 真地震反射成像法利用岩体中不均匀面的反射地震波进行超前探测，是美国 NSA 工程公司近年开发的地震法物探新设备，国外已有多个成功的应用实例。该方法在探测方式和数据处理方法上与 TSP 法和负视速度法等均有很大的不同。

TRT 超前预报系统采用地震层析成像及全息岩土成像技术。经复杂介质传播记录的地震信号是由折射、反射、散射、弥散等多类波形所组成，层析成像和全息成像是常用的利用信号波形变化来估计介质性质变化的位置和范围的反演技术。岩石三维图像技术的基本原理是，基于地震能量在不同种类介质中以不同的衰减率和速度传播。通常，与破碎或裂隙发育的岩土体或空洞条件相比，地震波在完整坚硬的介质中传播时，具有更高的传播速度和更低的衰减。TRT 技术的基本原理是利用地震波在岩土体中传播时，遇到具有不同振动特性的岩土区带间的界面时，部分地震波能量将产生反射的特性。绝大多数地质结构异常及岩性变化，在地震信号可及的距离范围内，均可形成可探测的地震反射。

TRT 超前预报系统采用空间多点激发和多点接收的观测方式，其检波点和激发点呈空间分布，以便充分获得空间场波信息，从而使前方不良地质体的定位精度大大提高，如图 8.5-26 所示。其数据处理关键技术是速度扫描和偏移成像，因此对岩体中反射界面位置的确定、岩体波速和工程类别的划分都有较高的精度，而且还具有较大的探测距离，较 TSP 法有较大的改进。TRT 地质预报系统的数据采集系统和典型成像如图 8.5-27、图 8.5-28 所示。应用 TRT 技术进行超前预报的第一个例子是在 Blisadona 隧道。由实际应用效果可知，TRT 法在结晶岩体中的探测距离可达 100～150m，在软弱土层和破碎岩体中也可达 60～100m。TRT 法成功应用的例子很多，较典型的是奥地利在通过阿尔卑斯山的铁路双线隧道施工中进行了全程的超前预报，取得了良好效果。

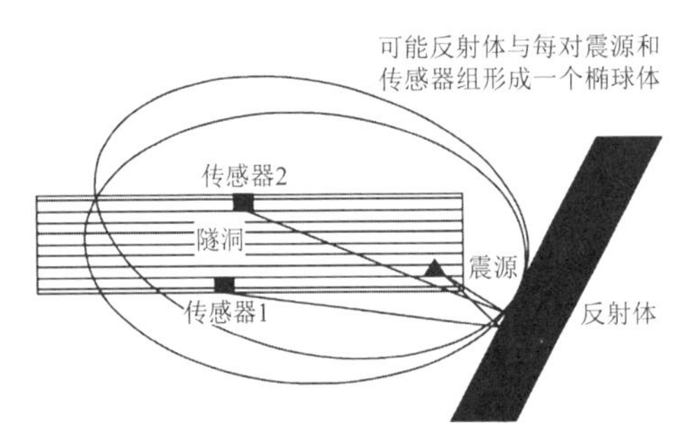

图 8.5-26　TRT 地质预报原理示意图

图 8.5-27　TRT 地质预报数据采集与处理设备

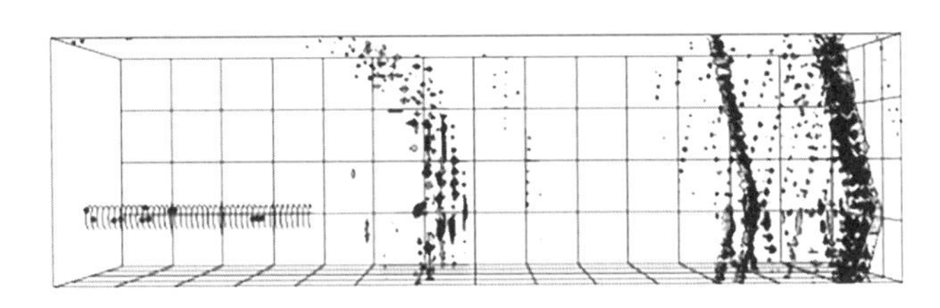

图 8.5-28　TRT 地质预报系统典型成像图

TRT 预报成本低，操作简单，结果准确、全面、直观，代表了隧道超前预报领域最新技术，表现在以下几个方面：

（1）TRT 超前预报使用锤击作为震源，可重复利用，不需要耗材，避免了使用炸药爆炸作为震源的高昂费用。

（2）使用锤击作为震源，可在同一点作多次锤击，通过信号叠加，使异常体反射信号更加明显。

（3）用锤击作为震源克服了爆炸产生的高能量对周围岩体产生挤压、破坏的现象，从而保证能接收到真实的地震波信号。

（4）由人工控制锤击产生的地震波，可简单重复，操作简单，而爆炸产生的地震波高频信号衰减迅速，对操作人员的要求比较高。

（5）TRT 采用高精度的传感器，灵敏度高，最大限度地保留了高频信号，提高了精度及探测距离。

（6）传感器和地震波采集、处理器之间采用无线连接，大大简化了装备，整个系统只有两个箱子，两个箱子的质量为 29kg，人工携带较为方便。

（7）TRT 的传感器采用立体布点方式，在隧道两边分别布置 4 个传感器，然后在隧道顶上布置 2 个传感器，从而获得真实的三维立体图，直观地再现了异常体的位置、形态、大小。而其他仪器一般在左右边墙各布置一个地震波信号接收器接收地震波，这样的布置方式只能获得异常体的位置信息，而不能获得形状、大小等信息，同时对于大角度斜交隧道的裂隙可能没有反映。

（8）TRT 采用了层析扫描的图像处理方式，绘制三维视图，并可以从多个角度观察异常地质体，使得图像更加清晰，易于理解，从而更加轻松地进行异常地质体判断。

（9）TRT 能扫描到隧道水平和垂直方向的所有异常体。而其他仪器只能探测到与隧道几乎垂直的裂隙，不能描绘稍远距离的第二或第三裂隙。对于斜交隧道（尤其是大角度斜交隧道）的裂隙可能没有反映；对于所描绘的倾斜裂隙，会低估其距离。

8.5.5 TVSP 隧道垂向地震剖面法

TVSP 隧道垂向地震剖面法又称地震负视速度法，其起源于苏联的垂直地震剖面法，工作方法是在隧道工作面选一个点作震源，在工作面后方一定距离垂直隧道走向打一个钻孔，在钻孔中安设若干个检波器（单分量或三分量）接收来自前方界面的反射波；当反射界面与测线直立正交时，所接收的反射波与直达波在记录图像成负视速度，其延长线与直达波延长线的交点即为反射界面的位置，通过纵、横波共同分析还可了解反射界面两侧岩性及软硬程度的变化。利用时距曲线来计算前方结构面的位置和产状（如反射界面的空间位置及其与隧道轴线的夹角等），以此推断掌子面前方岩石致密程度、含水性等划分围岩类别的基本参数。此种方法在世界许多地方已经开始应用，实践证明其能够预测出前方明显的地质构造。

TVSP 法的原理与 TSP 法基本相同，在理论上 TVSP 法比 TSP 法效果更好，只是数据处理软件与 TSP 法有一定的差距。此方法在实施预报时不占用开挖工作面，对施工干扰相对较小，在铁路隧道工程中是常用的预报方法之一，如在渝怀铁路圆梁山隧道正洞、平导洞和迂回导坑以及朔黄铁路长梁山隧道施工中，均采用了负视速度法，取得了较好的预报效果。

8.5.6 TST 隧道地震图像法

TST 隧道地震图像法基于地震散射场理论，观测系统采用空间布置方式，接收与激发系统布置在隧道两侧围岩中，其原理及设备如图 8.5-29、图 8.5-30 所示。TST 法地震波由小规模爆破产生，并由地震检波器同步接收。隧道处于山体等庞大地质体的内部，当在隧道侧壁围岩中激发地震波后，其中的弹性波会向四面八方传播，检波器接收到的回波也来自前后、上下、左右各个方向，特别是浅埋隧道地表的反射比前方地质构造的反射还要强。在进行超前预报时应首先滤除上下、左右的侧向波和隧道面波、直达波，只保留掌子面前方的回波，才能保证超前地质预报的真实性和可靠性，避免虚报误报。检波器每个分量所接收到的波是不同方向回波的纵波和横波在该分量上投影的叠加，纵横波的分离不能依靠检波器的不同分量进行。TST 技术采用 F-K 和 T-P 变换进行波场识别与分离，利用不同方向回波视速度不同的特点，在独特的二维阵列式观测系统基础上，通过方向滤波算法能够有效滤除侧向、顶板、底板、面波等的干扰，只保留掌子面前方回波，使预报结果只是针对掌子面前方，保证了预报结果的真实可靠。当地震波传播中遇到岩石强度变化大（如物理特性和岩石类型的变化、断层带、破碎区）的波阻抗界面时，部分地震波的能量被散射回来。散射信号的传播时间与散射界面的距离成正比，因此在准确获得围岩波速的情况下，能作为地质体的直接预报方法。

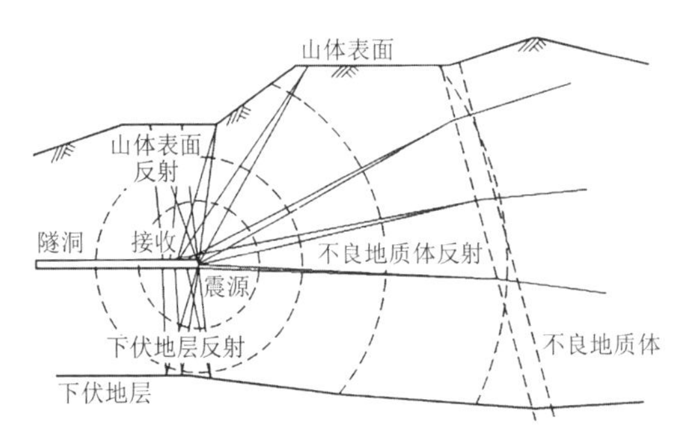

图 8.5-29 TST 隧道超前地质预报原理示意图

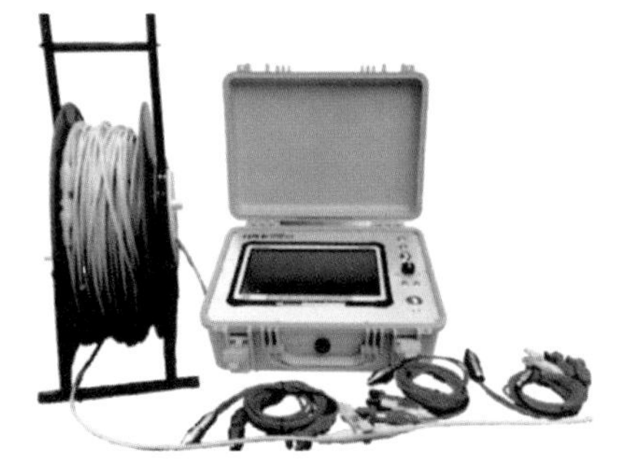

图 8.5-30 TST 系统集成设备示意图

TST 隧道超前地质预报技术具有如下优点：（1）TST 隧道超前预报技术是国内外唯一实现了地下三维波场识别与分离的超前预报技术，有效消除侧向波和面波干扰，保证成像的真实性；（2）TST 是唯一实现了围岩波速精确分析的超前预报技术，保证构造定位的精确性；（3）TST 是建立在逆散射成像原理基础上的超前预报技术，与传统的反射地震技术相比具有更高的分辨率，同时运用了地震波的运动学和动力学信息，不但可以精确确定地质构造的位置，同时还可以获得围岩力学性状的空间变化；（4）TST 采用独特的、专业的观测方式，保证观测数据同时满足围岩波速分析、三维波场分离和方向滤波的需要。

8.6 声波探测

声波探测是弹性波探测技术中的一种，其理论基础是固体介质中弹性波的传播理论，它利用频率为数千赫兹到 20kHz 的声频弹性波，研究其在不同性质和结构岩体中的传播特性，从而解决某些工程地质问题。

8.6.1 基本探测方法

声波探测是测定声波在岩体中的传播速度、振幅和频率等声学参数的变化；探测时，发射点和接收点根据探测项目的需要，可选在岩体表面，也可选在一个或两个钻孔中。

1. 岩体（岩样）表面测试

1）在岩体的某一点激发（发射）声波，在另一点进行接收，测出声波自发射点到达接收点的间隔时间，已知发射和接收两点间的距离，按下式计算波速：

$$v_{\mathrm{p}}=\frac{l}{t_{\mathrm{p}}};\ v_{\mathrm{s}}=\frac{l}{t_{\mathrm{s}}} \tag{8.6-1}$$

式中：v_{p}、v_{s}——纵波、横波的速度（m/s）；

t_{p}、t_{s}——纵波、横波的传播时间（s）；

l——发射点到接收点的间距（m）。

2）测试方法

（1）平透法：适用于长距离岩体表面测试，采用锤击或换能器发射；

（2）对穿法：适用于洞室、巷道及岩样测试；

（3）横波法：通过改变锤击方式产生剪切波，在岩体表面接收。

3）换能器与被测介质的耦合：为使换能器能很好地与岩体耦合，当进行纵波测试时，可用黄油或凡士林耦合；当进行横波测试时，一般用多层极薄的铝箔或银箔耦合。

2. 孔中测试

1）测试方法：有单孔声波测试和跨孔声波测试两种。

（1）单孔声波测试是发射和接收在同一钻孔中进行（第 3.7 节）；

（2）跨孔声波测试是发射和接收分别在两个钻孔中进行，两孔的孔径和深度应大致相同，两孔间距根据仪器性能、地层岩性和岩石完整性等因素确定。

2）换能器与被测介质的耦合：当在钻孔中探测时，可向钻孔中注水，用水或井液作耦合剂。

8.6.2 声波探测的应用

1. 测定岩体的动弹性系数

测得岩体中声波的纵、横波速v_p（m/s）、v_s（m/s）后，可计算岩体的动弹性系数：

$$E_d = \frac{\rho v_s^2 (3v_p^2 - 4v_s^2)}{v_p^2 - v_s^2} \tag{8.6-2}$$

$$G_d = p \cdot v^2 \tag{8.6-3}$$

$$\mu_d = \frac{v_p^2 - 2v_s^2}{2(v_p^2 - v_s^2)} \tag{8.6-4}$$

式中：E_d——岩体的动弹性模量（kPa）；

G_d——岩体的动剪切模量（kPa）；

ρ——介质的质量密度（t/m^3）；

μ_d——动泊松比。

2. 评价岩体的完整性和强度

（1）计算岩体的完整性指数K_v

$$K_v = (v_{pm}/v_{pr})^2 \tag{8.6-5}$$

式中：v_{pm}、v_{pr}——岩体及岩块的弹性波纵波速度（m/s）。

（2）利用岩体完整性指数计算岩体的准强度：

$$R_{cm} = K_v R_c；\ R_{tm} = K_v R_t \tag{8.6-6}$$

式中：R_{cm}、R_{tm}——岩体的准抗压强度和准抗拉强度（MPa）；

R_c、R_t——岩块的单轴抗压强度和抗拉强度（MPa）。

3. 测定洞室围岩松动圈和应力集中区的范围

在洞室围岩的不同位置，求出波速沿孔深的变化曲线，可按曲线的形态推求松动圈和应力集中区的范围。

根据波速曲线判定松动圈和应力集中区范围时，首先应测得完整岩体（未开洞前）的波速，以完整岩体波速为标准进行判定，一般波速大者为应力集中区，小者为松动区。

8.7 层析成像

层析成像（Computerized Tomography，CT）技术，是借鉴医学 CT，根据射线扫描，对所得到的信息反演计算，重建被测区内岩体各种参数的分布规律图像，评价被测体质量，圈定地质异常体的一种地球物理反演解释方法；它的数学基础是 Radon 变换与反变换；目前开展的地球物理 CT 技术主要有弹性波 CT、电磁波 CT、电阻率 CT 等。

8.7.1 弹性波层析成像

弹性波 CT 是利用弹性波信息进行反演计算，分为地震波 CT 和声波 CT。

1. 基本原理

弹性波与岩体特性有较好的对应关系：当测区内介质均匀时，弹性波的透射速度是单一的；当地下存在异常体时，弹性波穿过时会产生时差。根据一条射线产生的时差来判别地质体的具体位置较困难，采用相互交叉的致密射线穿透网络，利用弹性波对地质体的透射投影，通过 Radon 反变换来重建速度场、衰减系数的分布形态，对岩体进行分类和评价。

2. 外业工作

通常在两钻孔之间或地面与钻孔之间，采用一发多收的扇形透射观测系统；接收传感器组不动时，激发传感器的移动范围一般声波取 6～8m；当剖面跨距小于 20m 时，地震波取 20m，大于 20m 时取略大于跨距的范围；激发接收点距，根据探测的要求与精度一般声波为 0.5m，地震波为 1m；激发震源有炸药、手锤、电火花等。

3. 资料处理

（1）反演计算：多采用代数重建法（ART），将两钻孔之间或钻孔与地面之间的断面划分为若干个等面积的成像单元，实现弹性波透射空间的离散化；首先给出每个单元的初始慢度（速度的倒数）S值，然后将所得到的每个慢度扰动值沿其射线方向均匀地反射投影回去，同时不断地修改S值，直到满意的精度为止；ART 是一种逐次逼近的迭代算法。

（2）图像的生成：完成迭代计算后，将被测区域内异常地质体的速度等值线图绘制出来，并对分布图进行着色处理（用不同的颜色表示不同的速度分布范围）；在进行成像处理时，将地质钻孔的可靠资料以恰当的速度值作为控制条件约束反演。

4. 弹性波 CT 的应用

对岩体波速场的求解，主要用于对岩体的质量进行评价；对吸收系数、衰减系数或波频进行反演计算，可以用来划分岩体的风化程度、圈定地质异常体、对工程岩体进行稳定性分类。

8.7.2 电磁波层析成像

1. 基本原理

电磁波 CT 是在两个钻孔或坑道中分别发射和接收电磁波信息，电磁波振幅的衰减是岩石对电磁波吸收系数的投影函数。

$$A = \ln\frac{E_0 \cdot f_s(\theta_s) \cdot f_r(\theta_r)}{E \cdot R} = \int_L \beta \cdot dL \tag{8.7-1}$$

式中：E_0——发射天线的初始辐射常数；

E——相距R处的接收天线的电场强度；

$f_s(\theta_s)$、$f_r(\theta_r)$——发射和接收天线的方向分布函数；

θ、L、β——天线的辐射角度、射线路径长度和介质吸收系数。

用同一平面内各激发源（≤30°范围内）的射线组成的密集射线簇对探测区实现扫描，便可把所有的投影函数依 Radon 变化的关系组成方程组，经反演计算重建岩石吸收系数的二维分布图像。吸收系数的大小取决于被测断面之间的介质密度和均匀性；介质密度越大，电磁波吸收系数越小，反之吸收系数越大。根据吸收系数来确定地下不同介质的分布情况。

2. 外业工作

一般多采用孔间或洞间对射的方式布设观测系统，一边放置发射天线，另一边放置接收天线；测试时，发射天线不动，每采样一次，接收天线移动一个接收点距，直至边界，然后发射天线移动一个发射点距，接收天线回移一个接收点距，反复采样直至结束。接收点距和发射点距根据地质测试结果确定。

3. 资料处理和解释

首先对原始数据做滤波处理，去除随机噪声；将扫描序列和钻孔资料录入微机，建立钻孔、射线以及走时之间的关系；对射线进行处理，求得射线走时，并进行错误射线校正；选定层析成像参数，采用共轭梯度法（CG）等方法迭代求解各像元物性值；利用插值函数对各像元参数做圆滑处理；生成层析图像。根据电磁波吸收系数的图像分布特点，分析异常地质体的性质和分布形态。

4. 电磁波 CT 的应用条件

被探测体和围岩的高频电磁波吸收特征有明显差异（如溶洞、地下暗河、断裂破碎带等），外界电磁波噪声干扰小。

8.7.3 电阻率层析成像

1. 基本原理

电阻率 CT 是采用电流穿透被探测体，利用观测到的电位值与其相应射线在成像单元内所经路径，以及待求分布的关系建立大型稀疏矩阵，通过反演运算，得到成像物体内部的电阻率分布，最后采用适当的平滑插值技术绘制等值线图或色谱像素图。

2. 外业工作

首先在钻孔或地表按一定间隔布置所有的电极，选定其中一根作为电流电极，而把另外的均作为电位电极进行数据采集，然后利用连接箱实现测量和供电电极的转换，重复测量至边界。

3. 资料处理

把测定的电位作为投影数据，求得电阻率的分布断面。由于测定数据受较大范围的构造影响（包括解析对象区外部的构造和邻近地形等的影响），必须作适当补偿；电阻率层析成像的再构成过程，大多使用迭代法计算。

常用的解析流程如下：首先对测定数据进行地形影响修正，采用 FEM 模拟估算，并从模型中扣除；建立初始模型；计算理论值（α中心法）；计算剩余异常，判断是否收敛，不收敛则改正参数，重新计算理论值；收敛则估算分析误差，判断是否为最佳模型，如不是则修正地形影响后重复以上步骤，如是则结束解析计算，绘制成果图件。

4. 电阻率 CT 的应用

电阻率 CT 是进行深部探测的有力手段，不受震源能量、跨距、环境等因素影响；主要用于断层、破碎带及复杂变质带构造的探测等。

8.8 岩体温度法

隧道洞内施工期涌水往往与隧道施工揭穿含水构造（充水岩溶，如充水岩溶溶洞、溶管、地下岩溶暗河等；断层破碎带；含水地层）密切相关。由于隧道前方含水体的深部循环及其向周围岩体的渗透，造成岩体温度随距含水体距离的变化而变化。根据地温梯度理论，隧道轴线上某点的岩体温度为：

$$T_{pr} = T_s + G_{loc}d + \Delta T_{topo} \tag{8.8-1}$$

式中：T_s——隧道内该点正上方地面点的温度（℃）；

d——隧道在该点处的埋深（m）；

G_{loc}——地温梯度（℃/m）；

ΔT_{topo}——隧道内该点正上方地面点三维地形效应（℃）。

理论上，隧道内岩体的温度随着隧道埋深的增大而提高。当洞内岩体温度实测值随着隧道埋深的增大而下降时，表明隧道掌子面前方存在含水体，也即随着隧道的开挖揭穿含水体将会出现隧道涌水。

8.9 微震监测技术

岩爆作为一种地质灾害，受外界环境和应力场变化扰动诱发，是一种微破裂萌生、发展、贯通等的岩石动态破裂的失稳结果。因此，在任何破坏之前都会出现微小的破裂。这种微小的破裂主要是由于岩层中应力和应变发生变化导致的。应力和应变发生变化后，将以弹性能释放的形式产生弹性波，并可被传感器接收。因此，采用微震监测技术监测微破裂的大小、集中程度、破裂密度等相关震源数据，以便推断岩石从细微应变到宏观破裂的发展趋势是目前最主要的手段之一。

以微震监测技术为依托，根据岩体倾向性指标和标段岩爆规律特点，对掌子面前方 20m 范围内岩爆等级按照轻微、中等、强烈、极强进行了超前预评判，预测准确率超过 80%。

8.9.1 微震监测技术原理

岩体在破坏之前，持续一段时间内以声发射的形式释放积蓄的弹性能量，而且其能量释放的强度随着结构临近失稳破坏而变化，每一个声发射都包含着岩体内部应力状态变化的丰富信息，如果对接收到的声发射信号进行处理、分析，可作为评价岩体稳定性以及损伤情况的依据，如图 8.9-1 所示。

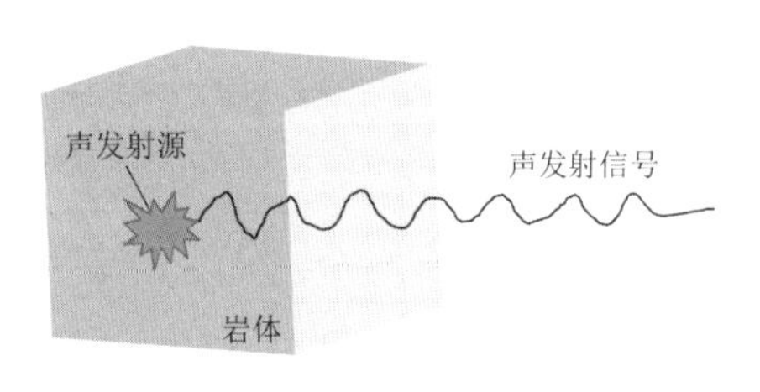

图 8.9-1 声发射信号产生原理及其特征图

微震事件是个低能量的声发射事件，它伴随着突然地弹性变形并且释放出弹性能。例如既有结构面突然滑动，新裂纹的产生以及既有裂纹的进一步扩展。这些区域岩体内微震事件的发生都是可以被微震监测设备监测到的。微震信号在岩石介质传播的过程中会被传感器接收到信号，并且被连续地记录下来作为进一步定位处理的源文件。经查，在地层结构中微震事件的频率大多数范围在 1～500Hz，一般信号的频率在 0.1～10kHz 的情况下都可以定义为微震信号。显然信号和信号是有一定区别的，但是在这种技术上的区别并不重要。在数据的处理过程中，和大多数的地震学方式差不多，微震事件关注的信息还是 MS 声发射率、震源位置以及力学性质，这也就引起了更多学者研究由于裂缝开裂而造成的微震事件。MS/AE 事件的数量和震级可以显示出岩体内的裂纹数量和密度的位置，MS/AE 可以反映出岩爆损伤的位置。研究微裂纹随时间变化的扩展分布情况，显示出三维影像就能描述出损伤的积累情况、裂纹的开裂趋势以及微裂纹的扩展情况。

岩石是一种非均匀材料，岩体破坏是一个由渐进破坏诱发突变的过程，常伴随着岩石微破裂的前兆。地应力越高、越集中的地区，微破裂越活跃，岩爆风险越高。因而，从理论上讲，岩爆是完全有可能被监测预警的。当实施地下工程开挖时，地应力场必然受到扰动，引起应力的转移、集中，从而诱发岩石的微破裂。监测岩体的微破裂信号，则有可能根据微破裂信息，对岩爆风险进行超前预报。岩体微破裂（微震）会产生弹性波，以球面波向四周传播，根据不同位置传感器（至少 3 只）接收波形的先后，即可推算出震源的位置。震源的能量可采用下式计算：

$$E_s = \frac{4\pi\rho c R^2 J_c}{F_c^2}\langle \overline{F}_c^2 \rangle \tag{8.9-1}$$

式中，F_c为 P 波或 S 波对应的辐射花样系数，分别取 0.52 和 0.63；$\langle \overline{F}_c^2 \rangle$为辐射花样系数均值的平方；$\rho$为岩体的平均密度；$c$为 P 波或 S 波的波速；$R$为震源距传感器的空间距离；$J_c$为能通量，可通过质点速度谱在频域内的积分得到：

$$J_c = 2\int_0^{f_1} V^2(f)\,\mathrm{d}f \tag{8.9-2}$$

式中，$V(f)$为速度谱；f_1为 Nyquist 频率，即传感器采样频率的一半。微震事件的能量为各传感器所得能量的均值。震源震级可采用下式计算：

$$M_w = \frac{2}{3}\lg M_0 - 6.033 \tag{8.9-3}$$

式中，M_0为矩震级标度的地震矩。可采用如下公式计算：

$$M_0 = \frac{4\pi\rho c^3 R|\Omega_0|}{F_c} \tag{8.9-4}$$

式中，Ω_0为 P 波或 S 波的低频谱水平，大致等于傅里叶变换后 0 频率的幅值：

$$\Omega_0 = \int_0^{t_1} S(t)\,\mathrm{d}t \tag{8.9-5}$$

式中，t_1为信号的总时间；$S(t)$为信号时间域的位移函数。根据计算得到的微震位置、震源能量及震级，即可判断地质活跃程度，从而对岩爆进行预测预警。

8.9.2 微震监测系统构成

ESG 微震监测系统采用模块化设计方式，实行远程采集 PC 配置，其构成系统主要分为软件和硬件两部分，软件部分主要有 Paladin 标准版监测系统配备 HNAS 软件，其主要进行信号实时采集与记录；SeisVis 软件主要可将事件实现三维可视化；WaveVis 软件主要负责波形处理及事件重新定位；ProLib 软件主要进行震源参数计算；Spectr 波谱分析软件和 DBEidtor 软件可进行数据过滤及报告生成；Achiever 软件主要用于数据存档；MMS-View 软件主要可实现远程网络传输与三维可视化。整套监测系统如图 8.9-2 所示。

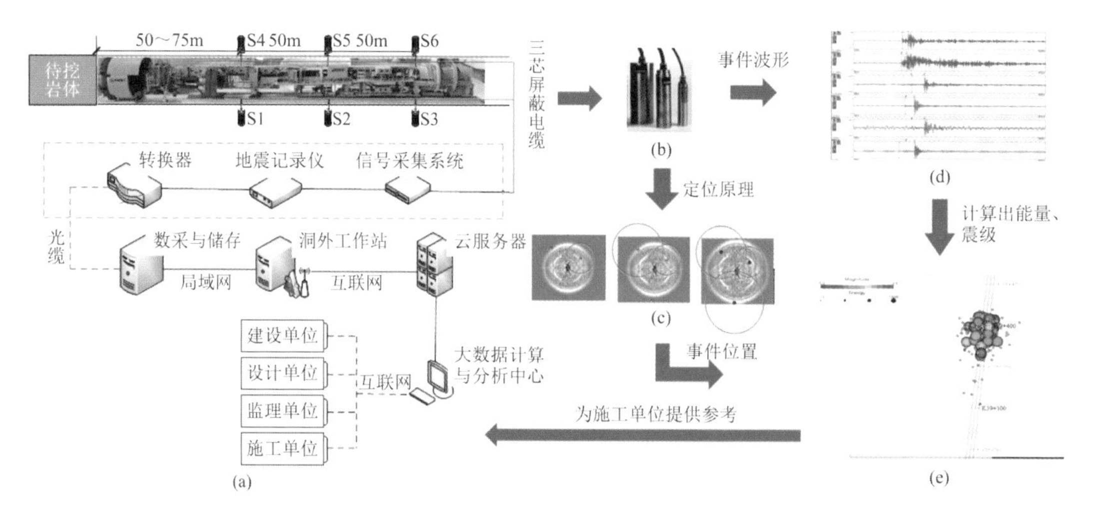

图 8.9-2　ESG 微震监测系统

分析模块硬件部分包含加速度计、Paladin 传感器接口盒、地震记录仪、Paladin 主控时间服务器等其他硬件设施，如图 8.9-3、图 8.9-4 所示。

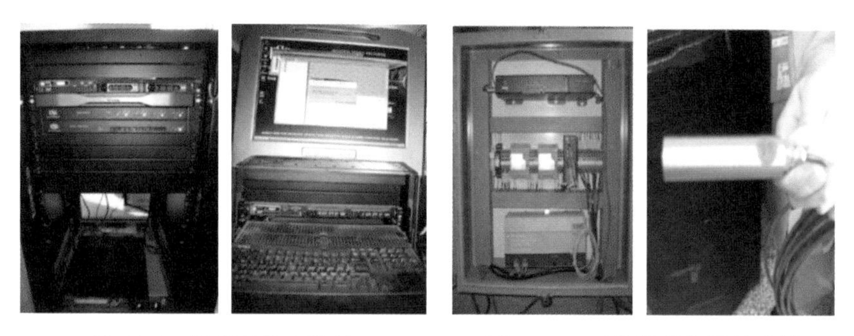

图 8.9-3　微震采集工作站　　　　图 8.9-4　工作站采集仪传感器

主要功能：

（1）可以 24h 实时、连续采集现场产生的各种微破坏信号数据，即时定位微破坏的时空分布规律，分析可能存在的潜在大破坏；

（2）在网络条件允许的情况下可以实现微震数据远程无线传输，保证用户可以在外地随时查看远程监测站点数据信息；

（3）自动记录、显示并永久保存岩体微裂纹震源处的波形数据；

（4）自动与人工双重拾取震源，可进行震源定位校正与各种震源参数计算，并实现事件类型的自动识别；

（5）利用软件的滤波处理器、阈值设定与带宽检波功能等多种方式，修正事件波形并剔除噪声事件；

（6）利用批处理手段可处理多天产生的数据列表；

（7）可将待监测范围内的洞室、巷道、边坡等几何三维图形导入配置的 MMS-View 可视化分析软件，实现界面三维化，从而可以实时、动态地显示微震事件的时空定位、震级与震源参数等信息，并可查看历史事件的信息及实现监测信息的动态演示，亦可对事件进行重新定位；

（8）可直接输出包括事件定位图、累积事件数以及各种震源参数的数据报告，方便用户查看信息。

8.9.3 微震监测系统构建

微震监测设备实时连续监测的情况表明了微震设备具有自身工作时间长、工作要求高等特点，但引水隧洞洞内高温、高湿、高岩爆风险等环境不利于服务器在洞内的长期连续工作。同时考虑到隧洞掘进距离长，洞内交通不便利、工作人员洞内工作难度大等不利因素，将微震监测系统设置为洞内工作站和洞外工作站两部分。

洞内工作站微震监测设备由两部分构成：一是负责信号接收的加速度传感器，二是存放和保护 Paladin 数字信号采集系统和信号处理系统等设备的微震监测设备箱；主要工作是负责采集和记录微震数据，并通过无线传输将微震信息传输到洞外工作站。洞外工作站主要由服务器组成，并有专人负责实时监测微震系统相关软件的变化；主要工作是实时接收洞内工作站采集到的微震数据，并由专业人员通过微震监测系统相关软件对微震信息进行处理分析，将近期微震事件所显示出来的变化信息形成报告，以预测岩爆发生的可能性。

基于隧洞内施工工艺及围岩条件的复杂性和对微震设备能够长久有效工作的方面考虑，洞内工作站的微震监测设备采用移动式布置方案。移动式微震监测系统布置最大的特点是移动自由，可以跟随掌子面的变化来调整微震监测设备的位置，并可以在微震监测设备安全运行状态的前提下保证监测结果的可靠性，但是不同隧洞施工及开挖条件不同，布置方案应该根据实际情况进行相应调整，以保证设备安全有效的工作，如图 8.9-5、图 8.9-6 所示。

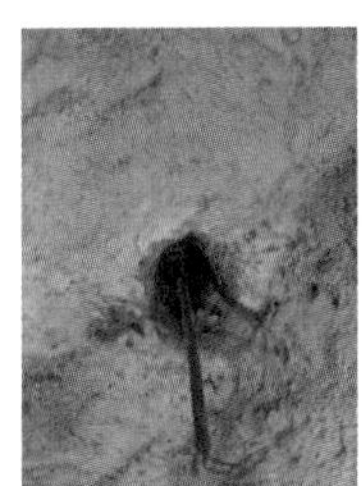

图 8.9-5 洞内传感器安装和设备箱内系统布置

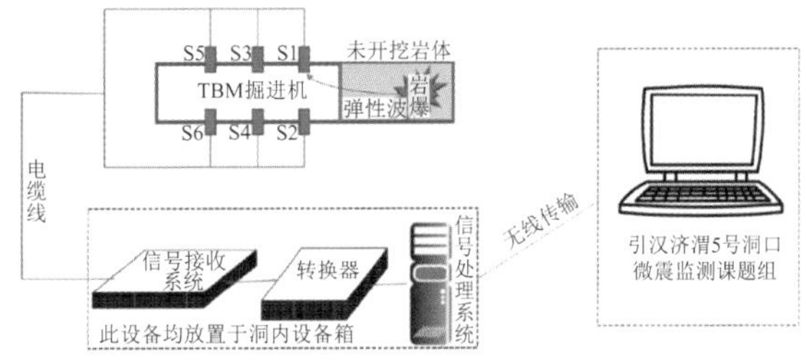

图 8.9-6 微震监测工作站布置

8.9.4 微震监测系统应用

通过对现场监测的大量数据分析研究表明，岩爆发生之前普遍存在一个孕育过程，并伴随着大量微破裂的产生和微震能量的释放，微震事件集中的区域和岩爆的位置呈现空间一致性，是微震监测技术对岩爆实行有效预测预报的必要条件，同时也从工程实际验证了微震监测技术在深埋岩体隧洞中对岩爆进行准确预测和围岩稳定性分析的可行性和可靠性。

积极主动在引水隧洞岩爆高风险洞段开展岩爆预测工作，在总结开挖完成的辅助洞岩爆发生规律和岩爆特征的基础上，先进行岩爆宏观分区预测，同时采用微震监测法进行岩爆实时动态预测。该方法源于岩石临近破坏前有声发射显现的试验观测结果，是对岩爆孕育过程最直接的监测和预报方法，可以开展：（1）潜在岩爆的类型判断；（2）潜在岩爆的风险程度判断，即预测岩爆的震级；（3）预测震源位置，是围岩岩爆安全预警的重要手段。

岩爆多发生在硬质岩中，发生的部位主要以拱部、左右侧墙居多，诱发岩爆发生的条件为高埋深、高地应力和地质构造综合作用。岩爆段的应力集中，从产生位置以及汇聚的能量大小来看具有不统一性，岩爆将会产生不同程度的掉块、剥落，对隧洞安全施工具有较大的威胁性。以微震监测为主，将岩体倾向性指标与已施工段岩爆规律总结相结合，综合分析掌子面前方约 20m 长度的岩爆等级、应力集中部位，从而将隧洞岩爆按轻微、中等、强烈、极强 4 个等级进行超前预评判，具体划分标准如表 8.9-1 所示。

基于微震监测技术的岩爆风险预判别标准　　表 8.9-1

岩爆等级	微震参数				
	频次（Hz）	矩震级（M·W）	能量（kJ）	超标准事件分布范围（m）	超标准事件数量（个）
轻微	< 10	< 1.0	< 30	> 30	0～3
中等	10～30	1.0～2.5	30～100	20～30	> 3
强烈	30～60	2.5～3.5	100～800	10～20	> 8
极强	> 60	> 3.5	> 800	< 10	> 15

注：1. 频次指的是单位时间内的微震次数；矩震级指的是震动的强度。
2. 8m 左右洞径的花岗岩地段大致可参照上表对岩爆规模进行初步判别，但还需结合岩体的倾向性指标及水文地质、节理发育情况来综合考虑与校正。
3. 对于不同的工程，由于各项边界条件的不同，微震监测评估标准也将存在一定差异，需要在实际过程中对数据进行不断修正，找到最合适的评判标准。
4. 上述指标中如分析评估出现冲突时，其岩爆等级的评估优先级为：能量—矩震级—频次—超标准事件数量—超标准事件分布范围。

8.10 探测方法的综合应用

地质探测时应根据探测对象的埋深、规模及其与周围介质的物性差异，选择有效的探测方法，可综合应用多种物探方法来解决某些工程地质问题，通常采用综合物探方法查明的主要地质问题有以下几个方面，如表 8.10-1 所示。

物探方法的综合应用　　表 8.10-1

探测对象	探测内容	方法技术
覆盖层	覆盖厚度、覆盖层分层、基岩面起伏形态、覆盖层物性参数	通常以电测深作全面探测，以地震剖面作补充探测，地面地震排列方向与电测深布极方向相同，电测深法可使用直流电法，在存在高阻电性屏蔽层的测区宜使用电磁测深，地面采用对称四极装置。探测覆盖层厚度、基岩面起伏形态一般用折射波法，用多重相遇时距曲线观测系统；在不能使用炸药震源和存在高速屏蔽层或深厚覆盖层的测区，宜采用纵波反射法；进行浅部松散含水地层分层时，宜采用横波反射法或瑞雷波法。浅层反射波法多采用共深度点叠加观测系统；瑞雷波法多采用瞬态面波法，单端或两端激发、多道观测方式
隐伏构造破碎带	断层破碎带的位置、规模、分布和延伸情况；隐伏构造追索	常使用的有联合剖面法、高密度电法、折射波法等；其中，联合剖面法和高密度电法适用于覆盖层不厚（如小于 20m）、地形起伏不大的测区；折射波法较适用于覆盖层厚度小于 40m 的测区，探测隐伏构造破碎带的低阻异常时，宜采用联合剖面普查，高密度电法详查；当构造破碎带中富集地下水有可能产生激电异常时，可采用激电法；折射波法适用于探测火成岩和变质岩中有一定宽度（> 3m）的断层破碎带，通常采用纵测线连续对比观测系统；浅层反射波法较适用于探测沉积岩中具有垂直断距，上下盘岩面有一定高差的断层，通常可采用水平叠加或共偏移距剖面观测系统，电极布设和地震排列方向通常沿地形等高线、顺山坡或顺河向布置
岩体风化卸荷分带	基岩风化程度和风化厚度、划分风化带、风化卸荷带的宽度及影响范围	地面探测方法主要有折射波法和电测深法；辅助方法有浅层反射波法和对称四极电剖面法；钻孔中探测的方法，在无套管时主要使用电阻率测井和声波波速测井，有套管时主要使用地震波测井和放射性测井；平洞内探测的主要方法有声波法和地震波法；探测基岩风化层时，电测深法一般采用对称四极测深，河床部分可采用三极测深；在河床和阶地上探测时，宜顺河流方向跑极；在山坡探测时，宜平行等高线或顺山坡跑极。初至折射波法应采用多重观测系统；当覆盖层较厚（> 30m）时，可考虑试用浅层反射波法；工作方法包括展开排列、共深度点叠加或等偏移排列，探测山体边坡风化卸荷带时，初至折射波法应采用相遇观测系统，检波距要尽可能选取小间距，与边坡走向相平行的辅助测线，检波距可以选取较大间距

续表

探测对象	探测内容	方法技术
软弱夹层	软弱夹层的位置、厚度和特性	当砂砾石层地下水渗透速度较大时，辅以井液电阻率测井中的扩散法；当夹层与砂砾石层在密度和声波速度上有明显差异时，还可辅以密度测井和超声成像测井。探测软弱夹层的钻孔应尽量避免使用套管探测基岩中软弱夹层，钻孔中需要探测的孔段无套管、有清水时，宜以视电阻率或侧向测井、钻孔电视、声波测井、密度测井作为基本方法；若软弱夹层很薄，还应采用微电极系或屏蔽刷子电极电流测井。有泥浆或水质无法澄清时，不能使用钻孔电视法。需要探测的井段无套管且为干孔时，宜以密度测井、钻孔电视和井径测量为基本方法，辅以自然伽玛测井；需要探测井段有套管时，不论孔内是否有水或泥浆，只能采用自然伽玛测井和密度测井
滑坡体	滑坡体的分布范围和厚度、滑动面（滑带）特性滑坡区含水层、富水带的分布和埋藏深度	主要方法有浅层折射波法、反射波法和电测深法；测井方法主要有地震测井、声波测井、电阻率测井一般应同时开展浅层折射波法和反射波法，浅层折射波法用于确定滑坡体及下伏岩土体的波速、滑坡体厚度；浅层反射波法用于追踪滑带、滑坡体内分层等。浅层折射波法应采用多重观测系统；浅层反射波法应采用共深度点叠加或共偏移观测系统电法勘探，主要用于探测地下水位、含水层、滑坡体内物性分层和下伏基岩起伏形态；电测深宜采用温纳装置，沿等高线或山坡跑极，电剖面宜采用对称四极装置；测井方法用于探测滑带特性
洞室松弛圈	洞室围岩松弛圈和应力集中区的范围	围岩松弛带主要采用声波探测法；声波探测通常在钻孔中进行，方法有单孔声波测试和跨孔声波测试；在洞室围岩的不同位置，求出波速沿孔深的变化曲线，根据应力下降带表现为相对低速区，应力上升带则为高速区，可划分松动圈和应力集中区的范围其他方法还有小相遇地震波初至折射法、瑞雷波法、探地雷达法等
岩溶	岩溶的形态、分布和规模岩溶的连通性及洞穴充填物性	探测岩溶的地面方法主要有电测深、电剖面、高密度电法和激发极化法、频率测深法、瞬变电磁法和探地雷达法、浅层折射和浅层反射波法；探测孔间和洞间岩溶的主要方法有电磁波透视法和地震波透射法；探测洞壁岩溶采用地质雷达法探测地表岩溶，当地形平缓时，一般采用常规物探方法；当地形起伏不大时，除应用常规物探方法外，还可采用受地形影响小的物探方法，如探地雷达法、电磁法勘探等；测线布置方向应尽量垂直于岩溶发育带探测岩溶洞穴是充水还是填充疏松沉积物时，可采用激发极化法与其他物探方法相结合
地下水	含水层位置及地下水位地下水补给关系及咸淡水界线划分地下水流向、流速及流量	含水层和隔水层的深度、厚度和地下水位的测定，通常采用电测深法和地震法进行地下水分水岭和补给关系的调查，主要应根据自然电场法、充电法测定的地下水流向及电测深法、地震法测定的地下水位和水文测井资料第四纪地下水的咸水与淡水在平面上的分布情况，圈定和监测地下水污染主要依靠电阻率法，用瞬变电磁法来了解多层地下含水层中咸水、淡水界线的划分采用电阻率测井、自然电位测井和井液电阻率测井
岩（土）体物理力学参数	电阻率、纵波速度、横波速度、密度和干密度泊松比、动弹性模量、动剪切模量、动抗力系数、各向异性系数、孔隙度和岩体完整性系数	电阻率参数测定主要采用电测深法和电阻率测井纵、横波速参数测定，主要方法有：折射波法、浅层反射波法、地震跨孔测试基岩露头、探槽及竖井的声波测试。平洞声波法及地震波法测试，声波测井和地震测井等采用浅层折射波法和浅层反射波法测定覆盖层及基岩的波速。在探洞、竖井及地下洞室中测定岩体波速时，可采用声波法或地震波法。其中测定岩体横波速度，主要采用地震波法。地震波测试宜使用相遇时距线观测系统在有钻孔可利用的场地，若只需测定岩（土）体纵波速度时可使用声波测井或地震波测井，若需同时测定纵、横波速时，应采用地震跨孔波速测试或单孔波速测试密度、干密度参数测定，可采用密度测井；在基岩孔中测定地层密度，在有套管的覆盖层孔中测定松散地层的干密度，孔隙度参数的测定以声波测井和密度测井为主，以电阻率测井为辅
建基岩体质量	建基岩体中存在的低速体、爆破开挖造成的松动体厚度，以及风化卸荷带厚度	建基面以下的低速岩体通常采用弹性波测井和层析成像，以及地震波检测。地震直达波检测采用单支或相遇时距观测系统，地震折射波检测采用小排列相遇与追逐多重观测系统，地震反射波检测采用小偏移距、小排列进行多次覆盖观测爆破后的松动体厚度，主要采用钻孔声波测试边坡开挖范围的测定，主要是对边坡风化卸荷带及低阻岩体的确定，可采用地震纵测线（小排列）进行，并配合钻孔声波测定

第 9 章

复杂地质环境围岩判识工作方法

本章重点

针对复杂地质环境围岩判识工作方法，主要从重点判识段的确定、判识技术方法选择与判识体系建立、编制围岩判识大纲、判识成果分析及揭露围岩比对验证等方面进行全面介绍。

9.1 重点判识段确定

复杂地质环境隧道地质条件复杂，隧道遭遇不良地质体—致灾构造可能导致的地质灾害概率高。区别一般判识地段和重点判识地段，采用不同的地质预报方法或不同的地质预报方法组合进行预报，是节约预报经费和确保不遗漏可能导致隧道施工地质灾害发生的不良地质体—致灾构造的需要。

9.1.1 复杂地质环境隧道重点判识段

复杂地质环境隧道重点判识段包括：

（1）断层分布段。

（2）密集节理裂隙发育破碎岩体分布段。

（3）岩溶分布段。

（4）废弃矿巷分布段。

（5）煤层分布段。

9.1.2 复杂地质环境隧道重点判识段确定方法

1. 隧道勘察成果、设计图纸资料收集分析方法

隧道勘察成果是隧道工程设计的依据，也是隧道工程地质勘察结果的集中体现。它包括了各方面的资料，其中隧道工程穿越的地层岩石、隧道施工穿越的地质构造及其规模和性质、隧址区地下水构造单元及其分布、可采煤层的分布、隧址区地下矿巷设计、隧道水文地质条件等，对于分析岩溶发育分布及其充填性质、矿巷分布及其充填性质等，确定复

杂地质环境隧道重点判识段具有重要的指导意义。

隧道设计图纸则是隧道工程地质勘察成果的重要体现，对隧道施工穿越的地质构造分布位置、地球物理探测异常体分布、可溶岩分布、可溶岩与非可溶岩接触部位、煤层位置及其厚度等均有所交代，可作为复杂地质环境隧道重点判识段划定的依据。

2. 补充地质调查方法

如前所述，复杂地质环境隧道往往是长大深埋隧道，其所穿越的地质复杂地区多山高坡陡，人迹罕至，交通极为困难，或地质构造发育甚至交叠，或地层受构造运动、岩浆作用、变质作用变动严重，隧道工程地质勘察极为困难，钻探和地面地球物理勘探尤甚，遗漏可能导致隧道施工地质灾害发生的不良地质体—致灾构造在所难免。通过补充地质调查，结合隧道工程地质勘察成果进行地表地下地质构造相关分析、废弃矿巷分布与隧道空间关系分析，是地质复杂隧道重点预报段确定的重要补充。

9.2 判识技术方法选择与判识体系建立

9.2.1 判识技术方法选择

表 9.2-1 是目前一些主要地质预报方法技术特点对比情况。

主要地质预报方法技术特点对比表　　表 9.2-1

方法	原理	预报对象
地质调查分析法	趋势推断、分析判断	致灾构造性质
波反射法（HSP、TSP、GDP、TST、GPR、陆地声呐法、负视速度法）	波反射	界面位置及形状
地震波反射成像法（HSP、TRT）	波反射成像	致灾构造位置、形状
地面物探法（浅层地震、高密度电法）	波反射	界面位置及形状，致灾构造位置、形状
瞬变电磁法	电磁异常	介质含水性
激发极化法（BEAM 等）	极化特性异常	介质含水性
岩体温度法	温度场异常	含水体/水体位置及其相对大小
超前钻孔法	直接揭示	任意对象
红外探水	温度场异常	介质含水性

预报方法选择应遵循以下原则：

（1）界面位置反射波法探测预报原则。

（2）含水体、水体位置及其相对大小岩体温度法、瞬变电磁法探测预报原则。

（3）岩溶形状地质雷达法、波反射成像法探测预报原则。

（4）界面间介质性质、岩溶填充物性质综合分析判断原则。即在界面位置、岩溶形状探测预报的基础上，结合预报人员经验及其对隧道所处工程地质水文地质条件的掌握、预报掌子面的地质条件、掌子面前方地质条件变化趋势，进行综合分析判断。

（5）互为验证、跟踪预报和钻孔法精准验证原则。

9.2.2 判识体系建立

隧道所处地质条件，决定预报方法的选择。地质条件简单的隧道，可采用地质调查分析法进行；对存在重大不良地质体、可能造成重大地质灾害的隧道段或长大重点隧道，应采用超前钻孔方法进行；地质条件复杂程度中等的隧道，采用地质结合地球物理探测方法进行。

综上所述，隧道施工地质超前预报体系的构建应遵循以下原则：

（1）简单适用。

（2）充分利用隧道设置条件。

（3）选择的地质超前预报方法适应隧道所处地质条件。

隧道施工地质超前预报体系的构建原则和隧道施工地质超前预报技术现状，决定了隧道施工地质超前预报体系。

图 9.2-1 是结合近年来开展隧道施工地质超前预报总结提出的通用隧道施工地质超前预报体系框图。

体系的复杂程度取决于具体隧道地质条件，具体隧道的预报体系应根据具体隧道地质条件的复杂程度调整，但无论具体隧道的地质条件如何，地质调查法是其他预报方法的基础，也是提高预报准确率的需要，必须开展。

应该指出的是，隧道施工地质超前预报应坚持宏观长距离指导性预报与短距离精细预报相结合，在熟悉隧道设计地质资料的基础上，采用地表地质调查法作宏观长距离指导性预报，采用波反射法作短距离精细预报；对可能存在重大不良地质体的隧道地段，在加强短距离精细预报的基础上，应采用超前钻孔法进行重点预报。

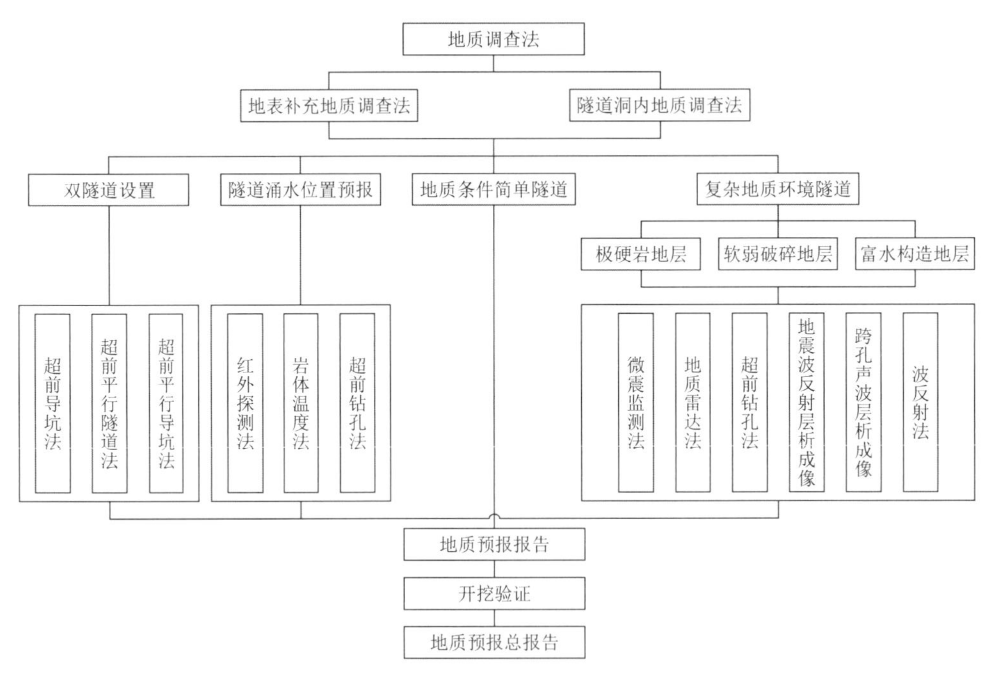

图 9.2-1 通用隧道施工地质超前预报体系框图

9.3 编制围岩判识大纲

复杂地质环境隧道施工地质预报实施大纲，应提出复杂地质环境隧道施工地质预报实施方案及确保复杂地质环境隧道施工地质预报实施的组织机构、人力资源与物资设备保障、质量及安全保证措施，规定预报报告及总报告编制及报送等。因此，复杂地质环境隧道施工地质预报实施大纲是实施地质复杂隧道施工地质预报工作的基础。

复杂地质环境隧道施工地质预报实施大纲，应包括以下内容：

（1）隧道工程概况。

（2）隧道施工主要工程地质问题分析。

（3）编制依据。

（4）隧道地质复杂程度分级。

（5）施工地质预报目的及内容。

（6）施工地质预报实施方案。

（7）施工地质预报单位组织机构。

（8）人力资源与物资设备保障。

（9）质量保证措施。

（10）安全保证措施。

（11）预报报告及总报告编制与报送。

（12）其他需要说明的问题。

（13）附件。

9.3.1 隧道工程概况

隧道工程概况包括：

（1）隧道工程地理位置。

（2）隧道设置。

（3）隧道进、出口里程。

（4）隧道工程地质水文地质条件（地形地貌、地质构造、地层岩性、地下水）。

9.3.2 隧道施工主要工程地质问题分析

隧道施工主要工程地质问题分析，根据隧道设计图纸文件、各阶段隧道风险评估报告，结合补充地质调查结果进行。包括：

（1）隧道施工开挖可能遭遇的不良地质体—致灾构造类型。

（2）隧道施工开挖遭遇不良地质体—致灾构造可能引发的地质灾害类型。

9.3.3 编制依据

复杂地质环境隧道施工地质预报实施大纲编制依据应包括：

（1）国家和行业相关技术规范、规程、文件和管理办法。

（2）隧道设计图纸、文件。

（3）业主相关管理文件、办法。

（4）施工地质预报合同文件。

（5）各阶段隧道风险评估报告。

（6）施工地质预报承担单位相关企业技术标准、管理办法。

9.3.4 隧道地质复杂程度分级

隧道地质复杂程度分级，按表 9.3-1 进行。

地质复杂程度分级表 表 9.3-1

影响因素	地质复杂程度分级			
	简单	中等复杂	较复杂	复杂
岩溶发育程度	微弱发育，以裂隙状岩溶或溶孔为主，裂隙不连通，裂隙透水性差	弱发育，沿裂隙、层面溶蚀扩大为岩溶化裂隙或小型洞穴，裂隙连通性差，少见集中径流，常有裂隙水流	中等发育，沿断层、层面、不整合面等有显著溶蚀，中小型串珠状洞穴发育，地下洞穴系统未形成，有小型暗河或集中径流	强烈发育，以大型暗河、廊道、较大规模溶洞、竖井和落水洞为主，地下洞穴系统基本形成
涌水涌泥程度	小型涌水（涌水量＜100m³/d）	中型涌水（涌水量 100～1000m³/d）	较大型涌突水（1000～10000m³/d）、突泥	特大型涌突水（涌水量＞100000m³/d）、大型涌突水（10000～100000m³/d）突泥，高水压
断层稳定性	中小型断层，无水，掉块	中小型断层，弱富水，可能引起小型塌方	中型断层带，软弱、中-弱富水，可能引起中型塌方	大型断层破碎带、自稳能力差、富水，可能引起大型塌方
地应力影响程度	—	—	高应力（$R_c/\sigma_{max}=4\sim7$），开挖过程中硬质岩可能出现岩爆，岩体有剥离和掉块现象；软质岩岩芯时有饼化现象，岩体位移显著	极高应力（$R_c/\sigma_{max}<4$），开挖过程中硬质岩时有岩爆发生，有岩块弹出；软质岩岩芯常有饼化现象，岩体有剥离，位移极为显著
地质因素对隧道施工影响程度	局部可能存在安全问题	可能存在安全问题	存在安全隐患	危及施工安全，可能造成重大安全事故
诱发环境问题的程度	无	特殊情况下可能出现一般环境问题	施工、防治不当，可能诱发一般环境问题	可能造成重大环境灾害

9.3.5 施工地质预报目的及内容

隧道施工地质预报的目的见第 2.2 节。

隧道施工地质预报的内容，应结合隧道施工主要工程地质问题分析结果具体给出。

9.3.6 施工地质预报实施方案

施工地质预报实施方案，包括：

（1）总体方案。

（2）不同类型不良地质体—致灾构造预报实施方案。

总体方案应是以地质调查法为基础的，采用宏观指导微观、物探与钻探结合、长距离与中短距离相结合、跟踪互为验证的预报。

不同类型不良地质体—致灾构造预报实施方案，包括围岩变形失稳塌方、突涌水、突涌泥、泥石流致灾构造组成和涌突水致灾构造含水性或充水性探测技术方法。

具体而言，在满足隧道设计图纸规定基础上，围岩变形失稳塌方致灾构造的预报应采用地质调查法为基础的带状变形失稳塌方致灾构造波反射法、体状变形失稳塌方致灾构造波反射层析成像法，遇重大围岩变形失稳塌方致灾构造应采用超前钻孔法验证的方法进行；突涌水致灾构造预报，采用地质调查法为基础的带（层）状突涌水致灾构造位置波反射法预报、体状突涌水致灾构造位置波反射层析成像法预报和含（充）水性岩体温度法、瞬变电磁法、激发极化法预报，遇重大突涌水致灾构造应采用超前钻孔法验证的方法进行；突涌泥致灾构造预报，采用地质调查法为基础的带（层）状泥石流致灾构造位置波反射法预报、体状泥石流致灾构造位置波反射层析成像法，遇重大突涌泥致灾构造使用超前钻孔法验证的方法进行；泥石流致灾构造预报，采用地质调查法为基础的带（层）状泥石流致灾构造波反射法、体状泥石流致灾构造波反射层析成像法，遇重大泥石流致灾构造使用超前钻孔法验证的方法进行。

9.3.7 施工地质预报单位组织机构

施工地质预报单位组织机构，包括项目部构成和人员组成，前者包括技术保障、物资设备保障、安全保障部门和按段落划分的预报组等；后者包括项目经理、副经理、总工程师、各部门及预报组负责人。此外，应明确部门、预报组及相关人员职责。

9.3.8 人力资源与物资设备保障

人力资源包括除项目经理、副经理、总工程师、各部门及预报组负责人以外的实施具体预报的技术人员及辅助工作人员，前者包括地质人员和物探人员，后者包括司机和后勤保障人员，应明确相关人员职责。

物资设备保障，包括预报物资采购与供应、预报设备及其检修标定、辅助设备及其保养维护。预报物资主要指耗材，预报设备及其数量应列表给出，辅助设备主要指交通工具。

9.3.9 质量保证措施

质量保证措施，主要包括：

（1）预报实施人员岗前技术培训制度。

（2）预报耗材采购与供应制度。

（3）预报设备定期与不定期检修标定制度。

（4）预报实施质量定期与不定期检查制度。

（5）预报报告审核批准制度。

9.3.10 安全保证措施

安全保证措施，主要包括：

（1）预报人员及辅助人员安全教育、安全培训制度。

（2）交通工具不定期检查、故障修理、定期保养制度。

（3）预报人员进洞安全管理规定。

（4）预报实施过程不定期和定期安全检查制度。

9.3.11 预报报告及总报告编制与报送

1. 预报报告

预报报告应包括以下内容：

（1）隧道工程及地质概况。

（2）预报探测时掌子面地质情况。

（3）预报采用方法原理、仪器设备型号及采集参数设置。

（4）探测布置。

（5）探测成果。

（6）结论及建议。

隧道工程及地质概况，包括隧道所在地理位置、进出口里程、隧道设置形式，隧址区地形地貌、地质构造、工程地质水文地质条件，隧道穿越地层岩石、地质构造、特殊岩土，隧道施工可能遭遇的不良地质体—致灾构造分析等。

预报探测时掌子面地质情况，包括掌子面地层岩石及其产状、岩体节理裂隙发育分布及产状情况、出水情况等，附掌子面地质素描图。

预报采用方法原理、仪器设备型号，第一次在隧道中采用某种技术方法时，应给出方法原理，其后再次采用时可用“见本隧道第×××号预报报告”代替，仪器设备型号及采集参数设置必须明确给出。

探测布置，应以图形方式给出。

探测成果，是结合隧道勘察设计资料、补充地质调查结果、洞内地质调查结果进行的探测分析结果，包括文字、探测原始波形和图谱、分析成果图。

结论及建议，明确给出预报探测掌子面前方工程地质水文地质条件，特别是隧道施工开挖可能遭遇的不良地质体—致灾构造位置、规模及性质，指出隧道施工遭遇不良地质体—致灾构造可能导致的施工地质灾害类型，给出隧道施工开挖可能遭遇的不良地质体—致灾构造的处理措施建议。

2. 预报总报告

预报总报告应包括以下内容：

（1）隧道工程及地质概况。

（2）预报完成工作量统计。

（3）预报结果与开挖验证比较分析。

（4）典型预报。

（5）结论及建议。

（6）附件。

隧道工程及地质概况同预报报告。

预报完成工作量，包括采用每种预报方法实施预报次数、延长米、提交预报报告书等。

预报结果与开挖验证比较分析，针对每一预报报告，逐一进行预报结果与开挖验证的比较，分析预报准确、基本准确、偏差或错误原因。

典型预报，包括预报掌子面地质描述、探测布置图、探测典型波形图、探测典型波谱图、探测成果图、预报结论、下步施工措施建议和验证结果。

结论主要针对预报效果、预报技术方法适用性进行评价。

建议包括针对具体不良地质体类型预报技术方法选用、预报工作方法改进或预报需要注意问题建议等。

附件包括隧道地质展示图、隧道地质纵剖面图等。

3. 预报报告及总报告报送

经审核批准的预报报告，原则上应在实施洞内预报探测后24h内报送相关各方；预报总报告，应在预报工作结束后按合同约定时间内提交预报委托方。

9.3.12 其他需要说明的问题

1. 隧道开挖掌子面前方围岩级别问题

隧道工程岩体级别的确定，基于隧道工程岩体基本质量：

$$BQ = 90 + 3R_C + 250K_V \tag{9.3-1}$$

根据工程岩体分级影响因素，对岩体基本质量进行修正：

$$[BQ] = BQ - 100(K_1 + K_2 + K_3) \tag{9.3-2}$$

以工程岩体基本质量修正值，按工程岩体分级国家标准确定隧道工程岩体级别。

显然，在预报测试工作面到前方第一界面间的岩体，可以通过测试时开挖工作面节理裂隙统计确定其完整性指数K_V；根据开挖工作面岩石、出水状态，结合预报人员经验，给出岩石强度、地下水影响系数、主要软弱结构面产状影响修正系数和初始应力状态影响修正系数，给出预报测试工作面到前方第一界面间的岩体级别建议。但工作面前方第一界面至第二界面间岩石、第二界面至第三界面间岩石、岩体节理裂隙发育状态、地下水出水状态无从得知，也就谈不上给出围岩级别建议。

2. 隧道施工地质预报列为隧道施工工序问题

隧道施工地质预报是确保隧道施工安全的重要手段，应将其列为隧道施工工序，确保施工地质预报实施时间，确保施工地质预报质量，不得以预报影响施工为由让预报为施工让路现象出现。

3. 致灾构造位置与突涌水量、突涌泥量预报问题

截至当下，除超前钻孔法可准确确定致灾构造位置外，以预报探测时掌子面岩体波速计算给出的掌子面前方致灾构造位置，特别是第二个及以后致灾构造位置，距离误差不可避免，只能通过跟踪预报来缩小误差；突涌水量、突涌泥量大小的预报，仍然属于有水无水和相对大小的概念。苛求致灾构造位置、突涌水量、突涌泥量的准确预报，既不现实也不可能。

9.3.13 附件

附件包括：

（1）预报探测掌子面地质素描记录表。

（2）加深炮孔记录表。

（3）超前钻孔钻探记录表。

（4）超前钻孔岩芯柱状图。

（5）施工地质预报报告格式。

（6）预报探测掌子面工程岩体级别判别卡等。

9.4 判识成果分析

9.4.1 界面距判识掌子面距离的确定

目前用于隧道地质超前预报的物探方法，均有各自专门的数据分析处理软件，甚至是固化软件，只要将探测介质声学参数输入，即可得到掌子面前方界面在掌子面前方的位置。

必须指出的是，除了波反射层析成像、电磁波反射成像、跨孔声波透射成像外，波反射法（TSP-203、TSP-204 采用指向性拾振换能器除外）利用次声波、声波、超声波、地震波及电磁波在地层中传播、反射，采用信号采集系统接收反射信号，通过反射信号走时计算隧道掌子面前方反射界面距隧道掌子面的距离来进行隧道施工期地质超前预报。信号采集系统采集的反射信号波在发射换能器、界面及接收换能器之间沿最短距离传播，该距离并不一定是隧道掌子面前方界面距探测掌子面所在位置的水平距离，应根据界面产状进行预报距离修正。

9.4.2 界面间介质性质确定

众所周知，在任意介质中传播的波，当其传播到该介质与另一介质的分界面时，一部分产生反射，另一部分穿过界面折射继续在另一介质中传播。假定介质 1 的声阻抗为Z_1，介质 2 的声阻抗为Z_2则：

$$Z_1 = \rho_1 V_1,\ Z_2 = \rho_2 V_2 \tag{9.4-1}$$

式中：ρ_1——介质 1 的质量密度（g/m^3）；

ρ_2——介质 2 的质量密度（g/m^3）；

V_1——波在介质 1 中的传播速度（m/s）；

V_2——波在介质 2 中的传播速度（m/s）。

波在两种介质分界面处的反射系数：

$$R_{12} = (Z_2 - Z_1)/(Z_2 + Z_1) \tag{9.4-2}$$

由波的反射系数可知，当介质 2 声阻抗大于介质 1 声阻抗时，即介质 1 质量密度大于介质 2 质量密度时，反射系数为正，反射波相位与接收首波相位相同；反之，反射波相位与接收首波相位相反。

显然，岩溶充填物、断层破碎带、软夹层等质量密度较岩层、完整岩层、硬岩低，由岩溶充填物、断层破碎带、软夹层探测其前方结构界面，反射波相位与接收首波相位相反；反之，由岩层、完整岩层、硬岩探测前方岩溶充填物、断层破碎带、软夹层界面，反射波相位与接收首波相位相同。

界面间介质性质的确定，尚应结合具体隧道勘察设计资料、补充地质调查结果、隧道所处地下水动力坡面分带位置、洞内地质调查结果进行综合分析确定。

9.5 揭露围岩比对验证

TBM 掘进开挖验证是隧道地质超前预报的重要一环，是改进探测布置、提高预报准确率的需要，也是完成预报工作的要求。

具体而言，应随开挖进行不良地质体位置、性质、规模和地质灾害出现的位置、规模等记录，并与预报结论进行比对，从中分析成功和失败的原因，以便开展下一步工作。

第 10 章

典型复杂地质类型及其判识预报要点

本章重点

本章首先介绍了典型复杂地质类型，其次重点介绍了 3 种典型复杂地质及其判识要点。

10.1 典型复杂地质类型

10.1.1 极硬岩地层

TBM 隧洞通过坚硬完整的围岩，成洞条件好，衬砌厚度薄，甚至可以不衬砌，单位长度的造价比较低。但强度高，也带来开挖掘进的困难。采用 TBM 施工的隧洞，围岩过于坚硬、耐磨，刀具磨损量大，严重影响工程进度，增加工程造价，甚至会限制 TBM 的使用。

TBM 掘进机的适用围岩强度可高达 300～350MPa，几乎适用于所有岩类。但工程实践表明，掘进机最适宜使用的围岩强度范围仍为 30～150MPa 的岩类。已经完成的引黄工程，围岩单轴抗压强度一般在 100MPa 之内，取得了较高的掘进速度。而根据青海某隧洞、秦岭铁路隧洞等工程经验，当岩石抗压强度大于 100MPa，又比较完整时，就会给掘进机施工带来困难。青海某隧洞的硬岩洞段地质以元古界片麻岩、花岗片麻岩、侵入花岗岩、侵入石英岩为主，围岩的饱和抗压强度为 60～160MPa，坚固系数为 6～15，地层主要受侵入花岗岩影响，围岩深度变质，耐磨性高。由于围岩完整性好、节理不发育，掘进机大部分时间在强度高的完整围岩中掘进，贯入度在 2～3mm，导致掘进速度缓慢。秦岭隧道Ⅰ线洞线通过混合片麻岩与混合花岗岩，岩石抗压强度为 79～325MPa 与 117～192MPa，纯掘进速度为 1～2m/h。因此，当掘进机通过强度过高的坚硬完整围岩时也要和通过稳定性差的软弱围岩一样，给予足够重视。

1. 降低 TBM 的掘进效率

首先，由于掘进推力大，贯入度小，刀具磨损严重，掘进效率低下。其次，若刀盘整体强度和刚度不能满足要求，则容易出现刀盘面板开裂。一旦刀盘开裂，在洞内进行焊接修复，由于受条件和环境等限制，修复质量将难以保证，势必造成推力无法充分发挥，从而使掘进效率大幅降低。

2. 影响掘进效率的原因

掘进机在硬岩中掘进速度低的原因，首先是地质条件的影响，如岩石的完整性、强度、耐磨性等。岩石中石英含量高，使刀具磨损激增，直至限制掘进机的使用。其次掘进设备状况也十分关键，因为在硬岩掘进中，设备处于满负荷甚至超负荷状态，主电机、变频器、减速器、液压泵、液压阀组、液压油缸等经常出现事故。对于运行操作人员要求也较高，如果主管工程师，运行工长，机械、电气工程师等任何一个环节出现问题，都会增加设备事故率，甚至造成主要部件损坏，再加上掘进过程中频繁更换刀头，经常使掘进机不能连续作业。

TBM 掘进极硬岩地层刀具磨损严重、掘进效率低的同时，也伴随着岩爆灾害的发生，尤其是高地应力极硬岩地层，对施工设备及人员产生极大的安全风险。

极硬岩地层岩爆灾害主要是指处于高应力状态下的坚硬脆性岩石，由于受隧道开挖影响导致围岩弹性应变能的突然释放而产生岩石破裂、弹射等现象。坚硬或局部巨厚坚硬岩石在高地应力作用下储存大量能量，当受到外部因素（如隧道开挖）使原岩平衡遭到破坏时，储存在岩石内部的弹性应变能突然释放就可能导致隧道围岩出现脆性破坏，甚至发生岩爆。

国内外学者对岩爆的认识逐步加深，众多学者从不同的影响因素出发，把岩爆分成了不同类型，具体见表 10.1-1。

不同类型岩爆　　表 10.1-1

研究学者	分类依据	岩爆类型
钱七虎	岩爆的物理现象本质	岩柱应变型
		围岩应变型
		断层滑移型
冯夏庭	相对发生时间	即时型
		滞后型
		应变型
Ortlepp W.D. Stacey T.R.	震源机制	屈曲型
		爆裂型
		剪切破坏型
		断层滑移型
Kaiser	震源机制	应变型
		岩柱爆裂型
		断层滑移型

我国 TBM 施工经历岩爆的工程主要有西康铁路秦岭隧道、引汉济渭秦岭隧道为轻微岩爆—中等岩爆，锦屏Ⅱ级水电引水隧洞工程为强岩爆—极强岩爆。

10.1.2 软弱破碎地层

软弱围岩由于强度低、稳定性差、变形持续时间长等特点，在隧道施工中常引起大变形、崩塌等破坏现象，导致初支结构强烈变形甚至破坏，严重影响隧道施工和安全，是隧道建设中遇到的主要难题之一。

1. 软弱围岩主要工程地质特点

软弱围岩一般是指岩质软弱、承载力低、节理裂隙发育、结构破碎的围岩，工程地质特点有：

（1）岩体破碎松散、粘结力差：一般为土层、岩体全风化层、挤压破碎带等构成的围岩，由于结构破碎松散，岩体间的粘结力差，开挖洞室后，仅靠颗粒间的摩擦效应和微弱胶结作用成拱，这类岩体极不稳定，尤其是在浅埋地段容易发生坍塌冒顶；

（2）围岩强度低、遇水易软化：一般以页岩、泥岩、片岩、炭质岩、千枚岩等为代表的软质岩地层，由于其强度低、稳定性差，开挖暴露后易风化、遇水易软化，尤其是深埋地段受高应力影响容易发生塑性变形，造成洞室内挤；

（3）岩体结构面软弱、易滑塌：主要是存在于受结构面切割影响严重的块状岩体中，由于结构面的粘结强度较低，开挖后周边岩体极易沿结构面产生松弛、滑移和坠落等变形破坏现象。

2. 软弱围岩的变形与破坏特性

软弱围岩的工程地质性质决定了它在隧道工程中的变形特征，即开挖后自稳能力差，表现出“自稳时间短、易坍塌”的特征。由于隧道的开挖，使先前支撑隧道洞身围岩被移走，洞壁临空；造成围岩应力进行重新调整，围岩与洞壁均向隧道净空方向变形。

这种变形由三部分组成：一是隧道正前方掌子面的水平位移，表现为掌子面的水平鼓出；二是掌子面前方围岩下沉，浅埋隧道表现为地表下沉，形成沉降槽；三是刚开挖的隧道洞壁出现收敛变形，表现为拱顶下沉和边墙内移。

若这种变形不进行控制，则可能发生隧道塌方。常见的隧道塌方类型可以归纳为两类：一是掌子面水平变形过大，发生掌子面挤出塌方；另一类是支护下沉过大，出现整体失稳塌方。针对 TBM 法施工的隧道工程，软弱破碎地层主要产生以下不利影响：

（1）开挖后工作面及拱顶坍塌、剥落将 TBM 刀盘埋住，刀盘旋转困难。

（2）开挖面及边墙坍塌，撑靴支撑力不够，不能提供 TBM 掘进所需的足够支反力。

（3）给喷锚支护带来困难。

（4）围岩软硬不均，刀盘旋转时易产生振动，影响刀具的使用寿命，增加刀具磨损消耗。

（5）当围岩软硬不均时，可能会引起 TBM 机体的摆动增加，给掘进方向的控制带来困难。

（6）如存在涌水则会由于水压作用，工作面发生坍塌，涌水淹没刀盘及机体，增大刀盘的旋转扭矩；水的作用造成侧壁坍塌，支撑靴无法支撑，涌水淹没机体等。

当 TBM 掘进中穿越大的断层破碎带时，如果刀盘被卡住，一般情况下常会影响 TBM 的正常掘进，这样即使不会对工期造成大的拖延，但也常常会导致 TBM 掘进速度下降。仅管断层等破碎带沿隧道长度呈局部分布，但由于在开挖期间预报不足，或事先对困难估计不足或了解不够，仍可能造成意外事故。在断层破碎带，如果地层完全风化且存在高压地下水，那么开挖掌子面有可能泥化并涌出，严重的可能淹没隧道。

如果拟开挖岩体破碎或风化严重，导致开挖面发生重大不稳定现象，大的岩块和粉碎石块从开挖面塌落且这种不稳定现象一直持续不停，直至达到新的平衡，造成大的超挖，那么这种情况可能会影响 TBM 的正常工作，即使是护盾式 TBM，在这种情况下 TBM 掘进可能由于以下两项基本原因而受阻：

（1）由于塌落、积聚的石块作用于刀盘或卡住了刀盘，造成刀盘不能旋转；

（2）因开挖面不稳定造成超挖严重，在 TBM 前方形成空洞，需要在空洞扩大、最终发展到不可控制之前停止 TBM 掘进进行空洞处理。

开挖洞壁不稳定是影响敞开式硬岩 TBM 正常掘进的因素之一。如果开挖洞壁不稳定发生在紧靠刀盘支撑之后的位置，就会造成安设支护及撑靴定位困难。开挖洞壁不稳定对施工进度及对克服这种不稳定所采用方法的影响差异很大，它取决于以下因素：

（1）开挖洞壁不稳定现象的规模及类型；

（2）所用 TBM 的类型；

（3）TBM 的设计、施工特征；

（4）隧道直径；

（5）TBM 具有的安设隧道支护的装置及所采用支护的类型。

护盾式 TBM 对隧道快速收敛十分敏感，有可能被收敛的地层卡住。对于敞开式 TBM，任何时候在短时间内发生严重的隧道收敛，如果收敛与隧道稳定相关，那么施作的隧道支护和 TBM 撑靴的支撑可能会出现严重问题，从而影响隧道的掘进速度。

10.1.3　富水构造地层

富水地层 TBM 掘进施工时，由于水压作用，工作面会坍塌，掩埋刀盘及机体，增大刀盘的扭矩甚至出现洞壁坍塌、撑靴无支撑点、TBM 不能推进和反坡排水等施工困难，而这些不利因素的存在将会对 TBM 正常掘进带来极大影响，极大降低了施工进度和影响隧道质量。

富水构造一般是指在隧道与地下工程建设中由地层、岩性、构造、地下水等共同构成，具有孕育突水突泥能力，与人类地下工程建设彼此反馈的地质构造环境。一般情况下地形地貌、地下水情况、地质构造、地层岩性、富水地层、工程施工等是影响隧道突涌水的主要因素。其中，地层岩性对地下水赋存状态以及赋存量起着决定性作用；地下水埋藏、分布和流动则是由富水构造主导；地下水补给、径流、排泄一般受地貌形态、水文地质、气候特征等因素影响。

（1）涌水量：隧道施工过程中的涌水量是判断富水隧道的重要指标之一。如果涌水量过大，可能会对安全和隧道运营造成严重影响。一般来说，富水隧道的涌水量会明显高于其他隧道。隧洞内发生涌水现象时，一般岩溶水最强烈。有相关调查发现，涌水强烈的隧洞中，岩溶水（包括暗河及岩溶裂隙水）的占比较高，因为岩溶水不但具有突发性，流量也会随着季节的变化而变化，特别是在降雨过程抑或春季融雪现象发生后，涌水量急剧增加；承压水因为具有特定的岩体、补给条件和地质构造，流量通常会比较稳定；位于断裂带的地下水，根据断层性质、补给、规模等实际情况，有些流量会比较稳定，有些流量会伴随储量的流失而减小，而导致少水甚至无水情况；工程实际中，裂隙水的流量变化则比较大，根据裂隙率的不同，从湿水到涌水现象均可发生，影响范围也比较广；孔隙水一般情况下流量不大，影响范围也有限。

涌水量和地质条件之间的具体关系，大体认为有以下几个方面：

①在火山岩或火山裂隙岩出现很多裂隙带的地区，渗入隧洞的水量大，涌水量也很高。

②在砂或砂砾构成的地层开挖隧洞，可产生严重涌水，但大多数这种险洞往往是短隧洞。

③在深成岩的裂隙带中开挖隧洞，将出现大量涌水。

④在泥岩内开挖险洞，有少量涌水，同时涌水量也低。

（2）地层岩性：地层岩性也是判断隧道富水性的重要因素。富含地下水的地层，如砂岩、泥岩等，通常具有较好的透水性，空隙性大，隧洞中漏水、渗水、涌水等现象时常发生，例如裂隙率高、孔隙度大的可溶性岩石被“岩溶化”的地带及岩土体地段；从岩层结构特点来看，相对不透水层的接触带和良性透水的岩层，非溶解岩层和可溶性岩石的交接区域，通常地下水较为富集，一旦打穿就容易导致隧洞施工中发生漏水、涌水现象。而一些低透水性地层，如石灰岩、花岗岩等，则相对不易形成富水带。

（3）地质构造：地质构造是影响隧道富水性的另一个重要因素。隧洞遇水的概率与地质构造相关，按断层、向斜、背斜、单斜的顺序排列。断层破碎带和受其影响范围之内的裂隙密集带，向斜结构的轴部以及背斜结构的两翼（岩层倾角 > 10°）也是地下水的富集地带。隧洞如遇到这些构造部位，常会遇到漏水、涌水等情况；从区域分布上来说，靠近构造运动活跃地区和邻近深大断裂带的隧洞发生漏水、涌水等现象比较严重。例如地处川滇径向构造带的成昆线，从北到南一共受到 3 条深大断裂的影响，工程全线位于大断裂影响的隧洞工程几乎都有漏水、涌水。在施工过程中，发现涌水量超过 $10000m^3/d$ 的隧洞有 4 座，其中涌水量达到 $20000m^3/d$ 的隧洞就有 3 座。

（4）水文地质条件：水文地质条件包括地下水的补给、径流和排泄条件等。如果隧道所在地区的水文地质条件良好地下水能够得到充分的补给和排泄，那么该地区的隧道富水性就可能较强。

（5）气候条件：气候条件也会影响隧道的富水性。例如，降雨量丰富、湿度较高的地区，地表水和地下水的水量都会增加，从而增加了隧道富水的可能性。

富水地层 TBM 隧道施工常见的灾害是突水突泥，发生率高、突水量大、水压高。由于其突发性和难以准确预测的特点，其规模和动力特征往往难以确定。此外，地下工程空间范围的限制也加剧了突水突泥问题的严重性。当突水突泥发生时，导致围岩失稳、隧道或洞穴的堵塞、地面塌陷和沉降以及周围水环境的污染。这不仅会影响工程的长期运营和地表的生态环境，还可能导致更严重的生命安全和财产损失。根据统计数据显示，我国大型地下设施项目建设中，突水突泥及其引发的地质灾害占隧洞工程重大安全事故总数的 70%～80%。这些事故造成了严重的后果，包括工期延误、人员伤亡、经济损失和环境破坏等。更为严重的是，某些情况下突涌水（泥）灾害还将导致隧洞废弃或需要进行改线易址。

（1）直接对工程造成的不良影响

①直接影响施工功效，增加施工工期及施工成本，如果涌水量控制不好，甚至会出现停工；

②如遇特大涌水，还会造成洞内机械设备损毁、人身伤害事故；

③直接影响隧洞围岩的稳定性，增加施工安全风险；

④有不同物理性质和化学性质的涌水会导致水文地质条件恶化，导致隧洞施工期及运行期出现其他危害。

（2）对隧洞工程周边环境造成的不良影响

①造成地表水干涸，严重影响水库发电、农田灌溉和人民生活；

②造成地面塌陷或产生地面陷穴，地面裂缝；

③大量涌水还会造成地下水位下降，影响生态环境。

隧洞建设运行期的地下涌水带来的灾害极易发生，其在施工过程中会造成诸多危害，不仅会加大施工安全风险、增加施工难度，同时还会直接造成投资增加、工期延长、施工进度缓慢，对周边环境造成影响，并且会危害工程后期运行。在设计阶段，就应该高度重视涌水危害性，充分分析施工地质情况，并对其带来的费用及工期进行充分考虑。

突水突泥灾害的发生主要在断层、裂隙带及岩溶等典型的富水地段，这些地段往往不是单独出现，而是不少情况同时存在的。因此三者之间既有联系，又各有特点，其施工措施也是既有共性，又各有侧重。

（1）富水断层

断层是常见的不良地质段，断层带内岩体破碎，呈块石、破碎或角砾状，甚至呈断层泥，岩体强度低，围岩自稳能力差，施工困难。其施工难度取决于断层的性质、断层破碎带的宽度、填充物、含水性和断层本身的活动性以及隧道轴线和断层构造线方向的组合关系等因素。

隧道轴线接近于垂直构造方向时，断层规模较小，破碎带不宽，且含水量较小时，条件比较有利可随挖随撑。当隧道轴线斜交或者平行于构造方向时，则隧道穿过破碎带的长度增大，施工难度大。

西秦岭隧道位于新建铁路兰渝线中段，地处甘肃省东南部重镇——陇南市武都区境内。该隧道是目前国内采用 TBM 法施工的最长铁路隧道，全长 28.236km，为左右线分设的两条单线隧道，隧道最大埋深约 1400m，进口段以 10%、13%、7%上坡，出口段以 3%、4.6%下坡，西秦岭隧道是全线控制性重点工程，采用 TBM 掘进与钻爆法相结合施工。其中，19.8km 长的施工区段，主要采用 TBM 法施工，TBM 开挖直径 10.23m，使用连续皮带机出渣。TBM 预备洞施工长度为 2003m，TBM 第一阶段施工掘进任务 7962m，之后步进通过 2637m 的罗家理斜井，罗家理斜井采用钻爆法施工；第二阶段掘进任务 7170m，TBM 最远掘进距离 19803.164m。

隧道穿越的 F6 全新活动断层及 f60、f59、f55、f54 四条次生断层，其中 TBM 施工段主要为砂质千枚岩。地下水以基岩裂隙水为主，属构造断裂中等富水区，预测单位正常涌水量为 2700m^3/（d · km），对混凝土无侵蚀性。

（2）富水裂隙带

富水裂隙带由节理裂隙切割形成的破碎岩石块体与充填在破碎岩石块体间空隙中的地下水构成，由于周边岩体节理裂隙发育与富水节理密集发育破碎岩体带节理裂隙发育多呈渐变过渡关系，隧道施工开挖接近富水节理密集发育破碎岩体带时，地下水即由岩体中发育的节理裂隙逐渐流出，对软弱结构面、软层和破碎带的浸泡、软化作用导致岩体强度降低甚至解体，极易诱发突水、坍塌、大变形等工程事故，对隧道施工安全及建成后的运营管理构成严重威胁。因此，富水裂隙带是富水构造地层 TBM 施工中涌水致灾构造。

晋中引黄输水隧洞某 TBM 标段洞径为 5.06m，设计纵坡为 0.04%的反坡独头掘进，最大埋深 610m，工程线路涉及天桥泉域、柳林泉域两个泉域，泉域分水岭黑茶山一带地下水的补给为大气降水补给及其他类水的侧向补给或越流补给。

隧洞穿越地层可按岩性主要分为古生界奥陶系灰岩、泥灰岩寒武系白云岩、石墨透闪石大理岩、中强定向黑云长英质构造片麻岩、变质含砾石英砂岩等。隧洞主洞段沿线地下水类型主要有碳酸盐岩裂隙岩溶水和变质岩类裂隙水。根据地下工程界研究成果，定义水压力 $P > 0.6$MPa 时为高水压，隧洞多位于地下水位以下，地下水位高于洞顶 130～350m，设计预测最大涌水量为 19687m^3/d，为典型的高压富水隧洞，施工中易发生较大规模突涌水。

自 TBM 掘进至桩号 Z（k）90 + 924 后，隧洞内多次发生突涌水。其中，桩号 Z（k）94 + 563 处发生的大型突涌水，出水沿层面裂隙向外喷出，压力 2.0～3.5MPa，现场测定涌水量达到 26448m^3/d，远超设计涌水量。分析认为突涌水为变质石英砂岩高压裂隙水，TBM 掘进施工扰动和高压水的共同作用下使裂隙贯通，地下水沿贯通裂隙向隧洞排泄，引发突涌水。根据前期钻孔及揭示围岩情况推测，掘进前方存在裂隙出水的可能性非常大，且涌水量可能超过隧洞排水能力，继续掘进存在较大淹机风险和施工安全风险。结合以往工程经验，现场采用常规后置式超前注浆对掌子面进行超前堵水，但效果并不理想。TBM 掘进至桩号 Z（k）94 + 589，掌子面再次发生大型突涌水致现场停工。

（3）富水岩溶

在富水、高压条件下，由于岩溶地区复杂的地质结构和工程因素（如 TBM 掘进扰动）的影响，围岩稳定性被破坏，地下水及其他充填物涌出，故发生突涌水灾害。

可溶性岩石因地下水对岩体的侵蚀作用而形成一定的地下空间称为溶洞。在隧道开挖扰动作用下，岩体防突层厚度逐渐减小，当超过某一临界值时，隧道将发生突涌水灾害，故岩盘的安全厚度是判断溶洞溶腔型突涌水是否发生的重要指标。溶洞溶腔由于气候温湿，碳酸盐岩连续分布且厚度较大，常分布在岩溶发育地区，溶洞具有蓄水性，可和其他地下暗河等相互连通提供补给。在隧道施工过程中，溶洞溶腔的位置、形状及其大小、充填状况、充填物质种类等都会对其产生较大的影响。

某铁路隧道位于新建贵广铁路广西桂林境内，隧道属于溶蚀中低山地貌。隧区上覆第四系全新统坡残积层、黏土、碎石土，下伏基岩为泥盆系上统融县组灰岩夹白云岩、白云质灰岩。隧道发育混源村正断层。断层走向为 N25°E，倾向 NW，大体与线路交角 64°。桂林幅区域地质图内长约 14km，断层破碎带宽度约 50m，影响带宽度 100～200m，在线路附近断层上下盘地层为灰岩夹白云岩、白云质灰岩。隧区地表水以沟水、溪水为主，测区降雨量丰富，隧道地表溶蚀洼地，溶沟溶槽及漏斗等溶蚀现象很发育。隧区地下水以岩溶管道水、岩溶裂隙水为主。根据调查和区测资料分析，由于地质构造的活动，断裂及构造节理裂隙为地下水的富集提供了良好的空间，在节理密集地带或断裂破碎带附近岩溶地下水丰富。如地表 DK430 + 780 左 320m 发育 1 个溶蚀洼地；地表 DK431 + 060 右 420m 发育一个溶蚀洼地；DK431 + 400 左右断层沟槽内发育 3 个串珠状溶蚀洼地；DK432 + 000 左右沟槽内发育 4 个串珠状溶蚀洼地，其中紧邻线路左右侧为最大；DK432 + 480 右 200m 发育 1 个溶蚀洼地；DK433 + 200 右 400m 发育 1 个大型溶蚀洼地（扶水洞）；DK433 + 890 左 195m、DK434 + 035 左 66m、DK434 + 060 左 85m 为地下暗河出口，流量随季节变化较大，且从暗河出口标高测算，隧道洞身顶部将有暗河通过。DK434 + 100 左 50m 发育 8 × 5m 的落水洞；出口溶蚀发育，山体空洞密集。综合各种特征表明，该隧道洞身围岩岩溶化程度已很高，存在大小不等的溶洞或溶隙通道且具较好的连通性，洞身基本处于岩溶水平循环带范围。尤其是雨季施工期间，可能会遇到较大的股状涌水及突水突泥危害。

10.2 极硬岩地层及其判识要点

10.2.1 极硬岩地层特征

极硬岩地层具备岩石单轴抗压强度高、岩石磨蚀性高、岩体完整性好等地质特征。TBM

在极硬岩地层施工，贯入度低、掘进速度明显降低；刀盘刀具磨损严重，刀盘刀具检查、维护时间增加，刀具消耗量增加；TBM 振动增强，易导致焊缝开裂、螺栓松动，严重影响关键零部件寿命。

按照目前 TBM 技术水平，相对较为容易掘进的岩石抗压强度范围为 30～120MPa，大于 250MPa 时难以掘进，180～250MPa 时带来难以承受的工期和成本风险。当围岩单轴抗压强度超过 120MPa 时，TBM 掘进速度大幅度降低，称之为硬岩掘进；当围岩单轴抗压强度超过 200MPa 时，岩体被刀具磨损为粉状，贯入度极低，称为极硬岩。

极硬岩地层的石英含量一般较高，岩石磨蚀性高。岩石的磨蚀性一般采用 CAI 值衡量，其评判标准如表 10.2-1 所示，当岩石 CAI 值大于 3.0 时，认为岩石具有较高的磨蚀性，导致刀具磨损量增加。

岩石磨蚀性评判标准　　表 10.2-1

CAI 值	0.1～0.4	0.5～0.9	1.0～1.9	2.0～2.9	3.0～3.9	4.0～4.9	≥5
磨蚀性	极低	很低	低	一般	较高	很高	极高

《工程岩体分级标准》GB/T 50218—2014 规定岩石单轴饱和抗压强度不小于 60MPa 为坚硬岩；30～60MPa 为较坚硬岩；5～30MPa 为较软岩；5～15MPa 为软岩；小于 5MPa 为极软岩。根据不同类型工程需要可划分不同的岩类。在地下工程中，曾将 60～120MPa 划分为坚硬岩；不小于 120MPa 为极硬岩，以适应隧洞施工的特点。对于全断面掘进机施工，有资料将岩石抗压强度（UCS）大于 150MPa 划分为硬岩，80～150MPa 为中硬岩，小于 80MPa 为软岩。

《水利水电工程施工组织设计规范》SL 303—2017 列有各类岩石在天然湿度下平均重度、极限抗压强度及岩石坚固系数，《全断面岩石掘进机》一书中也列有常见岩石抗压强度可作参考。但在不同区域，隧洞所处地层不同，岩石强度也有明显差别，对于每项隧洞工程都需要进行针对性试验。

除岩石抗压强度外，围岩的完整程度包括岩体结构面间距大小、产状、节理面性状以及岩石的耐磨性等均对掘进机施工有很大影响。例如，山西万家寨引黄工程南干线 4 号隧洞通过的寒武系凤山组灰岩地层岩块强度较高，单轴饱和抗压强度为 100～140MPa，均顺利通过；而青海某工程，岩石单轴抗压强度虽然在 60～160MPa 之间，但岩体完整，节理不发育，施工速度却受到很大影响。

极硬岩地层岩体具有较好的完整性，在大埋深高地应力条件下，具备发生岩爆的可能性。岩爆也称为冲击地压，是一种岩体中聚积的弹性变形势能在一定条件下突然猛烈释放，导致岩石破裂并且弹射出来的现象。极硬岩地层产生岩爆灾害的条件主要为：

（1）岩石单轴抗压强度

岩石单轴抗压强度$\sigma_c > 80$MPa（至少 > 60MPa），岩爆通常出现在强度较大的硬岩之中。

（2）岩质和岩性

坚硬、脆性岩石的脆性指数是岩石峰值强度的总变形与永久变形之比，在一定程度上用于表征岩石的脆性大小，一般比值越大，脆性越高。

（3）岩体结构

岩体完整性为完整或基本完整。

1. TBM 施工岩爆发生的特征

（1）从 TBM 施工岩爆灾害发生的地质条件来看，岩爆多发生在片麻岩、大理岩、花岗岩等强度较高、质地坚硬或局部巨厚坚硬岩层中，且存在结构面区域为岩爆多发区域。

（2）从 TBM 施工岩爆灾害发生的位置来看，岩爆多发生在掌子面处及护盾处。对于双护盾 TBM 来说，由于护盾较长，护盾所在范围不能及时支护，因此掌子面处发生岩爆往往会诱发护盾处发生岩爆。

（3）从 TBM 施工岩爆灾害发生的频率和强度来看，相对于钻爆法施工，TBM 施工岩爆灾害发生的频率较低，但一旦发生岩爆，岩爆等级较高，破坏性较严重，对 TBM 设备破坏较大，往往会造成卡机，严重影响工期。

（4）从 TBM 施工岩爆灾害发生的时间来看，岩爆灾害的发生具有突发性和不确定性，发生时间和地点很难确定；同时 TBM 岩爆又具有滞后性，在 TBM 掘进过程中，剧烈的岩爆往往具有滞后性，一般发生在掘进后约 20h 以后。

（5）TBM 施工岩爆多发生在隧道断面两侧拱肩及边墙位置。

2. 岩爆发生机理

地下隧道在开挖卸荷过程中，隧道周边围岩的径向应力被卸除，应力发生重分布。当检测后的应力状态达到岩体极限状态时，岩体发生破坏。如果成隧时围岩内部的应力水平较高，岩体的破坏表现出较高的脆性，卸荷作用使得岩体的承载力快速下降。由此，岩体内部各种因素的相互作用促使岩体在卸荷时表现出溃决式破坏，导致岩爆发生。

从能量原理角度来讲，处于三轴应力状态下的工程岩体，如果某一方向的应力突然降低造成岩石在较低应力状态下破坏，岩石实际能够吸收的能量是很小的，原岩储存的弹性应变将对外释放。如果对岩体缺少有效的支护（相当于围压），释放的能量将转换为破裂岩块的能，进而可能引起岩爆。

隧道开挖后，岩体破坏初期是以张性破坏为主，随后发生剪切，剩余能量则以弹射方式释放。根据以往现场岩爆观测资料，结合室内三轴卸围压岩石力学试验，认为岩爆发生过程是能量积聚—释放的过程，据此岩爆的形成过程为能量积聚、微裂纹形成与扩展、裂纹贯通与爆裂。

（1）能量积聚

隧道开挖前，岩体在三向应力平衡状态下处于“压密”状态，储存有大量的弹性应变能。隧道开挖，岩体径向应力解除，岩体径向约束减小，岩体沿径向方向向隧道内发生移动，但由于围岩二次应力分布，尤其是切向应力增加，以及围岩沿径向向隧道发生位移的约束端应力集中，局部能量增加。

（2）微裂纹形成与扩展

岩石内部存在大量的微缺陷，由于开挖卸荷，围岩应力发生重分布，在裂纹的尖端应力高度集中。当尖端的集中应力大于岩石的临界破坏强度时，微裂纹扩展，同时释放应变能，当释放出来的弹性应变能大于形成新微裂纹所需的能量时，微裂纹发生不稳定扩展。随着微裂纹的不断扩展以及形成新的微裂纹，邻近微裂纹相互连接贯通。邻近微裂纹相互贯通，形成宏观上的裂纹。

（3）裂纹贯通与爆裂

裂纹不断扩展增大，最后贯通，岩爆发生，剩余的弹性应变能转化为动能，使破裂的岩块以剥落、抛掷、弹射等不同的运动方式脱离母体。

岩爆的发生与卸围压的速率密切相关。地下洞室开挖时，一次开挖的进度越大，释放的能量也越大；开挖的速率越高，能量释放速率也越高。尤其当开挖面前方接近变形不连续面时，开挖面与变形不连续面之间的应力更加集中。应变能大量聚集在两者之间，围岩应变能将增加，而其极限存储能却降低，此时，稍有不慎就可能导致开挖面与变形不连续面之间的岩石破碎，甚至向外抛出，形成岩爆（图 10.2-1）。因此通过调整施工速度，比如减少一次开挖的进度或者采用合理的施工步骤，可以减缓或降低岩爆的发生。

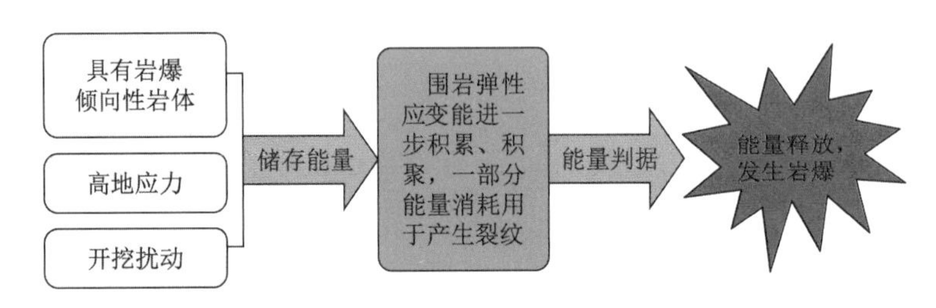

图 10.2-1　基于能量原理的岩爆机理

3. TBM 施工岩爆影响因素

TBM 施工岩爆发生的影响因素是多方面的，包括围岩岩性、地应力、结构面、扰动强度等因素。

（1）围岩岩性

岩爆灾害的发生其实是弹性应变能释放的过程，而岩体作为储存弹性应变能的载体，能够储存大量的弹性应变能，这是岩爆发生的前提。表 10.2-2 为国内外部分岩爆灾害工程所对应的岩石类别，由表可知发生岩爆的岩石，强度一般较高，弹性模量较大，能够储存大量弹性应变能，破坏呈现明显的脆性。

国内外部分岩爆灾害实例岩体对照表　　表 10.2-2

隧洞（道）名称	围岩岩性	单轴抗压强度（MPa）	岩爆情况
天生桥引水隧洞	白云质灰岩	88.7	中等
渔子溪引水隧洞	花岗岩	170	中—强等
太平驿引水隧洞	花岗岩、花岗闪长岩	165	规模不等
鲁布革电站	灰岩	150	岩芯饼化
瀑布沟水电站地下洞室	中粗粒花岗岩	123	发生岩爆
二滩水电站三号洞	正长岩	220	轻微
西康铁路秦岭隧道	混合花岗岩	95	规模不等
瑞典维斯塔引水隧洞	石英岩	180	弱级
苏联基洛夫矿	霓霞岩	180	中等
二郎山公路隧道	砂质泥岩	37.6～86	轻微
江边水电站引水隧洞	石英片岩、花岗岩	＞60	中等为主
锦屏二级水电站引水隧道	大理岩	115	中等
拉西瓦水电站地下厂房	花岗岩	176	发生岩爆

续表

隧洞（道）名称	围岩岩性	单轴抗压强度（MPa）	岩爆情况
挪威 Sima 水电站地下厂房	花岗岩	180	有时剧烈
挪威 Sewage 隧道	花岗岩	180	中等
日本关越隧道	石英闪长岩	236	中—强等
挪威 Huggura 公路隧道	前寒武纪片麻岩	175	中等
瑞典 Forsmark 核电站隧道	片麻花岗岩	130	中等

（2）地应力

高地应力或复杂地质构造应力是岩爆发生的能量来源，因此岩爆多发生在埋深较大的隧道工程中。隧道埋深越大，地应力越高，隧道发生岩爆的可能性越大。地应力较高地区的围岩弹性模量也比较大，并且有脆、碎的特性，容易积聚能量发生脆性破坏，产生岩爆。当隧道处于侧压系数大于 1 的地质环境中时，岩爆多发生在隧道顶、底部位置；而当侧压系数小于 1 时，岩爆多发生在两侧边墙位置。

（3）结构面

断层、节理、裂纹等结构面存在的地质环境，也是岩爆灾害发生风险较高地带。隧道围岩的整体强度会因为结构面的存在而明显降低，且节理处的填充物一般弹性模量较小，抗剪强度较差，局部应力集中容易在节理处发生破坏。另外，结构面（断层、节理）的大小和方向直接影响围岩地应力的分布及岩石储存弹性应变能的大小，且结构面端部及交汇处等部位容易造成应力集中，导致局部应力突变。因此，存在结构面的围岩在受到开挖扰动后容易发生岩爆灾害。

（4）扰动强度

围岩岩性、地应力、结构面等因素为岩爆发生的内在因素，而扰动是岩爆发生的诱发因素，在隧道开挖过程中的扰动一般有开挖卸荷扰动和施工过程扰动（如钻爆法产生爆破应力波）。而对于 TBM 施工，由于是通过滚刀破岩进行全断面一次性开挖，且加之机头及护盾对围岩的保护作用，使得 TBM 施工过程扰动很小。对于 TBM 施工，岩爆的扰动强度主要考虑开挖卸荷扰动。

（5）TBM 掘进速度

TBM 施工过程中，由于其破岩掘进原理的特殊性，掘进速度对隧道围岩岩爆的发生具有重要影响。从卸荷扰动方面考虑，TBM 掘进速度越快，围岩卸荷速度越快，对围岩造成的扰动越严重，对围岩的稳定性越不利，且若 TBM 掘进速度较快，容易造成刀盘刀具异常破损对滚动刀盘刀具质量要求较高。具体施工过程中，为避免发生岩爆导致 TBM 设备损坏，在岩爆易发生段一般会严格控制刀盘的推力和转速，降低 TBM 掘进速度。目前，对于 TBM 掘进速度对岩爆发生风险的影响程度还没有统一认识。

4. TBM 施工岩爆灾害类别划分

目前关于岩爆分类的研究很多，根据不同的分类方法有不同的划分方法，本书通过对深埋隧道 TBM 施工岩爆灾害资料分析，以及岩爆灾害影响因素分析，根据岩爆的主控因素可以将 TBM 施工岩爆灾害的类别划分为两类：受坚硬或局部坚硬岩层控制的岩爆和受结构面控制的岩爆。

（1）受坚硬或局部坚硬岩层控制的岩爆

此类岩爆主要受岩层围岩性质控制。坚硬或局部巨厚坚硬岩石由于储存能量较高，容易发生岩爆。另外，在上软下硬岩层或软硬互层等复合地层中，岩层交界处容易形成应力集中，坚硬岩石中由于储存弹性能较大，较容易发生岩爆。图 10.2-2 为三种典型的易发岩爆岩层示意图。本书主要研究坚硬或局部坚硬岩层中 TBM 施工岩爆发生机理。

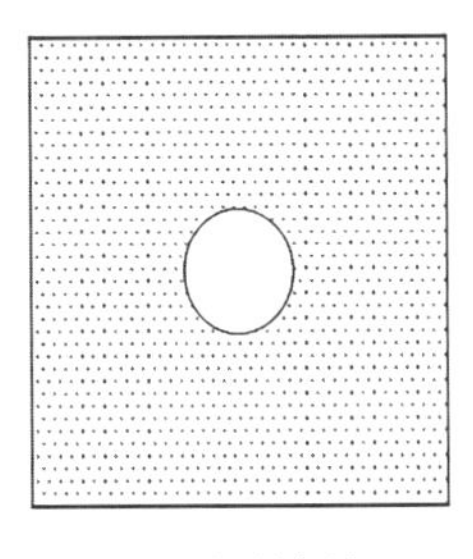

(a) 坚硬岩层

(b) 上软下硬

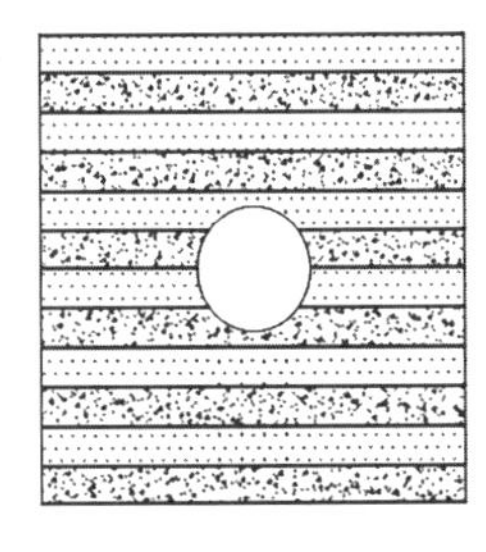

(c) 软硬互层

图 10.2-2　三种典型易发岩爆岩层示意图

（2）受结构面控制的岩爆

此类岩爆主要受高地应力和结构面的影响，由于结构面的存在容易产生应力集中，导致岩爆的发生。图 10.2-3 为实验室中完整岩样和存在结构面岩样单轴压缩后的破坏特征对比，从破坏情况来看，受结构面影响，岩样破坏严重，存在结构面的围岩发生岩爆可能性较大。

(a) 完整岩样

(b) 存在结构面岩样

图 10.2-3　单轴压缩下两种岩样破坏情况

5. 岩爆的分级判据

目前应用较多的岩爆分级判据主要有强度应力比法、应力强度比法、能量法、刚度法、岩性判别法、临界深度法和复合判据法等。表 10.2-3 给出了部分常用的岩爆分级判别方法，表中σ_b为岩石饱和单轴抗压强度，σ_{max}为最大主应力，$\sigma_{\theta max}$为围岩最大切向应力，σ_c为岩石单轴抗压强度。

部分岩爆分级判别方法　　表 10.2-3

提出者	计算公式	比值	岩爆等级
《水利水电工程地质勘察规范》GB 50487—2008	σ_b/σ_{max}	4～7	轻微岩爆（Ⅰ级）
		2～4	中等岩爆（Ⅱ级）
		1～2	强烈岩爆（Ⅲ级）
		< 1	极强岩爆（Ⅳ级）

续表

提出者	计算公式	比值	岩爆等级
《水力发电工程地质勘察规范》GB 50287—2016	σ_b/σ_{max}	4～7	轻微岩爆
		2～4	中等岩爆
		1～2	强烈岩爆
		<1	极强岩爆
E.Hock 判据	$\sigma_{\theta max}/\sigma_c$	0.34	弱岩爆
		0.42	中等岩爆
		0.56	强烈岩爆
		≥ 0.7	严重岩爆

针对 TBM 施工中遭遇的岩爆，可根据岩爆发生的强弱和对 TBM 施工影响的严重程度，将岩爆分为轻微岩爆、中等岩爆、强烈岩爆、极强岩爆 4 个等级，如图 10.2-4 所示。

（1）轻微岩爆：发出声音，掉落小的碎片；岩石内部有小的爆裂、撞击，发出爆裂声。该等级的岩爆对 TBM 施工影响小，但会增加隧道底部的清渣量。

（2）中等岩爆：压力引起岩石剥落，当岩片达到 5cm 厚度时，出现尘云。该等级岩爆对隧道的初期支护有一定的破坏性，导致钢筋网和钢筋排的变形。

（3）强烈岩爆：在没有支护的区域，隧洞拱腹或掌子面由于应力引起的岩石掉落或裂开大块不规则岩石掉落，并伴随着很大的噪声。该等级的岩爆若发生在刀盘前方，可能导致刀具的异常损坏；若发生在出护盾位置，可能导致机器损坏和人员的伤害。

（4）极强岩爆：巨响伴随岩石爆炸；隧道拱腹突然出现岩块掉落冲击并伴随巨响（支护和未支护区域都有）；该等级岩爆产生的后果是支护被损坏（喷射的混凝土裂缝，顶部锚杆断掉钢拱变形等）。

(a) 轻微岩爆

(b) 中等岩爆

(c) 强烈岩爆

(d) 极强岩爆

图 10.2-4　TBM 施工岩爆分级

10.2.2　极硬岩地层判识要点

极硬岩地层主要通过地质调查、室内试验等方法对岩石物理力学特性进行判识，描述内容应包括：岩石定名、颜色、风化程度、主要矿物、结构、构造、节理、岩芯完整性指标（RQD）。对沉积岩应着重描述沉积物的颗粒大小、形状、胶结物成分和胶结程度，对岩浆岩和变质岩应着重描述矿物结晶大小、结晶程度。

（1）岩芯完整程度：分为完整—较完整—较破碎—破碎—极破碎五个等级。

（2）裂隙发育程度：分为不发育—较发育—发育—很发育四个等级。裂隙的张开或闭合，是否有充填物。

（3）岩芯完整程度和裂隙发育程度应与岩石的风化等级相对应，通常情况下：未风化 W0——完整，不发育；微风化 W1——完整、较完整，不发育、较发育；弱风化 W2——较完整、较破碎，较发育、发育；强风化 W3——破碎、极破碎，发育、很发育；全风化 W4——极破碎，很发育。

（4）岩石的新鲜程度，硬度及岩芯节长。节长划分标准：单节长 20cm，称为“长柱状”；20cm > 单节长 > 10cm，称为“短柱状”；10cm > 单节长 > 5cm，称为“饼状”；5cm > 单节长，称为“块状”，还应写明节长的范围值注明以哪一级为主。

（5）围岩质量等级：通过室内试验及现场调查，获取岩石抗压强度、岩体完整性等指标，根据《工程岩体分级标准》GB/T 50218—2014 对围岩等级进行划分。

针对高地应力极硬岩地层岩爆灾害的判识，主要是建立在工程经验基础上的岩爆预报，或根据先验信息和某些判据（岩石或岩体强度、能量等）判断围岩岩体岩爆倾向性和可能性，或通过监测施工过程中围岩岩体的某些参数或先兆现象（应力应变、微震、声发射、电磁辐射等）对岩爆发生的可能性和烈度进行预测和评估；研究尽管发现了岩爆发生前声发射和电磁辐射事件存在异常增加、较大岩爆发生前微震存在多发期现象，但先兆现象与岩爆发生与否间的关系远未建立、岩爆与岩体应变能卸载速率间定量关系研究仍处于初步阶段、岩爆滞后性研究尚处于空白阶段、隧道工程施工造成的局部应力场与地应力场及地质构造间的相互作用、岩体内部应变能释放途径与释放机制未得到足够的重视。

岩爆在一瞬间发生，持续时间几分钟至几十分钟不等，岩爆发生的位置多为掌子面后 9～15m 范围，岩爆发生部位以隧洞拱顶 120°范围内居多，掘进后的 24h 内岩爆发生概率最大，24h 后岩爆概率逐渐减小。

因此，当下的隧道施工岩爆预报要点仍是基于隧道围岩所处地应力环境、隧道埋深和围岩岩体完整性、微震监测频次和能量等监测给出的围岩岩体发生岩爆可能性的预测。

基于微震监测岩爆级别判识如下：

（1）震级强、能量大的微震事件高度集中数量达到 5 个以上，或者微震事件震级和能量一般、但集中程度高、数量特别多的，出现较强岩爆的风险较大；

（2）震级强、能量大的微震事件高度集中数量在 2～5 之间，或者微震事件震级和能量一般、集中度高且数量较多的，出现中等岩爆的风险较大；

（3）震级和能量均为一般到强且事件数量较多但集中度不高，出现轻微岩爆的风险较大；

（4）震级一般或较低、能量一般或较低、集中度不高且数量不多的，出现岩爆风险较小。

10.3 软弱破碎地层及其判识要点

10.3.1 软弱破碎地层特征

软弱破碎地层包括由薄层岩石构成的岩体、软岩，断层破碎带破碎岩体，节理裂隙密集发育岩体破碎带，顺层错动破碎带，第四系覆盖层松散土石堆积体，全强风化槽中全强风化岩体，隧道围岩松散堆积物等。

TBM 掘进至软弱破碎围岩极易发生隧道大变形灾害，并且在这种地质环境中，往往存在高地应力、地下水、温度等多场、多相耦合作用，同时还具有明显的时空效应。在这种复杂的地质环境中，隧道围岩不仅要承受自身的多场、多相耦合作用，而且还要承受隧道开挖、支护过程中的多次应力重分布的影响。在多种大变形影响因素的共同作用下，隧道开挖之后会引起软弱破碎围岩错动、滑移，形成松动圈，岩体塑性化或吸水膨胀，从而引起隧道围岩大变形。

（1）软弱破碎围岩变形量大，支护之后仍以较快的变形速度长时间持续增加，变形难以控制，拱顶沉降和水平收敛等变形特征的时空效应明显，长时间的持续变形引发支护结构破坏，甚至是洞室坍塌等工程事故。如家竹箐隧道由于初始高地应力的作用，初期喷锚支护发生严重的变形，洞周围岩位移变形很大，拱顶下沉 80～100cm、边墙内挤 40～60cm、底板上鼓 50～80cm，由于高应力围岩变形挤压钢拱架，使其产生翘曲，初期支护喷射混凝土层开裂破碎，与钢拱架脱离，隧道大变形沿其纵向长度为 390m，而且在之后的整治隧道围岩大变形中消耗自进式锚杆总长度约为 10 万m；木寨岭公路隧道拱顶下沉严重地段下沉量累计达 1550mm，在部分地段初期支护进行了二次换拱，特殊地段换拱达 12 次；对隧道大变形灾害的整治过程中浪费大量人力和资源，不仅给国家造成了巨大经济损失，而且也会严重延误工期。

（2）变形时间长，变形收敛慢。极软岩的强度很低，并且流变性明显，洞室开挖后，周围围岩应力重分布的时间较长，隧道长时间持续变形并发生破坏，在初期支护施作完成 1 个月后开裂较严重。杨河隧道西河湾横洞工区处围岩变形的流变特征明显，分别经历初始变形阶段、稳定变形阶段和加速变形阶段，最终发生破坏。据现场测试可知，在开挖后 50d，拱腰的净空位移值为 650mm，拱顶下沉为 210mm。火车岭隧道围岩变形持续时间较长，在初期支护后可持续 2～3 个月，且具有明显流变特征，严重时甚至会最终演化为塌方。

（3）围岩压力大，喷射混凝土开裂、掉块，钢支撑扭曲、破坏，甚至二次衬砌开裂、底鼓。火车岭隧道右线段施工时出现了严重的围岩大变形问题，围岩大变形导致了隧道内已经施作好的初期支护结构环向开裂，喷射混凝土出现严重的开裂、掉块现象，边墙虽经过临时加固，但是也出现了 2～8mm 的裂隙，由于围岩变形的持续增加，隧道周边收敛和拱顶下沉量均很大，导致初期支护严重变形，最大变形量达到 1.6m；为控制变形而增加的临时钢支撑不能有效控制围岩变形的持续发展，而且最终在围岩大变形的作用下，临时的 ϕ100mm 圆管钢支撑发生严重弯曲变形；在围岩变形压力的作用下，左拱腰部位的二次衬砌起初出现轻微开裂，但在随后的几天内初始裂缝不断扩展、新裂缝不断出现，总的裂缝规模逐渐增大，裂缝走向基本上是沿隧道轴线方向，裂缝宽度为 1～3mm、长为 3～6m。鹤聘山公路隧道初期支护施作完成后，围岩变形持续增加，变形量较大，持续时间较长，围岩大变形导致初期支护混凝土破裂、钢拱架发生扭曲变形，最大侵入隧道限界达 300m，甚至引起初期支护结构彻底破坏，失去承载能力，产生大规模塌方。青藏线关角铁路隧道，在施工期间发生了严重的围岩大变形，两侧边墙严重内挤，隧底上鼓约 1m，通车后不久，隧底上鼓 30cm，行车中断。

根据上述分析可知，影响软弱破碎围岩隧道大变形的因素复杂，因此准确判断软弱破碎围岩隧道变形特征并不是一件易事，但是经过相关方面的研究，可以初步将软弱围岩隧道的大变形特征归纳为以下几点：

（1）软弱破碎围岩隧道变形具有蠕变变形三阶段的规律，时空效应明显。隧道开挖之后初期围岩变形量大，变形速度快，围岩自稳能力差，若不能及时施作有效的支护，岩体将很快发生大变形，甚至导致围岩冒落、滑塌等严重灾害。

（2）软弱破碎围岩隧道开挖后，洞周荷载多为环向受压，并且受压荷载多呈现为非对称特征。隧道围岩大变形在洞周均有发生，常常表现为拱顶下沉、塌落，边邦内挤和底鼓。由于软弱破碎岩体变形的时间效应，初期支护及时闭合、仰拱及时施作等措施可以有效维护围岩及支护体系稳定，控制周边位移过大导致侵限、坍塌等问题。

（3）软弱破碎围岩隧道大变形程度与隧道的埋深有很大关系，变形量随埋深的增加而增大。所以，当隧道埋深很大、超过临界深度时，隧道围岩在自重和构造应力的作用下发生严重大变形，支护的难度将显著增加，支护措施需要加强。

（4）软弱破碎围岩的失水干缩和吸水膨胀特性引起隧道岩体体积剧烈变化，岩体吸水后强度将会突然降低，均可引起隧道围岩大变形，导致结构破坏。

10.3.2 软弱破碎地层判识要点

施工中软弱破碎围岩判识主要有以下几种手段：

（1）超前地质预报：采用长短距离超前地质预报相结合的方式，长距离探测采用隧道地震波法（TSP/TRT）超前地质预报系统，短距离地质探测采用红外线探水等措施，再通过地质素描、地质展示图综合分析出护盾后围岩的岩性、结构、构造和地下水情况，判断掌子面前方围岩的工程地质、水文地质特征。由此便于在进入破碎段围岩前，提前做好机械的刀具更换等需要停机处理的工作，以避免或减少 TBM 在破碎段停机；同时提前备好各种支护材料、防应急材料等。

（2）依据皮带输送机上岩渣情况判断掌子面情况。大致可分为四种情况：

①岩渣呈少量片状，并含大量粉末，则前方围岩非常完整，围岩强度高，可掘性差。围岩级别为：Ⅰ～Ⅱ级。

②岩渣呈均匀片状，粉末少，可以判定围岩为整体性较好的硬岩，强度不高，可掘性好。围岩级别为：Ⅱ～Ⅲ级。

③岩渣呈片状，并夹杂有适量大小不一的石块，可以判定围岩为发育的硬岩，此时刀盘有间歇性小振动情况。围岩级别为：Ⅲ～Ⅳ级。

④岩渣主要为大小不一的石块，而且渣量不均匀，时多时少，也有连续堆满皮带输送机的情况，可以判定岩层节理极其发育，岩体破碎。此时刀盘振动加大，刀盘前方不时有异响。围岩级别为：Ⅳ～Ⅴ级。

（3）从掘进参数上（推进力、贯入度、扭矩等）判断掌子面围岩情况。也可分为四种情况：

①若在掘进时，扭矩先达到额定值而推力未达到额定值或同时达到额定值，皮带输送机无大块渣料输出，围岩状态可判定为均质软岩。

②若在掘进时，推力先达到额定值而扭矩未达到额定值或同时达到额定值，皮带输送机上无大块渣料输出，围岩状态可判定为均质硬岩。

③高速挡掘进时，推进力大、扭矩低、贯入度小，围岩状态可判定为均质特硬岩。

④扭矩变化大且推力较小，此时应判定围岩状态为裂隙发育、破碎。

后两种掘进过程中掌子面围岩判定方法，有助于在围岩露出护盾后，及时采取对应的围岩级别参数进行支护，确保施工安全。对于初步判定为围岩破碎的地方，可及时调整掘进参数保证一个合理的推进速度。出现异常情况（如出渣中发现刮板、刀具配件等情况；

无推力、刀盘原地转动连续出渣且出渣量不减），则立即停机，然后技术人员进入刀盘检查刀具及刮渣板情况，及时对受损部位进行处理；同时通过人孔、刮渣孔进一步观察围岩，判定围岩情况，提出相应的处理意见。

TBM 施工中针对前方软弱破碎围岩的超前探测，应主要判识以下两点：

（1）软弱围岩分布位置探测确定，特别是软岩、断层破碎带、节理裂隙密集发育岩体破碎带、顺层错动破碎带、第四系覆盖层松散土石堆积体、全强风化槽等探测确定；

（2）断层破碎带、节理裂隙密集发育岩体破碎带、顺层错动破碎带含水性及围岩充水性探测确定。

10.4　富水构造地层及其判识要点

为避免富水构造地层 TBM 隧道施工过程中出现突涌水等富水灾害，在进行富水构造的超前判识过程中应以明确断层构造、富水裂隙带构造、岩溶构造等富水构造区为工作中的重点，具体如表 10.4-1 所示。

不同富水构造类型超前判识重点　　表 10.4-1

编号	类型	超前判识重点
1	富水岩溶构造	岩溶水的发育情况分布位置、规模、充填情况及其对隧道的危害程度
2	富水断层构造	断层的富水情况、性质、产状在隧道中的分布位置、断层破碎带的规模、物质组成等及其对隧道的危害程度
3	富水裂隙带构造	隧道裂隙带地下水富集区可能发生涌水、突泥地段的位置、规模、物质组成、水量、水压等及其对隧道的危害程度

针对上述判识工作中的重点对象，基于地下地质情况的复杂性、探测方法及技术的局限性等因素，富水构造的超前判识也存在诸多难点，具体如表 10.4-2 所示。

不同富水构造类型超前判识难点　　表 10.4-2

编号	类型	超前判识难点
1	富水岩溶构造	对溶洞是否充填，充填物性质的判断以及精准判识其分布位置、规模；依据岩溶发育的分带性，隧道的相对标高和季节的变化，准确判断与隧道相遇的溶洞、暗河的富水量、物质组成
2	富水断层构造	预报富水不良地质构造特征和富水性
3	富水裂隙带构造	预测水量和水源、水压

目前隧道超前地质预报的预报思想主要是以地质与物探结合，对此知名专家学者进行了相关研究。李天斌等根据长期西部交通隧道的地质预报研究提出“以地质分析为核心，综合物探与地质分析相结合，洞内外结合，长短预测结合以及物性参数互补”的综合预报原则，建立了针对不良地质情况的综合分级评价体系（曹放，2017）。如何实现该原则应用于隧道富水地质的超前判识解译，还需要进一步探索。

地质结构是地球物理模型的约束基础，地球物理地震法、电法、电磁法等从不同分辨率、探测深度及精度等多尺度的约束，到波速、电阻率等指标属性的约束。基于对富水构造判识重难点的认识，对富水构造超前判识问题应采用整体与局部、多信息特征相约束的思想，将复杂地质区域的宏观结构、富水构造的局部结构模型与地球物理模型联系起来，利用地质、地球物理模型多源指标特征与图形特征进行综合约束判识。

地质和地球物理方法的融合辩证关系，实际上是对工程地质问题从不同角度进行特征、结构、属性的画像（图 10.4-1）。地质方法通过观察特征表象推断其机理，归纳其规律；物探则是通过探测数据分析其内部性质，地质分析与地球物理融合可以看成是宏观结构尺度到中观结构尺度的属性约束判识。一些特征、结构是彼此联系相互验证的，但地球物理方法是以透视、无损、间接探测的方式，部分指标属性又是地球物理方法所特有的。地球物理方法从宏观指标属性、物理规律的角度间接反映地质地层与岩性的关系，最终指导解决地质问题。

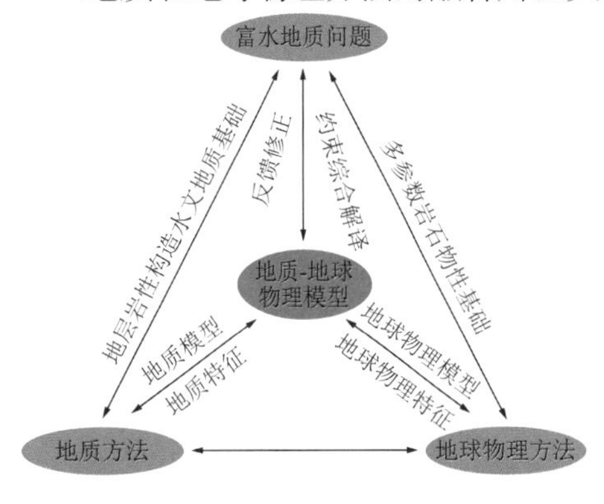

图 10.4-1　地质-地球物理融合关系

地质-地球物理模型的建立需要不断迭代和修正，同时建立在大量的地质、地球物理及对地质结构资料认识的基础上。首先，要分析地球物理资料与地质体的对应关系。需要将地球物理资料与地质背景建立联系，再对各种地球物理异常进行对比分析。其次，应该从定性和定量解释相结合的角度来思考地球物理场。地球物理异常的极值对称形态往往表示存在物性呈正、负相关的地质体。同时，做到地球物理正演和反演相结合。检验地质体与对应拟合较好时，通过验证，这才是地球物理反演的解，从而正确推断地层的产状及其物性参数信息。最后，进行多次反馈验证与修正，将地球物理场理论值与实测值进行比较、拟合。具体到隧道超前预报过程中物探资料的定性解释，通过对隧址区岩性电阻率统计成果、电性资料统计分析，总结出本隧道区的电性层划分依据。进一步对构造形态展布特征和地层的埋深参数进行定性解释。根据视电阻率断面图中显示的电性分布特征，判断出视电阻率范围、异常点，进而应用已知地质资料，开展原因分析，从而剔除干扰信息，判断出目的体的位置，做出定性的解释判断。而定量解释，以区内地质工作资料、钻探资料为依据，在等值线图上根据视电阻率值的变化特征对埋深和厚度进行标定，做出地质成果的定量解释。

10.4.1　富水断层

1. 富水断层特征

富水断层破碎带一般发生在厚层透水岩层中，断层破碎带及其影响带透水性良好，富含地下水，有较大的储水空间和充足的地下水补给源，而断层两盘的透水性相对较差，利于地下水富集于断层内部（有时富集于断层破碎带），如图 10.4-2 所示。当隧道开挖至断层破碎带附近时，地下水携带充填泥砂、碎石等从断层内部涌入隧道，发生突水突泥灾害。

一般发育在石灰岩、大理岩及其他透水岩层中、断层破碎带中岩石裂隙和孔隙不被后期物质充填胶结的张性断层都是富水断层。富水断层的主要特点是：断层内部储存空间大，地下水丰富，补给源充足，地下水动储量大，突水突泥灾害发生规模较大，灾害严重。

例如，某铁路隧道突水突泥事故就是典型的富水断层型突水事故。隧道长 2284m，穿越地层岩性主要为砂质和炭质页岩、石英砂岩等。如图 10.4-3 所示，F1、F2 断层斜向穿越隧道，相交宽度达 41m，岩层产状 117°∠25°。

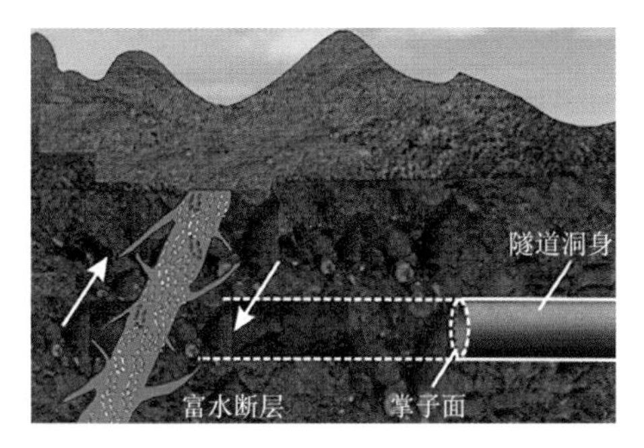

图 10.4-2　富水断层地质模型示意图

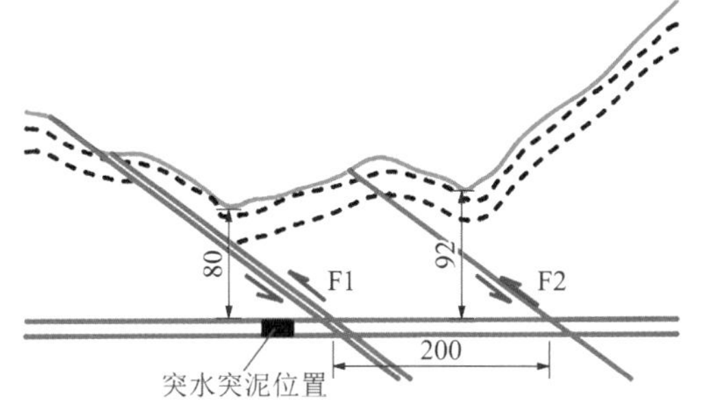

图 10.4-3　富水断层突水突泥示意图

隧道施工开挖至断层前方时发生多次突水突泥灾害，最大突泥量约 2000m³，突水量约 300m³/h，突泥体堵塞隧道掌子面至后方 150m 处，造成 5 人死亡，同时造成地表塌陷事故灾害，其突水突泥纵断面示意图如图 10.4-4 所示。

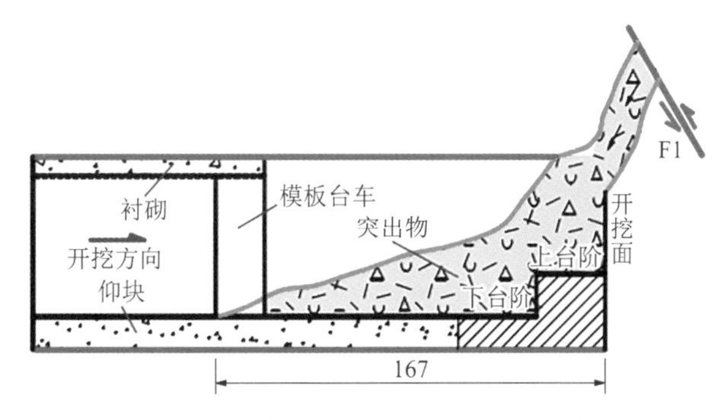

图 10.4-4　富水断层突水突泥纵断面示意图

灾害发生掌子面前方 10m 即将进入区域性罗东大断裂破碎带及其影响带范围。该断层是由 F1 和 F2 断层组合而成的逆掩断层，断层倾角仅 25°。2 条断层之间为强烈冲挤压力作用形成的剪切破碎带。叠加后期风化作用，岩体呈土夹角砾、块石状，当富水饱和时呈流塑状，致使塌方迅速转化为突水突泥。掌子面揭露围岩为完整的灰白色石英砂岩，岩层较硬，弱风化、节理发育。隧道范围内不具备发育溶洞的地质条件；页岩为非可溶岩，岩层透水性差，遇水易软化，工程稳定性差。F1 断层出露地表处地势低洼，便于地下水富集，断层内地下水丰富，围岩破碎。隧道开挖接近 F1 断层，当防突层厚度小于最小安全厚度时，在饱和流塑状土夹角砾、块石状和地下水压力作用下突破防突层，携泥砂和石块的地下水短时间内迅速、突然冲入隧道，发生突水突泥灾害。

2. 富水断层判识要点

富水断层预测预报体系应充分结合勘察期成果，宏观初判断层分布及特性，洞内应采用物钻结合、长短结合的方法，按照“探明破碎带规模形态，查明破碎带物质组分性状，观测地下水特征变化情况”的思路，研判突泥涌水风险，如图 10.4-5 所示。

（1）规模形态

结合物探、钻探及洞内调查，综合判识断层破碎带空间展布、规模形态，以及与隧洞的空间关系。

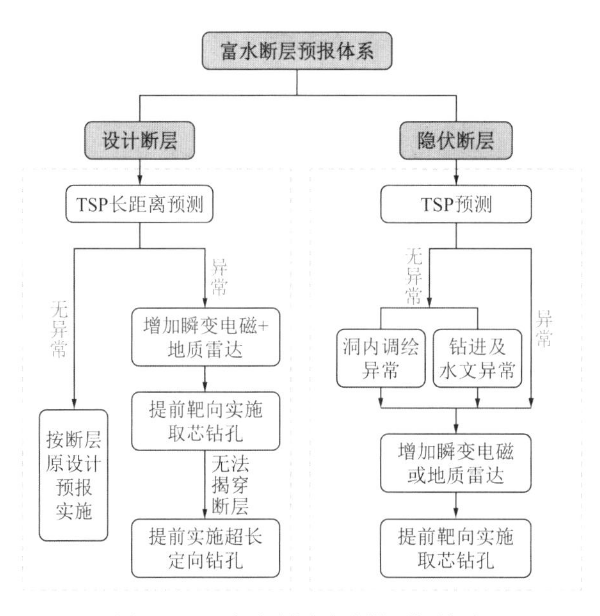

图 10.4-5　富水断层破碎带预报体系

一般 TSP 纵波、横波出现较长段落降低或波速频繁变化，该段落可解译为构造破碎带；同时结合各类钻孔钻进过程突进、卡钻等长度和深度，验查和确认其破碎带宽度；结合 TSP 纵波波速三维空间形态、瞬变电磁相对低阻形态，以及钻孔揭示，进一步确定构造破碎带空间形态与隧洞的关系。

（2）查明破碎带物质组分性状

结合钻探及洞内调查，必要时辅以样品分析。通过钻孔钻进情况及出水颜色，确定破碎带物质组分。若钻进过程突进且长段返水带泥砂等细颗粒物质，则判识破碎带物质存在大量构造蚀变细颗粒；若钻进过程卡钻且短时段返水带泥砂等细颗粒，则判识破碎带物质存在大量碎块状或角砾状，含有少量细颗粒；若钻进过程突进且返水清澈，则判识掌子面前方存在小规模的裂隙型空腔；若钻进过程卡钻且返水清澈，则判识破碎带物质以碎块状为主。必要时，可采用高采取率的定向钻孔能更准确地判识破碎带物质组分。

（3）观测地下水特征变化情况

结合钻孔及洞内出水点水量、水压及返水颜色等特征观测。前方为碎块状的节理密集带或破碎带，水量和水压一般衰减较为缓慢，钻进过程返水灰白，停钻后短时间返清；前方为角砾含大量细颗粒的节理密集带或破碎带，水量和水压一般衰减较为缓慢，且呈现一定的波动变化，钻进过程中返黑水或黄水，且停钻后持续时间较长。

（4）突涌风险判识

断层带破碎带一般可能发生涌水突泥风险，判识突涌风险主要存在以下工况：

①当钻机卡钻，钻孔返水颜色清澈，或掌子面揭示的破碎带出水清澈时，判识破碎带物质以碎块状为主，破碎状岩块易发生塌方，形成较大规模的塌腔。

②当钻机卡钻或突进，钻孔返水颜色持续浑浊，或掌子面揭示的破碎带出水携带泥砂时，判识破碎带含有大量细粒物质，且随着持续涌水携带细颗粒，节理密集带内碎块状、角砾状骨架不断松散，可能形成大规模的涌水突泥现象。

③当钻机卡钻或突进，钻孔返水颜色持续浑浊，或掌子面揭示的破碎带出水携带泥砂，

水量时大时小不稳定时，判识破碎带内角砾或碎块状围岩可能发生坍塌堵水，隧道开挖临空后极易引起极大规模的涌水突泥。

10.4.2 富水裂隙带

1. 富水裂隙带特征

裂隙广泛分布于岩层内部，发育规模大、连通性普遍，对地下水的流动和运移有较大影响。在案例统计过程中，根据涌突水特点，主要分为向斜、背斜等褶皱构造裂隙破碎带构造裂隙；还有风化、溶蚀、侵入岩脉裂隙等岩性交界面裂隙。岩浆岩、侵入岩中岩性交界裂隙较为普遍，由于成岩过程冷凝收缩，裂隙变得宽大且连通好，尤以硬脆性岩浆岩最典型，裂隙也多呈层状分布。

岩体的开裂隙含水空间大且导水能力强，相反闭裂隙则含水空间小、导水能力弱。一般而言，褶皱裂隙富水构造发生涌水灾害的频率、持续性、危害程度都较强，隧道大范围积水和掌子面被淹的情况发生在地下水丰富又连通性较强的特殊情况。裂隙水赋存于各种坚硬岩层或岩石中，并且是显著不均匀的。围岩的岩性对裂隙空间起到控制作用，不同岩性的岩层对同一应力环境下的裂隙发育影响程度也不同。岩性、地应力、构造、地下水等共同影响和形成了裂隙的发育。

（1）褶皱构造富水裂隙带

根据裂隙所处岩层的构造位置不同，褶皱构造裂隙带常有向斜裂隙带、背斜裂隙带。褶皱形成过程中，伴生或派生一些小褶皱、层间破碎带、小断层、劈理等次级小构造。褶皱中的原生裂隙一旦与地表水连通，地表水将通过裂隙向地下隧道渗透，在碳酸岩构成褶皱核部的地层中最明显。可溶性岩层在褶皱构造的背斜或向斜的核部或翼部时，张裂隙多发育于向斜的核部有利于存储地下水。地形上背斜常形成正地形山峰，向斜易形成负地形的山谷，“背斜成谷，向斜成山”是由于风化剥蚀作用而导致的。向斜构造含水量大且轴部水压力大，节理裂隙与张性断层构造连通且通过地表水补给，涌突水灾害的突涌水量大且时间长。

地下向斜储水构造由相对隔水层和相对含水层构成。相对隔水层为软质岩层，相对含水层为高孔隙率岩层、发育岩溶的可溶岩岩层、脆性岩层。向斜构造通过接受地表水补给并向轴部运移和富集，使得向斜构造轴部为地下水富集区，如图 10.4-6 所示。

例如达陕高速公路金竹山隧道出口端右洞掌子面掘进至 K64 + 781，炮眼钻孔内水流较大，涌水量比较稳定，涌水量 5010～6001m^3/d。涌水位置 K64 + 789 位于梧桐坪倒转背斜核部，地下水较丰富，须家河组的砂岩、粉砂岩的孔隙、裂隙中赋存着基岩孔隙和裂隙水。又如重庆圆梁山隧道穿越高压富水的毛坝向斜，在施工过程中发生了多起高压涌突水事件，最大涌水量高达 6.9 万 m^3/d。

向斜构造裂隙特征：总体上地下水在向斜构造中汇集有利，由于轴部裂隙发育较少，对地下水的补给和径流不利；平缓的向斜两翼，张裂隙发育较多，对地下水的补给、径流且向轴部汇集有利。

当背斜构造由透水层和隔水层组成时，透水层起到导水的作用，隔水层起到隔水的作用。普遍情况下，背斜轴部发育张裂隙，岩石比较破碎，经风化剥蚀以后常形成沿着背斜轴部发育的谷地，从地形上有利于地下水汇集，一般在背斜轴部地下水富集，如图 10.4-7 所示。背斜轴部张裂带与破碎岩石通过出露地表进行地表水补给组成地下水储水空间，由此形成了呈带状分布的背斜富水裂隙带。这种情况下，富水性主要体现在背斜轴线附近，地下水承压性弱。所以背斜轴部与地形低洼的穹隆核部属于隧道穿越时最危险的部位，极易突涌水。

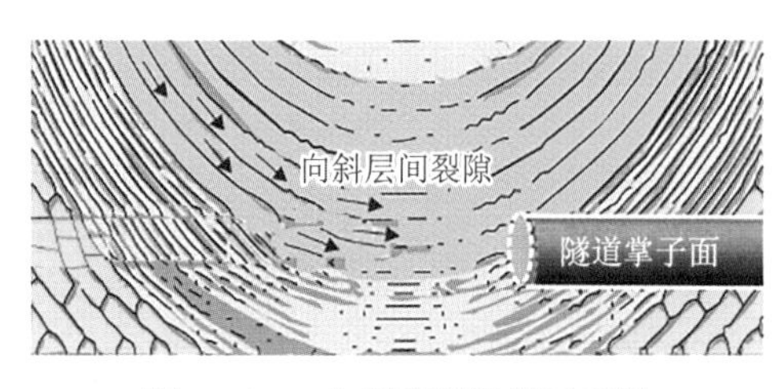

图 10.4-6　向斜型裂隙带示意图

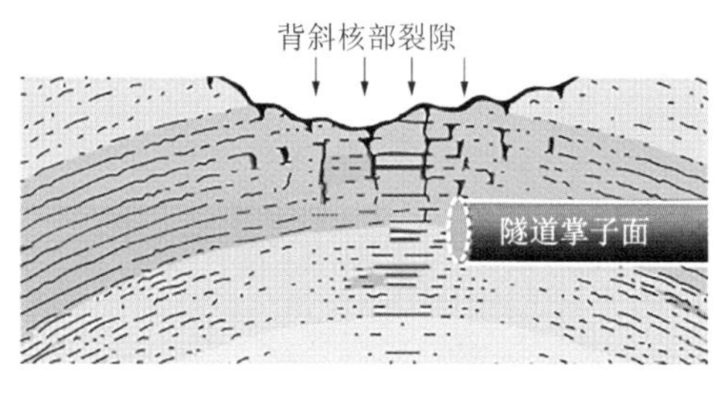

图 10.4-7　背斜型裂隙带示意图

例如陕西毛坝 1 号隧道在建设过程中发生了 30 余次位于倒转背斜核部的大型涌突水，涌突水段落长达 1.2km，最大涌水压力达 4MPa，最大涌水量达 30000m³/d。从地形地貌上分析，该倒转背斜核部在地表上有沟谷，雨季有流水，为地表水的汇集、下渗提供了基础条件；从地质构造上分析，背斜核部纵向的张节理裂隙比较发育，是地下水储存的良好场所，当隧道开挖穿越背斜构造时引发了突涌水。

背斜构造裂隙特征：受水平挤压作用造成，纵向张裂隙往往产生于背斜轴部，提供地下水的补给和径流条件；背斜轴部内的纵向张裂隙，同样有利于地下水的补给；大型背斜覆盖区域范围时，古老变质岩系出露于轴部，含水性差，构成了地表地形的分水岭，对补给和径流有利，对地下水的储存不利，富水一般在两翼。

（2）岩性交界富水裂隙带

岩性交界富水裂隙带可分为不整合裂隙、侵入岩脉裂隙和风化裂隙等。侵入岩与围岩接触带附近由于挤压、蚀变、侵蚀等作用产生了裂隙和裂隙发育带。裂隙发育提供地下水的储水空间，地下水在裂隙发育带富集，随着开挖揭露突涌水进入隧道，如图 10.4-8 所示。广大（广通—大理）铁路祥云隧道是岩性交界裂隙带富水的典型案例。祥云隧道坐落于青藏滇缅和川滇南北向构造带“夕”字形构造带的复杂交叉地带。基岩裂隙水、断裂带水为隧道主要地下水，其中朝阳村断层挤压破碎带附近，褶曲构造变形岩体破碎。灾害发生位置处于辉长岩与灰岩、炭质页岩蚀变接触带，炭质页岩为全风化呈土状。顺断层与构造裂隙侵入，地下水在蚀变接触带富集，隧道开挖至此随即发生突水突泥灾害。当强透水岩层中有岩浆侵入时，阻断地下水排泄路径和通道，所以地下水富集起来。侵入岩体的产状、两者岩性、构造运动、接触带变质类型等因素都影响着侵入接触型富水构造突水突泥特性。

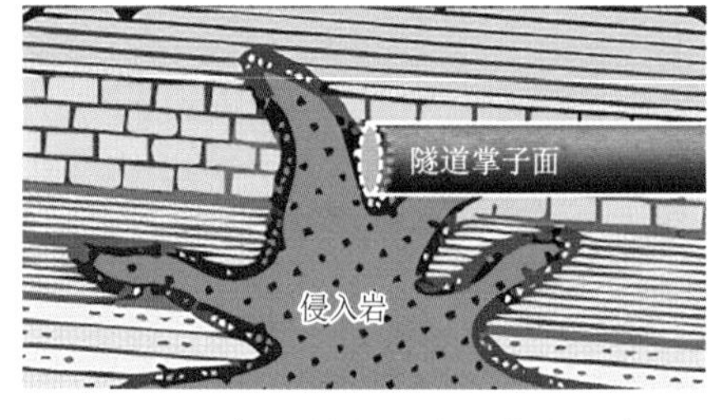

图 10.4-8　侵入接触型致灾构造示意图

侵入岩的地质判识特征：侵入岩与围岩之间有明显的冷凝边、烘烤边等地质界线；在侵入岩体的边部和顶部易发现侵入早期岩石碎块成为捕虏体；围岩出现侵入岩墙、岩脉等现象，显现小型岩枝或岩脉等特有的侵入岩体形态。

2. 富水裂隙带判识要点

基于上述富水裂隙带的分类及特征，TBM 施工富水裂隙带不良地质体时超前预报要点主要包括以下几点：

（1）隧址区地表冲沟、岩石露头和水体的分布情况；

（2）富水裂隙带位置、规模及其连通性；

（3）富水裂隙带物质组成及其岩性；

（4）裂隙带内水量、水压等测定。

10.4.3 富水岩溶

岩溶是地表水和地下水对可溶性岩层经过化学作用和机械破坏作用而形成的各种地表和地下溶蚀现象的总称。通常情况下，岩溶发育的条件有三个：具有可溶性岩层，具有溶解能力（CO_2）和足够流量的水；地表水有下渗和地下水有流动的途径。岩溶作用的结果在可溶岩表面及其内部形成各种岩溶现象，在地表的如洼地、槽谷、漏斗、落水洞、溶沟溶槽、石芽、石柱、溶峰等；在地下则为各种形态的溶洞、溶隙、管道等，由于岩溶作用受到地下水水流系统的控制，因而各种岩溶现象也往往组成一定的系统，称为岩溶系统。

我国岩溶分布相当广泛，岩溶总面积达 363 万 km^2（其中裸露于地表的碳酸盐类岩石有 203 万 km^2，被覆盖和埋藏于地下的碳酸盐类岩石 160 万 km^2），占国土面积的 1/3 以上。贵州、云南、广西、四川、重庆，以及湖南、湖北、广东是我国岩溶最为发育的地区，并构成了世界上最大的连片裸露型岩溶区。

岩溶的发育开始于水流对可溶岩石原有狭小通道的溶蚀扩展，岩溶体系中地下水通道包括岩体中各种规模的构造裂隙和原生孔隙。溶蚀下来的岩石成分通过水流循环不断被带走，水流通道被加宽。反过来，被改造的裂隙网络又作用于地下水流，形成新的水动力场。隧道开挖使得地下水的排泄有了新的通道，破坏了原有的补给循环系统，加速了径流循环，同时也促进了地下水对岩体的改造作用。深埋隧道由于水头压力高，这种力学改造作用尤为显著。在隧道掘进过程中，现在常用的是先进行超前地质钻孔，然后进行钻爆。对于深埋的岩溶系统来说，一般未贯通的岩溶管道都有一定的隔水层，如黏土层或粉砂泥岩层。如果在施工过程中，破坏了隔水层，使得地下水向隧道方向排放，在水头很大、补给丰富的情况下，就会对隧道施工造成巨大的危害。更有甚者，如果补给源连通了地表水系会造成地表水源枯竭，不仅对隧道工程施工造成严重影响，而且也造成大的环境地质灾害。动力水压力作用能够使岩体裂隙面上的充填物发生变形和位移，导致裂隙再扩展，可能使高水压岩溶管道连通，在特殊的地质构造条件下，造成重大涌水、突泥事故，给隧道施工带来重大损失。因此，岩溶地质灾害是指隧道施工对相对稳定岩溶系统的诱发而引起不良后果的总称。

1. 富水岩溶特征

隧道施工岩溶地质灾害的危害主要有岩溶隧道的突水、突泥，岩溶地面塌陷，岩溶洞穴的坍塌和溶洞充填物的失稳，但 TBM 隧道施工时主要灾害为突水、突泥。

岩溶现象对隧道施工造成很大不利影响的原因在于大量地下水的存在，容易形成突水、突泥。根据突水突泥物质的来源特点，可以将隧道突水突泥划分为以下几种类型。

（1）地下水静储量消耗型：指位于地下水位以下的岩溶隧道施工中，突水突泥主要来源于赋存在岩溶管道系统中地下水、泥砂充填物。

（2）地表水体塌陷补给型：指由于隧道岩溶施工排水，诱发地面塌陷，地表水、泥砂等沿塌陷坑灌入补给地下水，使隧道产生突水突泥病害。

（3）暴雨补给型：指由于岩溶隧道施工中，暴雨在地面产生的径流沿地表岩溶形态（落水孔、漏斗、裂隙等）坑贯入补给地下水，使隧道产生突水突泥病害。

隧道施工期的岩溶涌水形式主要有揭穿型和突破型两大类，其中揭穿型又可分为揭穿充水岩溶管道网络和穿越阻水断层两类；突破型可分为渗漏水、水力劈裂和底膨破坏三类。

（1）施工揭穿充水岩溶管道网络型：这种模式在成灾的地下工程突水中最为常见。当隧道施工揭穿了充水的岩溶管道网络时，地下水从揭穿的一个或几个溶洞中突出，涌入隧道内。如果突水岩溶管道连通了岩溶管道网络或接近地表浅埋溶洞部位时，还会将大量溶洞充填物（泥砂）和开口溶洞在地表土层中搬运的土体带入洞内，淤塞隧道，掩埋施工机具，甚至造成人员伤亡。

（2）施工穿越阻水断层型：阻水断层在水文地质学上具有重要的控水作用，它的存在可能使断层两盘存在巨大的水头差，一旦隧道施工揭穿断层连通两个水文地质单元，在巨大的水头差作用下，可能有大量地下水，甚至携带大量泥砂涌入隧道，威胁施工安全。

（3）渗漏水型：这种模式在各种地下工程中较为常见，即地下工程穿越地层在地下水位影响带内，而隧道围岩为缓慢渗流系统，且岩溶蓄水构造的水头不高，主要表现在地下水沿地下工程的隧道壁汇集，成股或成滴落或流下，一般不会对地下工程造成很大的排水压力，对地下工程的衬砌也不会产生很大的水压力，且大多数为静储量消耗型，排水量呈衰减趋势。这种模式可能恶化施工环境，对施工机具设备具有腐蚀作用或造成不良影响，可能对混凝土衬砌具有腐蚀作用等。

（4）水力劈裂型：一般从理论分析可知，当高水头管道或裂隙网络和施工隧道之间存在相对弱导水的水力屏障时，在巨大水头压力作用下，可能导致局部岩体变形甚至劈裂破坏，从而使水头压力得以释放。

（5）底膨破坏型：在隧道施工中，其仰拱下存在着相对隔水层和隔水层下赋存有承压水时，当承压水突破隧道仰拱时，在洞底发生膨胀的同时，地下水可能突入，这种类型和水力劈裂型都与水力压力密切相关，且都伴随着隧道洞壁围岩的破坏。

综合研究分析认为，岩溶地下水动力剖面分带位置在很大程度上决定了岩溶型涌水在空间的分布特征：垂直渗流带的隧道涌水，施工阶段特别是雨期施工揭穿垂直岩溶，致使沿垂直岩溶下渗涌水向隧道倾泻，旱季则主要以拱顶或边墙渗水为主；在深部缓流带，隧道涌水属岩溶裂隙水，但因涌水量具有较大的静水压力，涌水在隧道周边均可分布；在混流带，因岩溶发育，涌水多为揭穿含水岩溶管道或岩溶管道水突破隔水层型涌水；张性断裂带及压性断裂带中的张性和张扭性裂隙发育盘十分有利于深部岩溶发育，隧道施工对其的揭穿极易发生严重的岩溶隧道涌水事故。

岩溶型涌砂在时间特征上与涌水是一致的，在空间分布上主要与隧道中涌水岩溶通道、充填饱和以及泥砂物质的封闭岩溶洞穴相关联。按照物质来源分类，岩溶型涌砂主要有三种类型：来源于岩溶管道或洞穴中的沉积泥砂、来源于岩溶水运移过程中对岩溶管道壁岩层冲蚀携带的泥砂、来源于大气降雨冲刷地表所携带并通过地表岩溶进入地下岩溶体系的泥砂。

岩溶地质条件是隧道涌水、突泥产生的基础。通常岩溶地区地质条件比较复杂，从隧道施工期发生的严重突水突泥事件来看，岩溶区易发生突水突泥的地质条件可以分为以下几类。

（1）向斜盆地形成的储水构造

向斜盆地特别是其轴部往往富含地下水，隧道中的大量涌水与它相关。如成昆线穿越米市向斜的沙木拉达等 5 条隧道都发生了大量的涌水；大瑶山隧道平洞涌水也是发生在向斜构造中。

（2）岩溶管道、地下河

岩层的层面和破碎带在地下水的溶蚀和侵蚀作用下，经过漫长的地质年代可以形成规模巨大的岩溶管道网络和地下河。施工期间如揭穿岩溶管道、地下河，或者岩溶水从管道中突破而出，均会造成涌水灾害。如大瑶山隧道发生过此类涌水灾害。

（3）断层破碎带、不整合面和侵入岩接触面

它们常为含水构造。特别是活动性断层，其未胶结构造和派生构造带常形成断层含水构造。如南岭隧道在施工中揭穿岩溶区断层而发生突水突泥灾害，全隧道注浆共用水泥 3 万多吨，水玻璃 5 千多吨，国内外实属罕见。

（4）其他含水构造、含水体

背斜轴部往往由于张性断裂发育而富水，如大巴山隧道在施工中最大涌水量达 3000t/d，比预计大 6 倍，层状隔水层形成的含水体和岩体中的孤立含水体等均可能使隧道发生涌水。

这些复杂的地质构造必然导致断层破碎带及可溶岩内部构造裂隙的强烈发育，破坏了岩层的完整性，为岩溶水的入渗和循环创造了有利条件。在岩溶水不断的溶蚀作用下，裂隙不断扩展形成导水输水能力极强的复杂岩溶管道网络，不仅成为大气降水、地表岩溶水向地下深处补给、径流及泥砂沉积物运移的通道，而且造成了岩溶地下水分布不均匀在该区域聚集形成的饱水带。

2. 富水岩溶判识要点

基于以上富水岩溶地层隧道地质灾害分类及特征、岩溶发育分布及充填规律分析，TBM 施工地质预报的要点主要包括：

（1）岩溶分布位置、大小、形状、规模的探测确定；

（2）岩溶充填性质（空洞、充水、含泥砂等）的探测及分析判定；

（3）在充水的情况下，岩溶与周围岩溶构造之间、岩溶与暗河之间、岩溶与破碎带等在拓展范围内的连通情况。

第 4 篇

极端地质 TBM 施工处理技术

第 11 章

极硬岩地层处理技术

本章重点

本章主要介绍了优化盾体与刀盘刀具设计、掘进支护协调控制及岩石预处理技术。

隧洞通过坚硬完整的围岩，成洞条件好，衬砌厚度薄，甚至可以不衬砌，单位长度的造价比较低。但岩石强度高，也带来开挖掘进的困难。采用掘进机施工的隧洞，围岩过于坚硬、耐磨，刀具磨损量大，严重影响工程进度，增加工程造价，甚至会限制掘进机的使用。

11.1 优化盾体与刀盘刀具设计

TBM 主要依靠刀盘滚刀的挤压与剪切使掌子面岩体发生破坏，因此滚刀的质量与性能直接决定了 TBM 的掘进性能，是 TBM 施工的关键。然而在硬岩隧道施工过程中，滚刀的工作条件极其恶劣，承受巨大的接触应力，磨损消耗量巨大。TBM 掘进过程中刀盘滚刀磨损主要表现为滚刀刀圈的磨损，是掘进过程中由高硬度岩石颗粒与刀圈的相对运动引起刀圈材料的剥离或塑性变形所致，是岩-机相互作用的综合结果。根据刀圈磨损特征及程度可分为正常磨损失效和异常磨损失效两种。滚刀正常磨损又称为均匀磨损，是指滚刀刀圈周边各部位沿径向的磨损程度基本相同，通常发生在地质条件单一的均质地层中，是滚刀磨损的主要形式。滚刀异常磨损指滚刀各位置磨损程度不一，常见偏磨、崩刃、断裂等模式，主要发生在复合地层中，虽然比例不高，但是对 TBM 的影响较大，滚刀的磨损失效模式如图 11.1-1 所示。

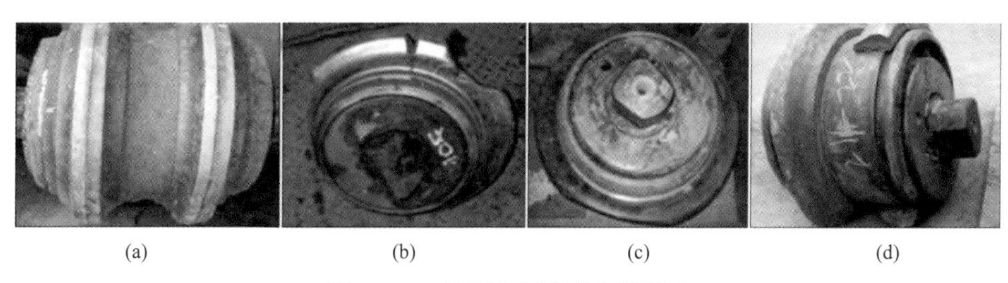

(a) (b) (c) (d)

图 11.1-1 滚刀刀圈磨损失效模式

刀具磨损失效情况是评价 TBM 掘进机使用性能的一个重要参数与指标。为延长刀具使用寿命，降低刀具使用成本，可从以下几个方面进行优化。

11.1.1 刀盘滚刀参数

刀盘是全断面岩石掘进机的关键部件,也是全断面岩石隧道掘进机设计的重点和难点。在刀盘设计中，刀具布置是刀盘设计的重要环节，滚刀在刀盘上布置规律是否合理将影响到刀盘的结构、机器振动、噪声等各方面的性能；在 TBM 掘进作业时刀盘的稳定性直接影响其开挖效率、使用寿命及 TBM 施工工程的成败。

滚刀参数包括不同类别滚刀数量、滚刀刀刃形状、滚刀尺寸等。大量工程实例表明，刀盘中心滚刀的累计磨损量和换刀次数最小，正面滚刀次之，而过渡区域滚刀累计磨损量和换刀次数较大，边缘滚刀最大（图 11.1-2）。如辽西北供水工程在强度为 80～130MPa 的花岗岩中掘进，滚刀从中心到边缘的磨损程度逐渐增加，具体为中心刀平均每延米掘进磨损量为 0.007mm，而面刀、边刀磨损量依次为 0.025mm、0.083mm。因此，沿刀盘径向布置的刀具数量应有所差别，可根据实际适当调整边刀数量，以分担边刀破岩任务，从而达到降低刀具磨损的目的。此外，滚刀刀刃形状对滚刀的磨损程度也将产生一定影响，在高强度硬岩地层中，相比平刃滚刀，采用圆角刃滚刀可有效降低滚刀的磨损速率。另外，随着刀具制造技术的不断发展和掘进需求的提高，滚刀尺寸从 304.8mm 增加到 508.0mm，大直径滚刀意味着有更大的磨损体积，具有更强的耐磨性，可降低刀具磨损，减少换刀次数，此外还可承受较大的推力、贯入度较大，有利于提高其破岩能力，提高设备掘进速率。

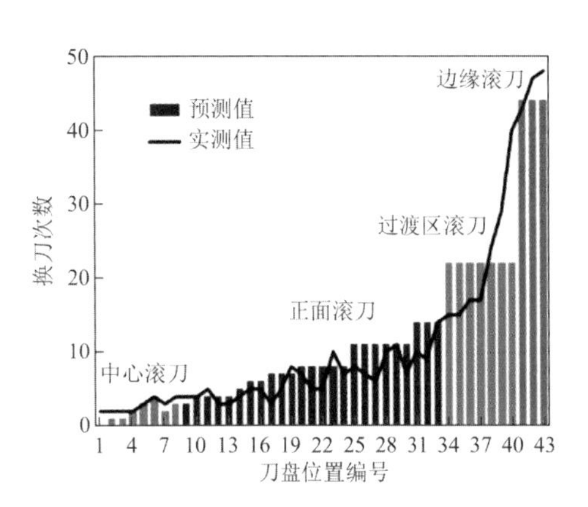

图 11.1-2 刀盘上不同位置滚刀消耗量

11.1.2 优化滚刀布置设计

TBM 刀盘设计的难点在于刀盘上滚刀的布置,滚刀刀间距设计和滚刀平面布置设计是刀盘上滚刀布置的两个主要方面。刀间距是指相邻两滚刀在刀盘径向的最小距离；滚刀平面布置是在满足刀间距值的条件下滚刀在刀盘周向的布置。刀间距的选择是否合理，影响机器在掘进过程中刀盘的破岩效率，影响 TBM 的掘进速度；滚刀在刀盘上平面布置的好坏主要由刀盘在工作过程中表现出来的刀盘稳定性来评价，刀盘的稳定性主要由安装在刀盘上的所有刀具的整体受力情况决定。

1. 刀盘上滚刀的布置需要满足以下基本要求

1）合理的刀间距。刀间距的合理性主要反映在破岩效率上，掘进时破岩效率受刀盘推力、刀盘转速、地质条件的影响；设计时刀间距的确定主要考虑地质条件的影响，岩石的单轴抗压强度是影响刀间距确定的最主要地质参数，根据已有理论和实际经验，岩石的单轴抗压强度值越大，刀间距越小；反之，刀间距越大。刀间距的合理性是指针对具体工程，在该工程的主要地质条件下掘进时存在最佳的掘进参数匹配，在最佳的掘进参数下掘进时能够达到该地质条件下最高的破岩效率。

2）刀具等磨损原则。理想的刀具布置不仅要满足破岩条件，而且应尽可能保持各刀位刀具的磨损量均衡，即等磨损布刀。沿刀盘径向，随着滚刀在刀盘上安装半径的增大，刀盘每转一圈刀具的破岩量也会增大。增加刀具密度减小刀间距会减少每把刀的平均破岩量，故为了实现等磨损布刀，刀具在刀盘径向的布置密度应随安装半径的增大而增大，但由于受最大刀间距的限制，刀具的布置不能超过最大刀间距，越靠近刀盘中心，旋转半径越小，刀具的破岩量越小刀具磨损也越小。故只有安装半径大于一定值的刀具，才能实现等磨损布刀。

3）刀盘受力平衡原则。刀盘上各刀具的合力沿刀盘径向的分力称为不平衡力。设计上不平衡力尽可能小，一般不平衡力与推力之比应小于1%。不平衡力太大，掘进过程中刀盘振动剧烈，对支撑刀盘的主轴承非常不利。设计时采用刀具对称布置原则能有效降低不平衡力，增加刀盘在掘进时的稳定性。

2. 滚刀间距

滚刀间距是刀具布置的一个重要参数，通常指刀盘径向相邻两把滚刀的距离，工程上常见取值介于50～100mm。合理的滚刀间距对提高刀盘的破岩能力、减少刀具磨损都有重要影响。滚刀间距过大，会使相邻滚刀间的岩石不能被完全切削而形成“岩脊”，导致TBM掘进困难；滚刀间距过小，会使岩石形成较多过小的碎块，浪费设备能量，导致破岩效率低下。根据滚刀破岩试验结果，岩石较硬、强度较高时，滚刀贯入度较小，对应的滚刀间距应较小。在硬岩地层掘进时，一般刀盘正刀刀间距不大于 80mm，边刀刀间距从邻近正刀开始向外缘逐渐减少，最后两把相邻刀间距的弧长一般介于 20～25mm。滚刀破岩的刀间距可由相关滚刀破岩理论进行确定。

1）刀刃间距理论确定方法

滚刀刀刃间距的设计一般采用理论计算的方法，TBM刀盘上两把相邻滚刀在刀盘推力作用下切入岩石，贯入度为p。当刀盘旋转一周时，滚刀产生的破岩宽度L为：

$$L = 2p\tan\theta \tag{11.1-1}$$

相邻布置的盘形滚刀在刀盘旋转一周的切深相等，且破岩量相同，相邻滚刀破岩过程中就不应存在岩脊。所以刀间距S的要求为：

$$S < 2p\tan\theta \tag{11.1-2}$$

可参考国外成熟的破岩机理理论（科罗拉多矿业学院破岩理论），充分考虑岩石特性和滚刀刀具的参数，来确定滚刀破岩的刀间距S：

$$S = 2p\tan\frac{\varepsilon}{2} + \left(\frac{F_{\mathrm{V}}}{D_1 p^{1.5}\tan\frac{\varepsilon}{2}} - \frac{4}{3}\sigma_{\mathrm{c}}\right)\frac{p}{2\tau} \tag{11.1-3}$$

式中：F_{V}——滚刀破岩所需的总推力；

σ_{c}——岩石单轴抗压强度；

τ——岩石无限侧抗剪强度；

D_1——盘形滚刀的直径；

ε——滚刀刃角；

S——刀间距；

p——滚刀贯入度。

该方法由于多个参数难以确定，可通过试验方法建立滚刀刀间距设计方法。

2）基于破岩试验的滚刀刀间距设计方法

（1）不同刀间距破岩试验方法

利用TBM掘进模态综合试验台(图11.1-3),调整刀盘上滚刀的刀刃间距分别为80mm、90mm、100mm、110mm、120mm和130mm，滚刀的安装位置如表11.1-1所示，开展6种不同刀间距下的滚刀破岩试验。

图11.1-3　TBM掘进模态综合试验台

TBM试验台滚刀安装半径列表（单位：mm）　　表11.1-1

刀具种类	刀号	刀间距					
		80	90	100	110	120	130
		安装半径	安装半径	安装半径	安装半径	安装半径	安装半径
正滚刀	7号	542	552	562	572	582	592
	8号	622	642	662	682	702	722
	9号	702	732	762	792	822	852
	10号	782	822	862	902	942	982
	11号	862	912	962	1012	1062	1112
	12号	942	1002	1062	1122	—	—
	13号	1022	1092	1162	—	—	—
	14号	1102	1182	—	—	—	—

岩样采用如图11.1-4所示的形式，分别加工4块（每种2块）进行拼接，中间的缝隙用混凝土填充。所用岩石为花岗岩，强度180～190MPa。

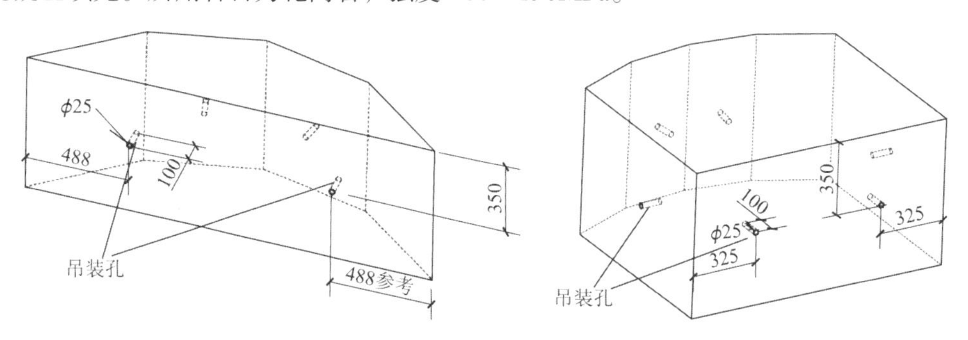

图11.1-4　岩样形式

（2）不同刀刃间距滚刀破岩效果分析

如图 11.1-5 所示，随着刀刃间距的增加，破岩面的平整度越来越差，刀刃间距分别为 80mm、90mm、100mm、110mm 时均能有效破岩、岩样表面无岩脊；当刀刃间距为 120mm 和 130mm 时，岩样表面相邻两道压痕之间有未剥落的岩石，但是随着贯入度的进一步增加，亦能逐渐脱落。可得出的结论是刀刃间距在 130mm 以内时，滚刀可以实现有效破岩，刀刃间距较大时形成的岩脊尚未对 TBM 的掘进造成困难。

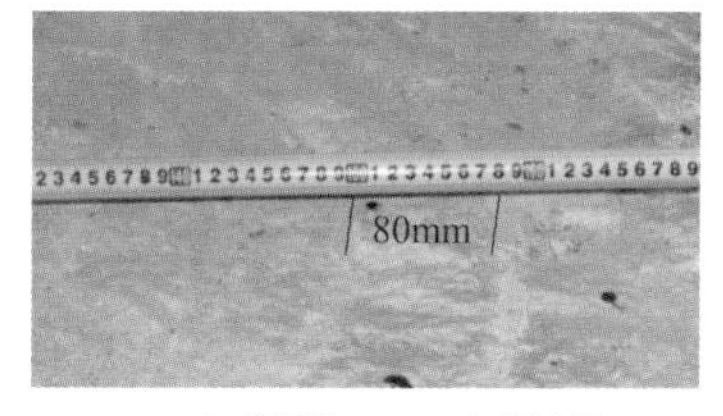

(a) 刀刃间距 80mm 破岩效果

(b) 刀刃间距 90mm 破岩效果

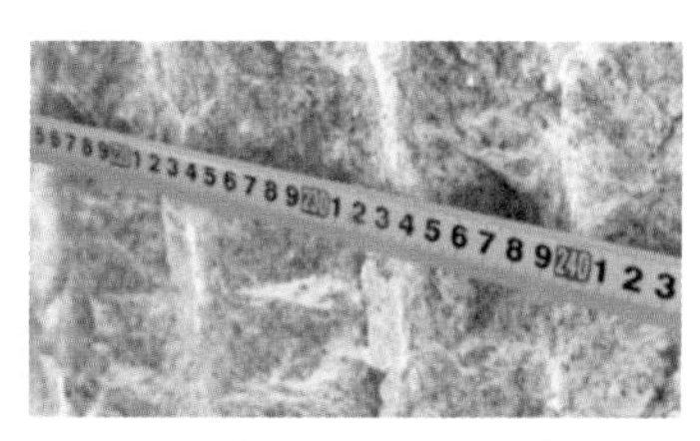
(c) 刀刃间距 100mm 破岩效果

(d) 刀刃间距 110mm 破岩效果

(e) 刀刃间距 120mm 破岩效果

(f) 刀刃间距 130mm 破岩效果

图 11.1-5　不同刀刃间距破岩效果照片

（3）不同刀刃间距掘进参数及破岩比能分析

不同刀刃间距条件下，TBM 试验台的掘进参数如表 11.1-2 所示，从掘进参数可以看出，推力受贯入度的影响较大，推力与贯入度正相关；为了消除贯入度对推力的影响，计算 TBM 试验装置的比推力（推力/贯入度），即单位贯入度 TBM 试验装置的推力，但未发现刀刃间距与比推力之间存在规律性关系，说明在试验组范围内的刀刃间距对 TBM 推力没有明显影响。但针对刀盘上 14 把 17in 滚刀，每把滚刀的可承受的额定载荷按 250kN 计算，在不考虑各个滚刀受力不均的情况，允许的最大推力为 3500kN，而试验中多组推力值均已超过最大允许推力值，可见在 200MPa 左右的高强度硬岩下，试验过程所采用的贯入度已偏高。

不同刀刃间距下的掘进参数　　表 11.1-2

试验组别	平均推力（kN）	平均扭矩（kN·m）	推进速度（mm/min）	刀盘转速（r/min）	贯入度（mm/r）
80-1	3325.351	84.246	3.419	0.781	4.378
80-2	3217.632	106.524	3.950	1.028	3.842
80-3	3557.556	95.343	6.025	1.548	3.892
90-1	4519.138	185.110	4.071	0.585	6.960
90-2	4347.917	153.498	4.479	0.701	6.389
90-3	3684.825	110.061	5.453	1.012	5.388
100-1	3823.271	96.499	1.151	0.388	2.966
100-2	3801.456	88.857	3.838	0.754	5.090

续表

试验组别	平均推力（kN）	平均扭矩（kN·m）	推进速度（mm/min）	刀盘转速（r/min）	贯入度（mm/r）
110-1	3650.580	97.371	6.612	1.483	4.459
110-2	3027.435	78.983	5.590	1.056	5.293
120-1	3808.829	96.236	3.155	0.6	5.258
120-2	3855.318	84.291	5.995	1.542	3.888
130-1	3867.395	99.254	5.901	1.532	3.852
130-2	4328.174	150.935	10.826	1.477	7.330

为了进一步探索 TBM 掘进参数与滚刀破岩效率的关系，引入了 Teale 于 1965 年提出的掘进机切割比能的概念，以此作为衡量标准分析 TBM 比能与掘进参数的关系。比能就是切割单位体积岩石所消耗的能量，研究切割比能的目的在于如何降低比能，提高切削效率。TBM 掘进过程中的比能 SE 为推力做功比能 SE_t 和扭矩做功比能 SE_r 之和，推力和扭矩做功所对应比能的计算式分别为：

$$SE_t = \frac{F_N \cdot v \cdot t}{A \cdot v \cdot t} = \frac{F_N}{A} \tag{11.1-4}$$

$$SE_r = \frac{2\pi nt \cdot T}{A \cdot v \cdot t} = \frac{2\pi t}{A \cdot p} \tag{11.1-5}$$

式中：A——滚刀破碎岩石的面积；

v——掘进速度，则单位时间切割岩石的体积为$V = Av$；

n——刀盘转速；

T——刀盘扭矩；

p——刀盘每转切深（贯入度）。

滚刀刀刃间距、贯入度与比能的关系如图 11.1-6 所示。

从图 11.1-6 可以看出，该花岗岩刀刃间距与贯入度比S/p为 25～30 时，对应的比能最低，为 35000～40000kJ/m³，当刀间距为 80mm 时，最优的贯入度为 2.7～3.2mm/r；当刀间距为 120mm 时，最优的贯入度为 4～4.8mm/r。考虑到高黎贡山 TBM 在施工过程中，可能会遇到如试验用的高强度岩石，在这种情况下，TBM 的实际平均贯入度较低，因此建议刀盘正面滚刀刀刃间距采用 80mm 左右，有利于刀具破岩；中心滚刀由于破岩量小，采用 90mm 或 100mm 的刀刃间距也能满足破岩的需求；边缘滚刀建议可适当减小刀刃间距，有利于提高刀具的磨损寿命。

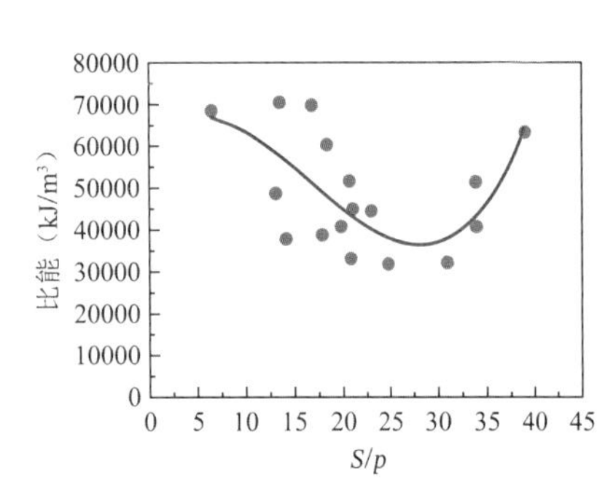

图 11.1-6　S/p与比能之间的统计关系

3. 滚刀平面布置

滚刀平面布置是滚刀布置设计的另一重要部分。滚刀的平面布置设计应满足刀具均衡磨损、刀盘受力平衡、相邻刀具顺序破岩的需求，在给定了刀盘直径且保证破岩效率的情况下刀具的数量以尽量少为原则，刀具数量的计算方法采用经验公式。

$$n = D/2S \tag{11.1-6}$$

式中：n——刀盘上布置刀具数量；

D——刀盘直径；

S——刀间距。

滚刀在刀盘面板上的布置定性方法有线性和非线性两种（图 11.1-7），滚刀在刀盘平面上的定量方法有阿基米德螺旋线、星形布置和随机布置等。通常而言，阿基米德螺旋线布置适合硬岩与完整性好的岩层，星形布置适合软岩与破碎岩层，随机布置适合两者之间的地层。

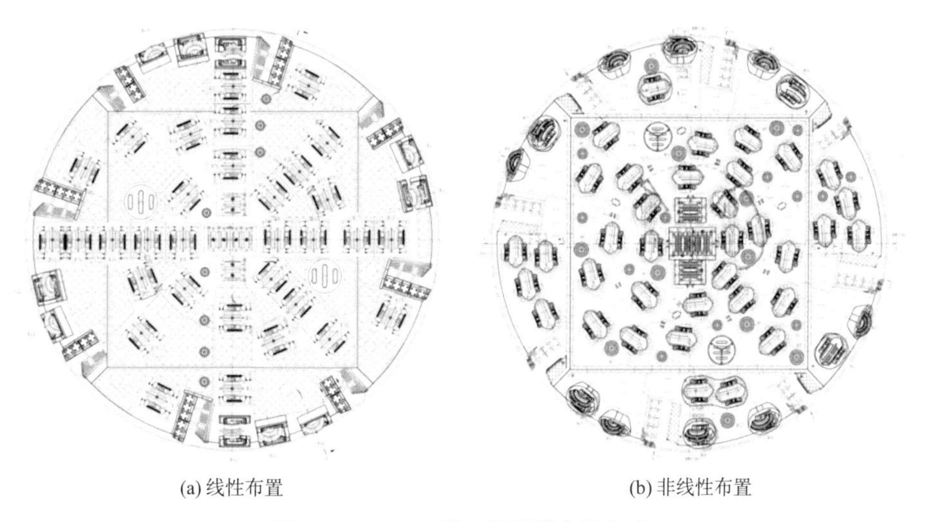

(a) 线性布置　　(b) 非线性布置

图 11.1-7　TBM 滚刀的两种布置方式

11.1.3　滚刀刀圈与涂层设计

为避免滚刀出现严重磨损与失效现象，提高滚刀使用寿命，需使滚刀刀圈具有高硬度、高耐磨性以及足够的冲击韧性等良好的综合力学特征。高硬度可以提高刀圈碾压破岩的效率，高耐磨性有助于刀圈减少磨损量、延长工作时间从而减少换刀次数，高韧性可减少刀圈打刃和崩裂现象。一般情况下，材料硬度的提高会导致其韧性下降，因此滚刀材料应侧重其综合力学性能，在保证材料高硬度的同时，还要保持其有一定的冲击韧性，在材料硬度与韧性之间找到最佳平衡点。由于材料的宏观力学性能与其材料成分密切相关，为使刀圈具有上述良好的力学特征，可从滚刀刀圈的材料成分、刀圈热处理工艺和刀圈成形工艺方面进行改良。

（1）刀圈的材料成分

为进一步提高刀圈在极硬岩地层中的服役性能，材料工作者通过不断改良及优化刀圈材料成分比例来实现大幅提高刀圈的耐磨性能，同时改善其综合力学性能。主要方法有提高含碳量、改变合金元素和稀土元素含量等（表 11.1-3），如美国 Robbins 公司的滚刀选用低合金高强度钢，通过优化的热处理工艺使其兼具高强度和韧性。而 Wirth 滚刀则选用热作模具钢 H13，经真空淬火和高温回火得到回火托氏体，同时使材料组织中含有大量呈弥散分布的碳化物（MC 和 MbC）颗粒，使得 Wirth 滚刀具备较高的硬度和耐磨性，因此国内主要采用热作模具钢 H13 作为滚刀刀圈材料。

改进刀圈的材料成分（质量分数，%）及性能　　表 11.1-3

序号	C	Si	Mn	Cr	Mo	V	Ni	P	S	Fe	综合力学性能影响
1	0.5～0.54	0.85～1.0	0.25～0.45	5.2～5.6	1.25～1.45	0.95～1.2	≤ 0.3	≤ 0.02	≤ 0.01	余量	硬度及冲击韧性均显著提高
2	0.39	0.35	0.35	4.87	2.28	0.5	2.26	0.001	0.006	余量	硬度提高了 4HRC，冲击功提高 15%
3	1.05	0.89	0.43	8.21	1.70	0.43	—	0.01	0.007	余量	硬度、韧性、服役寿命均获得提升
4	0.87	1.2	0.44	7.67	2.01	0.24	—	—	—	余量	硬度相当，但冲击功提高了 97.21%

总之，目前的刀圈成分改良主要以提高刀圈晶粒度、强度及耐磨性为目标，同时兼顾冲击韧性的改善。而通过提高 C、Cr 和 Mo 含量形成高比例的碳化物及固溶体等，可显著提高材料的强度、硬度及耐磨性等；但由于材料强度与韧性的倒置关系，材料强度的提升往往伴随着韧性的降低。因此仅通过单一材料成分的改进，较难获得兼具高强度、高耐磨性及高韧性的刀圈。

（2）刀圈成形工艺改善

刀圈的热塑性成形能显著改善微观组织偏析，提高组织致密性，形成闭合的金属流线，一定程度上改善了刀圈硬度、强度和冲击韧性等力学性能，并对刀圈最终服役寿命有重要影响。因此刀圈成形工艺方式及参数选取的研究对刀圈微观组织、金属流线、力学性能等改善有一定指导作用，如表 11.1-4 所示。

刀圈成形工艺改善及性能改进　　表 11.1-4

刀圈类型	成形工艺	综合性能影响
平头滚刀	轧制工艺	抗拉强度较模锻工艺提高了 14.2%
	轧制工艺	截面应力分布均匀，金属流线光滑
圆头滚刀	轧制工艺	成形件无明显折叠、翘曲，效果好
平头滚刀	模锻工艺	刀圈硬度和冲击韧性均达到使用要求

研究表明，轧制成形刀圈的平均抗拉强度较锻造的相对提高，截面金属流线封闭光滑，具有较好的抗冲击疲劳性能，但微观组织均匀性较差。

（3）刀圈热处理工艺改善

热处理工艺对刀圈最终使用性能具有决定性作用，因此制定合理优化的热处理工艺，根据刀圈不同位置的服役性能需求来调控其微观组织，从而获得更高的强度、耐磨性及良好的韧性组合，成为提升刀圈综合力学性能的重要途径。常规刀圈热处理工艺主要包括淬火和回火，其中淬火决定了刀圈具有良好的综合性能和内部组织，同时为防止淬火过程中过大的变形及开裂，保温时间、淬火温度及冷却介质的选择显得尤为重要。而回火作为最终的热处理工序，对增加刀圈韧性、消除淬火晶格畸变、硬度分布及稳定组织等具有重要作用，因此为获得良好的微观组织分布及优异的强韧性组合，应设定合理的回火温度及回火次数（表 11.1-5）。

刀圈热处理工艺改善及性能改进　　表 11.1-5

刀圈材料牌号	热处理工艺因素	综合性能影响
5Cr5MoSiⅥ	淬火温度、保温时间	淬火温度 1050℃、保温时间 30min，有最佳的硬度和冲击功
DC53	淬火温度	在 1000～1030℃淬火，550℃回火后综合性能最佳
H13	淬火温度、回火温度	热处理后平均硬度 55.9HRC，平均抗拉强度 1918.82MPa
SDH55	回火温度	回火温度为(540 ± 10)℃时，具有最佳的强韧性

除了从滚刀刀圈的材料成分、刀圈热处理工艺和刀圈成形工艺方面提高刀圈的强度、耐磨性及良好的韧性外，还可利用涂覆技术在刀圈表面制备金属基陶瓷涂层，可大幅改善滚刀刀圈的耐磨和耐蚀性能，显著提高刀具使用寿命。如激光熔覆工艺制造的镍基自熔合金涂层，可使刀圈耐磨性能得到显著提高，如表 11.1-6 所示。

Ni 基 WC 合金复合涂层的制备工艺及性能　　表 11.1-6

粉末牌号	成分配比	工艺参数	耐磨性	硬度
WC/Ni	10%～70%WC，30%～90%Ni	脉冲能量（J/pulse）：6、10、20、30 搭接率（mm）：0.3、0.5、0.7	提高 2～3 倍	显著提高
WC/Ni/Al	69.5%WC，29.5%Ni，1.0%Al	脉冲能量（J）：12.5、15、17.5、20、22.5、25	提高 4～5 倍	最高达 $650HV_{0.5}$
WC/Ni	20%～80%WC，20%～80%Ni	激光功率（kW）：0.8～1.0	提高 2～4 倍	最高达 850HV
WC/NiCrBSi	15%WC，85%NiCrBSi	激光功率（kW）：5 扫描速度（mm/min）：550	提高 2～3 倍	提高 2.78 倍
WC/Ni	85%～95%WC，5%～15%Ni	激光功率（kW）：1～5 扫描速度（mm/min）：0.2～0.5	—	提高 3.91～8.88 倍
WC/Ni	40%WC，60%Ni	激光功率（kW）：1.1	提高 0.7 倍	提高 3.37 倍
WC/Ni60	20%WC，80%Ni60	激光功率（kW）：3.63、2.82	提高 6.8 倍	—
WC/Deloro	35%WC，65%Deloro60	激光功率（kW）：0.48 扫描速度（mm/min）：240	提高 1 倍	提高 16%

（1）H13 钢激光熔覆工艺

激光熔覆是利用极高能量密度的激光辐照在粉末上，将粉末完全熔化及基材近表面区域部分熔化，实现涂层与基材优异冶金结合的新型涂覆工艺。激光熔覆具有扫描速度高、能量密度大、熔池存在时间短和对基材热影响小的优点，可获得稀释率小的高耐磨涂层，因而获得广泛应用。合金粉末的选取通常应遵循与基材之间的热物性参数（包括热膨胀系数、熔点和弹性模量等）相近的原则，这主要由于高速扫描的激光使粉末快速熔化形成熔池，随后熔池发生快速冷却，而过大的热物性参数（尤其是热膨胀系数）差距会造成涂层产生巨大应力，极易导致涂层产生严重开裂及较大的残余拉应力，严重影响涂层质量。根据激光熔覆常用的自熔性合金粉末，主要有铁基自熔合金粉末、钴基自熔合金粉末、镍基自熔合金粉末和其他粉末等，从而将制备的涂层分为铁基合金涂层、钴基合金涂层、镍基合金涂层和其他涂层。为保证自熔合金涂层具有足够的强度和耐磨性，通常在合金粉末中添加颗粒增强自熔性合金粉末，主要以 WC、TiC、SiC 和 VC 等为主。

激光熔覆技术具有热输入小且涂层与基材之间呈冶金结合的特点。由于常用金属基粉末体系已具备标准化、系列化、扫描路线灵活性、工艺参数调整便利性和评价体系完备性等特点，通过调整粉末配比，刀圈多样化的性能需求得以满足，进而实现与复杂地层中服役盾构刀圈的良好匹配。

（2）H13 钢超音速火焰喷涂工艺研究

超音速火焰喷涂通过高速燃烧的焰流将粉末粒子加热至熔化或半熔化状态，并加速至高速状态，进而使其不断冲击基材，最终与基材形成结合良好的涂层。王依敬采用超音速火焰喷涂（HVOF）制备了 85%H13/15%Ni-WC（1 号涂层）、75%H13/25%Ni-WC（2 号涂层）涂层及两者叠加的梯度涂层。结果发现，2 号涂层的表面显微硬度最高，梯度涂层次之，1 号涂层最低，但均高于 H13 钢基体，梯度涂层显微硬度较 2 号涂层显微硬度分布更均匀。韩金成采用 HVOF 工艺在 H13 钢表面制备了 Cr3C2-NiCr 涂层及 Ni60A 涂层，分析发现制备的两种涂层组织分布均匀，层与层间结合紧密，常温下 Cr3C2-NiCr 涂层的磨损深度仅为 H13 钢基体的 1/2，高温下 Ni60A 涂层的磨损深度与 H13 钢基体大致相当。

（3）其他表面改性工艺

夏志迎在不锈钢及淬火高速钢（盾构切刀）基底表面利用等离子体薄膜沉积技术制备了 Ta(CN)三元薄膜。试验结果发现 Ta(CN)三元薄膜的硬度高达 14GPa，杨氏模量高达 250GPa，薄膜和基底之间极宽的过渡层保证了薄膜与基体具有良好的冶金结合；同时室温干滑动摩擦试验结果表明，薄膜具有优异的抗磨损性能。

11.2 掘进支护协调控制

TBM 在硬岩隧道掘进中的常见工程难题是岩石坚硬导致的掘进速率慢，掘进效率低，甚至出现难以掘进的现象。TBM 掘进速率是 TBM 施工的一个重要性能参数，不仅受 TBM 推力和扭矩的影响，而且也受到岩体性质的影响，如岩体的单轴抗压强度、岩石硬度及耐磨性等。一般单轴抗压强度越低，TBM 的破岩效率越高，掘进越快；反之单轴抗压强度越高，破岩效率越低，掘进越慢，如图 11.2-1 所示。陈馈等针对某一 TBM 地质编录和施工记录统计结果发现，当岩石单轴抗压强度为 30～70MPa 时，TBM 的平均掘进速度为 2.43m/h；当岩石单轴抗压强度为 70～120MPa 时，平均掘进速度为 1.24～1.81m/h。此外，岩石硬度越高，其耐磨性越高，对刀具等的磨损就越大，导致刀盘换刀量和换刀次数增多，势必影响 TBM 的掘进速率。

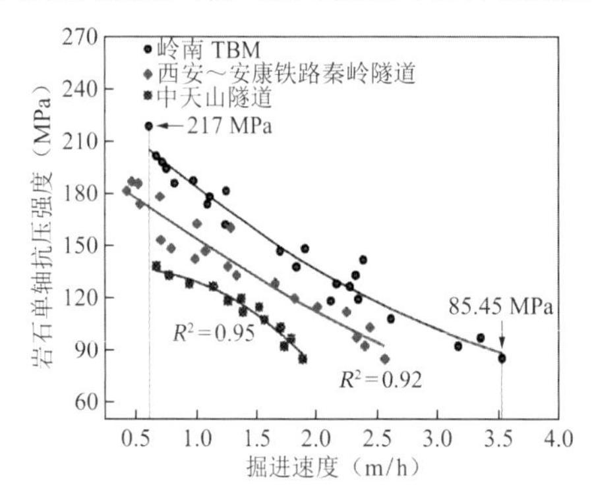

图 11.2-1 单轴抗压强度对 TBM 掘进速率的影响

1. 极硬岩隧道 TBM 掘进的主驱动确定

刀盘扭矩力主要指刀盘掘进时旋转所需的扭矩力，影响 TBM 推进力、推进速度和刀盘功率等参数，其计算方法如下：

$$\varphi = a\cos[(R-P)/R] \tag{11.2-1}$$

$$P_0 = C \cdot \left(\frac{S\sigma_c^2\sigma_t}{\varphi\sqrt{RT}}\right)^{1/3} \tag{11.2-2}$$

$$F_t = \frac{P_0\varphi PT}{1+a} \tag{11.2-3}$$

$$F_r = F_t \sin\frac{\varphi}{2} \tag{11.2-4}$$

$$T_{q0} = 0.3nDF_r \tag{11.2-5}$$

式中：R——滚刀半径；

P_0——贯入度；

D——刀盘直径；

C——系数，一般取 2.12；

σ_c——岩石单轴抗压强度；

σ_t——岩石抗拉强度；

n——滚刀总数量；

φ——刀具与岩石的摩擦角；

F_t——单把滚刀承受总合力；

F_r——单把滚刀滚动力；

a——压力分布函数常数，取 0.2；

T——单把滚刀产生的扭矩；

S——相邻滚刀刀间距；

P——单把滚刀贯入度；

T_{q0}——刀盘扭矩。

则刀盘的功率可通过下式求得：

$$W = \frac{\pi}{30} \cdot nT_{q0} \tag{11.2-6}$$

式中：W——刀盘功率；

n——刀盘转速。

根据上述计算公式，在确定 TBM 选型后，可以计算得到不同抗压强度的岩石所需的掘进主驱动。表 11.2-1 给出坚硬—极硬岩隧道主驱动参考值。

坚硬—极硬岩隧道主驱动参考值　　表 11.2-1

序号	抗压强度（MPa）	贯入度（mm/r）	转速（r/min）	计算推力（kN）	计算总扭矩（kN · m）	计算功率（kW）	推进速度（mm/min）	装备扭矩（kN · m）
1	30	10	4.7	2757	778	383	47	4267
2	40	16	8	4279	1537	1287	128	2506
3	60	14	8	6148	2062	1727	112	2506
4	80	14	6	8198	2749	1727	84	3342
5	100	12	6	9751	3021	1898	72	3342
6	120	10	6	11029	3112	1955	60	3342
7	160	7	6.5	13089	3081	2097	42	3085
8	200	4	7	13610	2414	1769	28	2865
9	250	3	8.5	14564	2039	1815	21.25	2359

注：1. 此表为刀具全新、掌子面岩石均匀、设备正常等条件下的理论估算，推进速度为瞬时速度；

2. 推力已经包含所有掘进阻力，计算功率仅为主驱动的功率。

2. 极硬岩隧道 TBM 刀盘滚刀的扭矩确定

TBM 滚刀破岩主要原理是滚刀与岩体间力的相互作用，滚刀的破岩效果取决于作用力与滚刀间距，通过数学模型研究岩体与刀具、岩体与岩体之间的相互作用效果。目前常用的计算 TBM 刀盘扭矩的方法如下：

（1）伊万斯（Evans）公式认为滚刀侵入岩石后在岩石表面产生的面积A_p与岩石单轴抗压强度σ_c的乘积为滚刀破岩施加的垂直推力F_v。即：

$$F_v = \sigma_c \cdot A_p \tag{11.2-7}$$

A_p可用下式计算：

$$A_p = \frac{4}{3}h\sqrt{r^2 - (r-h)^2}\tan\alpha \tag{11.2-8}$$

式中：r——盘形滚刀半径；

h——盘形滚刀侵入岩石深度；

α——盘形滚刀刃角。

由此得到垂直推力表达式：

$$F_v = 4\sigma_c\sqrt{Dh^3 - h^4}\tan\theta \tag{11.2-9}$$

（2）Roxborough 破碎模型

Roxborough 认为滚刀侵入岩体时所受到的阻力与滚刀挤压接触面积的比值等于岩石抗压强度。轴推力：

$$F_v = 4\sigma_c\sqrt{Dh^3 - h^4}\tan\theta$$

滚动力：

$$F_R = 4\sigma_c h^2 \tan\theta \tag{11.2-10}$$

剪断沟（刀）间岩体的剪力：

$$F_S = \frac{F_R}{2}\cot\theta = hl\sigma_c = sl\tau_s \tag{11.2-11}$$

式中：D——盘形滚刀直径；

h——盘形滚刀侵入岩石深度；

θ——盘形滚刀刃角；

l——滚刀侵入岩体的长度；

σ_c——岩体单轴抗压强度；

τ_s——岩体抗剪强度。

（3）上海交通大学模型

上海交通大学基于 Evans 理论，认为可以将两个相互作用的侵入体与被侵入体看作两个圆柱体的线接触挤压，基于此种模型推导出滚刀的推力公式：

$$F_n = k\gamma_0 \frac{E_1 + E_2}{E_1 E_2}\sqrt{Dh\sigma_c} \tag{11.2-12}$$

$$F_r = F_n\left(\sqrt{\frac{h}{D}} + \mu\frac{d}{D}\right) \tag{11.2-13}$$

式中：D——滚刀刀圈直径；

E_1、E_2——滚刀与岩石的弹性模量；

k——相关系数（通过试验确定）；

γ_0——滚刀刀刃圆角半径；

μ——摩擦系数；

d——滚刀的刀轴直径。

（4）CSM 模型

科罗拉多矿业学院（CSM）模型中认为滚刀在侵入岩石的过程中刀刃的正面和侧面分别在进行挤压作用和剪切、张拉作用。

CSM 模型在建立数学模型时，将滚刀施加的荷载分为破岩侵入所需的推力F_1，以及水平向岩体剪切破坏所需推力F_2。则滚刀施加的总荷载F_v可按式(11.2-16)或式(11.2-17)计算。滚动力按式(11.2-18)计算。

$$F_1 = \sigma_c \cdot A_c = \sigma_c R^2(\varphi - \sin\varphi\cos\varphi)\tan\varphi \tag{11.2-14}$$

$$F_2 = 2F_S\tan\theta = 2\tau_s R\varphi(s - 2h\tan\theta)\tan\theta \tag{11.2-15}$$

$$F_v = F_1 + F_2 = \sigma_c R^2\left[\varphi - \sin\varphi\cos\varphi + 2\frac{\sigma_s}{\tau_s}\left(\frac{S}{R} - 2\frac{h}{R}\tan\theta\right)\varphi\right]\tan\theta \tag{11.2-16}$$

$$F_v = h\sqrt{Dh}\left[\frac{4}{3}\sigma_c + 2\tau_s\left(\frac{S}{h} - 2\tan\theta\right)\right]\tan\theta \tag{11.2-17}$$

$$F_R = F_v\tan\beta \tag{11.2-18}$$

其中，$\tan\beta$可根据下式计算：

$$\tan\beta = \frac{(1-\cos\varphi)^2}{\varphi - \sin\varphi\cos\varphi} \tag{11.2-19}$$

式中：R——盘形滚刀半径；

h——盘形滚刀侵入岩石深度；

β——滚刀合力方向与竖向的夹角；

θ——盘形滚刀刃角；

S——相邻刀刃间距；

σ_c——岩体单轴抗压强度。

基于以上模型，在确定 TBM 选型后，由上述公式可计算得到不同岩石单轴抗压强度下刀盘上每个刀刃破岩所产生的滚动力和扭矩。

3. 硬岩隧道 TBM 刀盘倾覆力矩确定

滚刀侵入岩体切削岩石时，会出现三向力：垂直力、滚动力和侧向力。由于滚动力在刀盘运动的切线方向，故与倾覆力矩无关；侧向力较垂直力数量级很小，可忽略不计。因此，只考虑垂直力引起的倾覆力矩。设刀盘上某一把滚刀受到载荷，该受力滚刀与刀盘中心点连线的垂线为倾覆力矩轴线，如图 11.2-2 所示。

设滚刀受到的垂直力为F_N，滚刀距离轴心的距离为d_i，滚刀的初始角度为θ_i；刀盘空间角度为φ（φ取 0°～360°），并设定刀盘中心水平轴线为$\varphi = 0°$。依据倾覆力矩计算规则，刀盘上受倾覆力矩在滚刀安装半径上 360°按照余弦函数规律分布，如图 11.2-3 所示。在刀盘空间角度下的倾覆力矩计算公式为：

$$m_\varphi = d_{\rm i} F_{\rm N} \cos(\theta_{\rm i} - \varphi) \tag{11.2-20}$$

式中：m_φ——单把滚刀受力分布在刀盘上不同空间角度的倾覆力矩。

将整个刀盘的全部滚刀受力，依据所在滚刀刀位和倾角的差异，叠加到刀盘上，获得整个刀盘引起的倾覆力矩计算公式如下：

$$M_\varphi = \sum_{i=1}^{l} d_{\rm i} F_{\rm N} \cos(\theta_i - \varphi) + \sum_{j=1}^{n} d_j F_{\rm N} \cos(\theta_j - \varphi) + \sum_{k=1}^{m} d_k F_{\rm N} \cos(\theta_k - \varphi)\cos\gamma_k \tag{11.2-21}$$

式中：M_φ——整个刀盘全部滚刀受力后叠加在刀盘不同空间角度的倾覆力矩；

l——中心滚刀的数量；

n——正滚刀的数量；

m——边滚刀的数量；

γ——滚刀的安装倾角。

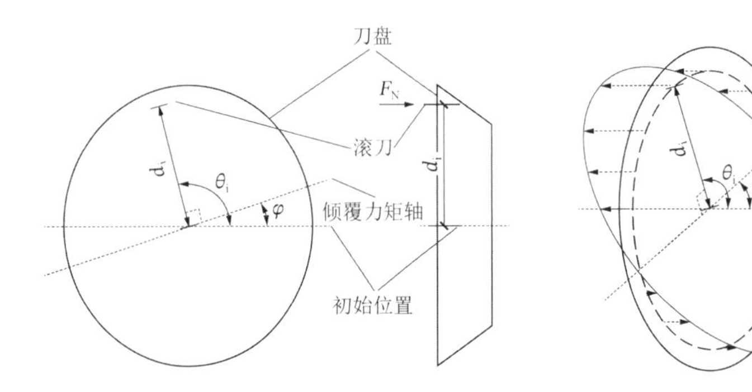

图 11.2-2　单把滚刀施力示意图　　图 11.2-3　单把滚刀力矩示意图

根据以上 TBM 掘进倾覆力矩计算公式，在确定刀盘及滚刀相关参数后，可计算得到 TBM 掘进倾覆力矩。

4. 硬岩隧道 TBM 掘进的推力确定

TBM 在掘进过程中的掘进推力（$F_{\rm J}$）主要是由两部分构成，分别为：刀盘推力（$F_{\rm T}$）和掘进阻力（$F_{\rm Z}$），具体计算如下：

$$F_{\rm J} = F_{\rm T} + F_{\rm Z} \tag{11.2-22}$$

$$F_{\rm T} = F_1 \times N_1 + F_2 \times N_2 \tag{11.2-23}$$

$$F_{\rm Z} = G_1 \times \mu_1 \tag{11.2-24}$$

$$F_\varphi = \sum_{i=1}^{n} F_{ni} \times N \tag{11.2-25}$$

式中：N_1——17in 中心滚刀刀刃数量；

F_1——17in 中心滚刀最大载荷；

N_2——19in 滚刀数量；

F_2——19in 滚刀最大载荷；

G_1——底护盾承受的重量（主机重量的 60%）；

μ_1——摩擦系数（TBM 与隧道的摩擦系数为 0.3）。

根据以上计算公式，在确定刀盘滚刀数量及尺寸后，就可以计算得到 TBM 掘进过程中刀盘推力及掘进阻力值。

在掘进开挖过程中以上述计算得到的掘进参数为参考，并根据实际施工情况及时调整掘进机有关施工参数。如果在掘进过程中遇到的岩石硬度比预期的高，应及时在刀具承载力许可范围内加大掘进机推力，提高刀盘转速，并适当降低扭矩，避免刀具破坏。通过引汉济渭岭南 TBM 标段现场不同围岩状态下掘进参数的优化调整验证及掘进参数的大量统计分析，围岩强度在 150MPa 以上及围岩节理裂隙不发育、围岩整体完整性较好地段掘进参数的选择为：推力控制在额定推力的 90%左右，扭矩控制在额定扭矩的 20%，转速控制在 5.4r/min 情况下较为合适；围岩强度在 80～150MPa 范围及围岩节理裂隙发育、围岩整体完整性尚可的地段掘进参数的选择为：推力控制在额定推力的 80%以内，扭矩控制在额定扭矩的 30%，转速控制在 4.3r/min 情况下较为合适。

11.3 岩石预处理技术

TBM 掘进过程中遇到硬岩导致掘进速率低或难以掘进时，还可采取 TBM 辅助破岩手段。TBM 辅助破岩方法主要包括微波法、激光法、高压水射流、高能电脉冲、二氧化碳相变致裂等。众所周知，岩石是非均质各向异性脆性材料，存在大量的节理、裂隙、微裂纹等内部缺陷，这些内部缺陷与岩石的可切割性及破碎难易度密切相关。研究表明，岩石存在的内部缺陷越多，其可切割性越高，岩石越容易破碎。因此，通过高压水射流、激光、微波、超声波、高能电脉冲等辅助手段使岩石内部产生更多的微裂纹、裂隙等缺陷，降低岩石的完整性，从而降低岩石的破碎难度，提高岩石的掘进效率。

11.3.1 高压水射流辅助破岩技术

高压水射流破岩是利用高压水泵将水进行增压，然后经过喷嘴将静压能转化为射流冲击动能，对岩石进行冲击、侵蚀，破碎岩石。水刀辅助破岩系统由供水单元、电机动力系统、高压水泵、高压水输送单元和高压喷嘴构成，如图 11.3-1 所示。供水单元为高压水系统提供可靠的水源。电机动力系统为高压水泵的运行提供动力，是整个高压水系统的动力源。高压水泵将电机输入的动力转化成高压水压力能。高压水输送单元包含高压管路、蓄能器、高压旋转接头等，是保证高压水正常输送的附件。高压喷嘴将高压水按照要求的水柱直径喷出。通过高压水射流的冲击和剪切作用，岩石表面和内部产生节理裂隙，发生破碎，从而提高岩石的可掘性。

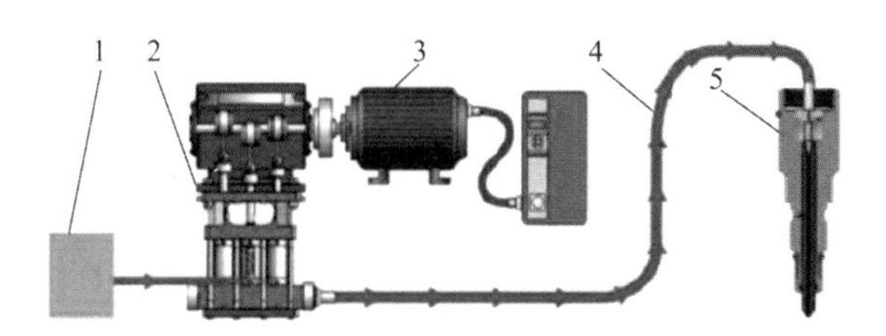

1—供水单元；2—高压水泵；3—电机动力系统；4—高压水输送单元；5—高压喷嘴

图 11.3-1 水刀辅助破岩系统

11.3.2 微波辅助破岩技术

微波破岩是将微波作用于岩石，通过将电磁场的能量传递给岩石，使岩石介质分子反复极化，在物体内部发生内摩擦，将电磁能转换为热能，使岩石温度升高，从而导致岩石在内部水分蒸发、成分分解和膨胀的共同作用下发生破坏，破岩原理及系统如图 11.3-2 所示。

微波能透过岩石表面进入岩石内部，对岩石内部物质直接进行作用，实现对岩石的无接触式破坏。其破岩效率受到微波照射路径和照射方式、岩石的温度和围压、功率、岩石内部成分等因素的影响，其中微波照射功率和岩石内部组成对破岩效率的影响程度较大。提高微波功率输入，能够提高单位时间作用于岩石的能量，破岩效率增加。此外，由于岩石内部不同矿物成分对微波能的吸收程度不同，产生的膨胀热应力不同，只有在各物质之间产生的热应力超过矿物之间的粘结力时，才能使岩石产生裂隙。

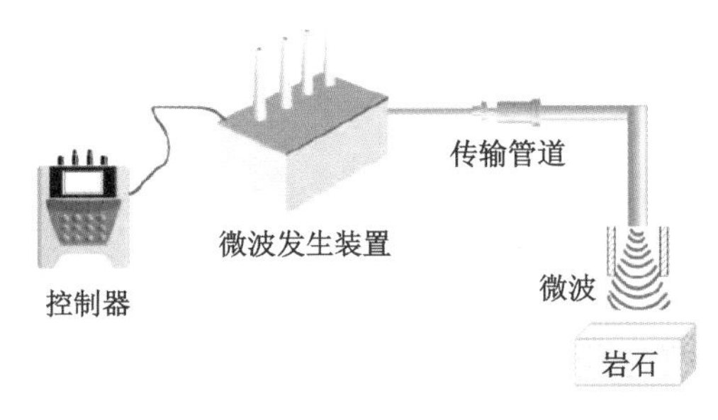

图 11.3-2 微波破岩原理及系统

11.3.3 高能电脉冲辅助破岩技术

高能电脉冲辅助破岩是利用电能的转化和释放产生强大的电热效应和应力波，使岩石受到高强度的热应力作用，从而实现岩石的破碎。根据电击穿理论其破岩过程分为以下几个阶段：首先，在电脉冲的作用下，电能注入岩石内部并形成少量等离子体；然后，由于电脉冲的反复作用，岩石内部的孔隙被电击穿，在孔隙处逐渐形成等离子通道，岩石开始产生裂纹；最后，电能持续通过等离子体通道产生大量的热和冲击力，岩石内部的裂纹逐渐扩大，从而提高岩石可掘性，破岩过程如图 11.3-3 所示。

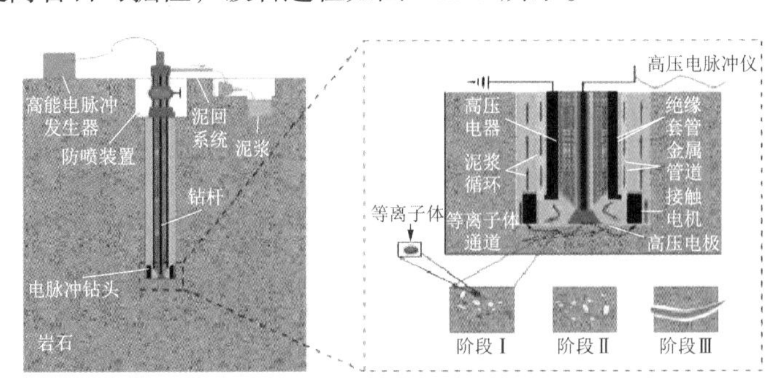

图 11.3-3 高能电脉冲破岩过程

第 12 章

高地应力硬岩岩爆地层处理技术

本章重点

本章主要介绍了高地应力硬岩岩爆地层处理技术中的被动支护处理措施、主动防治处理技术、TBM 设备及掘进参数优化处理等。

岩爆作为一定条件下发生的地质现象，岩爆时冲击能量巨大，而且发生具有突发性和不确定性，即使目前已有一些相应的预测理论和监测技术，也难以非常准确地提前告知何时、何位置、多大能量岩爆即将发生。因此，岩爆的防控目标必须客观现实，针对不同级别岩爆，在掘进进尺速度延误、支护及后期恢复工作量、设备人员危害等方面的影响程度制定岩爆地层处理措施（图 12.0-1）。当工程所在区域地应力较高，在坚硬完整、干燥无水的Ⅰ类、Ⅱ类围岩（如花岗岩、闪长岩）地段中进行掘进时，由于地应力释放作用，在掌子面或离掌子面 1 倍左右洞径的地段便有发生岩爆、甚至发生较强烈岩爆的可能，岩爆石块堆积于掌子面或隧洞底部，造成 TBM 卡机，影响掘进速度。针对隧洞施工中可能发生的岩爆，应遵循以防为主、防治结合的原则，对掌子面前方的围岩特性及水文地质条件等进行预测、预报，当发现有较强烈岩爆发生的可能性时，应及时研究施工对策措施，做好施工前的必要准备。

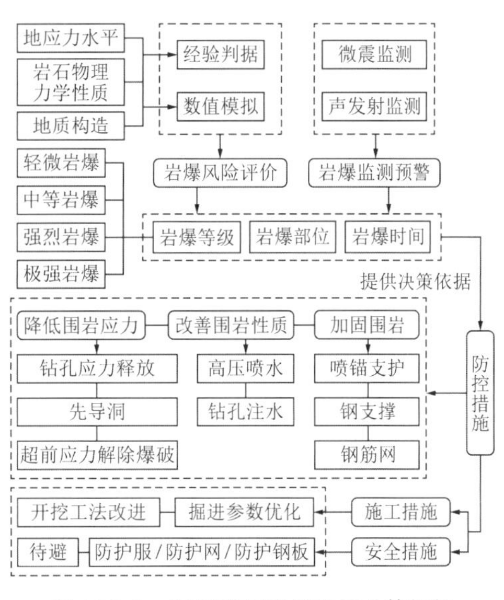

图 12.0-1　深埋隧洞岩爆防控总体框架

12.1　被动支护处理措施

12.1.1　轻微岩爆

轻微岩爆的岩块多为薄片状，块体较小，有少量弹射，深度一般不超过 50cm，且弹射冲击能量小，基本上不会造成施工装备的伤害。因此，支护主要以防护为主，一般采用“短锚＋网片＋喷混”支护。围岩出露护盾后，应立即挂网，并施作锚杆，一般应采用涨壳式锚杆，长度一般不大于 2.5m。同时，要做到支护速度与 TBM 掘进速度同步，以防止岩块弹射伤及作业人员。由于敞开式 TBM 的特点，喷射混凝土工序一般在后部进行。轻微岩爆段 TBM 的施工进度，一般只有非岩爆段的 80%左右，岩爆控制主要通过有效的开挖控制和支护系统及时快速实施“锚杆＋挂网”支护，只要支护能够跟进 TBM 掘进，基本无需主动控制 TBM 掘进进尺速度，达到完全防控的目标，防控技术方案如图 12.1-1 所示。该防控技术主要是支护的质量控制和支护实施的及时快速，能够跟上掘进速度。

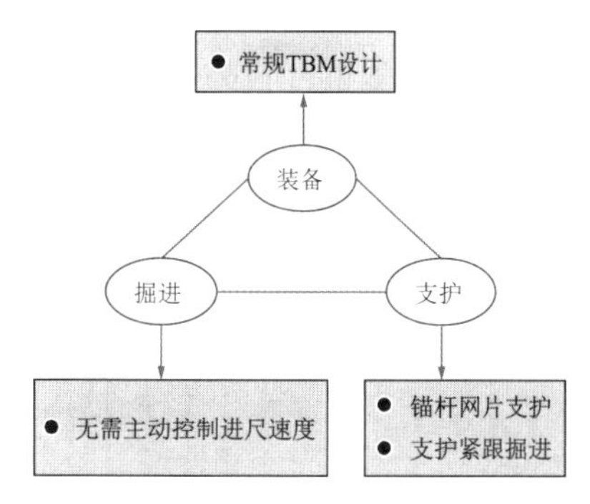

图 12.1-1　轻微岩爆防控技术方案

常规敞开式 TBM 在护盾尾部都配有锚杆钻机，方便实施锚杆作业，而且采取“锚杆＋网片”的支护能够抵抗轻微岩爆，锚杆、网片支护作业速度比较快，基本能跟上 TBM 的掘进。即使一时跟不上掘进，一般也不会带来设备和人员的安全威胁，甚至可以补救支护，所以无需刻意主动控制 TBM 的纯掘进速度，但要保证支护紧跟掘进，岩爆防控支护实际可能会延误一些 TBM 施工速度，即进尺速度。根据以上分析，提出轻微岩爆的防控技术方案为“常规 TBM 设计＋锚杆网片支护＋支护紧跟掘进”，无需主动控制进尺速度的防控技术方案，支护方案如图 12.1-2 所示，具体措施如下：

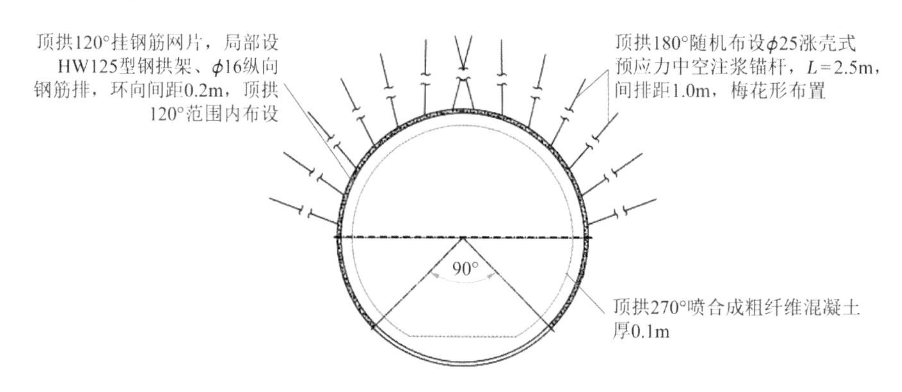

图 12.1-2　轻微岩爆支护方案示意图

（1）掘进以后在主机支护区尽快对新开挖面进行纳米有机仿钢纤维混凝土喷护封闭处理，喷层厚度为 5～8cm，确保 TBM 掘进后未支护长度原则上不超过护盾长度。完成喷护以后是否需要在主机支护区及时挂网视破坏区岩体完整情况而定，如节理（包括小型隐节理）发育围岩掉块时，则需要及时挂网。

（2）在主机支护区对顶拱 180°范围内系统施加长 2.5m 预应力锚杆（如机械式涨壳中空预应力锚杆）或水胀式锚杆进行快速加固，局部区域情况较严重时可随机配合槽钢拱架加固。

（3）及时完成主机支护区以外的其他系统支护施工。

（4）施工后的监控量测岩爆段开挖后，在拱顶、腰线处埋设测点来进行拱顶下沉和水平收敛的量测，量测点每隔 5m 布设 1 组，利用全站仪或收敛仪来进行量测，量测初始读数在 2h 内进行，开始时每 6h 观测 1 次，量测频率逐渐减小，确保施工安全。

关键技术要点：

（1）锚杆支护深度、间距达到设计要求；

（2）锚杆尾部要有可靠贴合洞壁的垫片、螺栓，并进行一定的预紧；

（3）采取弧形网片，与洞壁贴合，覆盖范围达到圆周 180°以上范围；

（4）TBM 掘进速度的控制，以锚杆、网片作业能够跟进为准；

（5）只要预测较大概率发生轻微岩爆，就应该实施该防控技术。

12.1.2 中等岩爆

中等岩爆的岩块大多为片状或和薄块状，并具有一定体积，岩块弹射具有一定的冲击能量，极易对施工人员造成较大伤害，砸坏施工装备。因此，支护应以防控为主，一般采用“锚杆 + 钢筋排 + 钢拱架 + 喷混”支护。施工步序为：先在护盾内置的储存仓预置钢筋排，钢筋排一端由钢拱架支撑，另一端由护盾支撑，钢筋排随 TBM 掘进连续滑出，当达到一个施工步距或半个施工步距时，立即架设钢拱架；然后，在钢拱架和钢筋排防护下施作预应力锚杆，锚杆应布置在两榀拱架之间，锚杆长度一般不大于 4.5m。同样，喷射混凝土工序将在后部进行，如拱架背后存在较多岩爆形成的岩块，喷射混凝土完成后，还应进行背后注浆固结岩块，防控技术方案如图 12.1-3 所示。中等岩爆段 TBM 的施工进度一般只有非岩爆段的 60%左右。

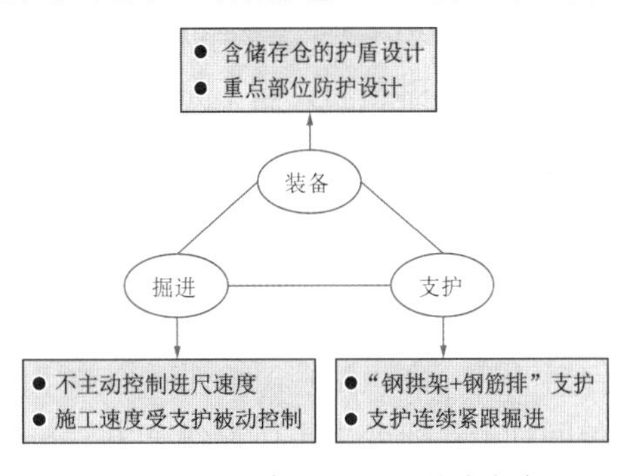

图 12.1-3 中等岩爆防控技术方案

锚杆和网片支护难以抵抗中等岩爆的冲击，TBM 主机处喷射混凝土支护会污染主机且强度提升慢，也不是好的选择方案，除非能研发采用价格低、无回弹且速强的混凝土。因此，提出中等岩爆采用“钢拱架 + 钢筋排”的连续封闭支护方式。此时，TBM 施工速度无需主动控制，但因为支护会延误掘进，所以存在施工速度的被动控制。另外，为了使 TBM 护盾能够储存钢筋排达到不间断封闭支护，需设计成含储存夹层的护盾。这样就构建了“含储存仓的护盾设计 + 常规间距拱架钢筋排支护 + 掘进被动控制”的中等岩爆防控技术方案。

“钢拱架 + 钢筋排”的连续封闭支护技术的实施方法是：将焊接而成的钢筋排或成组单根钢筋插入护盾储存仓，随着 TBM 向前掘进，不断支立钢拱架，钢拱架支撑钢筋排的后端，钢筋排前段由护盾储存仓支撑，储存仓内的钢筋排随 TBM 掘进陆续滑出，前端滑出之前再插入下一节钢筋排。这样，钢筋排由护盾和钢拱架前后支撑，形成了连续封闭的“钢拱架 + 钢筋排”支护。岩爆段开挖后，应进行拱顶下沉和水平收敛的量测，量测点每隔 5m 布设 1 组，量测初始读数在 2h 内进行，开始时每 3h 观测 1 次，量测频率逐渐减小，确保施工安全。

采用“钢拱架 + 钢筋排”的支护方式，不仅可以抵抗中等岩爆的冲击，而且更重要的还有以下 2 个原因：

（1）考虑到岩爆的时空效应，“钢拱架 + 钢筋排”支护能在岩爆发生之前较快地完成，形成有效支护，且对 TBM 掘进的延误时间少，对 TBM 施工速度影响较小；

（2）由于钢筋排前后两端分别由护盾和钢拱架支撑，护盾至拱架之间始终是连续无间断的支护，避免盾尾与拱架间出现空隙，能有效地防护设备和人员，同时基本避免了岩爆落渣，极大地减少了清渣工作量。引汉济渭 TBM 隧洞段在中等岩爆下，钢拱架由原计划的

H100 调整为 H150、钢拱架间距为 0.9m（局部间距为 1.8m）、锚杆为长 2.5m 的涨壳式锚杆，支护方案如图 12.1-4 所示，基本达到完全防控目标。TBM 掘进速度的控制以支护速度能够跟进为准。

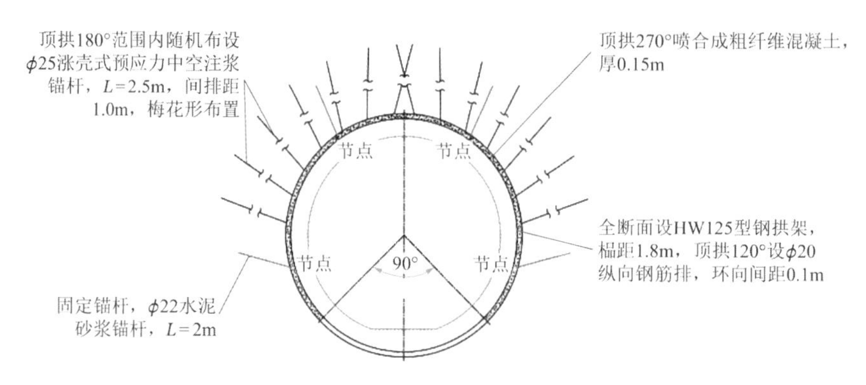

图 12.1-4　中等岩爆支护方案示意图

1.“钢筋排＋拱架”连续封闭支护技术

采用新型含储存夹层的顶护盾和侧护盾，依据护盾长度（约 4m），采用 3 根较小直径（一般 12mm）钢筋焊接成钢筋排或单根较粗钢筋插入护盾储存槽，随 TBM 向前掘进不断支立钢拱架，拱架支撑钢筋排的后端，钢筋排前段由护盾储存槽支撑，TBM 向前掘进，储存槽内的钢筋排陆续滑出，再接着插入下一节钢筋排。这样，钢筋排和拱架一起与护盾就联合形成“连续封闭不间断的钢筋排支护”，承受岩爆爆裂抛射石渣的冲击，同时防止石渣的掉落，避免了清渣工作量，如图 12.1-5 所示。

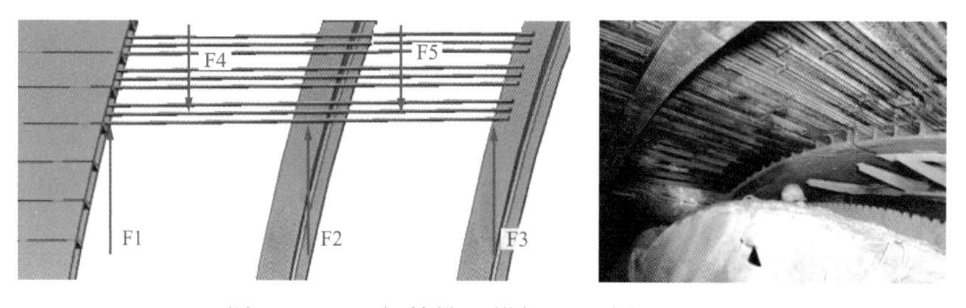

图 12.1-5　“钢筋排＋拱架”连续封闭支护

钢筋排支护工艺具体实施步骤如下：

（1）把钢筋排插入顶护盾储存仓每个储存格内，每个网格中一个焊接一起的钢筋排或未焊接成整体的钢筋排，调整钢筋排之间的间隙到合适位置，在离顶护盾后支立钢拱架，把钢筋排的露出端通过锚杆和钢拱架固定住，并和钢拱架、锚杆焊接在一起形成一个联合支护整体。

（2）随着 TBM 掘进，顶护盾中的钢筋排逐渐释出，当释放到设计需要的拱架间距时，再次立拱架，焊接钢拱架、钢筋排形成更强的联合支护整体，钢拱架一方面起到了提供径向支撑力的作用，另一方面又约束钢筋排周向移动，限制钢筋排之间的间隙的作用。

（3）当钢筋排在顶护盾中的储存长度还剩 10cm 左右时，插入新的钢筋排，调整新插入的钢筋排之间的间距，插入的新钢筋排在旧钢筋排的下方，新旧钢筋排重叠一段，并焊接在一起。

（4）随着 TBM 的掘进，重复以上操作。

2.“中空涨壳式锚杆＋网片＋早强低回弹喷混”支护技术

采用可伸缩中空涨壳式锚杆，能够逐渐吸收岩爆发生前释放的能量，减轻冲击能量，挂网进一步防止掉落石渣，紧跟新型早强低回弹喷射混凝土，进一步快速实施加强支护，防控岩爆。

可采用类似中矿 CM-Bolt-500 型恒阻大变形锚杆，技术参数：恒阻参数 200～300kN；大变形参数 300～600mm。如图 12.1-6 所示。

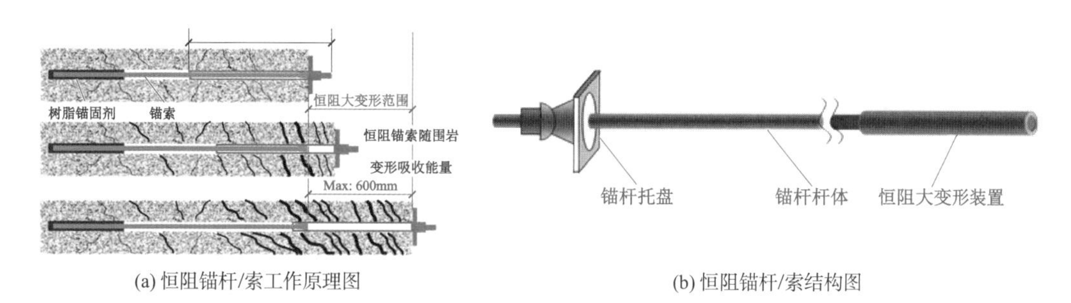

(a) 恒阻锚杆/索工作原理图　　(b) 恒阻锚杆/索结构图

图 12.1-6　恒阻锚杆控制岩爆

在 TBM 主机 L1 区及早实施新型早强、低回弹喷射混凝土，如图 12.1-7 所示。

12.1.3　强烈岩爆

强烈岩爆的岩块大多为块体，其体积相对较大，岩块弹射冲击能量大，会对施工人员、施工设备与支护结构造成较大的伤害与破坏。因此，在强烈岩爆地段采用敞开式 TBM 施工，必须贯彻“控制进度、强化防控、主动支护”的原则。根据微震监测岩爆预警结果统计分析，强烈岩爆的预警准确率较高。首先，要主动控制 TBM 掘进的日进尺，充分发挥 TBM 护盾的岩爆防护能力；其次，要强化“锚杆 + 钢筋排 + 钢拱架”的防控能力。尤其要强化预应力锚杆（索）的作用，如 NPR 锚索等，锚固剂应采用锚固快、锚效高的环氧树脂，大预应力锚索可以对围岩施加较高的围压，并利用锚杆（索）的高耗能特性遏制岩爆或降低岩爆的等级。锚杆（索）的长度一般不大于 6m，支护施工工序与中等岩爆段基本相似，但在锚杆（索）施工完成后，应立即在钢拱架间喷射混凝土。强烈岩爆段支护工作量大，要控制日进尺，强烈岩爆段的施工进度为一般岩爆段的 30%左右，防控技术如图 12.1-8 所示。

图 12.1-7　早强、低回弹喷射混凝土控制岩爆

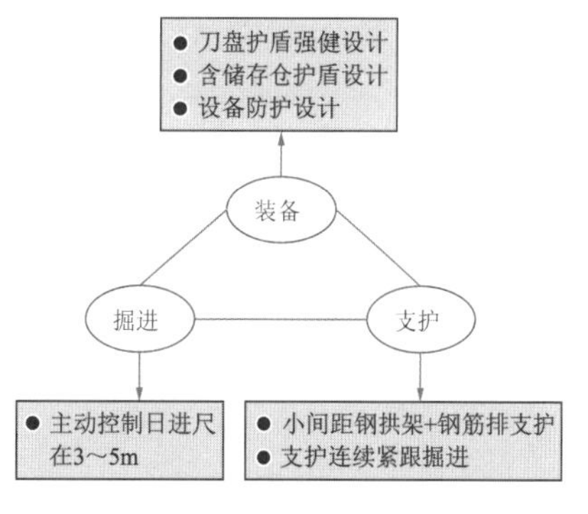

图 12.1-8　强烈岩爆防控技术

以往工程实践表明，常规钢拱架支护难以抵抗强烈岩爆的冲击，支护经常被损毁，且带来大量的清渣工作量，威胁设备和人员安全，施工进度受到严重影响。然而，根据岩爆特征规律的分析结果，强烈岩爆情况下主动控制掘进日进尺对岩爆发生位置有显著影响，因此可以通过主动控制日进尺使大多数强烈岩爆发生在掌子面和护盾区域。这样，不仅护盾后面的设备和人员得到了保护，更重要的是可以将巨大冲击能量的岩爆防护问题转化为

塌方破碎带支护问题，即岩爆及其落石塌落于盾尾至前方掌子面区域，刀盘和护盾起到了抵抗岩爆冲击的作用，在盾尾处可采取“小间距钢拱架 + 钢筋排”支护岩爆落石。基于此，采用“刀盘护盾强健设计 + 主动控制进尺速度 + 小间距钢拱架钢筋排支护”的强烈岩爆防控技术方案。一般掌子面至盾尾距离约 6m，且 90%以上强烈岩爆在 24h 内发生，据此规律可主动控制 TBM 掘进日进尺在 3～5m，盾尾“钢拱架 + 钢筋排”支护紧跟掘进进程，完成进尺控制指标后可停机等待，钢拱架间距减小到可使 TBM 撑靴跨过，若更小间距密排无法跨越时可采用混凝土灌注抹平。

在引汉济渭 TBM 隧洞工程施工中，强烈岩爆地段采用了 HW180 钢拱架、钢拱架间距为 0.45m（局部间距为 0.9m）、锚杆为长 3.5m 的涨壳式锚杆。但因锚杆长度不够、预应力不足，多次发生强烈岩爆致使支护结构破坏。根据敞开式 TBM 的特点，如无滞后性强烈岩爆，即使在护盾范围内发生了强烈岩爆，其支护结构可能仅需承受爆落岩块形成的荷载。极强岩爆的岩块多为大块体，其体积巨大，弹射出来的岩块冲击能量极大，无论是护盾，还是支护结构都不足以防控极强岩爆，极易造成施工人员与设备的伤害，甚至具有“毁灭性”。如在锦屏水电站隧洞工程施工中，遇到滞后性极强岩爆，导致 TBM 被毁和多人伤亡。因此，在极强岩爆段采用 TBM 施工，必须采用技术措施降低岩爆级别至强烈岩爆以下，按相应岩爆分级进行施工，支护方案如图 12.1-9 所示。

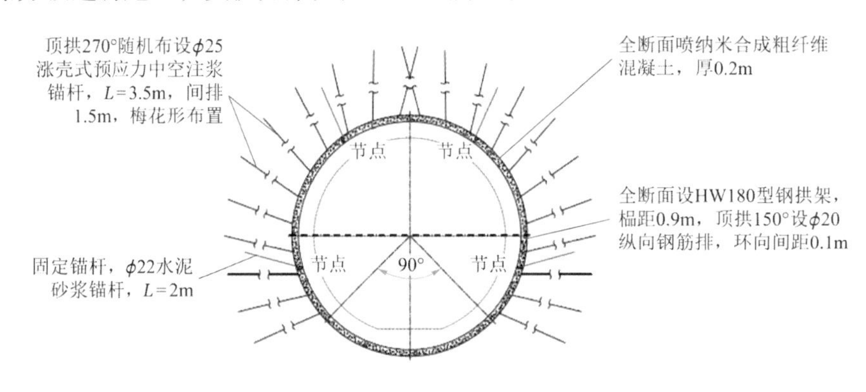

图 12.1-9 强烈岩爆支护方案示意图

1.“控制掘速 + 护盾伸缩”岩爆防控方法

主动控制 TBM 掘进进尺速度，以便控制岩爆发生的相对位置和时间；停止掘进后逐渐回收撑紧岩壁的护盾，利用护盾阻挡防护岩爆抛射的石渣，起到能量逐渐释放和防护目的；待岩爆发生后，按隧道断层破碎带塌方的方法，在护盾尾部紧跟拱架钢筋排支护。这样，既有护盾防护带来的安全性，又避免后面的支护无法抵挡岩爆能量而被摧毁。根据岩爆发生的时间特征，按上面施工周期循环进行掘进。该技术方法在保证一定掘进速度的前提下，提高了安全性，减少了后续处理工作量。具体实施方法（图 12.1-10）如下：

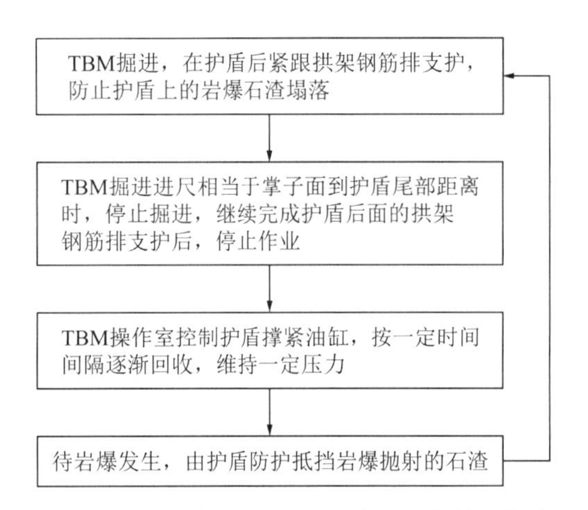

图 12.1-10 “控制掘速 + 护盾伸缩”岩爆防控步骤

（1）主动控制 TBM 掘进的进尺速度，当 TBM 掘进进尺达到掌子面到 TBM 主机护盾尾部的长度时，停止掘进。护盾后面继续进行拱架、钢筋排等联合支护直到完成，停止支护作业。

（2）TBM 掘进时，主机护盾是始终撑紧洞壁滑行的，护盾由撑紧油缸与机头架相连。掘进中和停止掘进后，利用护盾结构撑紧洞壁，在油缸维持一定压力的前提下，按一定时间间隔逐渐回收释放护盾撑紧油缸，以便洞壁逐渐释放岩爆能量。待强岩爆发生时，护盾恰好阻挡防护岩爆抛射下来的石渣。

（3）进入下一个 TBM 掘进周期后，岩爆抛射到护盾的石渣按断层破碎带塌方的方法进行支护处理。随着 TBM 向前掘进，采取拱架钢筋排的支护方法防止护盾上的石渣塌落。

（4）施工后的监控量测岩爆段开挖后，应进行拱顶下沉和水平收敛的量测，量测点每隔 3m 布设 1 组，量测初始读数在 1h 内进行，开始时每 2h 观测 1 次，量测频率逐渐减小。尤其是存在强烈岩爆风险，但开挖和初期支护过程中未发生岩爆的位置必须加强监测，一旦发现数据异常，应立即采取相应措施，防止滞后型岩爆的发生。

2. 关键技术要点

主动控制 TBM 掘进进尺速度，每周期掘进进尺相当于掌子面到护盾尾部距离时，停止掘进；停止掘进期间，按一定时间间隔，在 TBM 操作室操作，逐渐回收护盾撑紧油缸，控制油缸压力升高，维持一定压力（60～80MPa），由护盾抵挡岩爆抛射的石渣。岩爆过后，启动 TBM 下周期掘进循环，并随着 TBM 向前掘进，按断层破碎带塌方的支护方法，在护盾尾部连续实施拱架钢筋排支护，防止护盾上石渣塌落，如图 12.1-11 所示。拱架钢筋排支护是支撑已塌落在护盾上石渣，而不是以往技术由支护直接抵抗岩爆抛射石渣。

图 12.1-11　TBM 岩爆控制示意图

传统技术不主动精确控制掘进进尺速度，虽然一下子连续掘进进尺可能比较多，但支护被岩爆摧毁，清渣拆除、重新支护，停机处理时间长，同样降低了每天的施工进尺，还增加了工作量。而本发明充分利用了 TBM 的结构特点和岩爆发生的时空特征，主动控制掘进进尺速度，达到同样施工进度下，避免了后续处理工作，更安全，更经济。

与部分导洞钻爆开挖比，TBM 是直接穿越不借助钻爆法，真正解决 TBM 穿越强岩爆洞段问题，避免了绕道开挖导洞的工作量、成本和进度延误，以及非全断面掘进对 TBM 设备和刀具可能带来的损坏。

12.2　主动防治处理技术

12.2.1　钻孔应力释放

钻孔应力释放是在隧洞洞壁或掌子面钻孔释放部分围岩应力；钻孔应力释放的作用机理是通过钻孔的变形来释放洞壁围岩切向应力和储存的弹性应变能，同时使围岩切向应力峰值向内部围岩转移。由于应力释放能力有限，钻孔应力释放主要适用于轻微—中等岩爆，其防控效果与钻孔长度、直径、间距等因素相关，其中钻孔直径对应力释放效果影响最大。钻孔可于隧洞开挖初期在洞壁施作（径向应力释放孔），也可于隧洞开挖前在掌子面施作

（超前应力释放孔），伴随高压注水可以达到更好的防控效果。此外，也可采取岩壁切槽等方式，其作用原理与钻孔相同，钻孔卸压防治岩爆作用机理如图 12.2-1 所示。

从图 12.2-1 中可以观察到，通过在高应力区域进行钻孔卸压，可以改变围岩的内部结构，从而释放部分弹性应变能。同时，在开挖引发的高应力集中下，卸压钻孔周围的裂纹更容易萌生，并不断演化形成破碎带，即卸压钻孔的周围形成塑性变形破碎区，使得开挖附近围岩体支承压力峰值和应力集中区向深部转移。当进行多次钻孔时，卸压钻孔周围的破碎带将会相互聚结贯穿，形成更大的破碎带区域，即卸压区。卸压区的形成不仅会削弱围岩内部结构、降低围岩因开挖引起的高应力集中，同时也会增加围岩内部应变能的耗散、降低岩体储能能力和岩爆的倾向性，进而达到防治岩爆的效果。此外，相关学者也构建了卸压钻孔周围破裂区半径的计算方法。

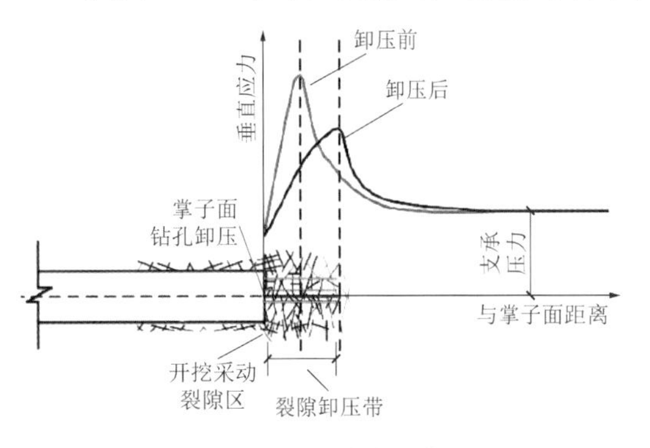

图 12.2-1 卸压防治岩爆作用机理

$$D = \beta \cdot r \tag{12.2-1}$$

$$\beta = (K - 1/4)^{1/2} \tag{12.2-2}$$

$$K = (3Sk - k - 2)/(k - 1) \tag{12.2-3}$$

式中：D——钻孔周围破裂区半径（mm）；

β——破裂范围系数；

r——钻孔半径（mm）；

S——钻孔实际与正常钻屑之比；

k——孔壁松散系数。

高地应力岩爆钻孔卸压主动防治技术最关键的是设计合理的钻孔空间尺寸，不同钻孔直径、钻孔布置、钻孔深度等参数对围岩力学行为具有显著影响，如图 12.2-2 所示为不同钻孔直径、钻孔深度和钻孔间距下的围岩力学特征。

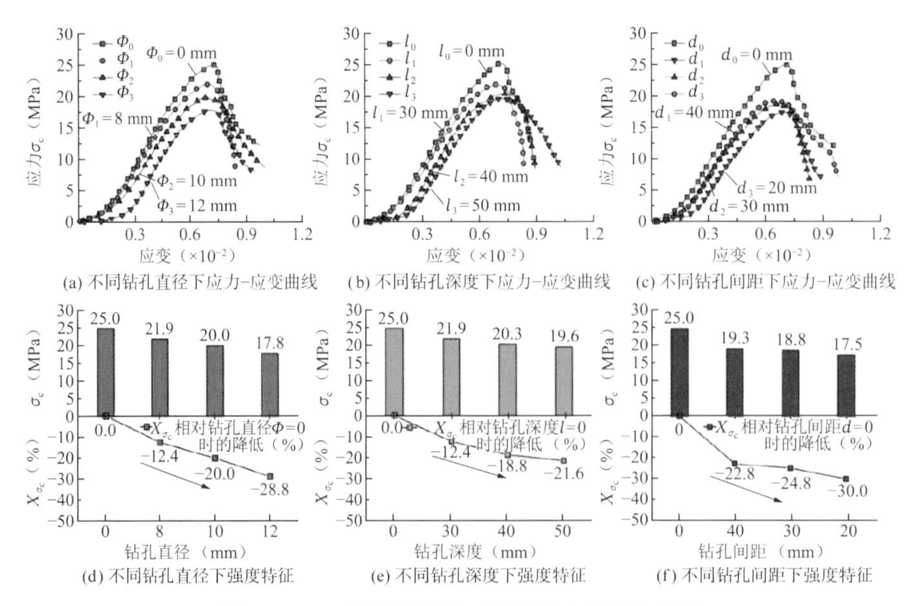

图 12.2-2 不同钻孔参数下试样的力学行为特征

随着钻孔直径的增加，大直径试样的应力–应变曲线在加载过程中更有可能进入屈服阶段，强度的弱化效果也更加明显，表明大直径钻孔卸压能形成较大的卸压区域，更好地消除围岩的高应力状态、降低围岩体的应力集中和岩爆倾向性。另外钻孔深度越深，岩石力学性质的弱化效果越好，减小钻孔间距也能有效改善岩石力学性能的弱化效果，这是因为随着钻孔深度的增加，卸压的范围会逐渐增大。同时，随着钻孔之间距离的减小，钻孔之间重叠的卸压区会形成更大的卸压区域；因此，钻孔深度越深，钻孔间距越小，卸压效果也会越好。另外岩石的强度弱化特征会随着钻孔数目的增加而增加，并且钻孔布置角度（方式）会显著影响岩石的力学行为特征。

因此，卸压钻孔的空间尺寸，以及数量和布置角度（方式）会显著影响岩石的力学行为特征，这证实了大直径钻孔卸压的有效性，同时也在一定程度上揭示了钻孔卸压参数的制定对卸压效果的影响。

钻孔卸压空间尺寸和钻孔数量需要根据岩爆级别和施工环境等多种因素综合确定，目前对于钻孔参数的确定一般采用数值模拟，例如 FLAC3D、ANSYS、RFPA3D 和离散元软件 3DEC、颗粒流软件 PFC3D，和室内试验的方法。

在对已有文献和相关工程调研的基础上，提出了钻孔卸压长度、直径及间排距等关键参数的确定方法：

（1）钻孔长度：采用钻孔长度L与无钻孔时应力峰值位置$L(\sigma_p)$的比值$L/L(\sigma_p)$作为钻孔长度的确定依据，合理的卸压钻孔长度应为 $1 \leqslant L/L(\sigma_p) < 2$。

（2）钻孔直径、间排距：钻孔直径为间排距确定的基础，从减少钻孔工程量考虑，应尽可能增加钻孔直径；确定钻孔间排距时，采用隧道原峰值位置$L(\sigma_p)$处邻近孔间应力作为确定依据，当邻近孔间应力峰值相互叠加呈单峰曲线分布，且峰值大于原岩应力时，隧道处于充分卸压状态。

TBM 超前钻孔应力释放的技术原理在于通过超前钻孔和注浆来形成应力释放体，以减轻岩石应力并平衡应力分布。注浆体在承受岩石应力的作用下发生破裂和变形，从而释放应力。超前钻孔的位置和布局需要根据岩石的性质和掘进的需求进行优化，以实现最佳的应力释放效果，该方法一般适用于中—高岩爆地层。

12.2.2 先导洞应力释放

当遇到强烈岩爆地段时，因 TBM 掘进所受岩爆影响的严重程度已经难以保证 TBM 安全掘进，此时可考虑采用导洞开挖的方案，如图 12.2-3 所示。先导洞是在隧洞正式开挖前，采用钻爆法在掌子面前方提前开挖的面积较小的工作面。先导洞一般洞径较小，因而具有自稳能力强、岩爆风险较低的特点，在减缓前方围岩应力和能量集中的同时，其本身也可以作为地质超前探洞。先导洞的作用机理与钻孔应力释放类似，可以将先导洞视为大直径的钻孔，因而具有更好的应力释放与转移效果。先导洞的应力释放能力主要受爆破参数和断面尺寸影响，与超前应力释放孔类似，可以通过数值模拟及试验来确定合理的布置方案，从而使防控效果最大化。

应力释放导洞根据位置不同通常可分为中导洞和上导洞 2 种。锦屏二级电站引水洞 TBM 开挖直径 12.43m，采用上导洞释放应力，上导洞截面如图 12.2-4 所示。

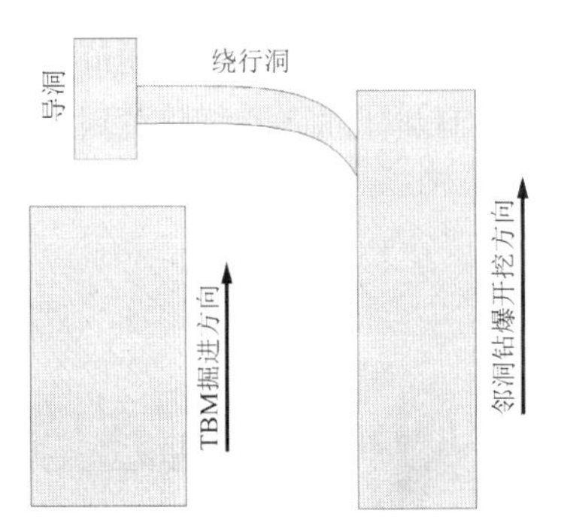

图 12.2-3　特殊条件下 TBM 掘进应急方案示意图

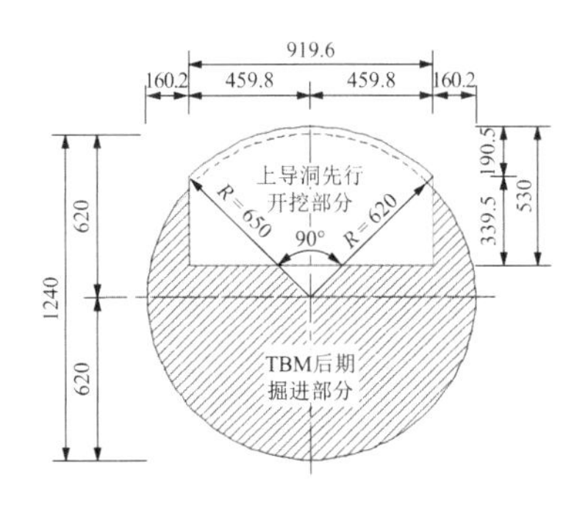

图 12.2-4　应力释放上导洞横截面（单位：cm）

在实际施工中，当其他的岩爆主动防控措施效果不佳或 TBM 一次性全断面开挖面临强烈—极强岩爆时，可以采用先导洞法进行处理。以锦屏二级水电站岩爆防治措施为例，导洞方案布置及实施原则基本如下：

（1）当钻爆法开挖的 2 号和 4 号引水隧洞开挖至 TBM 掘进洞前方时，从钻爆法隧洞开挖绕行（横通）洞到 TBM 隧洞前方。如果钻爆法隧洞落后于 TBM 隧洞，或者需加快 TBM 隧洞掘进时，可提前从辅助洞开挖绕行洞到 TBM 隧洞前方（亦可考虑从东西端同时开挖先导洞以缩短施工周期）。

（2）利用绕行洞在 TBM 隧洞中心部位用钻爆法开挖跨度大约 7m 的导洞，具体尺寸需考虑渣料运输能力和设备布置条件。采用钻爆法开挖导洞的同时，在隧洞两侧拱肩和顶部一带以及掌子面前方范围进行应力解除爆破，目的是控制导洞开挖时的岩爆风险，同时主动控制 TBM 后续掘进时可能遇到的岩爆。

（3）在导洞周围一定范围内（覆盖 TBM 撑靴部位）采用长 6m 的玻璃纤维锚杆进行系统支护，同时进行表面喷护。玻璃纤维锚杆支护的目的有两个：一是保证导洞开挖时的安全；二是为后续 TBM 掘进提供临时支护，维持 TBM 扩挖以后的围岩稳定，解除 TBM 掘进的瓶颈（出渣和支护），加快 TBM 掘进速度。因为导洞实施的喷锚支护起临时支护的作用，支护量可按维持导洞施工安全的最低要求设计。

（4）后续的 TBM 扩挖，因导洞采用了玻璃钢锚杆支护，对 TBM 刀盘不构成损伤。刀盘切断先期安装的锚杆以后，仍然遗留约 3m 长的预装锚杆在 TBM 掘进隧洞围岩内，起到了预安装临时支护的作用，可以大大减轻 TBM 支护压力，显著提高 TBM 掘进进度。

（5）在导洞先期实施的应力解除爆破可以有效控制 TBM 掘进时的岩爆风险，这一措施与先期安装的锚杆一起为 TBM 围岩提供了良好的施工安全环境。

12.2.3　高压喷水和岩层深部注水

若岩爆地段相对较为轻微，则可以通过喷水软化围岩面的方式，促使围岩进一步提升塑性表现。使用高压水，在洞壁以及开挖外露掌子面结构上进行喷洒，进而有效释放岩层结构的原始应力，并加以自动调整。同时通过喷水作业，也能够在一定程度上降低空气当中由爆破引发的高粉尘含量。使用高压水枪进行喷射时，应对距离加以科学控制。在施工期对隧洞洞壁喷高压水或钻孔高压注水可以促使围岩软化，改善围岩的物理力学性质，进而一定程度上缓解岩爆。水防治岩爆的作用机理如下：

（1）高压注水具有楔劈作用，可以降低围岩表层强度；

（2）水有利于围岩应变能的释放，能够降低剩余弹性能，避免应变能过度集中；

（3）水有利于裂隙的萌生与扩展，从而降低岩体的完整性与储能能力。

从 TBM 设备供水管路接引橡胶软管，及时对护盾后出露的岩体喷射高压水，喷洒水柱不小于 10m，洒水不少于 3 遍，每遍间隔 5～10min，增强岩体湿度，降低围岩表面的强度和脆性，松弛岩体累积的构造应力，在一定程度上降低岩爆的概率和强度。

另外利用超前钻机在护盾顶部 120°范围内打超前孔，或利用锚杆钻机沿径向打深度 3.5～5m 的注水孔，利用注浆泵由超前孔或注水孔向围岩深层注水，孔口采用封孔器封孔，降低围岩强度，增强其塑性，减弱其脆性，最终降低岩爆的剧烈程度。

从实践效果看，由于水影响范围有限，高压喷水钻孔注水措施一般作为岩爆防控的辅助或局部解危措施，需搭配其他岩爆防控措施共同发挥其效能。

12.3 TBM 设备及掘进参数优化处理

12.3.1 TBM 设备针对性设计

TBM 法与钻爆法有明显的不同。钻爆法在岩爆预警后，设备人员可方便撤离，但 TBM 是大型施工装备，庞大且造价高，即使预知会发生岩爆，也不可能将 TBM 设备撤离。为保障施工人员与设备的安全，满足建设质量、工期、投资的要求，岩爆隧道 TBM 装备必须进行针对性设计。

（1）TBM 刀盘除按常规强度刚度设计外，还应按抗冲击荷载进行设计。护盾要按防控强烈岩爆要求进行针对性设计。

（2）岩爆会挤压刀盘，爆落的岩块甚至会导致刀盘“被卡”，岩爆地层的 TBM 工作扭矩要求大于一般岩石地层，其驱动系统也应进行针对性设计。

（3）必须配置机载微震监测系统，TBM 控制室应能全天候显示微震事件，以便 TBM 主司机及时形象地了解微震事件发生的频度、能级及部位，实时掌握岩爆预警信息。

（4）对于极强岩爆需要进行超前钻孔或施作超前锚杆（索），TBM 需要配备高效率的超前钻机。采用敞开式 TBM 时，对于强烈岩爆需及时喷射混凝土，TBM 需要配置前置式喷射混凝土系统。在此特别提出，目前的 TBM 设计仍未解决其锚杆钻机打径向孔的问题，致使锚杆效能不能得到很好的发挥，有待相关专家学者进一步研究。

（5）岩爆地层的 TBM 设计与一般岩石地层不一样。敞开式 TBM 的护盾是浮动支撑的，发生在护盾部位的岩爆会导致护盾内缩；同时，随着 TBM 掘进，爆落的岩块脱离护盾后会挤压钢筋排，从而导致支护不能紧贴隧道开挖轮廓，致使隧道空间变小，支护结构“侵限”。因此，TBM 刀盘开挖直径需进行针对性设计。

针对以上提出的思路，本书提出可从刀盘、刀具和护盾三个方面对 TBM 设备进行改造升级，给岩爆地层 TBM 设备的改造提供一些参考。

1. 高冲击韧性刀具设计

岩爆塌落抛射岩块会对 TBM 刀具直接撞击，且岩爆造成掌子面凸凹不平，可能带来刀具刀圈的冲击断裂。因此，在刀具选择时，硬度和冲击韧性的选择应取得较好的平衡，并选择较宽刀刃的刀圈，提高刀圈的抗冲击断裂能力。

2. 刀盘铲斗大斗齿设计

岩爆洞段掘进时，大块岩渣的抛射塌落使刀盘旋转铲起石渣时受到很大冲击，以往小斗齿设计［图 12.3-1（a）］会出现大批铲斗齿频繁瞬间掉落的情况。因此，有较强岩爆的隧道，TBM 刀盘铲斗齿应采用大斗齿结构，如图 12.3-1（b）所示。

(a) 小斗齿设计

(b) 大斗齿设计

图 12.3-1　岩爆防控铲斗设计改进

3. TBM 护盾岩爆防控设计

岩爆和塌方给在主机支护区域施工的人员带来很大威胁，也会造成设备的严重损坏，为保证 TBM 掘进过程中主机支护区安装锚杆和挂网人员的安全，在施工过程中结合 TBM 自身构造，在指形护盾后增加了 4 套可翻转指形护棚。此护棚的作用是：（1）TBM 停机维修时，指形护棚伸开，保护钻机维修人员安全；（2）TBM 掘进过程中，防止大石块下落，指形护棚收缩后，顶部的石渣可落下，避免意外砸坏钻机设备；（3）工人在护棚防护作用下进行挂网和锚杆安装施工，在一定程度上保证了人员的安全。

传统 TBM 护盾采用指形护盾设计，如图 12.3-2（a）所示。针对岩爆隧道，设计含钢筋排储存夹层的新型护盾，实施连续封闭的钢筋排支护技术，实现防控岩爆的目的，如图 12.3-2（b）所示。

(a) 传统指形护盾

(b) 含钢筋排储存夹层护盾

图 12.3-2　岩爆防控护盾设计改进

12.3.2　掘进参数控制

在岩爆段为了保证设备和人员安全，一般都需要调整刀盘贯入度和转速等放慢掘进速度，为避免落石带来的危害，开挖完成一段距离后立即停机进行支护。当掌子面发生岩爆后，刀盘前面堆积大量石渣，容易造成刀盘被压，因此需要将刀盘前方石渣全部转出后再调整掘进参数，此刀盘前部已经形成塌腔，为保证主轴承的安全，需要按照岩爆段的低推力、低转速、小贯入度的参数进行掘进。掌子面前方岩爆往往都是正面冲击或者斜向下冲击刀盘，此种工况会对主轴承造成一定的损伤，为避免此种情况的发生，在 TBM 操作过程中，可适当地将撑靴压力减小到仅保证能够掘进，同时后支撑不能离岩面太高，离地有一定的间隙，保证 TBM 能正常掘进，这样既能给正面冲击一个缓冲的空间，又能防止主梁上部正面受冲击，但这需要及时清理后支撑底部石渣。

因此，在 TBM 掘进参数的控制方面，主要应结合岩爆发生的部位、时间以及岩爆造成的影响等多方面进行控制，主要措施有：

（1）对于掘进面正面发生岩爆的状况，岩爆会造成掘进面不平整，对刀具形成异常损坏，因此掘进时不宜采用高转速。掘进刀具受力波动大，其推力也应适当加以控制，一般情况下刀盘转速不宜高于 3r/min，掘进推力应控制在刀具承载力的 70%以内，即采取“低转速、小推力”的模式掘进，尤其是强烈岩爆时更要控制到位。

（2）对于隧道洞壁发生岩爆的状况，结合支护结构防控岩爆的能力，在轻微及中等级别的岩爆段掘进，宜采用“高转速、大推力”模式快速掘进，以避免刀盘“被卡”、护盾“被困”。在强烈及以上级别岩爆段掘进，应控制施工进度，尽可能让岩爆发生在护盾部位，降低支护施工的安全风险和支护结构的破坏率，宜采用“大推力、低转速”模式掘进，有利于防止护盾“被困”。

（3）如采用护盾式 TBM 施工，由于采用了管片结构，其安全风险相对较低。因此，对于隧道洞壁发生岩爆的状况，应采用“高转速、大推力”模式快速掘进。如采用双护盾 TBM 施工，应采用单护盾模式掘进。

第 13 章

软弱破碎地层处理技术

本章重点

本章主要介绍了对于软弱破碎地层的超前锚杆加固技术、玻璃纤维杆超前加固技术、超前小导管注浆加固技术和超前管棚注浆加固技术。

断层破碎带变形是软弱围岩表层坍塌松弛型变形，是一种逐层的松弛叠加变形，内部深层岩体并不会发生大的位移和变形。从理论上讲，只要对周圈围岩加强支护到一定强度，就可抑制大变形的发生。

断层破碎带由于围岩不能自稳，扰动时持续垮塌、破碎，出渣量和扭矩增大，电机超负荷运行后极易自我保护跳停，致使无法加大推力造成刀盘扭矩和出渣量增大，进而导致不能正常推进，另外造成皮带输送机压力增大，存在安全风险。因此断层破碎带、松散体及软弱变形地质对 TBM 施工有较大影响，对于敞开式 TBM，可能带来 TBM 撑靴无法支撑洞壁前行的技术难题。对敞开式和护盾式 TBM 都面临围岩大塌方或大收敛变形，使 TBM 被卡被困的局面。而且，护盾式 TBM 比敞开式 TBM 被卡被困的概率更高，脱困相对难度更大。因此，在 TBM 通过软弱破碎带段前，采取有效的处置措施对地层进行超前加固和支护非常必要。

13.1 超前锚杆加固技术

TBM 隧道软弱破碎地层超前锚杆加固技术是一种用于加固隧道软弱破碎地层的先进技术。在隧道施工过程中，遇到软弱破碎地层会导致隧道的稳定性和安全性问题。TBM 隧道软弱破碎地层超前锚杆加固技术通过在 TBM 推进的同时提前进行软弱破碎地层的加固，以提高隧道的稳定性和安全性。

13.1.1 超前锚杆加固技术原理及方法

1. 施工方法

超前锚杆加固主要是沿着开挖方向的拱顶，以一定角度向前方钻设锚杆，锚固掌子面前方围岩，形成较短长度的“拱棚”来保证开挖的安全进行，如图 13.1-1 所示。该方法具有柔性较大、整体刚度较小、围岩应力不大的特点。地下水较少的地质情况适用该方法。

2. 适用地质条件

砂质土层，裂隙发育较高的围岩，弱膨胀性、流变性较小的地层，断层破碎带、浅埋无显著偏压地层。

3. 技术要点

（1）锚杆插入钻孔后，不能随意敲击，避免锚杆方向和外插角明显变化。

（2）注意锚杆的三径匹配，改善锚杆支护效果，同时在锚杆端部加用垫板，促使开挖面周边形成压密圈，提高围岩结构的整体承载力。

（3）如采用水泥锚固剂，开挖面掘进时，掘进速度不能太快，因为锚杆的锚固需要一定时间，掘进速度过快会破坏支护结构，带来安全隐患。

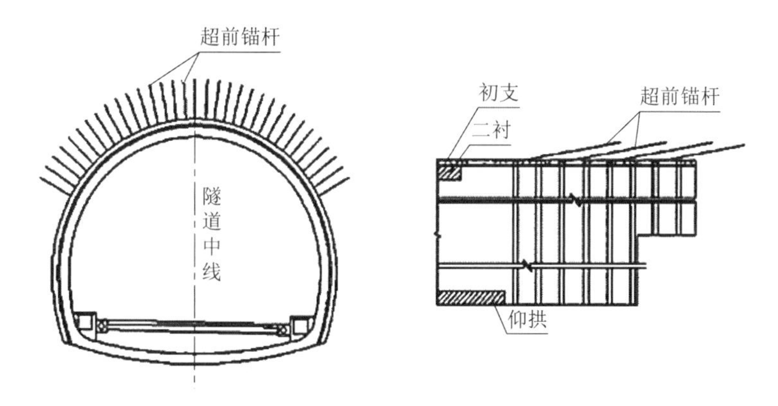

图 13.1-1 超前锚杆加固示意图

13.1.2 超前锚杆加固施工技术

该技术的基本原理是在 TBM 推进的过程中，提前在软弱破碎地层的前方进行加固。施工工艺流程如图 13.1-2 所示，具体步骤如下：

1. 前期调查和勘察

在 TBM 推进前，进行详细的地质勘察和工程地质调查，确定软弱破碎地层的性质、分布范围和厚度。通过地质勘察，分析软弱破碎地层的地质特征，为后续加固设计提供依据。

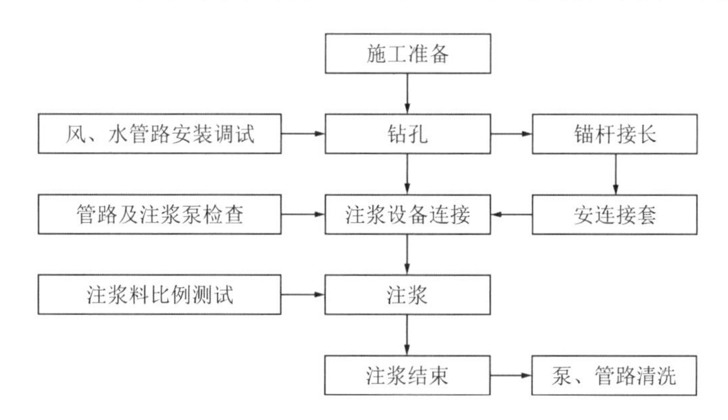

图 13.1-2 超前自进式锚杆注化学浆液施工工艺流程

2. 钻孔作业

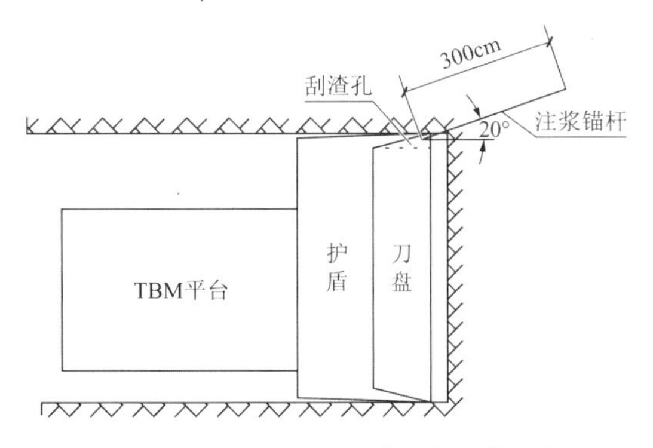

图 13.1-3　TBM 超前注浆锚杆施作示意

在软弱破碎地层的前方，进行钻孔作业。在 TBM 刀盘隔仓内搭设简易作业架，利用刮渣孔空间，对掌子面前方围岩进行钻孔，如图 13.1-3 所示。钻孔一般采用风动凿岩机施钻，钻孔的深度和密度根据软弱破碎地层的情况确定。钻孔的位置应根据设计要求和隧道需要进行布置，以保证加固效果。

3. 锚杆安装

钻孔完成后，将锚杆插入钻孔中，与地层紧密连接。锚杆通常由钢筋或钢管制成，具有足够的强度和刚度。

钻杆一般采用直径 18～25mm 自进式注浆锚杆，其同时作为注浆管，由于刀盘内作业空间狭小，钻杆长度不宜过长，可选用单节长 1m 的注浆锚杆，采用连接套连接。即第一节前端套上钻头，当一节锚杆钻进后，在其尾部套上连接套连接后一节锚杆，直到每根锚杆钻到需要长度，锚杆的长度和直径根据设计要求和地层情况进行选择。注浆锚杆样式如图 13.1-4 所示。

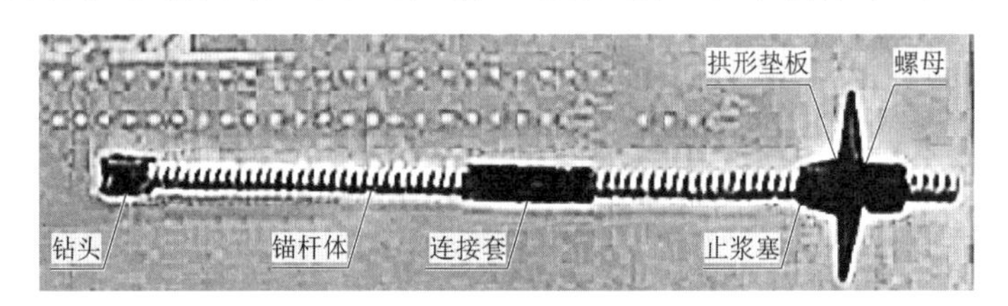

图 13.1-4　超前自进式注浆锚杆大样

4. 注浆加固

锚杆安装完成后，进行注浆加固。注浆材料通常为水泥浆或聚合物浆料。注浆材料将被注入钻孔中，填充软弱破碎地层的空隙，增加地层的强度和稳定性。注浆的压力和速度应根据地层情况和设计要求进行调整，以确保注浆材料能够充分渗透和固结地层。

通过快速注浆接头将锚杆尾端与注浆泵相连，注浆压力根据 TBM 刀盘前面掌子面浆液渗透情况确定，一般为 2～4MPa。化学注浆示意见图 13.1-5。

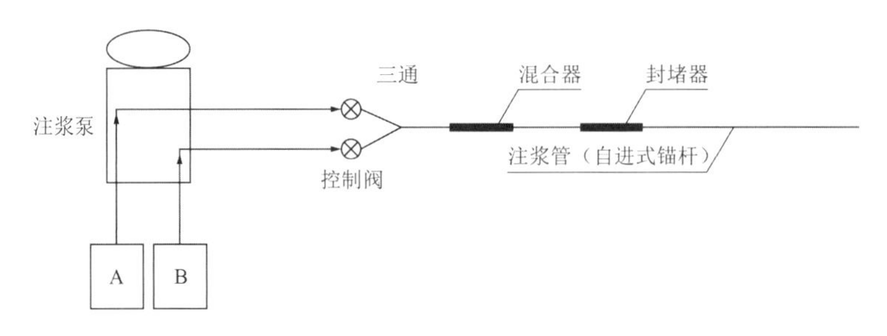

图 13.1-5　化学注浆示意

5. 监测和调整

在加固过程中，需要进行实时监测和调整。监测包括地表沉降、锚杆受力、注浆效果等。根据监测结果，及时调整施工参数和措施，以保证加固效果和隧道的安全运行。

通过采用 TBM 隧道软弱破碎超前锚杆加固技术，可以提前加固隧道软弱破碎地层，增强隧道的稳定性和安全性，减少隧道施工过程中的风险。这种技术已在许多隧道工程中成功应用，应用效果如图 13.1-6 所示。随着技术的不断发展和完善，TBM 隧道软弱破碎超前锚杆加固技术将在隧道工程中发挥越来越重要的作用。

图 13.1-6　围岩监控量测与注浆效果检查

13.2　玻璃纤维杆超前加固技术

对掌子面前方破碎围岩加固时，首先需要施作注浆管，掌子面前方及径向注浆是通过刀孔、刮渣口及观察孔施作。要求刀盘前方注浆管能对掌子面起到预锚固的作用，又能在刀盘开挖时易切割，而破碎地层钻孔成孔率低，因此采用自进式中空玻璃纤维锚杆具有显著优势。

玻璃纤维杆超前加固技术是一种利用玻璃纤维杆对软弱破碎地层进行加固的先进技术，通过在 TBM 掘进的同时进行超前加固，可以有效提高软弱破碎地层的承载能力和稳定性，保证 TBM 隧道的施工安全和效率。

13.2.1　玻璃纤维杆超前加固技术原理及方法

玻璃纤维杆超前加固技术是指在 TBM 隧道掘进的同时，利用特殊设备将玻璃纤维杆注入软弱破碎地层中，形成一定的加固层，提高地层的承载能力和稳定性。其原理如下：

玻璃纤维杆是一种具有高强度、耐腐蚀、耐磨损等特性的材料，可以有效提高软弱破碎地层的承载能力和稳定性。在 TBM 隧道掘进过程中，通过特殊的注浆设备将玻璃纤维杆注入地层中，形成一定的加固层。在 TBM 隧道掘进过程中，软弱破碎地层往往会出现塌方、断层等问题，严重影响 TBM 的施工进度和安全。通过玻璃纤维杆超前加固技术，可以在 TBM 掘进的同时对软弱破碎地层进行加固，提高地层的承载能力和稳定性，保证 TBM 隧道的施工安全和效率。

玻璃纤维杆超前加固技术的施工主要包括地层勘测、材料准备、设备安装、注浆加固、质量检测等步骤。

1. 地层勘测

在施工前，需要对软弱破碎地层进行勘测，了解地层的情况和特性，为后续施工提供依据。

2. 材料准备

在施工过程中，需要准备玻璃纤维杆、注浆设备、搅拌设备等材料和设备，确保施工顺利进行。

3. 设备安装

在施工现场，需要安装注浆设备和搅拌设备，保证施工设备的正常运行。

4. 注浆加固

在 TBM 掘进的同时，利用注浆设备将玻璃纤维杆注入软弱破碎地层中，形成一定的加固层，提高地层的承载能力和稳定性。

5. 质量检测

施工完成后，需要对加固层进行质量检测，确保加固效果符合要求。

玻璃纤维杆超前加固技术是一种有效解决软弱破碎地层中 TBM 隧道施工问题的先进技术，通过在 TBM 掘进的同时进行超前加固提高软弱破碎地层的承载能力和稳定性，保证 TBM 隧道的施工安全和效率。玻璃纤维杆具有高强度、耐腐蚀、耐磨损等特性，可以在复杂地质条件下发挥良好的加固效果。施工过程简单、快捷，可以与 TBM 隧道掘进同时进行，不影响 TBM 的施工进度。施工成本低，是一种经济、环保的加固技术。在未来的 TBM 隧道施工中，玻璃纤维杆超前加固技术将会得到更广泛的应用，并为地下隧道建设提供更加可靠的技术支持。

13.2.2 玻璃纤维杆超前加固施工技术

1. 化学灌浆材料

由于采用水泥类浆液在刀盘前方加固地层容易固结刀盘，且水泥类浆液易被地下水冲刷流失，因此采用化学灌浆进行加固。最常用的化学注浆材料选用聚氨酯类化学浆液，其包括加固型和堵水型，掌子面前方有水，一般采用堵水型化学浆液；掌子面前方围岩软弱破碎，一般采用加固型。

2. 施工方法

化学灌浆注浆分为浅孔和深孔 2 种，浅孔直径为 50mm，布置在刀盘全断面范围内，施工深度为 4～5m，在隧洞开挖轮廓线内约 50cm 的位置布孔，通过滚刀刀孔或刮板孔人工点动刀盘确定孔位；深孔沿刀盘人工转动轮廓线在掌子面全断面范围内钻孔，通过人工点动刀盘确定孔位，长距离钻孔，使用长导管进行注浆，加固层的厚度为 3～5m，加固长度一般可达 20～30m，可全断面或者局部注浆。由于化学灌浆材料完全固化反应时间非常快，采用自进式钻杆作为孔内灌浆管时，无需专用的封孔设备，停止灌浆后拆除可挠曲管即可；当用 PVC 塑料管作为孔内灌浆管时，采用孔内自封孔技术，封孔器在下管路时安放，一次使用，不再周转，如图 13.2-1 所示。其具体施工流程与超前锚杆加固相同。

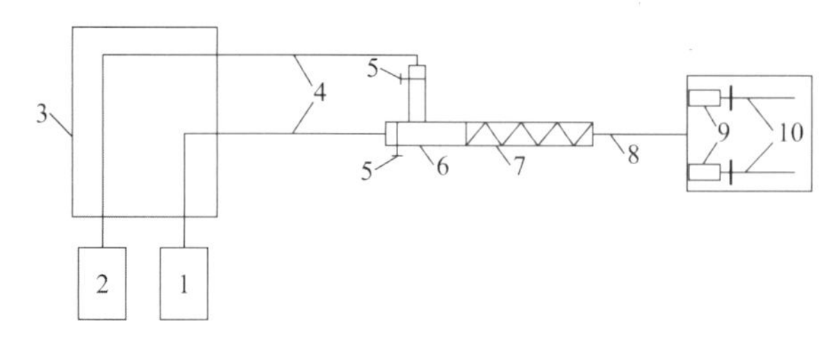

1—双组分浆液 A；2—双组分浆液 B；3—比例进浆气动注浆泵；4—浆液输出管路（承压大于 35MPa）；5—单向控制阀；6—三通；7—混合器；8—可挠曲金属管；9—封孔器；10—玻璃纤维自进钻杆

图 13.2-1 化学注浆示意图

3. 适用地质条件

富水较长距离的断层破碎带和软弱地层。对于某些软弱岩层和含有易溶矿物的岩层，如富集在节理、断层和层间挤压错动带中的绿泥石、泥灰石等，遇水可能会膨胀、崩解或软化，失去力学强度或发生溶滤。在这些岩层中灌浆，需考虑少用或不用水灰比过大的稀浆和析水性强的缩聚型浆液。水的酸碱度（氢离子浓度）对浆液的性能影响较大，碱性地下水能够缩短胶凝时间，但对固体的强度影响不大；酸性地下水可以延缓胶凝时间而且对固体的强度影响较大，故需加强化学灌浆工程现场的地质勘探和调查工作。

4. 技术要点

注浆时自上而下进行，利用化学浆液在松散体内的流动性将松散体内缝隙填满固结。自进式玻璃纤维注浆管尾部 2m 范围内不设出浆孔，钻头后部 1～2m 段钻杆设出浆孔，间距 30cm，梅花形布置。

13.3 超前小导管注浆加固技术

当掌子面前方或四周存在破碎围岩时，需要对破碎围岩进行加固。进行围岩稳定性能一般、掉块频繁、坍塌规模小地层掘进时，当掉块/坍塌范围达到 1m 左右时立即实施化学灌浆，可粘结坍体、填充坍腔，防止坍塌掉块进一步扩大、超量出渣引起更严重问题。一般在 RQD < 60 时，采用轻型小导管化学灌浆加固方法。当坍塌范围已扩大，甚至延伸至掌子面前方时，必须启动更强一级化学灌浆对前方松散体及刀盘上部坍体进行粘结。化学灌浆具有注浆压力小、强度低、可定点定量、不会固结 TBM 设备、填充粘结效果好的特点，适用于松散地层（坍体）注浆。

13.3.1 超前小导管注浆加固技术原理及方法

超前小导管注浆加固技术是一种用于 TBM 隧道施工中软弱破碎地层加固的先进技术。它通过在 TBM 掘进的同时，在掘进面前方预先安装小导管，并通过这些小导管进行注浆加固，以提高软弱破碎地层的承载能力和稳定性。

注浆是指将特定的浆液材料注入地层中，通过固化形成一定的强度和稳定性。在超前小导管注浆加固技术中，通常采用的是水泥浆、聚合物浆或者其他特殊浆料。注浆材料通过小导管输送到地层中，填充地层孔隙，与地层形成一体，从而提高地层的整体稳定性；固化后形成的坚固体可以增加地层的强度，提高承载能力，减少地层的变形和破坏。

小导管是一种细长的管道，通常由钢管或塑料管制成，直径一般为 30～100mm。在 TBM 掘进过程中，小导管被预先安装在掘进面前方的地层中。小导管为注浆材料提供了通道，使得注浆材料可以被有效输送到地层深部；可以对软弱破碎地层进行固定，减少地层的位移和破坏。

超前小导管注浆加固技术的加固效果主要体现在以下几个方面：

（1）提高地层承载能力

注浆后形成的固化体填充了地层的孔隙，增加了地层的整体承载能力，减少了地层的变形和破坏。

（2）增加地层稳定性

注浆加固后，地层的稳定性得到提高，减少了地层的位移和塌陷风险。

（3）保护 TBM 设备

加固后的地层对 TBM 掘进设备具有更好的保护作用，减少了施工事故的发生概率。

通过超前小导管注浆加固技术，可以有效改善软弱破碎地层对 TBM 隧道施工的影响，提高施工的安全性和效率。同时，这项技术也为地下隧道工程的建设提供了一种经济、环保的加固解决方案。

13.3.2 超前小导管注浆加固施工技术

1. 施工流程

超前小导管注浆加固技术的施工流程包括地层勘测、材料准备、设备安装、注浆加固和质量检测等步骤。下面是详细的施工流程：

（1）地层勘测

在施工前，需要进行地层勘测，了解地层的性质、结构、稳定性等情况。通过地层勘测和岩土力学试验，确定软弱破碎地层的特征，包括地层的稳定性、孔隙度、岩土层分布等信息。

（2）材料准备

根据地层勘测的结果，选择合适的注浆材料，通常包括水泥浆、聚合物浆等。同时需要准备搅拌设备、输送管道等施工所需的设备和材料。

（3）设备安装

在 TBM 掘进的前方地层中，预先安装小导管。小导管的安装位置和数量需要根据地层勘测的结果和工程设计要求进行布置，确保小导管的布置能够有效覆盖整个施工区域。

（4）注浆加固

在 TBM 掘进过程中，通过小导管向地层中注入预先准备好的注浆材料。注浆操作需要根据地层的情况和设计要求进行控制，确保注浆材料能够充分填充地层孔隙，并形成均匀的固化体。

（5）质量检测

在注浆加固完成后，需要对加固效果进行质量检测。通常包括对注浆体的密实度、强度、稳定性等进行检测，以确保注浆加固效果符合设计要求。

（6）施工记录和报告

在施工过程中需要及时记录施工数据和观测结果，形成施工记录和报告。这些记录和报告对于后续的工程验收和质量评估非常重要。

2. 施工要点

（1）小导管支护和超前加固必须配合钢拱架使用。用作小导管的钢管钻有注浆孔，以便向土体进行注浆加固。

（2）采用小导管加固时，为保证工作面稳定和掘进安全，应确保小导管安装位置正确和足够的有效长度，严格控制好小导管的安设角度。

（3）在条件允许时，应配合地面超前注浆加固；有导洞时，可在导洞内对隧道周边进行径向注浆加固。

3. 适用条件

（1）小导管注浆支护加固技术可作为暗挖隧道常用的支护措施和超前加固措施，能配套使用多种注浆材料，施工速度快，施工机械简单，工序交换容易。

（2）在软弱破碎地层中成孔困难或易塌孔，且施作超前锚杆比较困难或者结构断面较大时，宜采取超前小导管注浆和超前预加固处理方法。

4. 技术要点

（1）常用设计参数：钢管直径 30～50mm，钢管长 3～5m，焊接钢管或无缝钢管；钢管钻设注浆孔间距为 100～150mm，钢管沿拱的环向布置间距为 300～500mm，钢管沿拱的环向外插角为 5°～15°，小导管是受力杆件，因此两排小导管在纵向应有一定搭接长度，钢管沿隧道纵向的搭接长度一般不小于 1m。

（2）导管安装前应将工作面封闭严密、牢固，清理干净，并测放出钻设位置后方可施工。

特点：浆液填充了围岩的裂隙，与碎石等胶结为整体，可填充地层的裂隙、加固围岩，而且阻隔了地下水的渗流通道，起到了堵水的作用，如图 13.3-1 所示。

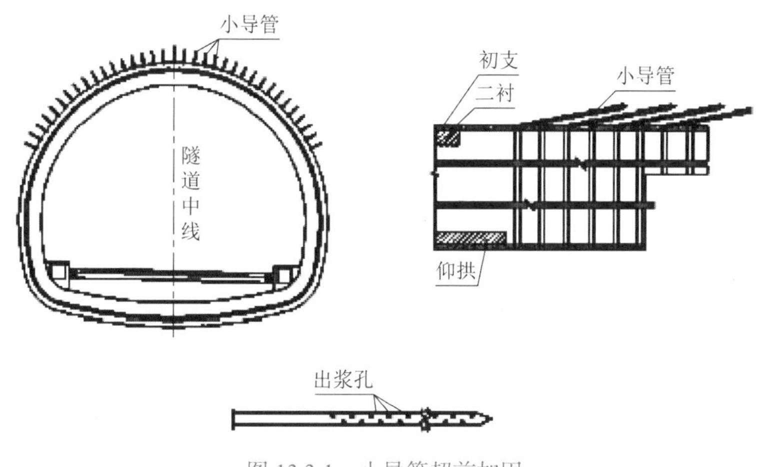

图 13.3-1　小导管超前加固

5. 注浆材料

注浆材料一般分为水泥浆液注浆材料与化学浆液注浆材料。但是，采用水泥类浆液对刀盘前方及护盾上方进行加固时，存在两方面的缺陷：一是容易固结刀盘和护盾；二是水泥类浆液易被地下水冲刷流失，导致加固效果不好。因此，高黎贡山隧道破碎地层 TBM 施工段决定采用化学浆液进行灌浆加固。

常用的化学浆液主要有水玻璃类、丙烯酰胺类、丙烯酸盐类、聚氨酯类、环氧类、甲基丙烯酸酯类等。高黎贡山隧道化学注浆材料选用聚氨酯类化学浆液，该材料具有良好的亲水性，通过专用混料注浆设备将 A、B 双组分按照体积比 1∶1 注入破碎地层，材料遇水膨胀，生成高强度、高韧性的凝胶状固结体，其低黏度的特性使其可以渗透进细小的缝隙，达到良好的加固效果。聚氨酯化学浆液包括堵水型和加固型，两种类型化学浆液的性能指标如表 13.3-1 和表 13.3-2 所示。

堵水型化学浆液主要性能指标　　表 13.3-1

完全固化时间（s）	A 组分黏度（mPa · s）	A 组分密度（g/cm^3）	B 组分黏度（mPa · s）	B 组分密度（g/cm^3）	固化物抗压强度（MPa）	发泡倍数
20 ± 5	200～400	1.02～1.06	170～320	1.20～1.24	≥ 50	≥ 2～5

加固型化学浆液主要性能指标 表 13.3-2

完全固化时间（s）	A 组分黏度（mPa · s）	A 组分密度（g/cm^3）	B 组分黏度（mPa · s）	B 组分密度（g/cm^3）	固化物抗压强度（MPa）	发泡倍数
20 ± 5	300～500	1.02～1.06	150～300	1.20～1.24	≥ 50	≥ 1.0

6. 注浆设备

（1）注浆管选择

采用化学灌浆固结松散地层或者坍体，根据固结位置不同一是固结刀盘前方，二是固结刀盘及护盾顶部，所使用的注浆管也不相同。

刀盘前方破碎围岩的加固主要是通过刀孔、刮渣口及观察孔向掌子面前方及刀盘周边打设注浆管进行注浆对松散围岩加固。考虑 TBM 设备特殊性，要求刀盘前方注浆管既能对掌子面起到预锚固的作用，又能在刀盘开挖时易切割。因此，刀盘前方不可安装铸铁管，否则掘进过程中容易损毁刀盘。另外，鉴于破碎地层钻孔成孔率低，选用自进式中空玻璃纤维锚杆比较合适。具体采用的自进式中空玻璃纤维注浆管及连接套管如图 13.3-2 所示，加固范围以刀盘前方不小于 4.0m，边径向不小于 2.0m 为准，具体如图 13.3-3 所示。

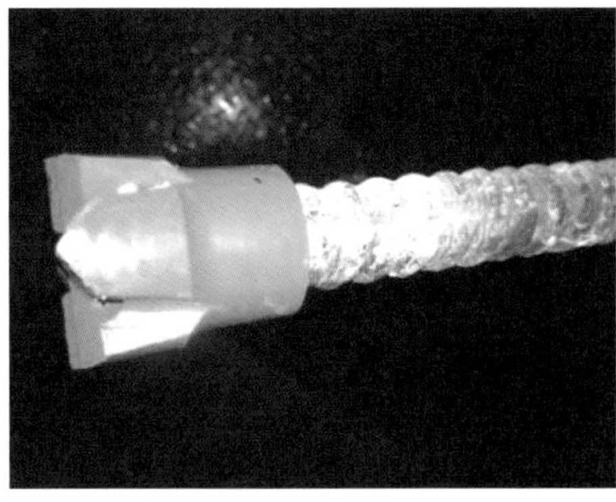

图 13.3-2 自进式中空玻璃纤维注浆管及连接套管

由于刀盘内部作业空间狭窄，单节玻璃纤维管长度不宜过长，单根长度定为 1m，用套管连接接长。采用手持式风钻或改造后的气腿式风钻（气腿长度 1～1.5m）将玻璃纤维管钻进至松散体内。

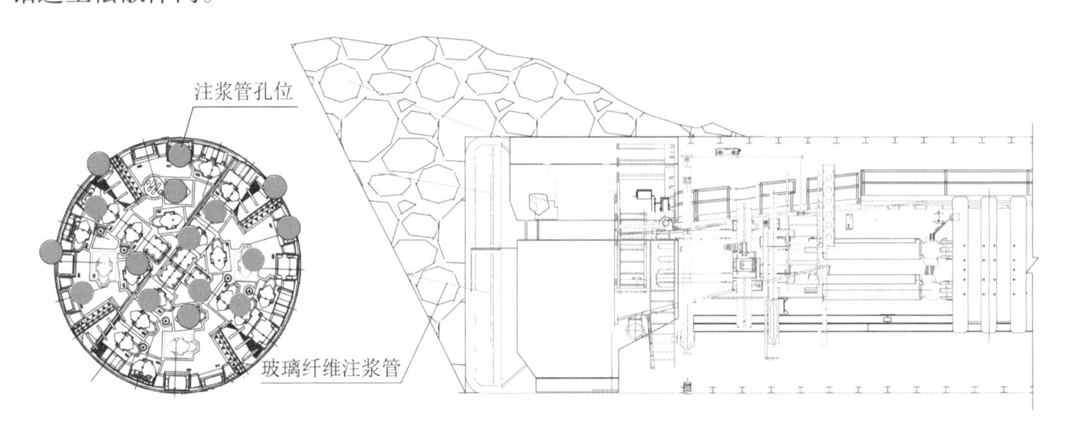

图 13.3-3 刀盘前方化学灌浆管布置示意图

由于刀盘及护盾上方存在大量积渣，要求注浆导管需有一定的刚度，以便穿过松散体注浆，因此选用钢质注浆管为刀盘及护盾上方注浆，注浆管安装一般采用ϕ42无缝钢管（图 13.3-4），因护盾前方为松散体不能成孔，利用钻机将前端带有尖锥的小导管顶入，当导管顶入困难时可采用玻璃纤维管做注浆管使用。

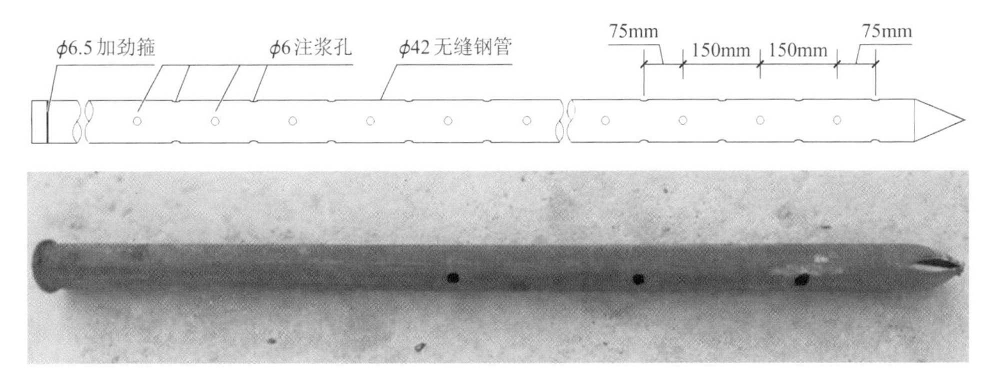

图 13.3-4　注浆管示意图与实物图

在盾尾作业平台可操作拱范围内拱部间隔 1.0m 打设注浆管，通过护盾后方斜向前方安装，风钻逐节顶入，两节之间采用焊接连接，安装长度直至顶不动为止且不宜小于 4m。

（2）注浆泵选择

化学浆液无需专用计量的储浆设备，以其包装桶作为储浆进料、计量桶即可。注浆泵采用 3ZBQS-12/20 型气动注浆泵，该型号泵进气压力为 0.4～0.63MPa，由 3m^3/min 的空压机即可带动使用。自动实现 1∶1 体积进料、混料和输出，注浆压力 1～3MPa。灌浆设备如图 13.3-5 所示。

图 13.3-5　化学灌浆设备

7. 化学灌浆工艺流程

（1）现场安装好气动注浆泵，灌浆前进行试运行，检查各管路是否正常。

（2）分别把 A 料桶和 B 料桶的进料管和出料管置于各自的料桶内。

（3）慢慢开启气动注浆泵进风控制阀，开始工作，此时 A、B 两种液料（1∶1）分别在两个料桶中循环，尽量使 A、B 进料管中的气泡排净，检查进料系统和进料配比，确保整个系统正常。

（4）系统正常后，停泵，安装灌浆变接头、连接可挠曲管、安装混合器、连接注浆管路，开始灌浆。通常情况下，开灌速度选择中低速，即灌浆泵活塞往复次数在 60 次/min 左右，确认掌子面工作正常、无返浆现象时可适当提高灌浆速度，灌浆泵活塞往复次数可提高到 80～100 次/min，灌浆泵压力控制在 0.5～1MPa，当灌浆压力升高和有返浆现象时，根据施工情况逐步降低灌浆速度，直到最后达到闭浆条件，停止灌浆。

（5）灌浆过程中，注浆司机与掌子面注浆操作手间建立实时通信对讲系统，注浆司机要随时向注浆操作手报告灌浆速度和灌浆压力，注浆操作手根据掌子面的灌浆情况决定提高还是降低灌浆速度。

（6）灌浆过程中出现异常情况时及时停止施工，灌浆结束的标准是在低速灌浆情况下（活塞往复次数约 30 次/min），浆液从掌子面的裂隙和注浆管四周渗流返回时，停止灌浆（此时，灌浆压力通常会急剧上升，也有部分情况下灌浆压力无明显变化），该灌注孔灌浆完成。

（7）灌浆结束或因异常停止施工时，用 A 组分料冲洗混合器与出料口约 10s。

（8）用清质机油清洗气动注浆泵及其配件，检查清点附件数量及其功能。注浆流程如图 13.3-6 所示。

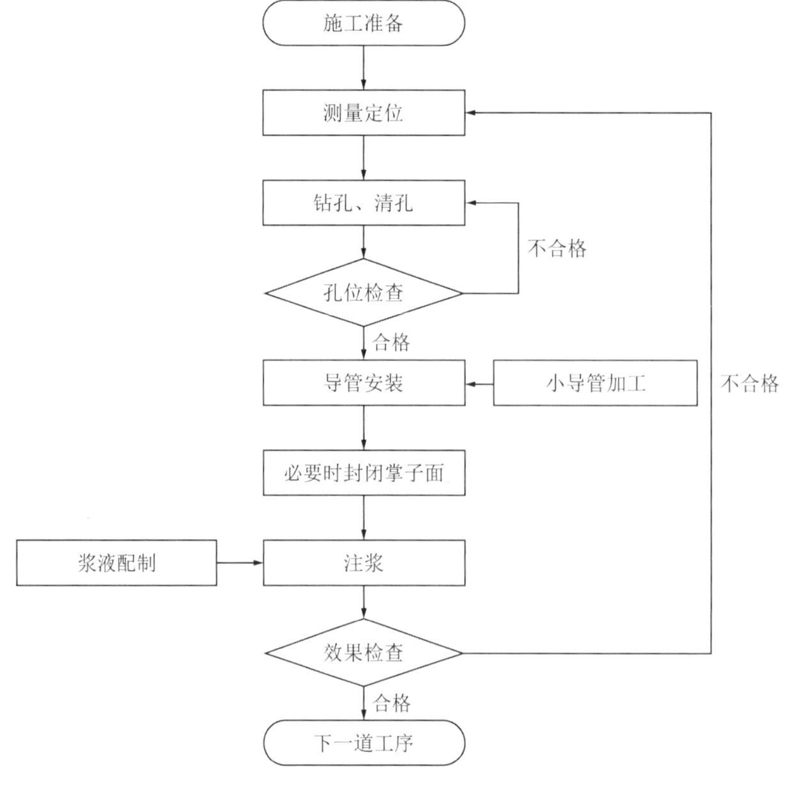

图 13.3-6　注浆流程示意图

8. 化学灌浆效果

（1）灌浆效果检测

分析法是化学灌浆中最常用的效果检测方法之一，通过对多次灌浆数据的统计分析，总结不同深度、走向的裂隙所对应的吃浆量，能够对化学灌浆液用量做初步判断，灌浆时记录下每个孔的实际灌浆量，当实际统计结果与初步判断结果及布孔压水试验结果一致时则认为达到预期目的，并且灌浆效果良好。

（2）化学灌浆出护盾围岩效果

高黎贡山隧道软弱破碎地层化学灌浆效果显著，对 TBM 安全通过不良地质起到了巨大的作用。加固后开挖露出护盾的效果如图 13.3-7 所示，可有效提高围岩的稳定性。

图 13.3-7　化学灌浆对破碎围岩的加固效果

13.4　超前管棚注浆加固技术

当 TBM 在软弱破碎地层掘进，掘进困难但还未卡机时，非扩挖管棚注浆超前加固方法可以不开挖小导洞对软弱破碎地层进行处理，一般在 RQD < 40 时启动非扩挖管棚注浆超前加固方法。该方法减少了 TBM 停机处理时间，提高了掘进效率。但该方法的缺点是管棚必须以一定的斜插角向前搭设，相同长度的管棚相对于水平打设的方法加固长度缩短。

13.4.1　超前管棚注浆加固技术原理及方法

TBM 隧道软弱破碎超前大管棚注浆加固技术是一种用于加固隧道软弱破碎地层的先进技术。在隧道施工过程中，软弱破碎地层会导致隧道的稳定性和安全性问题。TBM 隧道软弱破碎超前大管棚注浆加固技术通过在 TBM 推进的同时提前进行软弱破碎地层的加固，以提高隧道的稳定性和安全性。该技术的基本原理是在 TBM 推进过程中，利用大管棚进行钻孔和注浆作业。大管棚是一种临时性结构，通常由钢材构成，具有足够的强度和刚度，以确保施工过程中的安全性。

TBM 隧道软弱破碎超前大管棚注浆加固技术的优势：

（1）提前进入软弱破碎地层：通过大管棚进行钻孔和注浆作业，可以在 TBM 推进前就提前进入软弱破碎地层，实现超前加固，减少了软弱地层对隧道的影响。

（2）增加地层的强度和稳定性：通过注浆加固，填充软弱破碎地层的空隙，增加地层的强度和稳定性，提高了隧道的整体承载能力和安全性。

（3）有效控制隧道沉降和变形：注浆加固可以有效减缓软弱地层的沉降和变形速度，保护周围建筑物和地下管线的安全。

（4）实时监测和调整：通过监测数据的实时分析，可以及时调整注浆参数和施工措施，保证加固效果和隧道的安全运行。

13.4.2 超前管棚注浆加固施工技术

TBM 隧道软弱破碎超前大管棚注浆加固技术的具体步骤如下：

1. 钻孔作业

在 TBM 推进前，利用大管棚进行钻孔作业。根据软弱破碎地层的情况，确定钻孔的深度和密度。通过钻孔，可以提前进入软弱破碎地层，为后续的注浆加固做好准备。

（1）搭设作业平台：钻机作业平台为 20cm × 620cm 优质方木/HW125 型钢搭设，为管棚提供良好的工作平台。

（2）根据管棚开孔的倾角和方向，利用钻杆的延伸和吊锤准确确定钻孔方向，即可固定钻机。然后利用钻机的变角度油缸，参照导向管的倾角确定钻机的倾角，确保钻杆线与开孔角度一致，以起到钻进的导向作用。

（3）采用管棚钻机钻孔，每钻完一孔便顶进钢管，及时注浆，下一钻孔同步进行。

（4）采用风动冲击器 + 螺旋钻杆组合钻具进行钻进。冲击器后直接接螺旋钻杆，一则利于排渣，二则便于保直，因空间限制螺旋钻杆的长度以 1.5m 为宜。

（5）为了保证孔口的成孔质量，开孔时宜用小给进力、高转速。给进力一般为 0.5～1.0MPa，转速为 80～100r/min，每钻进 40cm 时，退出扫孔后再钻进。待成孔 2～3m 时，再加压全速钻进。

（6）钻进前，先检查钻机机械状况是否正常。钻进时，给进力一般为 1.0～2.5MPa，转速为 60～80r/min，每钻进 50～80cm 时退出扫孔。如遇到破碎围岩时，为保证钻进效率，可适时增加钻机的给进力，降低转速。成孔一半时，应用套管测量控制偏斜度，确保成孔偏差在±0.10m 范围内。根据现场成孔情况确定是否采取钻注一体化施工工艺。如不能成孔时，可将钻头直接焊接在钢管前段钻进。

（7）成孔后采用地质岩芯钻杆配合钻头进行反复扫孔，清除浮渣，目的是确保孔径、孔深符合要求，防止堵孔。扫孔时，给进速度应控制在 1m/min；如遇到破碎围岩时，应先背压，后给进，使给进与起拔的压差保证在 1.0MPa 以下，并控制给进速度 1m/min，便于孔内排渣，至钻杆回转时无较大跳动为宜。每钻进 5m，应全部将钻具退出孔外，再控制给进速度 1m/min，扫孔至孔底，直至钻具能顺利下到孔底无阻力为止。

（8）钻进过程中应根据钻进速度、岩土取芯、司钻压力等情况判断孔内地质情况。如钻速加快，说明地质变软或前方出现溶洞等现象；如钻速减慢，说明地质变硬。施工中应及时做好原始施工记录并绘制地质剖面图和展开图，为控制钻进速度及隧道开挖提供施工依据。

2. 安装管棚钢管

管棚钢管利用钻机的冲击力和推力顶进，将安装有工作管头的管棚沿引导孔钻进。管棚接长时先将第一根钢管顶入钻好的孔内，再逐根连接。顶管时，当第一节钢管推进至孔外剩余 30～40cm 时，人工装上第二节钢管，钻机低速前进对准第一节钢管端部，严格控制角度，人工持钳进行钢管连接，使两节钢管在连接套处连成一体，再通过钻机冲击压力和推进压力低速顶进钢管。如遇故障，须重新清孔后再将钢管顶入。地质条件较差时，顶管应及时、快速，以保证钻孔稳定时将管送至孔底，防止时间过长造成塌孔而影响顶管。

管棚打设长度 15～25m，根据围岩破碎程度确定。以钻机可施作最小外插角打设，通过护盾尾部按照环向间距 0.4m（根据钻孔情况适当调整间距）斜向前方打设管棚，打设范围为拱部 90°，每环管棚共 14 根，管棚打设示意图见图 13.4-1，管棚打设设备见图 13.4-2。超前管棚施工时采用跳序的方法进行打设，先打单数序号孔位，再打双数序号孔位。

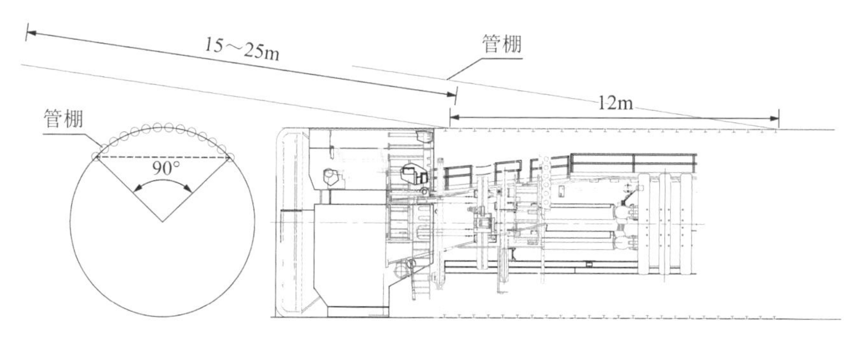

图 13.4-1　管棚打设示意图

(a) 正洞 TBM 管棚设备

(b) 平导 TBM 管棚设备

图 13.4-2　管棚打设设备

3. 注浆加固

利用大管棚进行注浆加固作业。注浆材料通常为水泥浆或聚合物浆料。注浆材料通过管道输送到钻孔中，填充软弱破碎地层的空隙，增加地层的强度和稳定性。注浆的压力和速度应根据地层情况和设计要求进行调整，以确保注浆材料能够充分渗透和固结地层。超前管棚支护流程和注浆管如图 13.4-3 和图 13.4-4 所示。

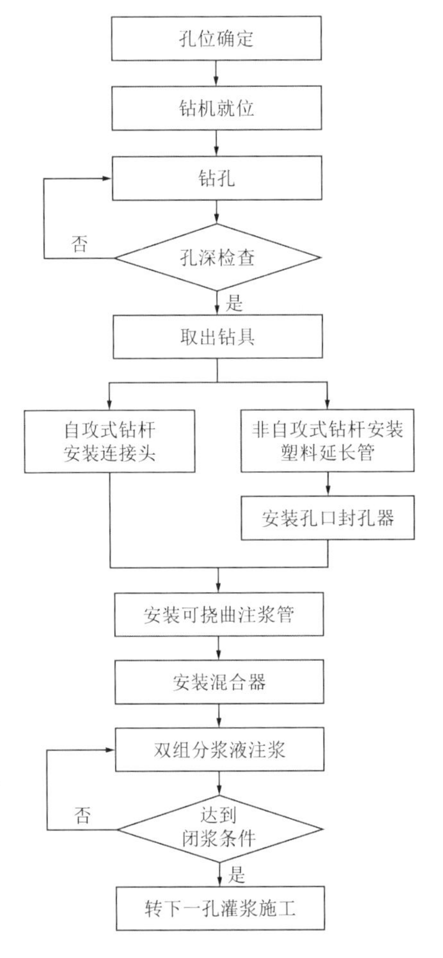

图 13.4-3 超前管棚支护流程

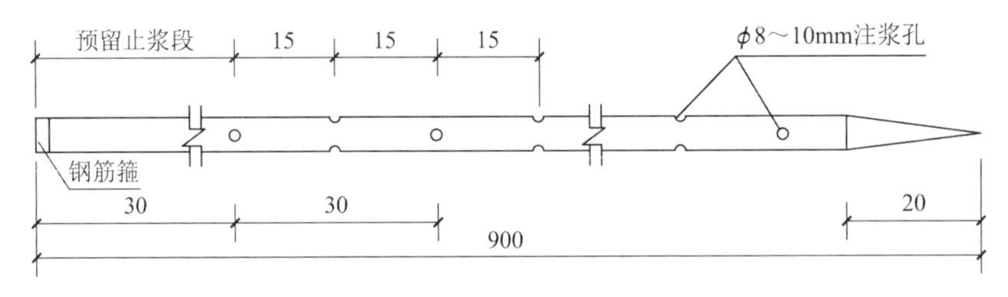

图 13.4-4 注浆管

周边管棚注浆超前加固采用的注浆材料有水泥双液浆和聚氨酯类化学浆液，当管棚钻孔深度 < 15m 时，一般采用聚氨酯类化学浆液，防止浆液流窜导致护盾被凝固住；当管棚钻孔深度 > 15m 时，采用水泥双液浆；另外，当围岩出水量大、需要堵水时，采用聚氨酯类化学浆液。

注浆结束标准采用定压定量相结合的方式进行判定。定压标准：根据地质条件，注浆终压为 1.5～3MPa（可根据现场注浆情况调整），单孔注浆压力达到 3MPa 结束；定量标准：根据地层孔隙率、地质情况及地层吸浆情况确定，具体注浆量根据现场注浆实际效果而定，如图 13.4-5 所示。根据现场注浆效果适当调整管棚间距，保证围岩注浆加固效果。

图 13.4-5 管棚施作现场施工照片

4. 监测和调整

在加固过程中，需要进行实时监测和调整。监测包括地表沉降、注浆压力、注浆效果等。通过监测数据的分析，可以及时调整注浆参数和施工措施，以保证加固效果和隧道的安全运行。

（1）管棚钢管的种类、规格和长度应符合设计要求。

（2）管棚位置搭接长度和数量应符合设计要求。

（3）管棚钢管接头采用丝扣连接，同一断面内的钢管接头数不大于 50%且相邻钢管接头至少错开 1m。

（4）管棚注浆配合比、注浆压力、注浆量应符合设计要求。

（5）钻孔方向角偏差 1°、孔口距±30mm、孔深±50mm。

通过采用 TBM 隧道软弱破碎超前大管棚注浆加固技术，可以有效提高隧道在软弱破碎地层中的稳定性和安全性。随着技术的不断发展和完善，TBM 隧道软弱破碎超前大管棚注浆加固技术将在隧道工程中发挥越来越重要的作用。

5. 超前管棚注浆加固效果

高黎贡山隧道 TBM 掘进软弱破碎围岩段，通过周边超前管棚注浆超前加固处理，对软弱破碎地层起到了较好的加固效果，有效地控制了软岩的收敛和破碎围岩的塌落，保障了 TBM 在不开挖小导洞处理围岩的情况下安全通过了不良地质段。图 13.4-6 为管棚打设并注浆加固后的现场图片。

图 13.4-6 管棚打设并注浆加固后的现场图片

第 14 章

富水构造地层处理技术

本章重点

本章主要介绍了隧道穿越含水层的处理技术、富水断层破碎带与节理裂隙密集带预处理技术、富水基岩裂隙处理及富水构造带 TBM 针对性设计与掘进参数控制。

富水构造地层是隧道工程施工中经常遇到的一种地质条件，实际工程中遭遇富水构造地层往往会给 TBM 施工造成严重的经济损失和工期延误。不仅影响隧洞围岩稳定性，而且也会危害人员及设备的安全。在掘进机或常规施工过程中遭遇富水构造地层时，当突发涌水量及突泥量超过隧洞的排水能力和掘进机的清泥能力时，对洞内的施工人员及设备构成威胁，特别是长距离隧洞。并且在高埋深围岩洞段，由于地下水压力较高，隧洞开挖后，地下水向隧洞集中渗流，水力坡度大，冲蚀作用加强，断层破碎带、侵入岩接触带内的松散充填物易产生变形或被高压地下水带走，形成涌泥、诱发大量塌方，同时使裂隙的连通性增加，从而增加渗透能力，导致涌水量进一步增加。同时，地下水的长期浸泡使岩体强度降低软化，尤其是在页岩、黏土岩遇水后产生膨胀，这种膨胀力作用在隧洞围岩或结构上，使围岩或结构产生破坏。另外，水使围岩结构面上的亲水矿物饱和，强度降低，起润滑作用，引起洞室软岩变形与坍塌。因此根据现场实际情况，采取合理的处理措施防治突泥涌水事故的发生极其必要。

14.1 隧道穿越含水层处理技术

14.1.1 穿越含水层隧道处理原则

不同的工程设计和水文地质条件，呈现出的涌水情况不同，进而对 TBM 施工的影响及危害也就不同，需根据涌水所带来的影响大小、风险大小、技术经济性等，遵循分类选择涌水防控方案的准则，达到防控安全风险、减小施工影响、技术优化可行、经济性高、保证工程质量、生态环保的总体目标。

如图 14.1-1 所示，不同涌水的情况将带来不同的防控方案选择，上坡掘进与下坡掘进的安全风险、施工影响、排水方案、经济性等将完全不同；围岩地质条件不同，可做出是否实施超前探水和超前处理的不同方案选择；掘进后出露的突涌水，也将有堵水或排水的不同方案选择，防控准则如图 14.1-2 所示。

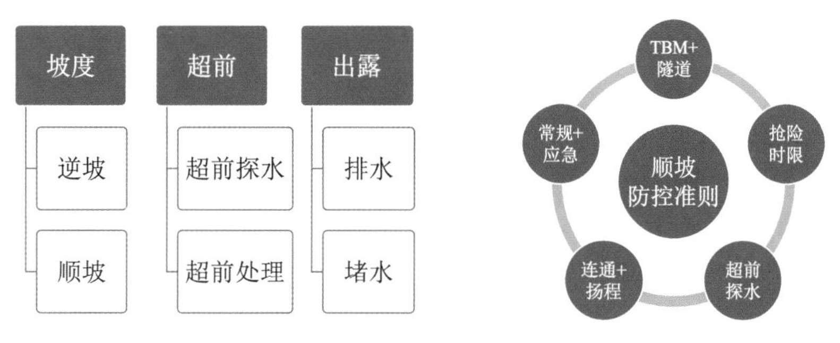

图 14.1-1　TBM 施工涌水防控三方面准则　　图 14.1-2　TBM 施工涌水防控准则

1. 超前防控准则

（1）TBM 顺坡掘进，结合地质勘察资料涌水可能性，一般需进行超前探水。

（2）断层破碎带、岩溶等不良地质洞段，需超前探水。

（3）断层破碎带、岩溶、松散体等含水洞段，需进行超前注浆处理；而岩体稳定较完整的含裂隙水洞段，一般可不进行超前注浆处理。

2. 出露防控准则

（1）TBM 掘进出露的涌水，一般采取“堵 + 排”结合防控方案；水量较小、呈衰减的涌水，可以不采取堵水方案，以排水为主。

（2）涌水量大，衰减慢，生态环境敏感区，需实施堵水方案。

（3）非破碎带洞段，TBM 掘进掌子面已揭露的涌水，如需堵水，一般出露盾体后再实施。

3. 坡度防控准则

（1）TBM 逆坡（上坡）掘进，除了突泥情况，一般风险可控。

①利用 TBM 主机及后配套上配置的常规排水系统，将涌水排至后配套尾部。

②隧洞排水，可以沿洞底自流；或将排水管与后配套污水管卷筒相连排水；或坡度小、洞底水位较深情况时，采用分级独立的排水泵和管路加速排水。

③为保证运输通道，根据水量大小，可适当架高运输轨道。

（2）TBM 顺坡（下坡）掘进，必须遵循风险控制原则。

①需超前探水，必要时超前注浆处理。

②需根据涌水量、坡度大小、TBM 驱动电机和电气柜等设备布置高度，计算设备被淹情况下的应急抢险排水启动时限，应急排水能够即时启动。

③TBM 需配置“常规 + 应急”的排水系统，涌水量较小时启动常规排水系统，涌水量大时同时启动应急排水系统；应急排水系统配置能力需结合地质勘察资料涌水量和隧道坡度确定，且应急排水扬程能够直接将水排出洞外或主支洞交叉口。

④隧道排水系统的管路要与 TBM 设备排水系统的污水管卷筒不断延伸相连，两套系统的排水量、扬程、集水井布置要统筹协调考虑。

14.1.2 隧道涌水量估算

1. 隧道涌水量计算模型

深埋隧道附近地下水类型以裂隙潜水为主，局部地段分布有承压水。为简化计算，在计算涌渗水量时假设地下水类型为裂隙潜水呈脉状渗涌，假定地下含水层厚度为无穷大。计算模型如图 14.1-3 所示。

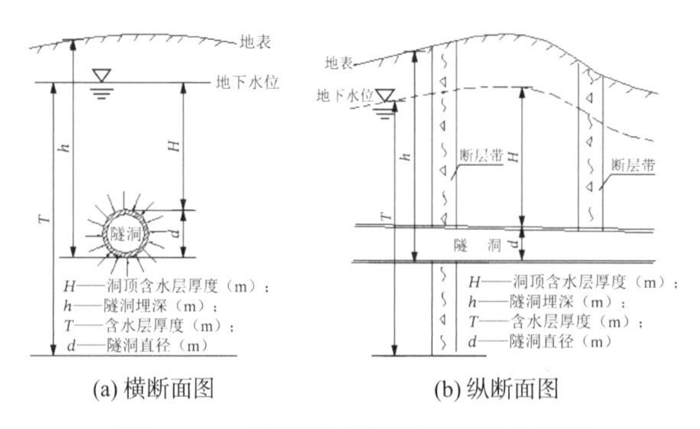

(a) 横断面图　　(b) 纵断面图

图 14.1-3　隧道涌水量计算模型示意图

2. 最大涌水量估算方法

（1）古德曼经验式

古德曼经验式按下式计算：

$$Q_0 = L\frac{2\pi \cdot K \cdot H}{\ln\dfrac{4H}{d}} \tag{14.1-1}$$

式中：Q_0——隧洞通过含水体地段的最大涌水量（m^3/d）；

K——含水体渗透系数（m/d）；

H——静止水位至洞身横断面等价圆中心的距离（m）；

d——洞身横断面等价圆直径（m）；

L——隧洞通过含水体的长度（m）。

（2）大岛洋志法

大岛洋志法计算隧洞可能最大涌水量和单位涌水量公式：

$$q = \frac{2\pi K(H - r_0)m}{\ln\left[\dfrac{4(H - r_0)}{d}\right]} \tag{14.1-2}$$

$$Q_0 = qL \tag{14.1-3}$$

式中：q——最大单位涌水量（$m^3/d \cdot km$）；

r_0——洞身横断面的等价圆半径（m）；

m——转换系数，一般取 0.86。

该公式为古德曼经验公式的修正，增添了转换系数m。适用条件为潜水、第四系松散层孔隙潜水、基岩裂隙水，非完整式。

（3）经验法

依据工程实践总结的经验公式如下：

最大单位涌水量：

$$Q_0 = qL = 1000 \times (0.0255 + 1.9224K \cdot H) \tag{14.1-4}$$

3. 稳定涌水量估算方法

（1）裘布依理论公式

当隧洞通过潜水含水体时，可采用裘布依理论公式预测隧洞正常涌水量：

$$Q_s = L \cdot K \frac{H^2 - h^2}{R_y - r_0} \tag{14.1-5}$$

式中：Q_s——隧洞正常涌水量（m^3/d）；

K——含水体的渗透系数（m/d）；

H——洞底以上潜水含水体厚度（m）；

h——洞内排水沟假设水深（一般考虑水跃值）（m）；

R_y——隧洞涌水地段的引用补给半径（m）；

L——隧洞通过含水体的长度（m）；

r_0——洞身横断面等价圆半径（m）。

（2）柯斯嘉科夫法

柯斯嘉科夫法计算隧洞稳定涌水量公式为：

$$Q_s = L \frac{2aK \cdot H}{\ln \dfrac{R}{H}} \tag{14.1-6}$$

式中：R——隧洞涌水量影响宽度（m）；

a——修正系数。

$$a = \frac{\pi}{2 + (R/H)} \tag{14.1-7}$$

该计算方法适用条件为基岩山地越岭隧洞正交进入陡倾角隔水层阻隔的非完整隧洞；含水体为无界潜水；含水体为无限厚度。

（3）经验法

依据工程实践总结稳定单位涌水量的经验公式如下：

$$Q_s = 1000KHL(0.676 - 0.06K) \tag{14.1-8}$$

（4）《水文地质手册》法

《水文地质手册》中介绍的方法：

$$Q_s = BK \frac{H - H_0}{0.37 \ln \dfrac{4h}{d} - 1} \tag{14.1-9}$$

式中：B——隧洞通过含水体长度（m）；

h——隧洞埋深（m）；

H_0——河面至地下水位的间距（m）。

该方法适用于水平集水建筑物位于河下含水层中，且含水体为无限厚的潜水含水层。

4. 关键参数确定方法

（1）洞顶含水层厚度

根据工程经验，当含水体的渗透系数较小、而厚度很大时，洞顶上部降落漏斗中心的水位难以下降到洞底，其原因是存在较大的水跃值Δh。一般渗透系数越小，水跃值越大。水跃现象实质上是由于在抽水过程中，由多种因素造成的一系列附加阻力综合作用的结果。

在勘察阶段可采用$\Delta h \approx 0.75H$的方法大致确定Δh值，有效的含水层厚度应减去水跃值。结合该工程的特点，依据不同的渗透系数及裂隙宽度给出相应的水跃折减系数见表 14.1-1，在计算中可供参考。

不同渗透系数及裂隙宽度对应的水跃折减系数　　表 14.1-1

渗透系数K（cm/s）	裂隙张开宽（mm）	推荐水跃折减系数	含水层折减系数
$K < 1 \times 10^{-5}$	0.025	0.75	0.25
$1 \times 10^{-5} \leqslant K < 1 \times 10^{-4}$	0.05	0.70	0.30
$1 \times 10^{-4} \leqslant K < 1 \times 10^{-3}$	0.1	0.65	0.35
$1 \times 10^{-3} \leqslant K < 1 \times 10^{-1}$	0.5	0.45	0.55
$1 \times 10^{-1} \leqslant K$	2.5	0	1.00

（2）岩体渗透系数

据钻孔 JDZK3 压水试验成果，透水率范围值为 1.7～5.0Lu，平均值为 2.8Lu，渗透性等级属弱透水。对于透水性较小（$q < 10\text{Lu}$）时P-Q曲线为 A（层流）型时，通过公式将岩体透水率转换为岩体的渗透系数，所采用的计算公式如下：

$$K = \frac{Q_1}{2\pi H_1 L} \ln \frac{L}{r_0} \tag{14.1-10}$$

式中：K——岩体的渗透系数（m/d）；

Q_1——压水试验的压水流量（m^3/d）；

H_1——试验水头（m）；

L——试段长度（m）；

r_0——钻孔半径（m）。

根据裂隙水力特性与地应力环境的关系，即 Louis1974 年提出的均质裂隙岩体不同深度的钻孔压水试验成果（岩石渗透系数K）与垂直应力σ_V的半经验关系式确定洞线岩体透水率。

Louis 钻孔压水试验成果（岩石渗透系数K）与垂直应力σ_V的半经验关系式为：

$$K = K_0 e^{-a\sigma_V} \tag{14.1-11}$$

式中：K——洞线岩体渗透系数（m/d）；

K_0——地表卸荷带岩体渗透系数（m/d）；

a——常量（MPa^{-1}），取值为 0.067；

σ_V——洞线岩体垂直地应力（MPa）。

Louis 公式显示，岩体的渗透性具有随深度的增加（即垂直地应力的增加）而减少的特点。

根据上述最大涌水量和稳定涌水量计算公式，可计算出 TBM 施工隧道各段可能出现的涌水情况，从而制定出合理的防排水措施。

14.1.3 穿越含水层隧道 TBM 掘进涌水防控技术

1. 逆坡排水

针对富水构造，应设置完整的综合排水系统。根据构造破碎带与裂隙发育富水围岩的分布与涌水量，分别设置集汇盲井、纵横向保温排水盲沟、导水盲洞与保温深埋排水沟或泄水洞。而排水设施埋深应通过计算确定，确保运行过程中不被严重冻结，凡可能冻结的排水设施，应加设相应的防冻保温层或采用加热装置。注浆的主要目的是加固围岩，限制排水量，保证隧道稳定，同时减少排水对环境的影响。帷幕注浆主要是根据超前地质预报情况，采取相应的帷幕注浆方式，有效地将地下水、裂隙水排除在开挖范围以外，防止涌水现象的发生。

（1）TBM 施工涌水风险分析和防控方案选择

针对隧道软弱破碎带含水洞段较多，特别是软弱破碎带较大涌水时可能会影响围岩稳定或出现突泥水，此种情况可能造成 TBM 沉陷、被埋、被困，是 TBM 施工重大风险，必须实施超前探测和超前地质预报。TBM 上配备超前地质预报系统，并配备超前钻机，实施超前探测和超前处理。

针对汇水量较大，并且隧道所处地区降水量大的隧道，涌水对生态环境影响有限。隧道支护可封堵部分涌水，另外少部分出水点可视对 TBM 施工影响进行堵水。

当涌水量较小时，TBM 上常规配备的排水系统可将涌水排至后配套尾部，进而通过仰拱块排水槽流出洞外；即使涌水量很大时，TBM 主机和桥架处的积水量若高出仰拱块，涌水自然会沿仰拱块向外自流。因此，TBM 设备被淹的风险极小。这样，可按涌水量 370m³/h，另加一定的设备消耗供水量，给 TBM 设备设计配置排水系统，且无需配置应急排水系统。后配套尾部至洞口可采取自流排水，洞外设置污水池进行处理。

（2）TBM 排水系统设计方案

TBM 排水系统需要的排水量由三部分组成：

①隧道涌水；

②TBM 洞外供水系统将水送入隧道内，部分用于刀盘喷水、清洗设备、出渣皮带机降尘等消耗用水；

③TBM 洞外供水系统送入隧道内用于冷却设备的回水，部分进入污水箱，需排出洞外。

综上考虑，TBM 排水系统按 420m³/h 设计。排水系统设计如图 14.1-4 所示。

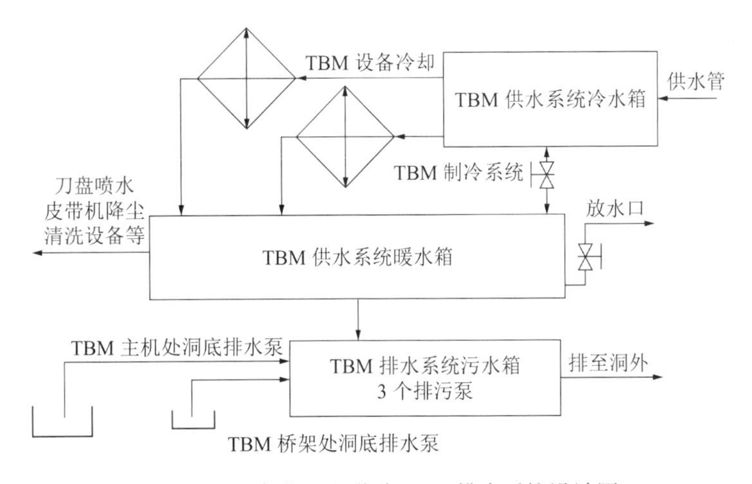

图 14.1-4 高黎贡山隧道 TBM 排水系统设计图

TBM 洞外供水进入后配套上的冷水箱后，部分通过与 TBM 设备冷却内水循环系统热交换后，回水流入 TBM 暖水箱；需要制冷时，部分供水用于制冷系统，热交换后回水流入 TBM 暖水箱。

TBM 暖水箱的水通过温控开关可流入 TBM 排水系统污水箱，也可直接通过放水口排至仰拱排水槽，流出洞外。

TBM 暖水箱水用于刀盘喷水等消耗涌水，流入洞底后，与隧洞涌水一起，由 TBM 主机处和桥架处的 3 个潜水排污泵（10 + 10 + 18kW，420m^3/h）排至 TBM 排水系统污水箱，污水箱内置的 3 个潜水泵（18 + 18 + 18kW，450m^3/h）将沉淀后的污水排至仰拱块排水槽，流出洞外。

2. 顺坡排水

在高纬度、高海拔的严寒地区，隧道洞身穿越地层节理较发育的中等富水区，为充分利用围岩水正温特点，防止出现涎冰，需要加强隧道防排水设计，于隧道下方设无压防寒泄水洞及排水横洞，洞身段纵坡同主洞隧道，出水口段以较大坡度进行泄水，并设圆端掩埋式保温端头，确保泄水洞内水流不冻结，以便及时排出地下水。在隧道线路前进方向的左侧施作平导，平导低于正洞，导坑线路纵坡与正洞线路纵坡相同，导洞排水进入泄水洞。采用超前导坑长隧短打，快速实现隧道贯通方案的特点和优点如下：

（1）超前导坑方案将使施工从软岩大断面开挖稳定性差的纠缠中“跳出去”，通过超前导坑实现“软岩富水大断面隧道采用小断面快速施工，实现长隧短打，快速贯通”的目标；

（2）超前导坑超前掘进时，可进行地质勘察，充分掌握前方地质状况；

（3）复杂地质条件下的隧道施工中极易产生滑塌和围岩失稳等情况，严重危及施工人员及设备安全，影响进度。增加平导，有利于加快进度，规避常规隧道施工中可能出现的施工安全事故。

在隧道线路前进方向的来水一侧施作平导，平导低于正洞，导坑线路纵坡与正洞线路纵坡相同，导洞排水进入泄水洞。在隧道洞身深埋富水段采用施工期先行施工的位于隧道来水方向一侧、低于正线隧道的平行导坑，形成两端非贯通的大坡度集水通道。其特征在于充分利用了大断面富水隧道施工期加快进度而采取的先行平行导坑，实现了临时工程的永-临结合效果。

14.2 富水断层破碎带与节理裂隙密集带预处理技术

高压富水破碎带是隧道施工风险较高的不良地质之一，易发生突涌水、塌方、设备被淹等事故。因此在富水的断层破碎带或节理裂隙密集带采用 TBM 直接掘进时，必须先进行超前加固。针对高压富水破碎带的突涌水预防与处理，施工人员坚持“堵排结合、限量排放”的原则，采用径向注浆、局部堵水注浆、超前注浆等多种措施。

14.2.1 钻孔分流与表面嵌缝

针对裂隙水压高、水量大的出水点，在凝固时间内浆液随出水流走，无法实现对出水点的直接注浆堵漏，因而降低水压和分流成为实现注浆封堵的前提条件。钻孔分流是降低裂隙水压、减少出水量的措施之一。根据出水点位置、出水状态等划分隧道断面局部涌水范围（分别以无水—渗水、渗水—线状出水为界），判断出水程度（股状水、流水、渗水），根据出水量及水压由浅入深布设一定数量的分流孔，如图 14.2-1 所示。分流孔的作用是揭穿更多出水路径，降低局部出水范围的水压力与水流量。分流孔的孔径根据裂隙水量大小而定，一般不小于直径 38mm；分流孔钻孔方向应根据隧道断面、岩层结构面、节理裂隙面的方向确定，尽量与主裂隙面或岩体结构面斜交，以穿过更多的裂隙，分流更多裂隙水；分流孔孔深应根据出水量确定，若出水量过大，且出水断面与隧道断面垂直时，可适当加深钻孔深度，但不宜超过 6m。分流孔不仅可以降低水压和出水量，同时也可以作为后期处理的集中封堵孔。

通过分流减压孔的分流和减压，围岩表面的裂隙出水量减小，出水压力明显降低，具备对开挖表面嵌缝的条件。使用嵌缝材料对主裂隙及影响范围内的次生裂隙进行嵌堵，如图 14.2-2 所示，防止或减少注浆时出现漏浆现象。

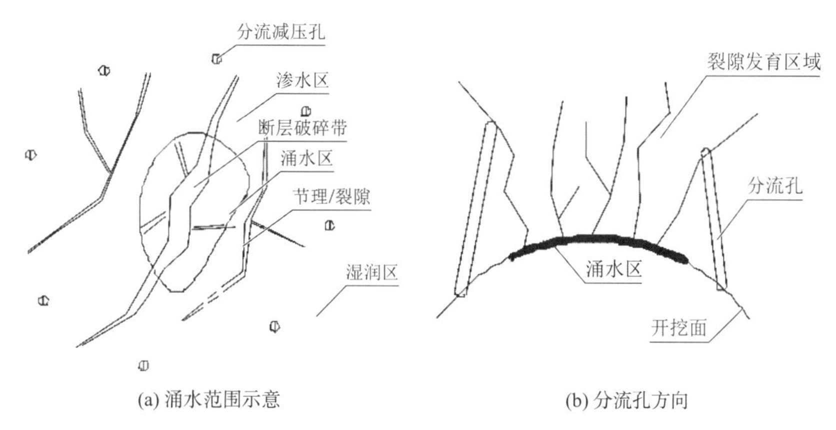

图 14.2-1　涌水范围确定及分流孔方向

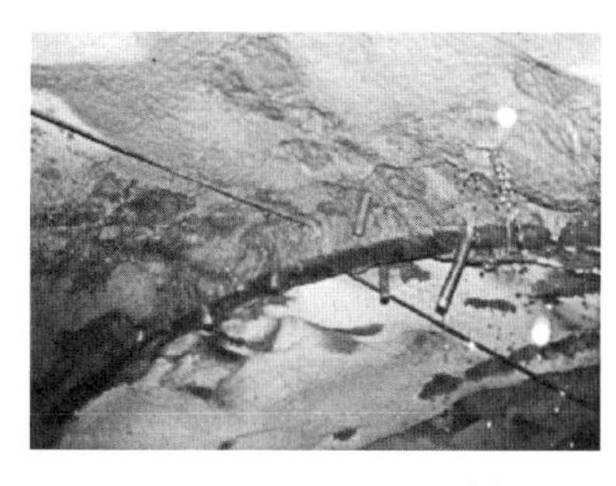

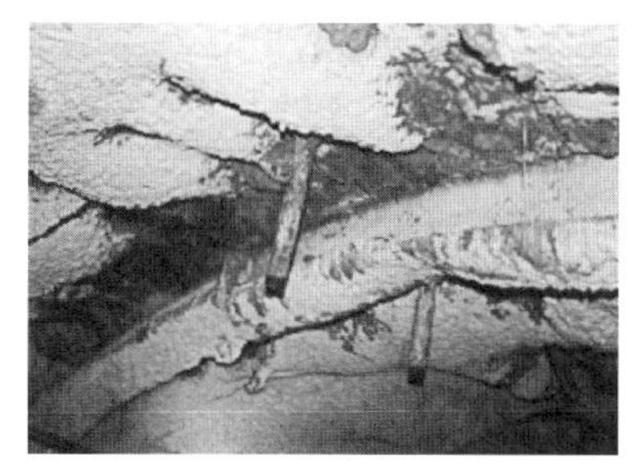

图 14.2-2　表面嵌缝

14.2.2　浅层注浆封堵与深层注浆加固

为了实现对集中出水点的有效封堵，必须对集中出水点进行深层注浆加固。在高水压、大流量的出水点及周围布设深层加固孔，孔间距宜为 1.2m × 1.2m，孔深宜为 5.0～6.0m，孔径宜为 38～50mm。深层加固孔方向应根据结构面/节理裂隙面、隧道断面的方向确定，钻孔深度应根据水压和流量确定，钻孔布置见图 14.2-3。当隧道断面仰拱、拱顶、侧腰等均出现较大出水点时，应自下而上依次封堵，即“先仰拱、后侧腰、最后拱顶”。

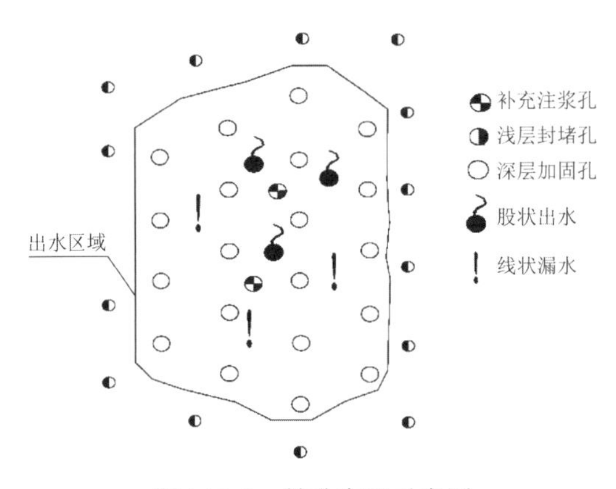

图 14.2-3　钻孔布置示意图

为了实现隧道断面的全面封堵，必须坚持系统处理的原则，即不仅对出水点进行封堵处理，而且对出水区域周边一定范围的隧道断面进行系统浅层封堵注浆，特别是对于隧道断面整体裂隙较发育的地段。对于浅层封堵注浆孔，孔间距宜为 1.5m × 1.5m，孔深宜为 3.5～5.0m，孔径宜为 38～50mm。浅层封堵孔钻孔方向应根据节理裂隙面、隧道断面等的方向以及裂隙发育深度、宽度等确定，钻孔布置见图 14.2-3。通过实施浅层注浆封堵，可以有效防止地下水沿岩体内浅层裂隙溢流，形成新的出水带或通道，对实现隧道断面的整体封堵具有重要作用。

在进行渗流出水注浆封堵之前应分析和掌握裂隙发育情况，根据涌水量计算裂缝宽度，计算公式为：

$$Q_1 = \frac{c\rho g a^3}{12\eta} L_1 \tag{14.2-1}$$

式中：Q_1——区域裂隙涌水量（m^3/h）；

c——经验常数；

ρ——水的密度（kg/m^3）；

g——重力加速度（m/s^2）；

a——裂隙宽度（m）；

L_1——裂隙长度（m）；

η——黏度（$Pa \cdot s$）。

对于富水高压、水量大的出水段，一般的注浆材料很容易被水流稀释，难以凝胶、固结，无法起到注浆封堵作用。应根据不同工程出水特点，选择合适的注浆材料和注浆工艺。

14.2.3　顶水注浆封堵与补充注浆

深层加固和浅层封堵施工结束后，对水压高、出水量大的分流减压孔进行顶水注浆封堵。注浆封堵顺序应由浅孔至深孔、由远及近、由外向内依次进行，注浆浆液采用防水稀释、胶凝时间可控的特种浆液。注浆过程中，需打开部分分流减压孔阀门，观察串浆情况，待所串浆液达到一定浓度后逐步关闭分流减压孔。将浆液由裂隙口向深部堆积填充，达到完全封堵裂隙的目的。

顶水注浆封堵以后，若仍存在出水部位，需对该部位进行针对性的钻孔注浆封堵，直至满足封堵要求。补充注浆孔根据出水情况与前期堵水注浆孔情况进行布置，孔深同周边注浆孔。

14.3 富水基岩裂隙处理

正如前述，一般情况下基岩裂隙水突出不会影响隧道的稳定性，且基岩裂隙几何尺寸相对小、隐蔽性强，一般难以超前探测准确。因此，对于富水基岩裂隙，通常是在 TBM 掘进通过后，视情形进行处理。在 TBM 上坡（顺坡）施工发生基岩裂隙突水时，由于隧道可顺坡排水，一般不会影响 TBM 的掘进，不需要立即进行堵水。通常情况下，根据地下水流失对环境及后续施工工序的影响程度，在掘进完成后进行必要的注浆堵水处理。处理时根据裂隙的产状与涌水点分布，遵循“先外围后核心，快凝固堵裂隙”的原则。TBM 下坡（反坡）施工发生基岩裂隙突水时，在排水能力能满足不发生水害的情形下，一般不需要进行及时处理，其后续处理与上坡施工相同。如排水能力不足，应利用超前钻注系统及时处理，通常是在护盾尾部打设超前注浆孔进行迎水强制注浆，注浆材料应为快凝材料或化学注浆材料，并尽可能降低涌水量，为后续施工创造条件。

14.4 富水构造带 TBM 针对性设计与掘进参数控制

对于富水构造带，TBM 的针对性设计应围绕排水设备与超前钻注设备两项内容进行。排水设施总抽排能力宜按照隧道设计预测的分段最大涌水量考虑，并预留富余能力，TBM 超前处理能力应按其处理效率与经济性综合考虑。TBM 装备应配置用于全断面超前处理的钻机和注浆系统，受 TBM 属性的影响，其超前注浆加固与堵水施工干扰大、实施周期长，超前钻孔与注浆系统设备的超前能力不宜短，一般其超前钻孔深度不应少于 40m。同时，注浆设备应当具备双液注浆功能。TBM 后配套随机自带的应急泵站，应采用高压电机、大流量、大扬程水泵，尽可能减少应急时的中途泵站数量，必要时可配合施工布局采用分级抽排。TBM 的排水管宜按照涌水量计算配置大小管径，通常采用小管径排水，出现较大突涌水时启用大管径。

TBM 在富水基岩裂隙处的掘进与支护，一般按照完整基岩方式进行掘进与支护。TBM 在富水破碎带的掘进与支护，应按照“先堵水加固、后排水降压、再快掘强支”的原则进行。在超前注浆堵水与加固围岩后，需在隧道的顶部或 TBM 两侧打设超前排水孔，尽可能降低水压对 TBM 掘进的影响。每一注浆循环的掘进必须预留一定厚度的注浆体作为下一注浆循环的止浆墙。TBM 掘进与一般破碎带加固后的方式一样，应采用“低转速、中等推力”的方式匀速掘进，控制对加固体的扰动，并尽快对注浆加固体进行支护，防止形成新的渗水通道。对于富水破碎带，在超前注浆堵水与加固后，一般采用“型钢拱架 + 钢筋排 + 喷射混凝土”的方式进行支护，但必须利用前置喷射混凝土系统进行及时封闭。

14.4.1 前置式自动化湿喷系统设计

为了解决不良地质露出护盾及时封闭的难题，设计了前置式自动化喷射混凝土系统。通过结构及空间优化，在护盾尾部钢拱架撑紧机构上安装弧形齿圈轨道，实现了 L1 区两组喷嘴在钢拱架撑紧机构的圆弧轨道上行走，湿喷喷嘴安装于湿喷小车上，并可调节洞臂距喷嘴的间距。如图 14.4-1、图 14.4-2 所示，拼装钢拱架时，两组喷嘴分别移动到弧形轨道底端，不影响钢拱架安装。

湿喷料通过 L2 区混喷泵和设备桥混喷泵接力输送至 L1 区。L2 区混喷泵将湿喷料输送至设备桥右侧两台混凝土输送泵中，再通过设备桥右侧输送泵，将混凝土泵送至 L1 区湿喷喷嘴。L1 区湿喷上料，采用了接力方式进行混凝土泵送。

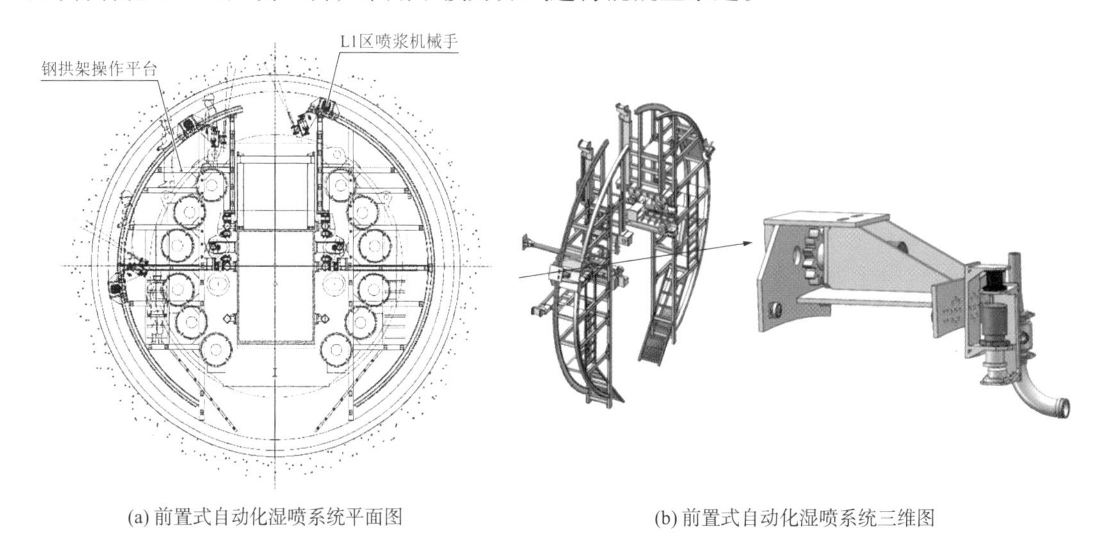

(a) 前置式自动化湿喷系统平面图　　(b) 前置式自动化湿喷系统三维图

图 14.4-1　前置式自动化湿喷系统行走轨道及湿喷小车

为了满足破碎地层大塌腔的及时封闭，L1 区除了设计前置式自动化湿喷系统外，还布置了应急潮喷系统，满足紧急情况下利用混凝土封闭破碎围岩的应对能力，如图 14.4-3 所示。

图 14.4-2　前置式自动化湿喷系统布置于实物

图 14.4-3　L1 区应急潮喷机

第 5 篇

极端地质环境工程案例

第 15 章

敞开式 TBM 施工案例

本章重点

重点介绍引汉济渭秦岭隧洞、引松供水输水隧洞、大瑞铁路高黎贡山隧道、西藏旁多水利枢纽工程和川藏铁路隧道工程等使用敞开式 TBM 的施工实例。

15.1 引汉济渭秦岭隧洞工程概况

15.1.1 工程简介

引汉济渭工程不仅是我国水网建设中的一项重大水利设施项目，也是陕西省境内工程跨度最长、供水量最大、受益人群最广、影响力最为深远的战略性水资源优化配置工程。该工程位于我国南北分界线秦岭山脉之底，地跨陕南与关中两区，连接长江与黄河两大流域，总长达 98.29km，主要由黄三段和越岭段两大部分构成，其中秦岭黄三段隧洞长度为 16.52km，越岭段隧洞长度为 81.779km，坡度为 1/2500，最大埋深为 2012m。该工程地质条件复杂，病害严重，尤其是在穿越秦岭岭脊段，硬质围岩病害极其突出，施工难度世界罕见。引汉济渭工程的调水枢纽由黄金峡和三河口水利枢纽组成，前者位于汉中市汉江干流黄金峡，后者约位于汉佛坪县椒溪河与宁陕县汶水河交汇处，受水区主要为陕西省关中平原渭河沿岸的一些重点城市（西安、咸阳、渭南、杨凌）及县区，受益人口约 1441 万人，工程设计流量为 $70m^3/s$，建成后调水规模预计在 2025 年达 10 亿 m^3，2030 年达 15 亿m^3，如图 15.1-1 所示。

根据设计，81km 的秦岭输水隧洞不同洞段将分别采用钻爆法和 TBM 掘进法两种施工方法，如图 15.1-2 所示。

15.1.2 工程地质条件

1. 地质背景

引汉济渭秦岭输水隧洞位于秦岭褶皱系构造单元，该区域北邻中朝准地台，中部穿越印支构造带、礼县-柞水海西构造带、加里东构造带，南靠扬子准地台，如图 15.1-3 所示。

工程区域内造山运动剧烈，形成了 3 条大断裂，4 条分支断裂以及 33 条一般性断裂，大多为东西向走向，主要分布在岭南南侧和岭北北侧，且多为压型，少数为张型或平型。地形地貌上，越岭段输水隧洞位于秦岭造山带西部地区，所处位置在长期新构造地质运动、流水侵蚀等作用下形成了崎岖不平、起伏较大的复杂地形。隧洞工区中部为秦岭山脉中高山区、而北部与南部均为秦岭山脉中低山区，如图 15.1-4 所示。秦岭山脉中低山区位于柴家关南侧，地形起伏较大，海拔在 550～1780m，整体呈现出北高南低的变化趋势，区域支流较发育，河谷较宽、宽度为 50～300m，整体呈 NEE 走向隧洞桩号 K0 + 000～K28 + 600 之间区段位于该地质区域。秦岭岭脊中部地区北邻小王涧与板房子，南邻柴家关，地势险峻、起伏极大、平均坡度大于 45°，海拔在 1050～2535m，总体呈中部高南北两侧低的变化趋势，隧洞桩号 K28 + 600～K55 + 900 之间区段位于该地质区域。秦岭岭北中低山区位于秦岭岭脊以北，地势起伏变化较大，高程在 640～1730m，整体呈南高北低的变化趋势，区域支流较发育、河谷狭窄多呈现 NE 走向，隧洞桩号 K55 + 900～K81 + 799 之间区段位于该地质区域。

图 15.1-1　引汉济渭工程示意图

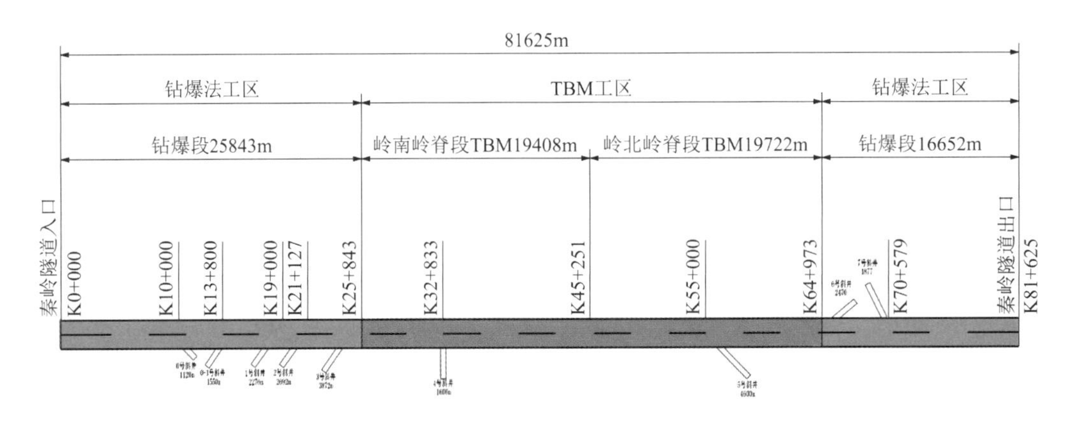

图 15.1-2　秦岭隧洞主洞、支洞、TBM 施工段桩号图

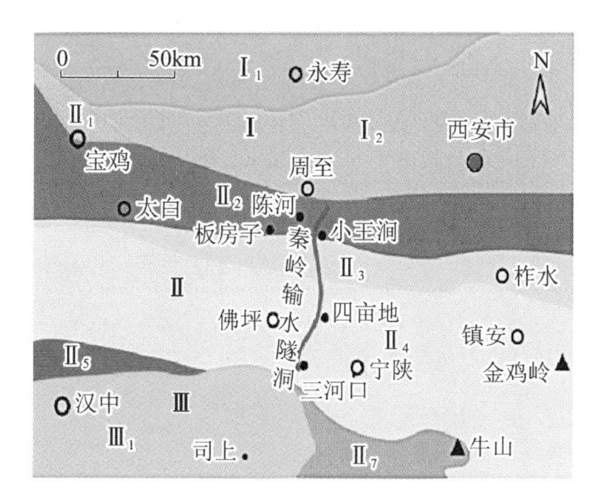

图 15.1-3 引汉济渭秦岭隧洞工区的地质构造

注：Ⅰ为中朝准地台板块；$Ⅱ_3$、$Ⅱ_4$分别为礼县-柞水海西构造带及印支构造带；Ⅲ为扬子准地台板块。

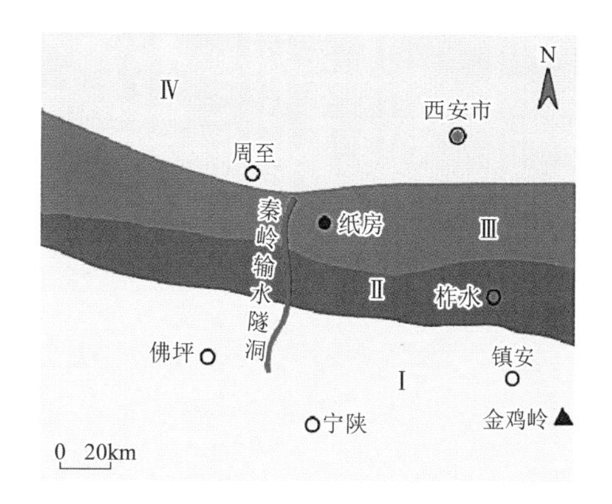

图 15.1-4 引汉济渭秦岭隧洞工区的地貌特征

注：Ⅰ为秦岭山脉中低山区；Ⅱ为秦岭山脉高中山区；Ⅲ为秦岭山脉中低山区。

2. 地层岩性

引汉济渭秦岭输水隧洞区域处于复合型秦岭造山带，地质构造运动强烈、岩层沉积较厚，分布有古生代、中生代、新生代等不同时期的各种沉积岩与变质岩，以及在加里东晚期、海西运动后半期、印支运动期、燕山运动期等，经历断块、挤压、逆冲推覆平移走滑等地质构造作用过程中岩浆喷发冷凝与侵入变质作用形成的花岗岩、闪长岩、花岗山岩、石英岩、石英片岩等，如图 15.1-5 所示。

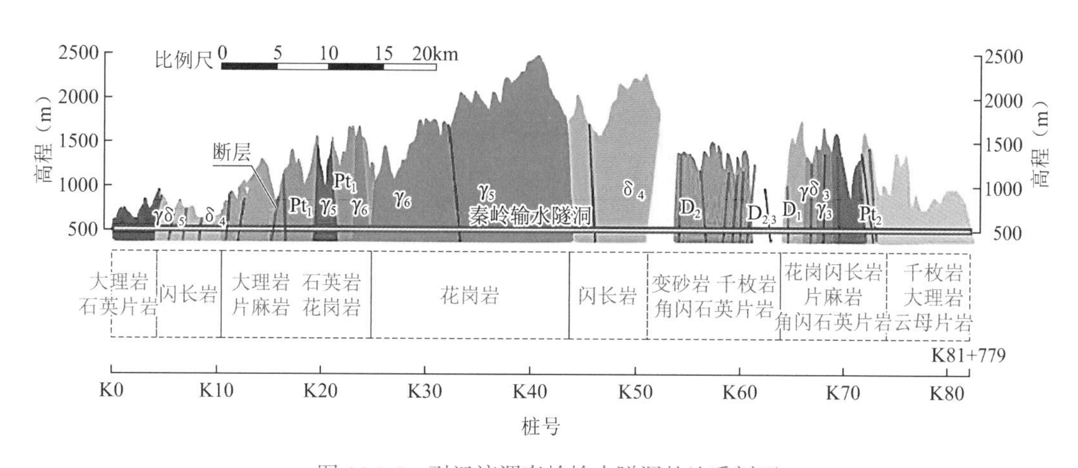

图 15.1-5 引汉济渭秦岭输水隧洞的地质剖面

3. 地层特性

在隧洞工区，上述这些侵入性岩层主要位于秦岭输水隧洞岭脊南北附近，厚度较厚、完整性较好，且岩性坚硬，主要特征如下。

加里东晚期形成的岩组：隧洞桩号 K64 + 750～K69 + 500 之间的花岗岩（γ_3）以及 K69 + 500～K70 + 600 之间的花岗斑岩（$\gamma\delta_3$）与花岗闪长岩（$\gamma\delta_3$），岩层呈灰白色，岩质坚硬完整，呈粒状变晶结构，节理不发育，风化程度为未风化或微风化。

海西运动后半期形成的岩组：隧洞桩号 K8 + 500～K12 + 800 以及 K42 + 300～K46 + 200 之间的闪长岩（δ_4），岩层呈灰色及灰白色，岩质坚硬，呈中粗粒块状结构，节理裂隙不发育，风化程度为未风化或微风化，主要矿物成分为石英、斜长石、普通角闪石、黑云母。

印支运动期形成的岩组：隧洞桩号 K23 + 800～K24 + 800、K26 + 700～K27 + 950 以及 K28 + 600～K42 + 300 之间的花岗岩（γ_5），岩层呈灰白色，岩体完整，岩质坚硬，呈中粗粒结构，节理裂隙不发育，风化程度为未风化或微风化，主要矿物质成分为斜长石、钾长石、石英、黑云母和角闪石。

燕山运动期形成的岩组：越岭段隧洞桩号 K3 + 500～K8 + 500 之间的花岗闪长岩（$\gamma\delta_5$）岩体完整，岩质坚硬，中粗粒结构，节理裂隙不发育，风化程度为未风化或微风化。除上述隧洞工区分布的坚硬岩浆岩层外，在其他位置也有部分大量坚硬的变质岩层。如隧洞桩号 K24 + 800～K26 + 700 与 K27 + 950～K28 + 600 之间的下元古界长角坝岩群黑龙潭岩组石英岩，块状构造，细粒变晶结构，弱风化或微风化，主要矿物质为石英、长石等；隧洞桩号 K22 + 850～K23 + 800 之间的下元古界长角坝岩群低庄沟岩组石英片岩；隧洞桩号 K46 + 200～K28 + 400 与 K48 + 400～K51 + 100 之间的泥盆系池沟组与青石垭组坚硬变质岩。

4. 应力特征

引汉济渭秦岭输水隧洞横跨秦岭山脉三大地貌区域，地形起伏变化极大，地应力环境复杂多变。在秦岭输水隧洞勘察、设计以及施工期间，国家地震局地壳应力研究所采用国际岩石力学学会推荐的地应力测试方法——水压致裂法，在引汉济渭工程越岭段 6 个（SZK1、CZK1、CZK4、CZK2、CZK3、SZK2）不同位置处进行了深钻孔地应力测试，结果如表 15.1-1 所示。由表可见，引汉济渭秦岭输水隧洞围岩初始应力场中最大水平主应力大于最小水平主应力，且其最大水平主应力优势方位主要为 NW，表现出显著的水平构造应力作用为主的地应力分布特征。

秦岭输水隧洞不同位置处的地应力值　　表 15.1-1

测点	桩号	σ_h（MPa）	σ_H（MPa）	最大水平主应力方向
CZK1	K16 + 908	3.99～9.54	7.09～15.14	N29°W/N42°W/N32°W
SZK1	K28 + 600	4.78～13.66	8.32～21.70	N35°W/N40°W/N38°W/N50°W/N54°W
CZK4	K29 + 820	10.11～15.41	16.11～23.70	N38°W/N46°W/N30°W
CZK2	K57 + 320	10.88～14.14	15.42～20.49	N52°W/N47°W/N37°W
CZK3	K61 + 000	4.79～7.47	6.64～11.03	N40°W/N43°W/N46°W
SZK2	K64 + 315	4.78～13.66	17.77～29.85	N16°E/N9°E/N16°W/N33°W/N35°W

注：σ_h为最小水平主应力；σ_H为最大水平主应力。

15.1.3　工程极硬围岩特征

隧洞越岭段工区地质构造复杂，尤其秦岭山脉岭脊区段和岭南区段，地形起伏较大高程变化区间在 1050～2420m，隧洞最大埋深达 2012m，工程范围内涉及的坚硬围岩岩层主要为加里东晚期与印支期花岗岩、海西运动后半期闪长岩以及下元古界黑龙潭岩组石英岩与低庄沟岩组石英片岩等。这些硬质围岩的物理力学指标如表 15.1-2 所示。由表可见，引汉济渭秦岭隧洞硬质围岩密度较大、强度较高、抗压强度达 96.7～242.0MPa，最高可达 242.0MPa，尤其在秦岭岭脊段，实际围岩地应力可能更高，工程地勘报告显示该区段围岩平均抗压强度达 178MPa，平均耐磨性及石英含量分别为 5.4 与 75%，平均完整系数为 0.85，这些指标参数均超过类似工程中围岩岩性参数。

秦岭输水隧洞硬质围岩物理力学指标　　表 15.1-2

基本物理力学指标	岩性			
	闪长岩	花岗岩	石英岩	石英片岩
密度（g/cm^3）	2.73～3.01	2.65～2.81	2.75～2.89	2.80～2.86
重度（kN/m^3）	26.4～29.3	25.0～27.1	26.6～27.1	28.0～28.6
吸水率（%）	0.29～0.31	0.23～0.79	0.04～0.11	0.11～0.41
饱和吸水率（%）	0.33～0.34	0.27～0.88	0.06～0.14	0.16～0.44
孔隙率（%）	0.2～0.3	0.04～2.8	0.0～8.7	1.7
抗压强度（MPa）	127.3～167.0	96.7～242.0	86.1～216.0	37.5～218
弹性模量（$\times 10^4$MPa）	3.25～5.60	3.52～9.39	3.66～6.05	5.42～6.10
泊松比	0.17～0.31	0.13～0.25	0.18～0.19	0.18～0.24
抗拉强度（MPa）	3.4～5.7	2.1～3.3	2.5～6.8	1.6～5.1
摩擦角（°）	51.50～67.02	51.00～68.53	58.50～62.63	56.0～58.0
黏聚力（MPa）	1.80～15.21	1.44～12.53	2.98～16.21	2.58～2.88

引汉济渭秦岭越岭段隧洞工区具有地质构造作用复杂、硬质围岩区段长、埋深大、区域地应力高、水平构造作用强、围岩强度高等特征。在隧洞工区总长度（81.779km）中，埋深超过500m的区段累计长度达61.369km，占隧洞总长度比例为75.04%，围岩类别为Ⅰ、Ⅱ、Ⅲ等级的区段累计长度占隧洞总长度的比例为 75.49%，尤其在秦岭岭南桩号 K27＋643～K45＋625区段，主要以Ⅱ类围岩为主，Ⅱ类围岩长度占该区段隧洞工区总长度比例为 73.7%，Ⅰ、Ⅱ类围岩区段累计长度占该区段隧洞工区总长度比例高达 90.7%。此外，在隧洞沿线通过大量深孔地应力测试，预计在大埋深段隧洞最大水平主应力最高可达 100MPa。这样的地质环境使得引汉济渭秦岭输水隧洞建设过程中发生了不同程度的岩爆近4088次，同时还产生了大量板裂、剥落、掉块、钢拱架扭曲以及底部隆起等病害现象，给隧洞建设和施工人员安全带来了巨大挑战。

15.1.4　超前地质预报

如图 15.1-6～图 15.1-8 所示，分别为采用 HSP 波反射法于 K55＋957 掌子面朝小里程方向探测得到的典型波形图、反演分析成果图和采用岩体温度法探测得到的 K55＋950～K55＋920 段隧道围岩温度场等值线图。

分析认为，K55＋957 掌子面前方 38m（里程 K55＋957～K55＋919），围岩较破碎—较完整，局部节理裂隙较发育；前方 38～75m（K55＋919～K55＋882），围岩受构造影响，节裂隙发育，岩体较破碎—破碎，呈块状—碎裂状结构，结构面结合较差，岩体易沿结构面掉块、坍塌，围岩完整性和稳定性差，地下水较发育。

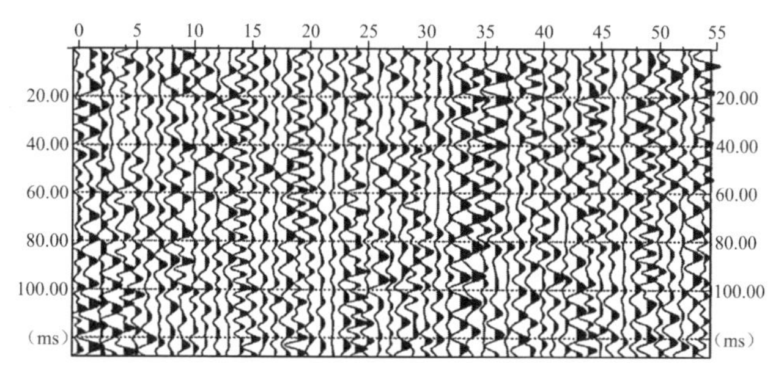

图 15.1-6　K55＋957 掌子面 HSP 波反射法探测典型波形图

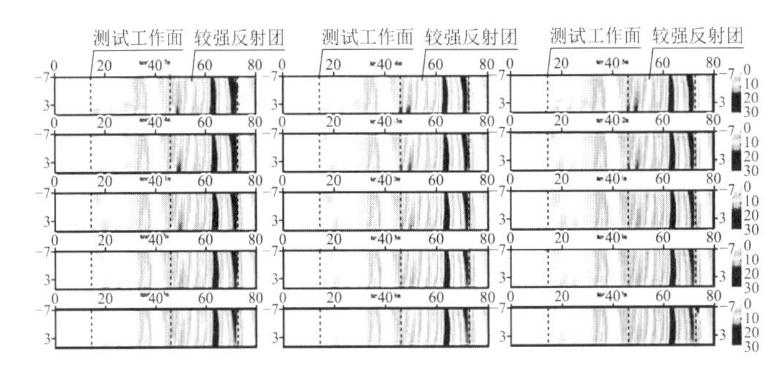

图 15.1-7　K55 + 957HSP 波反射法探测反演分析成果图

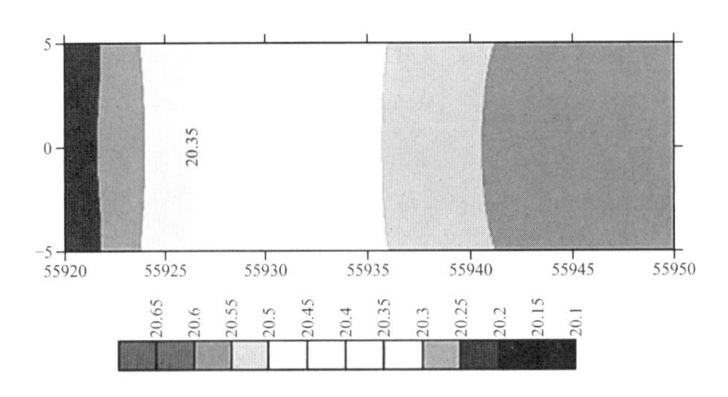

图 15.1-8　K55 + 950～K55 + 920 段隧道围岩温度场等值线图

开挖揭示，K55 + 919～K55 + 882 段围岩较破碎—破碎，节理裂隙发育，少量节理裂隙岩屑、方解石脉充填，地下水呈淋雨状流出。

15.1.5　不良地质带处理及脱困措施

1. 极硬岩掘进困难

1）问题描述

引汉济渭秦岭隧洞 TBM 自掘进以来，以Ⅰ类极硬岩、硬岩为主，围岩强度高、完整性好、石英含量高、耐磨值大，刀盘贯入度小，掘进速度缓慢，TBM 平均掘进速度 1.2m/h。硬岩洞段掌子面及隧洞成形，如图 15.1-9 所示。

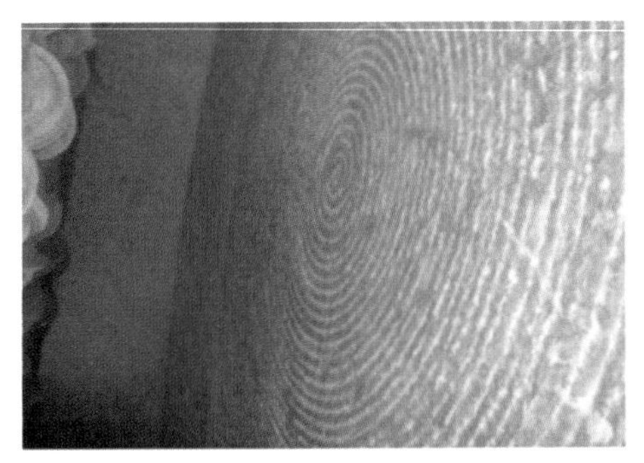

图 15.1-9　硬岩洞段掌子面及隧洞成形

经统计，已掘进段石英含量平均 71.6%，最高 92.6%；围岩干燥抗压强度平均 193.8MPa，最高 317MPa；耐磨值平均 5.36（1/10mm），最高 5.81；完整性系数平均超过 0.8；凿碎比功平均 576.3J/cm^3，最高 595.3J/cm^3。截至 2020 年 8 月，延米消耗量达到 0.7 把/m。刀盘面板、铲斗等部件损伤速率加快，每掘进不足 1000m 就需要进行停机大修。

2）应对措施

（1）优化 TBM 掘进参数。通过对掘进参数分析和不断摸索，对高磨蚀性硬岩地段，TBM 掘进参数拟定宜采用高转速、低贯入度、高推力、低扭矩的“两高两低”模式。

（2）刀具技术攻关。开展刀具专项试验，基本摸索出适合于本工程的刀具，一定程度上减少了刀具成本支出。此外，通过增加刀盘检查频次及换刀人员，减少了刮板、刀座的磨损和消耗。

（3）优化设备结构、引入新型材料。优化刮板座结构：刮板座由原来单个组装焊接结构更改为整体铸造结构，使其受力更均匀，刮渣板更换更简易，减少异常损坏。引进新材料：易磨损部件改用耐磨材料或堆焊耐磨材料，达到增加耐磨的效果。

2. 岩爆

1）超前预处理措施

引汉济渭工程秦岭隧洞岭南 TBM 施工段由于隧洞埋深大、地应力高、岩石完整性好，在 TBM 第 1 掘进段共计 8521m 的洞段施工过程中，发生不同规模岩爆 304 次，岩爆段长度合计 3549m，占掘进总长的 41.7%。其中，大部分岩爆为轻微—中等程度，强烈与极强岩爆（简称强岩爆）共发生 9 次。总体岩爆分布情况如表 15.1-3 所示。

TBM 施工段强岩爆发生段统计表　　表 15.1-3

桩号	部位	最大单块岩石尺寸（m）	一次爆落岩石量（m^3）	岩爆爆坑深度（m）	爆落岩石岩性	埋深（m）	岩爆等级
K28 + 571～+ 576	11 点—13 点半	2.4 × 1.1 × 0.5	34	1.5	石英岩	539	强烈
K29 + 028～+ 035	10 点—13 点半	1.2 × 0.6 × 0.4	12	1.2	花岗岩夹石英岩	619	强烈
K33 + 653～+ 667	11 点—14 点	1.4 × 0.5 × 0.4	27	2.1	石英岩、石英片岩	1 205	极强
K33 + 675～+ 682	12 点—14 点半	1.7 × 1.1 × 0.4	33	1.8	花岗岩夹石英岩	1 216	强烈—极强
K33 + 850～+ 860	11 点—14 点半	1.4 × 0.5 × 0.4	16	1.8	花岗岩夹石英岩	1 325	强烈—极强
K34 + 091～+ 099	10 点—14 点	1.1 × 0.4 × 0.2	22	2.0	花岗岩夹石英岩	1 243	强烈—极强
K34 + 119～+ 130	11 点—13 点半	1.1 × 0.8 × 0.3	17	1.9	花岗岩夹石英岩	1 271	强烈
K35 + 517～+ 523	11 点—13 点半	1.2 × 0.6 × 0.4	9	1.4	花岗岩夹石英岩	1 310	强烈
K36 + 601～+ 609	11 点—13 点半	2.0 × 1.1 × 0.3	5.5	1.7	花岗岩夹石英岩	1 440	强烈

强岩爆对施工人员及施工设备的威胁最大，通常需要等待岩爆应力释放后再进行支护。在隧洞开挖之前，应根据微震监测或应力测试等所预测出的岩爆规模、等级及应力集中部位，针对性地采取超前应力释放措施。由于 TBM 施工超前应力释放措施实施难度较大、用时长，一般岩爆等级较小时不宜采用；在强烈岩爆地段，可利用超前钻机通过紧贴护盾实施钻孔（10～25m），或在刀盘正前方手持风钻打孔（3～5m），必要时可在钻孔内实施爆破。

具体操作方案为：方案 1：利用 TBM 设备上自带的超前钻机进行钻孔，钻孔范围为拱部 120°，外插角 15%，从护盾位置向掘进断面外圈扩散，钻孔深度为 15～25m，孔径为 89mm；钻孔内装药进行爆破，从而在刀盘前方未开挖岩体中形成破碎区，实现应力的提前释放。方案 1 示意图如图 15.1-10 所示。

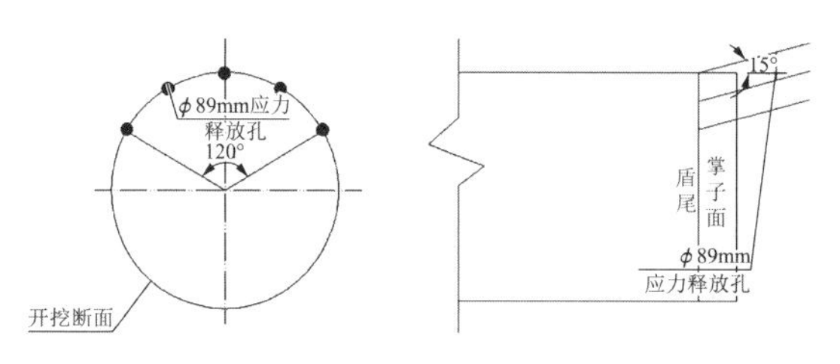

图 15.1-10　TBM 护盾尾部超前应力释放孔布置（方案 1）示意图

方案 2：在刀盘正前方人工手持风钻钻孔，操作平台为刀盘与主轴承之间的隔仓，隔仓宽度为 80cm。手风钻架设后通过刀孔、人孔向掌子面正前方施钻，施钻时需要临时拆除部分滚刀。根据现场情况，从刀盘圆心位置开始直径 2.5m 范围内具备操作空间，在不拆除中心刀的情况下，9～24 号滚刀刀孔与 4 个人孔可以进行钻孔，钻孔数量约 20 个，孔径 50mm，孔深正常为 5m，扣除刀盘厚度 1m，有效孔深为 4m，必要时可通过加接钻杆的方式增加孔深。方案 2 示意图如图 15.1-11 所示。

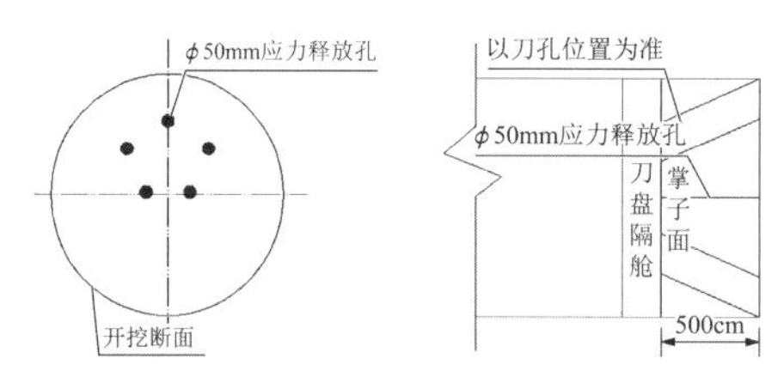

图 15.1-11　TBM 刀盘隔仓内超前应力释放孔布置（方案 2）示意图

2）针对性治理措施研究

超前应力释放完成后，可开展 TBM 慢速掘进工作，掘进过程中需要及时实施护盾后相应的岩爆治理措施。

强烈岩爆可按照围岩出露护盾前岩爆与出露护盾后岩爆 2 种情况进行考虑，防治工艺流程如图 15.1-12 所示。

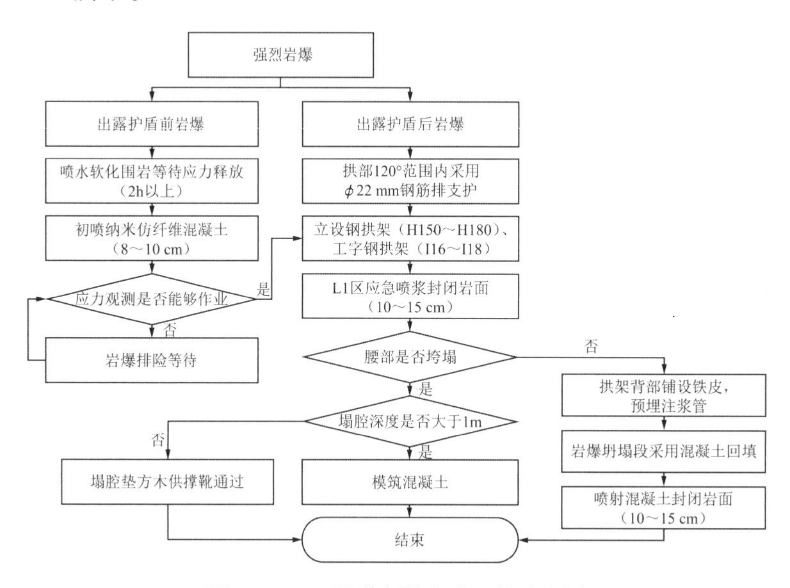

图 15.1-12　强烈岩爆防治工艺流程图

极强岩爆风险极大，目前在应对极强岩爆方面经验较少，稍有不慎将导致灾难性后果。在极强岩爆地段，应遵循“前方地质不探明不开挖、施工方案未充分论证不开挖、后部支护体系不稳固不施工”的原则进行防治，其工艺流程如图 15.1-13 所示。

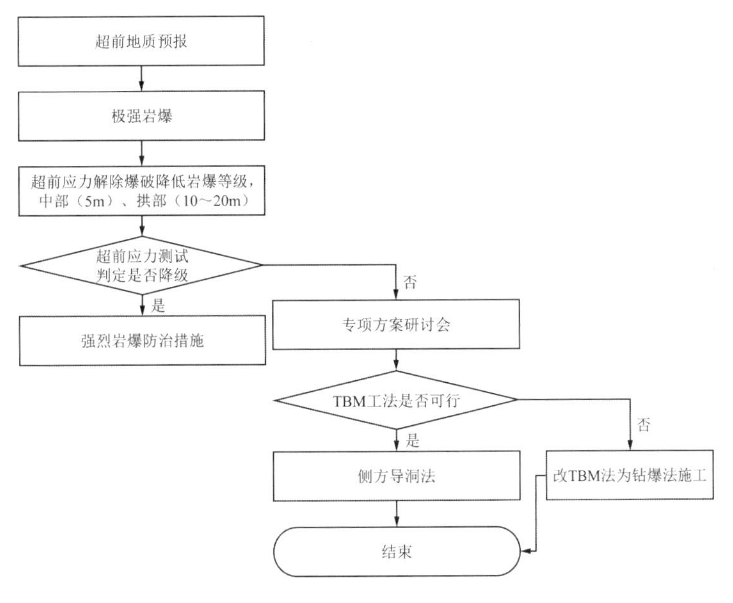

图 15.1-13　极强岩爆防治工艺流程图

3. 突涌水

引汉济渭秦岭隧洞 TBM 施工段地表水较丰富，主要为萝卜峪沟、木河、东木河，为常年流水沟，水量较大，水量随季节性变化较大，夏季易发山洪，地下水为基岩裂隙水，水量较丰富。岭南 TBM 标段桩号 K28 + 058～K28 + 880 河段设计正常涌水流量 164m³/d，最大涌水量 328m³/d；桩号 K28 + 880～K44 + 000 洞段设计正常涌水量 6116m³/d，最大涌水量 12226m³/d。实际开挖出水量及采取应对措施后出水量统计，如表 15.1-4 所示。

渗涌水成因及地质构造的复杂性，造成出水形式多样化，按照“以堵为主、堵排结合、限量排放，减少抽排”的思想，遵循“先拱脚后顶拱再边墙、先无水孔再小水孔、遇集中出水则预留”的总体原则，采用不同的工艺组合、技术参数和材料，大幅降低隧洞涌水量。按照“大管配小管、永临结合、方便现场施工”的原则对隧洞排水系统进行配置，并在充分利用现有排水资源的基础上进行优化调整，进而实现对隧洞涌水的有效治理，避免了设备被淹风险。

TBM 局部洞段实际开挖出水量及处理后出水量统计　　表 15.1-4

序号	桩号	出水情况描述	初始出水量（m³/d）	采取应对措施后出水量（m³/d）
1	K29 + 450～K29 + 465	左侧边墙大股涌水	2 880.3	5.2
2	K29 + 805～K29 + 810	右边墙股状水、散水	310.1	290.4
3	K29 + 837～K29 + 890	拱部散状水	620.6	612.8
4	K29 + 935～K29 + 956	左右边墙散水、股状水	2 400.5	3.5
5	K29 + 995～K30 + 010	左右侧边墙股状水	4 320.4	4.4

续表

序号	桩号	出水情况描述	初始出水量（m³/d）	采取应对措施后出水量（m³/d）
6	K30 + 023～K30 + 035	拱部股状水、散水	2 040.6	1.5
7	K30 + 058～K30 + 065	全断面散水、局部股状水	1 100.3	1.7
8	K30 + 080～K30 + 083	拱部、右边墙股状水	241.2	228.7
9	K30 + 105～K30 + 115	拱腰股状水、拱顶散水	1 300.8	6.3
10	K30 + 140～K30 + 146	左右边墙股状水	4 704.4	7.5
11	K30 + 181～K30 + 191	区域性全断面散水、股状压力水	796.5	757.6
12	K30 + 198～K30 + 218	右侧裂隙压力水、股状压力水	714.5	656.6
13	K30 + 261～K30 + 275	左侧拱腰股状水、散水	1 720.6	10.7
14	K30 + 375	掌子面前方超前地质探孔出水	3 520.6	18.8
15	K30 + 380～K30 + 405	左右侧边墙压力股状水	5 800.5	43.2
16	K30 + 405～K30 + 430	右侧拱腰股状水	6 320.2	86.4
17	K30 + 575～K30 + 582	左右边墙股状出水、线状滴水	1 600.3	1 500.4
18	K30 + 710～K30 + 735	左右边墙股状涌水	1 960.1	6.2
19	K30 + 760～K30 + 775	左边墙、拱顶股状水、线状滴水	1 400.8	1 200.5
20	K30 + 775～K30 + 800	左右侧边墙股状涌水	2 200.7	5.2
21	K30 + 865～K30 + 890	左边墙股状涌水	4 535.2	43.2
22	K30 + 890～K30 + 915	左右侧边墙股状涌水	3 500.2	6.1
23	K31 + 043～K31 + 045	左侧拱腰、拱顶股状出水	1 720.4	1 530.2
24	K31 + 305～K31 + 315	左右侧边墙股状涌水	1 700.7	1 400.3
合计			57 410.5	8 427.4

为有效控制隧洞渗涌水量，减小洞内抽排水压力，结合引汉济渭秦岭隧洞出现的渗涌水情况，通过对隧洞突涌水机理进行分析，开展了常规堵水注浆技术研究及新型堵水注浆技术模拟试验研究，因地制宜地提出了“钻孔分流 + 表面嵌缝 + 浅层封堵 + 深层加固”的分流与加固方案，采用特殊浆材灌浆方法对洞内出水段落进行径向注浆，取得了明显效果，具体施工工艺流程如图 15.1-14 所示。

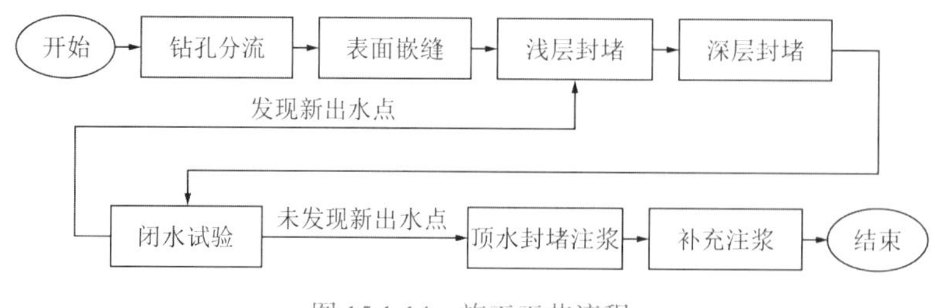

图 15.1-14　施工工艺流程

钻孔分流：目的是全方位分流裂隙水，降低水压。根据岩面出水量和水压大小，在裂隙两侧由浅入深布置一定数量的分流孔，以形成多条出水路径。当遇到多条裂隙面时，钻孔尽量与主裂隙面或岩体结构面斜交，钻孔角度以穿透多条裂隙为准，最大程度分流更多裂隙水，如图 15.1-15 所示。

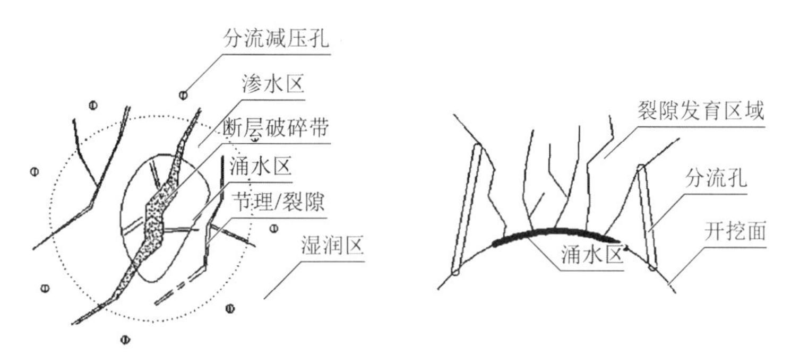

图 15.1-15　裂隙水分流孔示意

分流减压：选择一定数量出水流量大、出水深度深的孔作为分流减压孔，必要时可以扩大孔径，通过镶铸带高压球阀的无缝钢管引流，作为分流减压孔的同时，也可作为后期围岩闭水试验孔和灌浆孔。

表面嵌缝：通过布设分流减压孔和集中引排孔，围岩表面裂隙出水量、水压力势必降低，及时对主裂隙和影响范围内的次生裂隙进行表面嵌缝，防止灌浆堵水时大面积出现串浆、漏浆现象。

浅层封堵：对于大流量和散状发育的地下水，坚持先浅层后深层的封堵原则，即对大流量出水区域周边影响范围的洞段先集中进行浅层封堵灌浆。防止地下水通过周围浅层裂隙流出，从而形成新的出水通道，钻孔深 3.5m，孔间距 1.0m × 1.0m，梅花形布置，孔向以横穿裂隙为主。

深层加固：通过布设深层加固孔注浆实现在大流量地下水出露区附近钻孔，孔深 5～6m，孔间距 0.5m × 0.5m，钻孔以横穿裂隙为主。注浆顺序宜先仰拱后边顶拱，以防地下水通过裂隙向底板扩散，如图 15.1-16 所示。

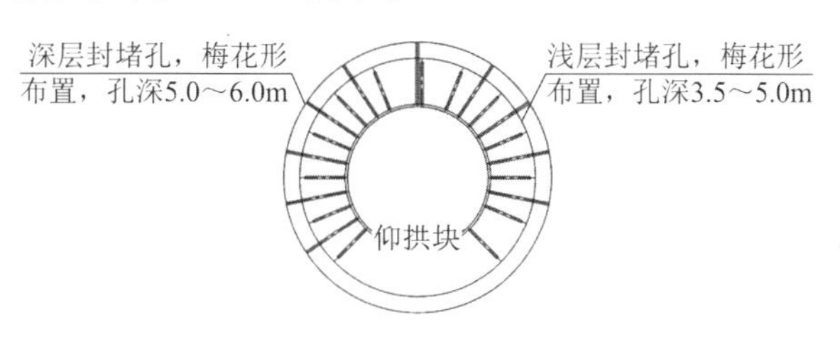

图 15.1-16　出水区灌浆孔断面示意

15.2　引松供水输水隧洞

15.2.1　工程概况与地质条件

1. 工程简介

引松供水工程主要建设内容包括丰满水库取水口工程、冯家岭分水枢纽工程、输水总干线、长春干线、四平干线、辽源干线及沿线附属工程。线路总长 263.45km，其中隧洞长 133.98km，管线（PCCP、SP、现浇涵管）长 129.47km。综合工程量 3197 万 m^3，钢筋 100271t。

取水口设计引水流量 38m³/s，设计多年平均引水量 8.98 亿 m³。

吉林省中部城市引松供水工程总干线施工四标段位于吉林省吉林市岔路河至饮马河之间，线路桩号 48 + 900m～71 + 855m，总长度 23000m。工程位置如图 15.2-1 所示。

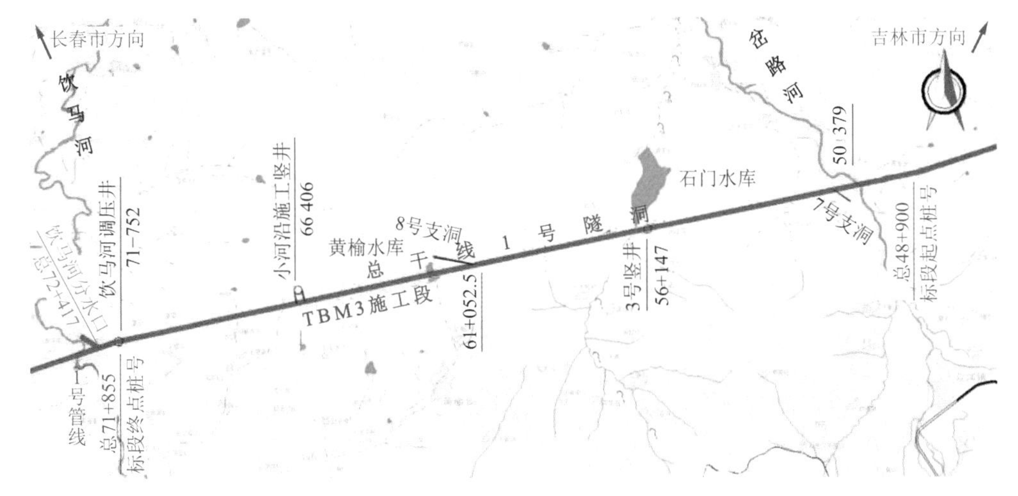

图 15.2-1 引松供水工程四标工程位置示意图

引松供水四标承担 23km 引水隧洞的工程，采用一台直径 7.93m 的敞开式 TBM 结合人工钻爆法施工，其中钻爆法采用装载机配合自卸汽车进行出渣，TBM 法采用连续皮带机进行出渣，运输采用无轨运输与有轨运输相结合的运输系统。主体工程主要包括：

（1）隧洞出口钻爆法施工主洞 424m，饮马河调压井 58.298m，TBM 掘进施工 17.488km，其中出口至碱草甸子 3125m，碱草甸子至小河沿 1564m，小河沿至 8 号 3886m，8～7 号 8913m。

（2）碱草甸子竖井：竖井 33.9m，正洞处理浅埋不良地质段 147m；

（3）小河沿竖井：竖井 43.94m，水平通道 12.86m，正洞处理不良地质段 284m；

（4）8 号支洞：支洞 1192.2m，正洞检修间及服务洞室共计 475m；钻爆接应 TBM 段 1371m；

（5）3 号竖井：竖井 52.7m；

（6）7 号支洞：支洞 518.01m，拆卸间 80m，过岔路河段正洞钻爆施工 1455m。大里程接应 TBM 段共计 1270m。

2. 工程地质条件

本标段是吉林中部城市供水总干线地质条件最复杂、施工难度最大、作业环境最艰难的标段。地层岩性主要有凝灰岩，砂砾岩，石炭系灰岩，钠长斑岩、石英闪长岩及花岗岩。整个隧洞穿越多条沟谷，隧洞埋深 38～150m，其中有 7km 灰岩岩溶段发育有溶蚀溶洞群及炭质板岩。全段共有 49 条断层，31 条在灰岩段。灰岩段已探明的溶洞有 12 处，其中有 3 处为物探疑似溶洞。分析认为 $F_{w24\text{-}1}$、$F_{24\text{-}2}$、F_{28}、F_{38}、F_{41} 等断裂断层，为阻水或导水断裂，且地处沟谷，有汇水条件，与地表水可能形成联系，存在断裂带的坍塌、突泥问题。

隧洞穿越的大多数构造，埋深一般较大，围岩基本为微风化、新鲜岩石，一般含水贫乏，透水性弱，与地表水体没有联系，或联系差，透水性与富水性不好，基本不会产生涌水问题。但在地表水体联系紧密且处于沟谷，有汇水条件的规模较大的构造，则可能产生涌水问题。

纵观隧洞沿线，可能发生涌水、突泥问题的洞段最可能出现在如下一些部位：（1）河谷浅埋段，岔路河段；（2）构造发育的沟谷段，断层破碎带等；（3）灰岩岩溶较发育的沟谷浅埋段，小河沿（66＋498～66＋803m）、碱草甸（67＋914～68＋280m）等；（4）线路穿越、靠近水库段（黄榆水库）。

其中，灰岩地层小河沿沟、碱草甸子沟在施工过程中已揭露涌水，TBM 穿越小河沿沟谷时最大涌水量 1200m^3/h，穿越七间房沟谷段时最大涌水量为 1500m^3/h。7 号支洞主洞段过岔路河时涌水量达 1100m^3/h。

15.2.2 TBM 选型与设备参数

根据投标文件提供的四标段工程地质资料，本工程的平均岩石强度属于中硬岩及硬岩，全隧穿越 39 处断层及物探异常带，Ⅳ～Ⅴ类围岩总计 4648m，约占全隧长度的 23%，故掘进机在具有强大的破岩能力的同时，也应兼备足够的软弱围岩通过能力。根据国内外的 TBM 施工案例，本方案设计的 TBM 为主梁式单对水平支撑结构，整机集成设计既具有现代硬岩隧道掘进机的共性技术，又有个性化技术设计；主参数设计储备系数较高，在满足快速破岩的同时，强化辅助工法的功能。最后通过综合选型，确定采用一台直径 7.93m 的敞开式 TBM，见图 15.2-2，其设备参数如表 15.2-1 所示。

图 15.2-2　引松供水四标用“永吉号”TBM

TBM 自身及附属设备参数表　　表 15.2-1

主部件名称	细目部件名称	单位	描述	备注
整机	主机长度	m	20	
	整机长度	m	275	包括加利福尼亚平台
	主机重量	t	约 615	
	整机重量	t	约 1250	
	最小转弯半径	m	500	
	适应的最大坡度		±2%	
	换步时间	min	≤ 5	
	掘进行程	mm	1800	

续表

主部件名称	细目部件名称	单位	描述	备注
整机	最大不可分割部件重量	t	145	机头架 + 主轴承
	最大不可分割部件尺寸（长 × 宽 × 高）	mm 不可分割部件	5660 × 5660 × 1666 7577 × 1720 × 3912	机头架 + 主轴承 主梁前段
刀盘	刀盘型式/材质/产地		分块式/Q345D 类似/欧洲	
	表面耐磨措施与材质		焊接耐磨钢板/复合钢板（法国 gdp5060）	
	分块数量、行式与联接方式		5 块（4 个边块 + 中心块）/螺栓与焊接	
	重量	t	150	
	开挖直径范围	mm	ϕ7900 磨损后	新装刀开挖直径 7930
	中心刀数量/直径	把/mm	6 把/432mm	
	正滚刀数量/直径	把/mm	37 把/483mm	
	边滚刀数量/直径	把/mm	12 把/483mm	
	边刀区域边滚刀同槽数量	把	1 把	
	扩挖刀数量/直径	把/mm	—	
	刀具额定载荷	t	20′/19″刀 31.5t	
	最大扩挖量	mm	≥ 50	半径不小于 50mm
	扩挖方式		边刀垫块式外移	
	连续扩挖长度	km	可长距离扩挖	
	滚刀安装方式		背装式/楔块锁定式	
	刀间距	mm	82/80	正面刀
	喷水嘴安装部位/数量/压力/耗水量		刀盘面板/12 个 6bar/120L/min	

15.2.3 工程重难点及问题

（1）大跨度、大规模工程管理

本工程主洞长度 23km，其中斜井 2 座，竖井 4 座，采用 TBM + 钻爆法同时施工，已形成 5 个工区近 600 人的施工作业面，距离项目部最远距离 40 余公里，工种复杂，作业环境各不相同，工程规模大，管理点多面广，因此有效的工程项目管理是本工程的重难点。

（2）TBM 穿灰岩岩溶区施工

根据地质资料，本标段 63 + 964～70 + 823m 近 7km 为灰岩洞段，且局部洞段为岩溶区，分别为：桩号 63 + 884～65 + 978 TBM 掘进段钻孔有 4 处溶洞，最大溶洞高 38.52m，距洞顶 5.7m；最小溶洞高 6.3m，距洞顶 32.5m 处；桩号 65 + 978～67 + 913 小河沿钻爆段钻孔有 3 处溶洞，最大溶洞高 5.1m，距洞底下 2m 处；桩号 67 + 913～71 + 046 TBM 掘进段钻孔有2处溶洞，最大溶洞高18.8m，距洞顶17m处。该段TBM掘进时容易偏机、栽头、刀盘被卡、涌泥掩埋盾体、涌水引起电器故障、收敛变形引起整机被卡等施工风险。因此采取有效措施安全、顺利穿越灰岩段岩溶区是本工程的重难点。

（3）TBM通过断层破碎带施工

按照招标文件及设计地质勘查报告资料显示，本标段地质构造复杂。全线共穿越断层及低阻异常带39处（包括确定断层17条、物探异常带19条、遥感解译断层3条），其中TBM掘进段有32处，在岩性接触带，节理裂隙发育，岩体亦破碎，富水性强。对工程影响较大有5条，分别为$F_{w24\text{-}1}$、$F_{24\text{-}2}$、F_{28}、F_{38}、F_{41}，其中2处F_{41}和F_{38}在TBM掘进段内；TBM在断层及破碎影响带中掘进时，围岩变形大，易造成塌方，掘进方向难以控制，TBM撑靴落空无法推进等难题。

（4）突泥涌水段施工

本标段可能发生涌水、突泥的洞段最可能出现的部位有：河谷、沟谷浅埋段，岔路河、北沟、小河沿、碱草甸沟；构造发育的沟谷段，F_{28}、F_{38}、F_{41}等构造及低阻带发育的沟谷；线路穿越、靠近水库段，石门水库、黄榆水库等。对一般岩体而言，在施工开挖过程中多为渗水–滴水状态，初步估算每10m洞长涌水量<10L/min。局部洞身通过强风化或全风化岩体、岩性接触带，隧洞埋深浅，与地表水有水力联系，因此富水性也较强，初步估算每10m洞长涌水量<100L/min。在岔路河处最大涌水量Q_0为1620～3500m^3/d。涌水将直接对TBM掘进造成重大影响，重者将淹没设备。

（5）多工法及新技术应用

本工程涉及隧洞施工中支洞、竖井及主洞的钻爆法和TBM法施工等多种工法，工序复杂，作业面有交叉，且与关键线路联系紧密，因此通过超前谋划及新技术应用，均衡生产能力，良性的工序衔接是实现工程进度目标的重难点。

15.2.4 关键技术及应对措施

1. 灰岩岩溶浅埋富水沟谷段处理技术

TBM在灰岩段5次穿越富水浅埋沟谷，其中最长段沟谷为466m的永盛兴沟谷，地下水极其发育；埋深最浅的为小河沿沟谷和碱草甸子沟谷，最小埋深28m，并且分别有一段全断面土层侵入正洞洞身。

灰岩岩溶浅埋富水沟谷段的应对技术思路：TBM掘进至该段附近时，提前安排施做长距离超前地质预报（如TSP、TRT等）并结合中短距离地质预报进行详细的掌子面前方围岩情况，且要求中短距离地质预报要加强加密，连续预报并指导施工。认真研究TBM过不良地质的应急预案并做好培训工作，细化可能出现的风险编制针对性的处理措施。提前梳理检查排水管路、注浆管路及设备材料的应急储备。在到达不良地质段前方时，提前安排皮带硫化、电缆卷延伸及刀盘的检修，避免在沟谷最不利位置长时间的停机。过该段不良地质要求班组、管理人员及技术人员思路统一，加强支护、且不可盲目冒进。主要应对措施包括：

（1）超前地质预报：充分做好超前地质预报，多种手段互补，物探及地表补勘相结合准确探明该段地质构造和TBM施工风险评估，并做好相应的应急物资准备。

（2）加强初期支护：根据超前地质预报的结果及出露护盾的围岩情况，及时采取加强支护措施，采用钢拱架＋钢筋排＋连接筋＋喷射混凝土联合支护，必要时，利用干喷系统提前干喷封闭。

（3）涌水处理：若出现涌水情况，启动应急预案，加强抽排水，并在涌水位置采取径向注浆堵水方案。

（4）监控量测：初期支护及前部加强支护完成后，及时布设量测点，并将变形收敛及速率变化数据反馈至工程部技术人员，技术人员根据反馈的数据决定是否采取二次加强支护措施。

2. 灰岩岩溶溶洞群处理技术

TBM 掘进近 7km 灰岩洞段，局部洞段为岩溶区，已探明 12 处溶洞，其中 3 处为疑似溶洞。最大溶洞高 38.52m，距洞顶 5.7m；最小溶洞高 6.3m，距洞顶 32.5m 处。该段 TBM 掘进时容易偏机、栽头、刀盘被卡、涌泥掩埋盾体、涌水引起电器故障、收敛变形引起整机被卡等施工风险。

引松四标项目部根据 TBM 在 7km 灰岩洞段掘进中出现的险情以及对未知施工风险的分析，经过多次召开专题讨论会和专家会，形成的主要应对技术思路如下：

（1）超前地质预报

针对该种地质情况提前施做超前地质预报，采取长短距离相结合的形式（长距离 TRT 和短距离激发极化超前地质预报）准确探测出掌子面前方溶洞的空间位置、大小是否有充填等，并根据超前地质预报探测的结果，提前做出应对措施及应急物资储备。

（2）溶蚀及溶洞处理措施

①溶蚀及溶洞在拱顶位置

溶洞出现在拱顶位置，在溶洞出露护盾前先安装ϕ12 或ϕ16 钢筋排及 I16 钢拱架（间距可选择 45cm、90cm、180cm）进行支护。若溶洞内有充填物并伴有掉块，为防止钢筋排变形和钢拱架收敛，将ϕ22 连接筋改为 I16 工字钢与钢拱架进行纵向连接，必要时减小钢拱架间距；若溶洞内无充填物，待溶洞出露护盾后，采用 I16 工字钢支撑一端与钢拱架焊接，一端顶紧岩面，待 I16 工字钢焊接牢固后将ϕ8 钢筋网片填塞至空腔内，采用铁皮等对溶洞进行封闭并安装ϕ42 注浆管与排气管，采用 C20 细石混凝土对溶洞溶腔进行回填，并在后配套进行回填灌浆作业，具体如图 15.2-3 所示。

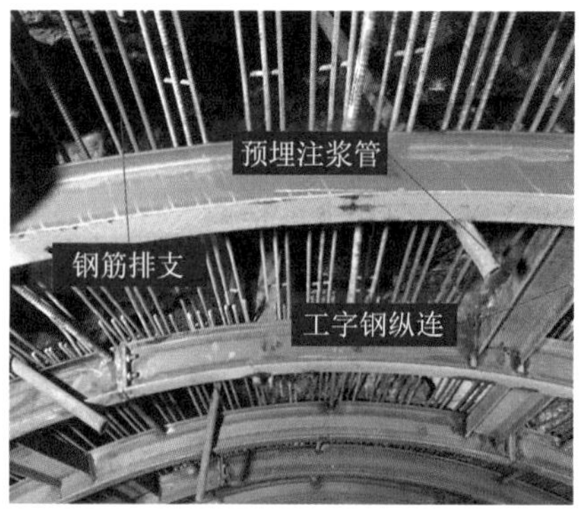

图 15.2-3　拱顶位置溶洞溶腔

②溶蚀及溶洞在撑靴位置

溶洞出现在撑靴位置时，分两种情况进行处理：

溶洞内含有充填物且较破碎，在 TBM 撑靴位置安放 H150 型钢或 I16 工字钢，为 TBM 撑靴提供足够支撑力，并提前进行网片挂设或钢筋排安装，采用应急喷射混凝土对溶洞位置进行喷射混凝土处理，喷射混凝土厚度与钢拱架内弧面齐平，待混凝土强度达到要求后 TBM 慢速掘进通过。

溶洞内无充填物，在拱架背部安放 H150 型钢或 I16 工字钢并焊接，或塞填折叠的ϕ8 钢筋网片和ϕ22 钢筋，并在该处挂网喷射混凝土，喷射混凝土厚度与钢拱架齐平，待混凝土强度达到要求时，TBM 慢速掘进通过，具体如图 15.2-4 所示。

③溶蚀及溶洞在隧洞底部

TBM 掘进过程中加强对掌子面围岩的预判，结合物探地质预报推断隧洞底部溶洞存在的可能性及规模，然后启用应急泵站及管路深入刀盘前方对隧洞底部溶洞进行回填，实现边回填边缓慢推进的技术处理措施。溶洞在隧洞底部时，钢拱架底部采用 I16 工字钢进行纵向连接，防止钢拱架和轨排发生不均匀沉降，确保支护和机车运行安全。

（3）溶蚀及溶洞溶腔回填及注浆施工

①连接回填及注浆管路

提前在护盾后利用锚杆钻机预埋安装回填及注浆管，注浆管与小导管采用套丝连接，注浆套管上设置出气管与进浆管，由阀门来控制开关。安装 20mm 塑料管作为排气管，连接注浆管等各种管路，利用锚固剂、棉纱封闭喷混凝土面的孔隙，防止漏浆。管路连接好后进行压浆试验，以检查和确定注浆设备、压力表及管路的有效性和可靠性，回填及注浆管路必须延伸至设备桥位置并尽可能靠前。

②回填及注浆

当初支面喷砼封闭以后，及时在设备桥位置回填及注浆二次加固，注浆泵按照由低到高的顺序向孔内注浆，注浆前将已打设的注浆孔进行临时封堵，防止串浆，同时保证注浆时压力，当达到设计终压并继续注浆 10～15min 后停止注浆，具体如图 15.2-5 所示。注浆过程中压力如突然升高，可能发生堵管，应停机检查。

图 15.2-4　撑靴位置溶洞溶腔

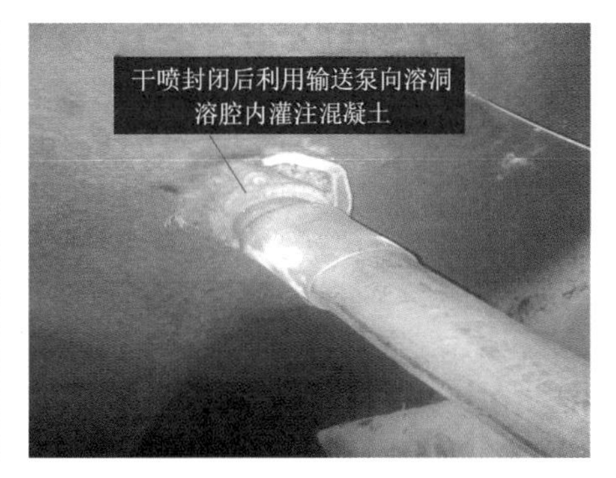

图 15.2-5　拱顶位置回填混凝土

③封孔

采用止浆阀封孔，止浆阀与注浆管连接，单孔注浆完成后关闭止浆阀，待浆液凝固后拆除止浆阀。

（4）监控量测

①测点布置

根据围岩级别、隧道掌子面开挖方法等因素确定布置测点数量和测线数量，对周边位移、拱顶下沉进行监控量测；对拱顶溶洞较大、塌腔较大地段加密布设监控量测点，每个断面布置 1～3 个拱顶下沉测点，测点放在拱顶中心或其附近。测点布设见图 15.2-6。

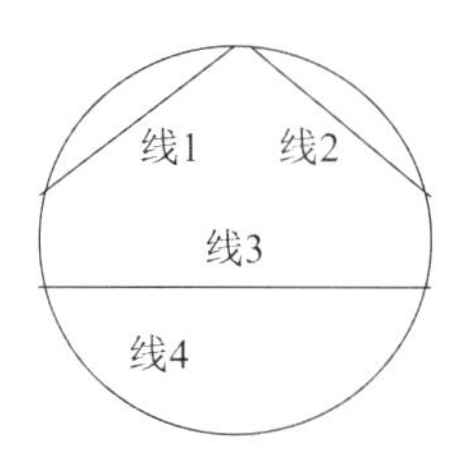

图 15.2-6　拱监控测量测点布置示意图

②埋设

各点测桩应埋设在同一里程横断面内。各测点尽可能靠近工作面埋设。初始读数应在围岩出露后 12h 内读数，最迟不得超过 24h，而且在下一次循环开挖前必须完成初期变形值读数。

拱顶下沉量测与净空水平收敛量测在同一断面内进行，采用全站仪测定下沉量。当地质条件复杂，下沉量或偏压明显时，除量测拱顶下沉外，尚应量测拱腰下沉及基底隆起量。

测点的保护要求监控量测元件埋好后做好相应标识，以减少施工过程中的破坏。对一些在特殊地段（围岩差、位移速度快）损坏的监控量测点，要及时重新埋设，并加大量测频率。

3. TBM 穿越断层破碎带施工技术

TBM 在灰岩掘进中，已揭露穿越断层破碎带 32 处，其中 2 处影响较大，最大影响范围为 200m，且还有一处断层与炭质板岩叠加，该段顶部坍塌严重，塌腔最深约 6.5m，现场支护困难，清渣量大，针对该段项目多次召开了专题讨论会，研究应对措施，制定了主要的应对措施如下：

主要应对措施：TBM 在掘进过程中，多次遇到断层破碎带等不良地质，现场施工过程中，结合引松现有资源和参建各方意见，制定出“防止临空面发展，支护宁强勿弱、短进尺、强支护、勤量测的原则”。

（1）超前地质预报

提前做好超前地质预报探测，并在掘进期间加强超前地质预报的频率，以确定破碎带边缘、长度、破碎程度以及含水情况等，并根据超前预报结果，提前调整掘进参数、姿态及洞内应急物资储备。

（2）掘进参数

TBM 通过断层破碎带时，适当减小 TBM 的掘进速度、刀盘转速、掘进推力、撑靴压力等掘进参数，这样能有效减小对围岩的扰动，从而减小或避免发生塌方，具体如表 15.2-2 所示。

不同地质掘进参数取值范围表　　表 15.2-2

	掘进速度（mm/min）	刀盘扭矩（kN · m）	刀盘转速（r/min）	贯入度（mm/r）	推进压力（kN）	撑靴压力（kN）
炭质板岩	10～26	400～3800	1.8～4.5	3～10	60～120	194～254
断层破碎带	52～70	1630～3360	4.8～5.9	9～13	112～165	255～294
正常掘进段	62～80	2200～3310	6～6.7	9～13	134～235	273～323

（3）加强支护

①出护盾位置：对于一般破碎地段，采用钢筋排、钢拱架、连接筋、喷射混凝土等联合支护；对于严重破碎地段，采用钢筋排、加密钢拱架或改为型钢拱架、工字钢代替连接筋、拱架背部加焊支撑等联合支护措施，必要时，利用干喷系统对该段进行干喷封闭，具体如图 15.2-7 和图 15.2-8 所示；对于塌腔范围较大的位置采用灌注或喷射混凝土的方式进行填充，并注浆确保密实。

图 15.2-7　钢筋排支护　　图 15.2-8　拱架背部加焊支撑

②撑靴位置：对于撑靴位置存在掉块或塌腔，无法提供撑靴反力，采取以下三种方法通过：在撑靴位置加垫方木、在撑靴位置挂网干喷砼封闭、灌注混凝土充填密实，具体如图 15.2-9 和图 15.2-10 所示。

图 15.2-9　撑靴位置加垫方木　　图 15.2-10　撑靴位置潮喷处理

（4）监控量测

加强支护完成后，及时布设量测点，并将变形收敛及速率变化数据反馈至工程部技术人员，技术人员根据反馈的数据决定是否采取补强支护措施。

4. TBM 遇突泥涌水的施工处理技术

根据设计地质资料，引松供水四标段 63 + 964m～70 + 823m 近 7km 洞段为灰岩段，穿越地层岩性主要为泥盆系、石炭系泥晶灰岩，灰岩段多断层破碎带、低阻异常带及溶洞，局部穿越浅埋沟谷段，存在突泥、涌水风险。引松四标于 2016 年 2 月 29 日掘进通过 7km 灰岩段 66 + 348 时掌子面前方发生涌水及 3 月 24 日发生突泥，涌水量达到 950～1000m^3/h，致使支护工人在底部安装拱架困难、刀盘前方石渣随水流出（图 15.2-11）、连续皮带系统打滑、TBM 行走及运输轨线淹没无法延伸，导致洞口出口处被淹（图 15.2-12），材料无法正常运送，TBM 被迫停止掘进，整个 3 月、4 月施工比较艰难。

图 15.2-11　TBM 刀仓涌水突泥情况

图 15.2-12　隧洞出口处被淹

引松四标项目部针对以上出现的险情，采取了果断和有效的处理措施，并将 TBM 停机等待时间降到最低，取得了重大突破。所形成的抢险思路和采取的主要措施如图 15.2-13 所示。

（1）持续完善抢险排水系统，加大应急抢险物资的投入，确保抢险迅速开展。

（2）梳理竖井逃生通道，完善安全抢险措施（如逃生软梯，逃生衣等）。

（3）全程做好安全、隧洞变形、涌水量、掌子面围岩稳定、地表下沉塌陷等监测监控。

（4）摸清前方围岩地质情况，预防突涌水的进一步扩大。

（5）结合超前地质预报成果，组织召开专家会研究下一步预控方案及涌水堵水处理方案，视条件恢复掘进。

图 15.2-13　突泥涌水段施工应对措施

具体应对措施主要包括掘进前、掘进中、掘进后三个方面的措施。

（1）掘进前

①超前地质预报

在进行日常的物探超前地质预报基础上，连续在掌子面施做钻孔预报及地表跨孔 CT 等联合预报的方式。准确预报掌子面前方一定范围内有无突水、塌方等施工风险，及时反馈信息，做好施工风险源的辨别并及时调整掘进参数，以指导后续工作。

②刀盘清理或固结

对刀盘人孔及刮渣孔焊接钢板局部封堵，以减少出渣量，且每次掘进前空转刀盘，将刀盘泥浆清理干净。若刀盘前方突泥量增大，采取化学灌浆固结突泥及破碎岩体。

（2）掘进中

掘进采取手动模式，同时降低掘进速度、刀盘转速、掘进推力，以减少出渣量，避免出渣量较大造成皮带堵死或急停；并在过程中对出水点采取引、排、封堵和排堵结合的方式，做到不出现突水和大的涌水。

（3）掘进后

①引排

对工作面的涌水或注浆后的剩余水量及时排离工作面。对侧壁的漏水采用遮挡、引排措施，保证喷射混凝土质量。喷射混凝土后，由于水压升高有可能使一次支护破坏，则采用引排方法或壁后注浆法封堵。

②加强支护

及时进行加强支护，采取加密钢拱架（即 45cm/榀）、钢筋排、工字钢纵连、喷射混凝土封闭等联合支护措施。

15.3　高黎贡山隧道工程概况

15.3.1　工程简介

新建大理至瑞丽铁路位于云南省西部地区，东起广大铁路终点大理站，向西至瑞丽，线路全长约 330km。其中，高黎贡山隧道位于保山与龙陵之间，是全线的重点控制性工程。

由中铁隧道局承建的高黎贡山隧道全长 34.531km，最大埋深 1155m，位于喜马拉雅地震带，受印度洋板块与亚欧板块碰撞挤压，地形地质条件极为复杂具有高地热、高地应力、高地震烈度、活跃的新构造运动、活跃的地热水环境、活跃的外动力地质条件和活跃的岸坡浅表改造过程等“三高四活跃”特征。全隧共分布 17 套地层岩性，19 条断层，几乎涵盖了所有隧道施工不良地质和重大风险，堪称隧道建设“地质博物馆”。大瑞铁路线路如图 15.3-1 所示。

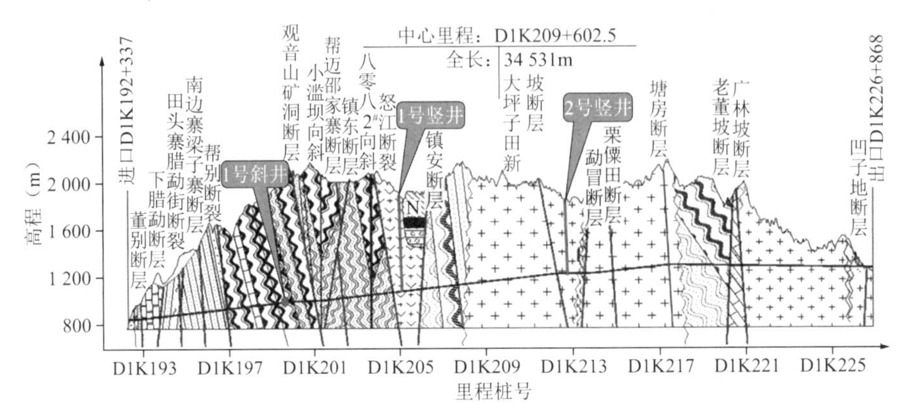

图 15.3-1　大瑞铁路线路示意图

高黎贡山隧道出口段拟采用主洞大直径 TBM + 平导小直径 TBM 施工。主洞 TBM 开挖直径 9.03m，掘进全长 12.37km，最大坡度为−9‰，最大埋深为 1155m。其中有 2 段共计长度为 300m，采用钻爆法施工后步进通过；2 段共计长度为 140m 扩挖段，扩挖直径增加 10cm。平导 TBM 开挖直径约 6m，掘进全长 10.18km，其中有 2 段共计长度为 180m，采用钻爆法施工后步进通过。

设计小直径 TBM 施工平导的目的为：（1）利用其超前作用，为主洞大直径 TBM 探明地质条件；（2）快速到达并采用钻爆法处理老董坡和广林坡 2 大断层，以保障大直径 TBM 到达时能顺利步进通过，减小施工风险，减少 TBM 停机等待时间；（3）与 2 号竖井出口方向平导尽快贯通，降低竖井施工难度及安全风险。高黎贡山隧道施工平面布置如图 15.3-2 所示。

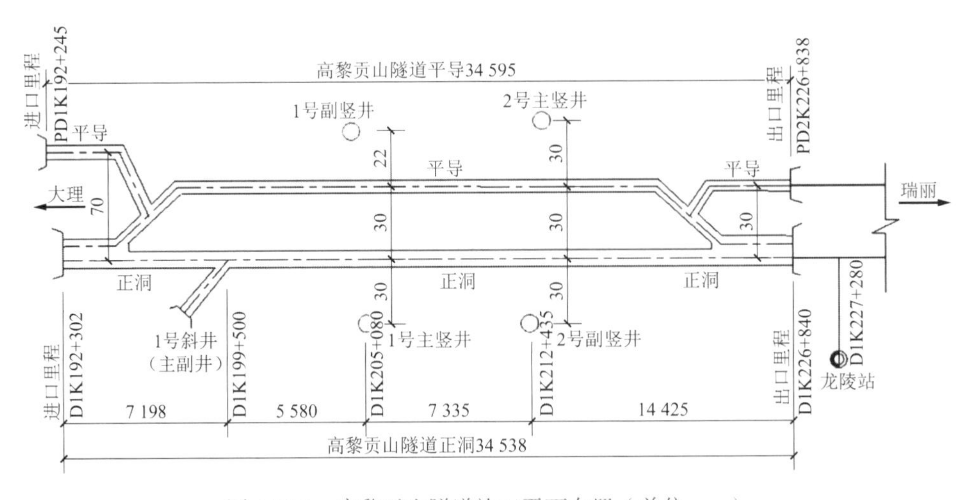

图 15.3-2　高黎贡山隧道施工平面布置（单位：m）

15.3.2 工程自然条件

1. 地形地貌

隧道施工范围仅属高黎贡山余脉，分布较为宽阔，海拔降至2000～3000m。山脉大体为南北走向，地势总体上北东高，南西低，地表沟谷纵横，地面高程640～2340m，相对高差约1700m，地形起伏较大。隧洞多被松散土层覆盖，基岩零星出露，局部陡峭地段出露较好。斜坡地带地表多为松林或杂木，局部平缓处被垦为旱地。自然横坡20°～60°，局部为陡坎、陡壁。隧洞主要埋深为500～900m，出口段埋深相对较低，埋深集中在200～300m。

2. 气候条件

本工程属热带—亚热带季风气候区，日照丰富，雨量充沛，年气温差小，日气温差大，年平均气温15～20℃，其中5～9月气温高于20℃，极端最高气温30～36℃，12月至次年2月月平均气温较低，一般在1～10℃，极端最低气温0～−5℃。施工区域气候垂直地带性明显，一般海拔每增高100m，气温降低约0.5℃。山脉南坡暖于北坡，东侧背风坡暖于西侧迎风坡，深切割的狭窄河谷暖于开阔坝区。据气象站气象资料统计，施工区域受孟加拉湾暖温气流控制，每年5～10月为雨季，11月至次年4月为旱季，年平均降雨量为967～2106mm，最大可达2598mm。工程地处地表分水岭地带，降雨量随地形海拔增高而增加。施工区域主要集中在低中山区，海拔在1600～2100m，年降雨量一般在1500～2000mm；部分施工区域在低山区，海拔低于1600m，年降雨量则小于1500mm。

15.3.3 工程地质条件

1. 地层岩性

本工程地层地质分布复杂，现将施工主要穿越的岩土按成因分为3种地层岩性：白云岩夹石英砂岩、花岗岩和板岩、片岩。

白云岩夹石英砂岩：白云岩颜色以浅灰色、灰白色为主，微晶结构，节理裂隙发育，岩体破碎，一般弱风化，局部夹入少量层状细—中粒石英砂岩，岩体节理裂隙发育，多被花岗岩岩脉侵入。穿越长度约1057m。

板岩、片岩：板岩以灰、黄灰色为主，呈板状构造；片岩以浅灰、深灰色为主，呈片状构造，岩石具斑状变晶结构，岩质软硬不均。岩体破碎，片理、节理发育。岩体与其他地层呈角度不整合接触，部分岩体与不明混合花岗岩呈断层接触。穿越长度约1629m。

花岗岩：花岗岩呈灰白色、浅灰色、肉红色，斑状结构及粒状结构，块状构造，矿物主要成分是石英和长石，含少量黑云母。一般与其他地层呈角度不整合接触。穿越长度约9767m，是本隧道洞段主要穿越的岩性。

另外，还有部分蚀变岩，呈青灰、灰白色，多为花岗岩侵入体与先期岩体接触带部位，受侵入岩浆高热作用，部分岩体重结晶形成。局部断层影响带附近岩体受断层区域构造影响，岩体重结晶蚀变。蚀变岩多为粗粒结构，有粗大的重结晶石英颗粒。

2. 地层构造

根据地表地质调查，隧道施工线路与断层交角主要集中在59°～90°，岩层产状N27°～32°W/60°SW、N18°W、N30°W/70°NE、N63°W/60°SW、S84°W，岩层总体走向是北偏西，角度较小。主要构造是断层和节理裂隙隧道沿线发育了5条较大断层，岩石破碎，裂隙发育，对隧道工程影响较大，其中傈粟田断层和塘房断层相对较短，分别约 50m；子地断层、广林坡断层及老董坡断层较长，共计 622m。

3. 水文地质

本工程隧洞施工沿线地下水主要为第四系松散岩类孔隙水、基岩裂隙水以及碳酸盐岩类岩溶水 3 种类型。地下水以大气降雨补给为主，局部受地表水体补给。由于受降雨影响，地下水系丰富。另外，部分地层由于受到新构造运动强烈，地壳和基底断裂，连通地心热源，且深度变质岩和花岗岩脆性较强，构造裂隙相对比较发育，为地下水循环加热提供了有利的地质环境，形成温度较高的地下水。根据地下水试验成果，地下水对结构具侵蚀性。水中酸性侵蚀对结构侵蚀等级为 H_1。同时由于其特定的高温、高压、水化学特征，特别是溶解氧、活性离子对混凝土和金属物有较强的侵蚀性作用。隧道施工具有侵蚀性水的洞段占总洞段里程的 87%。

15.3.4 TBM 设备

针对高黎贡山“三高四活跃”的复杂地质条件，突破了国产高适应性 TBM 研制关键技术。针对地层复杂多变特征，突破了超前预报系统研发及综合式水岩一体化超前预报系统集成技术；针对软弱破碎地层，突破了隐藏式常态化超前钻机、前置式自动化湿喷系统、加强型大范围支护系统集成等关键技术；针对收敛变形地层，突破了变截面抬升式开挖系统关键技术；针对高温地层，突破了工作环境强制冷技术；针对涌水地层、岩爆地层，提出了 TBM 施工应对措施；针对刀盘刀具破岩问题，突破了刀座整体加工、刀间距非线性布置，多进渣口设计等关键技术。工程采用中铁工程装备集团负责研制的大直径敞开式 TBM，如图 15.3-3 所示，主要系统设计参数如表 15.3-1 所示。

图 15.3-3　高黎贡山隧道 TBM

高黎贡山 TBM 主要系统设计参数　　表 15.3-1

主要部件	附属部件	单位	描述
整机	主机长度	m	25
	主机重量	t	1200
	整机长度	m	230
	整机重量	t	1900

续表

主要部件	附属部件	单位	描述
刀盘	刀盘材料	—	Q345D
	表面耐磨材料	—	GDP5060
	刀盘分块	—	4 + 1
	刀盘重量	t	220
	开挖直径	mm	9030（新刀）
	中心滚刀数量/直径	件/mm	4/ϕ432（17″）
	正滚刀数量/直径	件/mm	42/ϕ483（19″）
	边缘滚刀数量/直径	件/mm	12/ϕ483（19″）
	滚刀额定载荷	t	17″/25t；19″/31.5t
	刀间距	mm	89/84/80/75
主驱动	驱动功率	kW	12 × 350 = 4200
	转速范围	r/min	0～3.4～6.5
	额定扭矩	kN · m	11797@3.4r/min
	脱困扭矩	kN · m	17695
	主轴承寿命	h	≥ 15000
	主轴承直径	mm	ϕ5880
	密封形式	—	唇形密封，内外各三道密封
	密封润滑介质	—	EP2
护盾	结构形式		钢结构 + 油缸
	顶护盾油缸数量	件	2
	顶护盾油缸腔径/杆径/行程	mm	ϕ360/ϕ220/180
	顶护盾伸缩范围	mm	−75～105
	楔块油缸数量	件	2
	楔块油缸腔径/杆径/行程	mm	ϕ330/ϕ180/585
	侧护盾油缸数量	件	2
	侧护盾油缸腔径/杆径/行程	mm	ϕ250/ϕ125/410
	侧护盾伸缩范围	mm	−120～160
推进系统	油缸数量	个	4
	腔径/杆径/行程	mm	ϕ500/ϕ320-1900
	最大工作压力	MPa	35
	最大伸出速度	mm/min	100
	最大回缩速度	mm/min	1280
	总推力	kN	25133@320bar
	推进行程	mm	1800

续表

主要部件	附属部件	单位	描述
撑靴	撑靴油缸数量	个	4
	腔径/杆径/行程	mm	ϕ810/ϕ640～660
	撑靴行程	mm	−440～220
	有效撑靴力	kN	64340@320bar
	撑靴与洞壁接触面积	m^2	16.82
	最大接地比压	MPa	3.92@320bar
	扭矩油缸腔径/杆径/行程	mm	ϕ360/ϕ230～230
	扭矩油缸数量	个	4
后支撑	支撑油缸数量	个	2
	腔径/杆径/行程	mm	ϕ360/ϕ230-1100
	总有效支撑力	kN	5089
	后支撑与洞壁接触面积	m^2	2
	最大接地比压	MPa	2.5
主机皮带运输机	带宽	mm	1200
	运输速度	m/s	0～2.5
	装机功率	kW	75
	出渣能力	t/h	1030
二级皮带运输机	皮带宽度	mm	1200
	皮带机长度	m	125
	运输速度	m/s	0～2.5
	装机功率	kW	110
	驱动方式	—	电驱
	出渣能力	t/h	1030

15.3.5 超前地质预报

采用水岩一体超前地质预报法对高黎贡山隧道出口 TBM 施工段正洞及平导前方地质变化情况进行预报，共测试 HSP 法 19 期次。其中：第一阶段正洞共实施 HSP 法探测 11 期次。第二阶段（至 2019 年 6 月）正洞共实施 HSP 法探测 8 期次。每次测试，现场采集数据量不少于 800 道。并于现场探测工作完成后 2h 内，完成并提交 HSP 探测报告。除了采用 HSP 法进行超前地质预报外，还采用了 TSP、三维地震法和激发极化法等进行超前地质预报，几种方法进行对比验证。

1. HSP 超前地质预报结果分析

（1）DK225＋340～＋240 洞段应用效果

现场测试工作于 2018 年 5 月 1 日进行，本次测试的主要目的：探测隧道工作面前方围岩地质情况及地层富水情况，并提出相应的建议措施。探测方法为 HSP 法，仪器系统为 HSP 超前地质预报仪。现场采用阵列式探测布置方式，在高黎贡山隧道出口正洞 TBM 施工段（向小里程方向）测试时掌子面里程为 DK225＋340，预报里程范围为 DK225＋340～＋240。

TBM 施工段（向小里程方向）测试时掌子面里程为 DK225 + 340，采用 HSP 法进行测试，共采集 800 道振动信号，获取反演分析成果如图 15.3-4、图 15.3-5 所示，探测成果如表 15.3-2 所示，以及三维反演成果如图 15.3-6 所示。

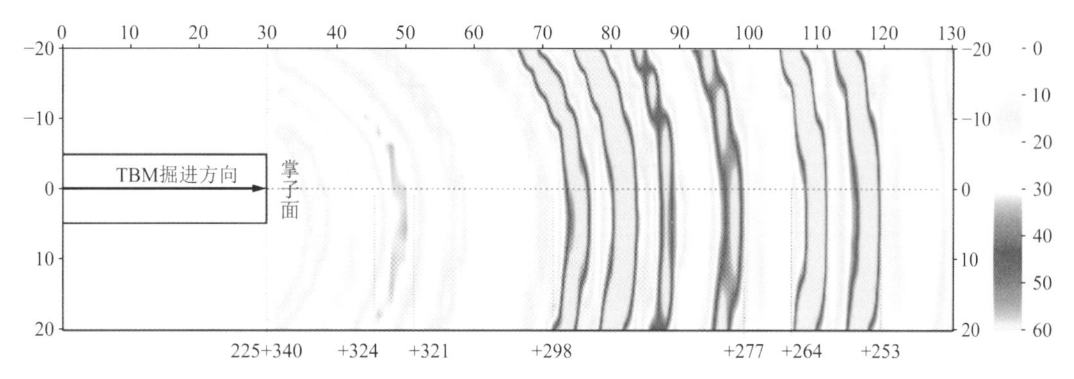

图 15.3-4　DK225 + 340 里程探测反演分析成果图（*XOY*切片 0m 位置-水平洞轴切片）

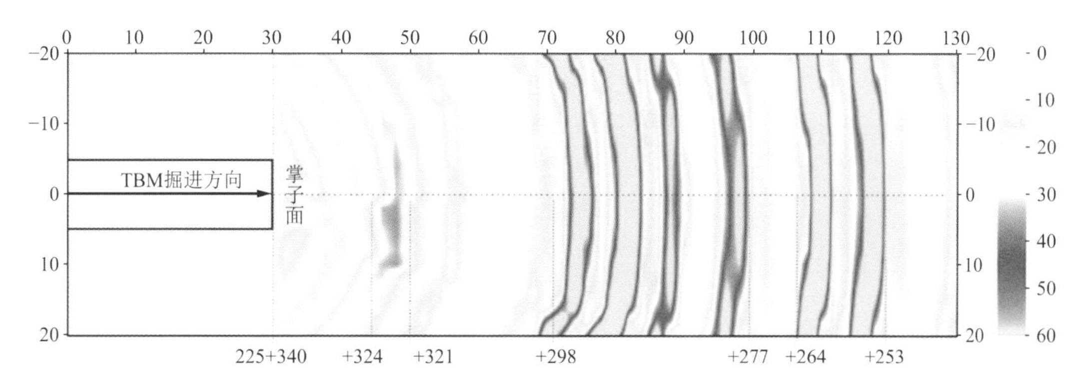

图 15.3-5　DK225 + 340 里程探测反演分析成果图（*ZOY*切片 0m 位置-垂直洞轴切片）

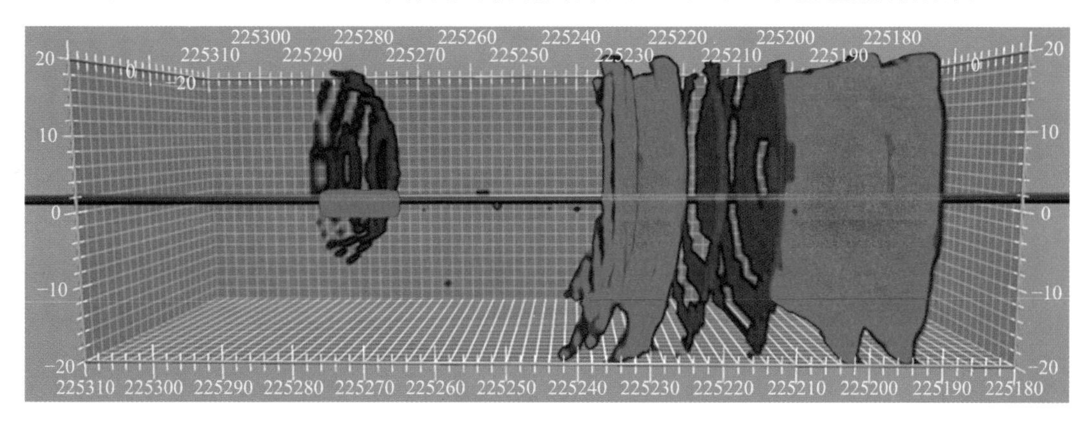

图 15.3-6　DK225 + 340 里程探测反演分析成果图（三维）

测试分析结果表　　表 15.3-2

测试范围	长度（m）	探测结果
225 + 340～225 + 240	100	本次探测结果显示，在里程段 225 + 324～225 + 321，存在弱反射异常，认为该段节理裂隙较为发育；在里程段 225 + 298～225 + 277，225 + 264～225 + 253，存在多个异常连续反射界面，且反射能量较强，分析认为该洞段内节理裂隙发育，岩体破碎，局部可能出现坍塌，必要时可采用超前钻探验证前方围岩变化情况

（2）DK223 + 320～+ 220 洞段应用效果

现场测试工作于 2019 年 4 月 29 日进行，本次测试的主要目的：探测隧道工作面前方围岩地质情况及地层富水情况，并提出相应的建议措施。探测方法为 HSP 法，仪器系统为 HSP 超前地质预报仪。现场采用阵列式探测布置方式，在高黎贡山隧道出口正洞 TBM 施工段（向小里程方向）测试时掌子面里程为 DK223 + 320，采用 HSP 法进行测试，共采集 800 道振动信号，获取反演分析成果如图 15.3-7、图 15.3-8 所示，探测成果如表 15.3-3 所示，以及三维反演成果如图 15.3-9 所示。预报里程范围为 DK223 + 320～+ 220。

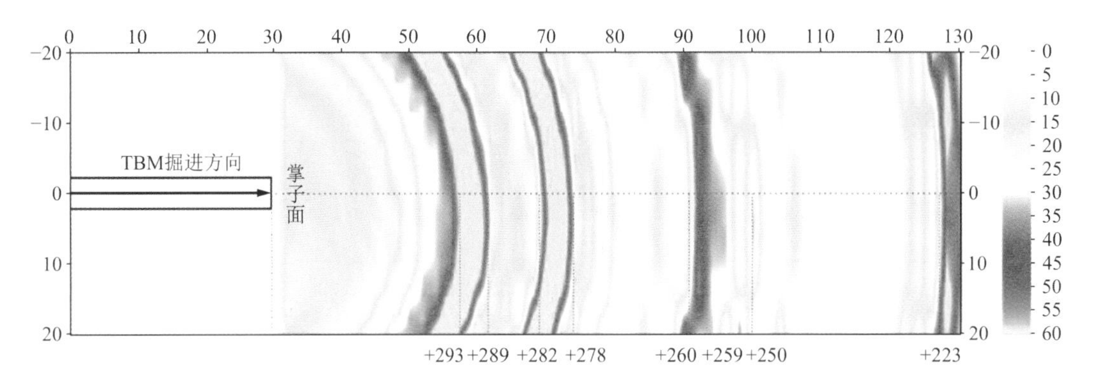

图 15.3-7 DK223 + 320 里程探测反演分析成果图（*XOY* 切片 0m 位置-水平洞轴切片）

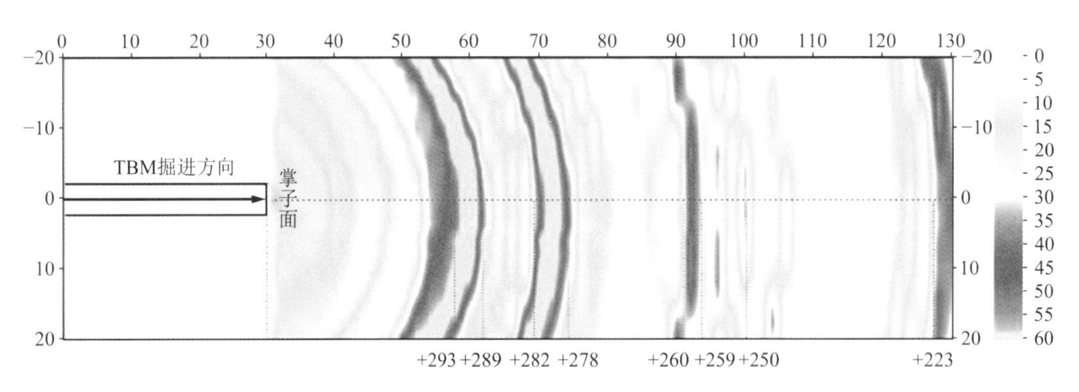

图 15.3-8 DK223 + 320 里程探测反演分析成果图（*ZOY* 切片 0m 位置-垂直洞轴切片）

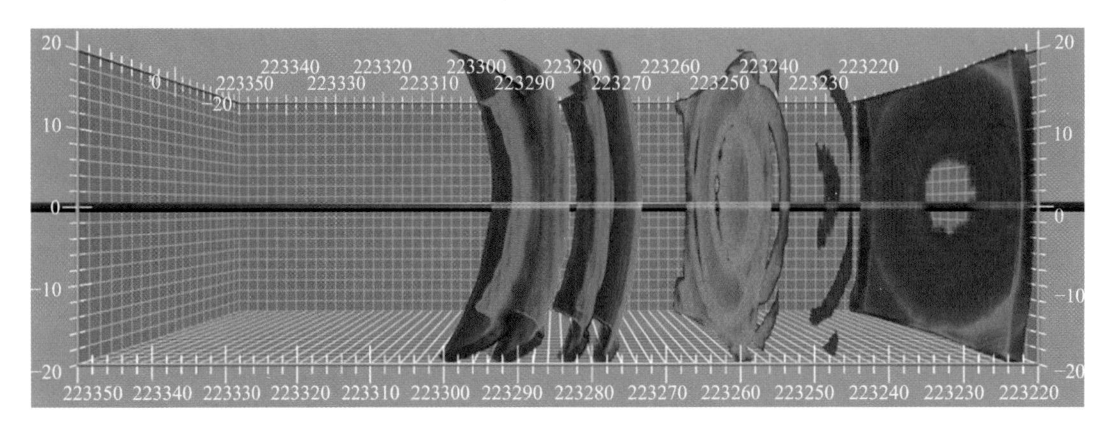

图 15.3-9 DK223 + 320 里程探测反演分析成果图

测试分析结果表　　　　表 15.3-3

测试范围	长度（m）	探测结果
223 + 320～223 + 220	100	根据探测结果显示，在里程 223 + 293～223 + 289，223 + 282～223 + 278 段存在明显反射异常，分析认为以上围岩较破碎，节理裂隙较发育；其中在里程段 223 + 260～223 + 259、223 + 250、223 + 223～223 + 220 存在较强反射，分析认为上述段落可能存在长大结构面及节理裂隙密集带

2. HSP 超前地质预报结果统计与验证

（1）正洞第一阶段统计与分析

正洞共进行 11 期 HSP 超前地质预报工作，预报长度 1100m，除去搭接，预报净长度 929m（226 + 004～225 + 904、225 + 899～225 + 070）。本阶段内正洞 HSP 地质预报成果统计图，共预报异常段 25 处，聚类为 21 个异常段（异常段间距较小，聚类为同一异常段），其中包含 4 个重要异常段和 17 个小型异常段，结合地质揭露情况（地质揭露为 4 个重要异常段和 11 个小型异常段），4 个重要异常段无一遗漏，仅 3 个较小异常段 HSP 法未显示，里程分别为 225 + 640、225 + 523、225 + 345，探测成果与实际围岩揭露情况验证对比如图 15.3-10 所示。

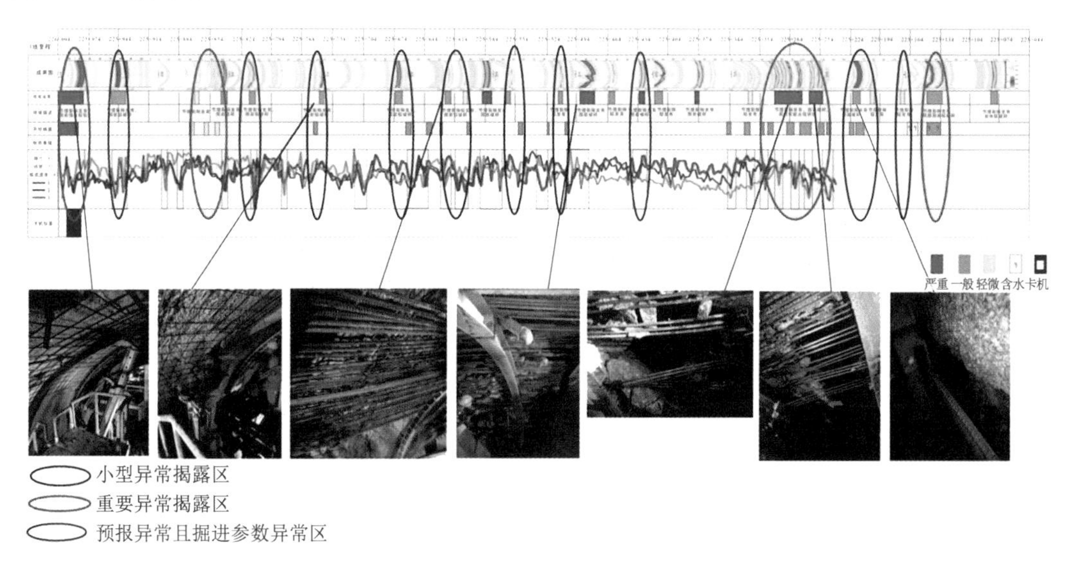

图 15.3-10　正洞 HSP 地质预报成果统计图（第一阶段）

（2）正洞第二阶段统计与分析

正洞共进行 8 期 HSP 超前地质预报工作，预报长度 1100m，除去搭接，预报净长度 778m（223 + 681～225 + 581、223 + 320～222 + 642）。本阶段正洞 HSP 地质预报成果共预报异常段 18 处，聚类为 15 个异常段（异常段间距较小，聚类为同一异常段），其中包含 3 个重要异常段和 15 个小型异常段，结合地质揭露情况（地质揭露为 3 个重要异常段和 15 个小型异常段），3 个重要异常段无一遗漏，仅 2 个较小异常段未显示，里程分别为 223 + 140、222 + 820，具体分析如图 15.3-11 所示。

（3）平导超前地质预报结果统计与验证

平导洞 HSP 地质预报结果如图 15.3-12 所示。

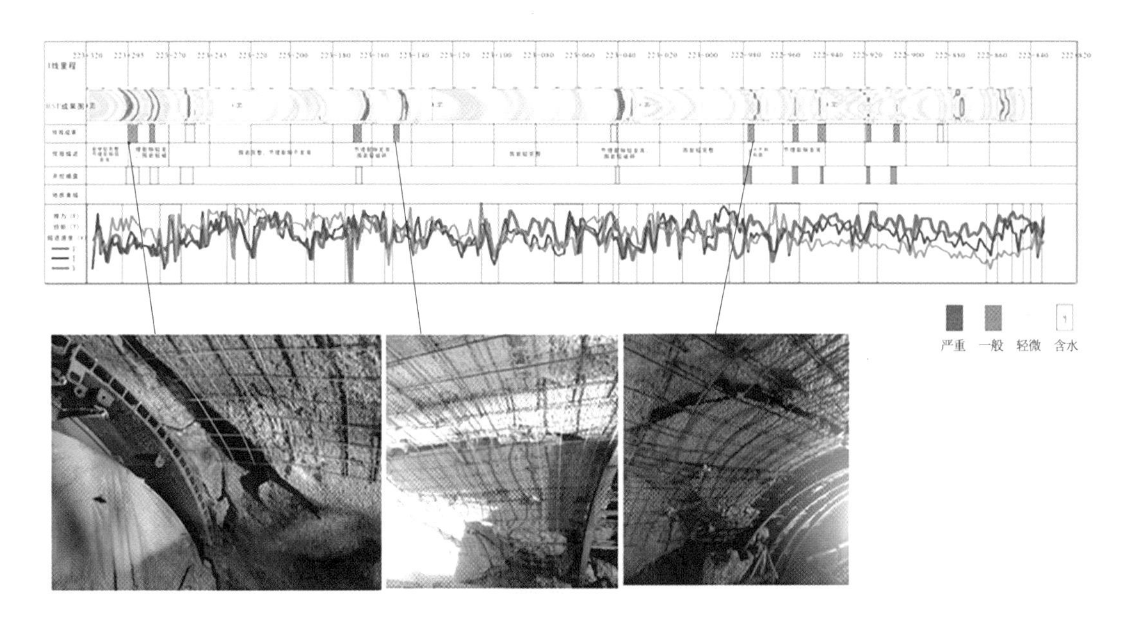

图 15.3-11　正洞 HSP 地质预报成果统计图（第二阶段）

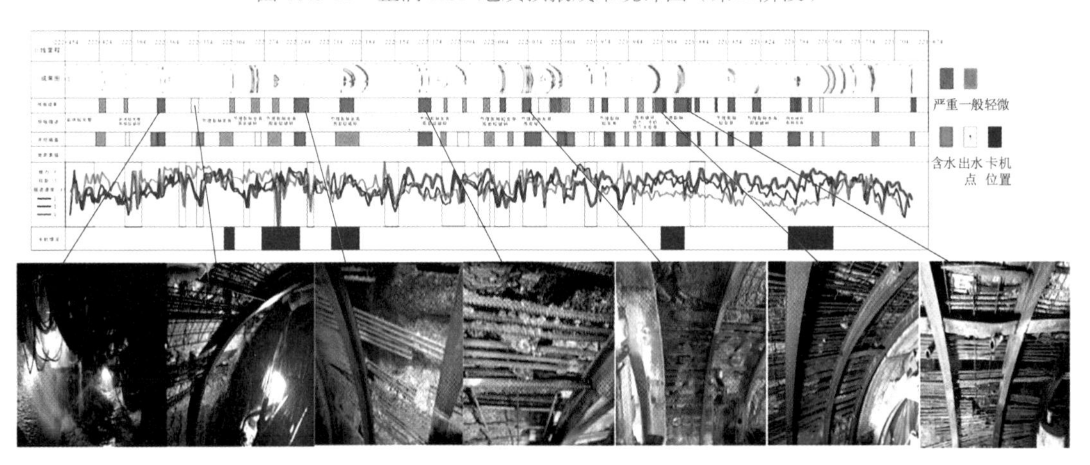

图 15.3-12　平导洞 HSP 地质预报结果

3. 多种超前地质预报结果相互验证

除了采用 HSP 法进行超前地质预报外，还采用了 TSP、三维地震法和激发极化法等进行超前地质预报，几种方法进行对比验证。

统计 TSP 施作 8 次、共计探测 917m 的探测结果，因现场情况有 3 次搭接长度不足，探测盲区总长为 69m。正洞 TSP 探测结果与实际揭示对比分析，TSP 探测异常共计 39 处，现场揭示与预测相符区段有 27 处，正洞 TSP 探测与实际相符的段落里程共计 689m，占 TSP 总预报里程长度的 75.1%，结果具体如图 15.3-13 所示，其中红色圆圈标记为探测结果与实际揭示不符。

集成探测仪器系统的调试和测试完成后，统计三维地震法和激发极化法施作的 13 次超前地质预报结果，累计 880m。其中三维地震法探测 7 次（预报长度 654m），激发极化法探测累计 6 次（预报长度 180m）。通过三维地震法和激发激化法预报结果与开挖揭露对比，隧道施工范围内大型不良地质体无遗漏，探明了掌子面前方赋存的断层、破碎带、含水体等不良地质，如图 15.3-14 所示。

实践表明，通过 HSP、三维地震法、激发激化以及 TSP 等超前地质预报结果的相互印证，掌子面前方的水文地质情况预报更加准确。与使用单一预报手段相比，大大提高了其预报的准确度。

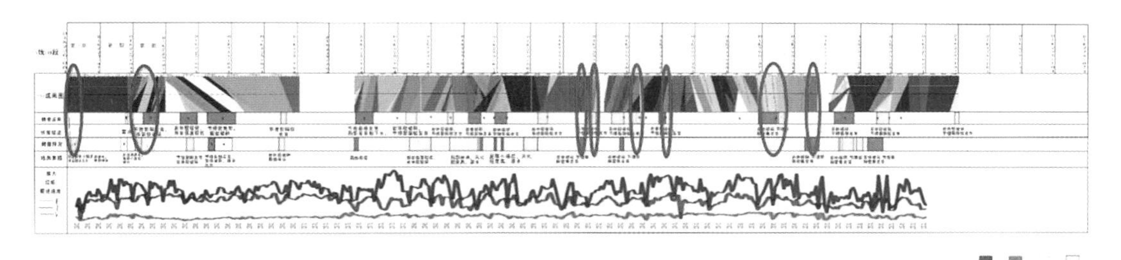

图 15.3-13　TSP 超前预报结果统计

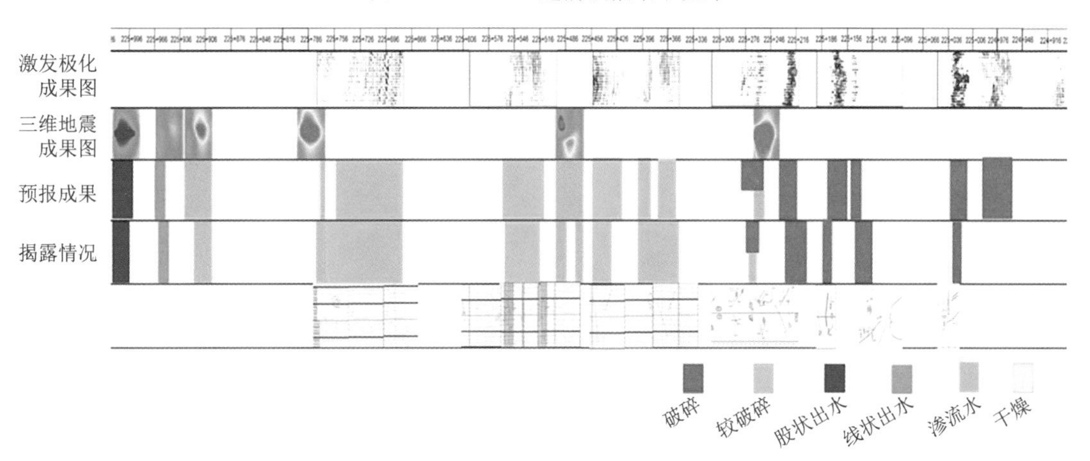

图 15.3-14　三维地震法与激发极化法超前预报结果统计

15.3.6　不良地质带处理及脱困措施

1. 不良地质事件经过

2019 年 8 月 27 日，平导 TBM 掘进至里程 PDZK221 + 481 处时出现大推力无法推进现象（该段正常推力为 7000～8000kN，加大至 12000kN 仍无法推动，转矩为 980kN · m，转速为 4r/min），判断为围岩变形护盾被卡，随后掌子面出现溜坍，大量泥砂状渣体随水流不断从刀盘入口处涌出造成底部大量积渣，如图 15.3-15 所示。同时 TBM 护盾及盾尾主梁区域拱部围岩出现沉降，拱部岩体间形成错台（4cm），顶护盾被围岩挤压下沉。盾尾拱架局部出现扭曲变形。

图 15.3-15　掌子面溜坍

该不良地质主要表现特征为高压富水、围岩整体松散破碎、遇水泥化蚀变现象明显。采用 TBM 施工掘进主要存在的问题有掌子面失稳溜坍造成出渣量不可控、皮带机压力超限、泥渣包裹刀盘刀具造成转矩增大致使刀盘被卡、护盾区域破碎围岩变形造成护盾压力大致使护盾被卡、撑靴位置软弱破碎围岩造成撑靴下陷无法提供推进反力以及姿态失控等问题；对于支护，主要存在的问题有钻孔内存在高压顶钻无法穿透不良地质体、盾尾漏渣造成隧底大量积渣清理难度大时间长、破碎围岩变形初期支护侵限、作业空间限制注浆加固困难等。

2. 地质条件分析

PDZK221 + 505～+353 段埋深约 467m，属中等富水区，岩性为燕山期花岗岩，平均单轴饱和抗压强度为 46MPa，单位体积节理数为 3～10 条节理较发育，岩体完整性系数K为 0.85～0.65，岩体较完整。PDZK221 + 481 处地质纵断面如图 15.3-16 所示。

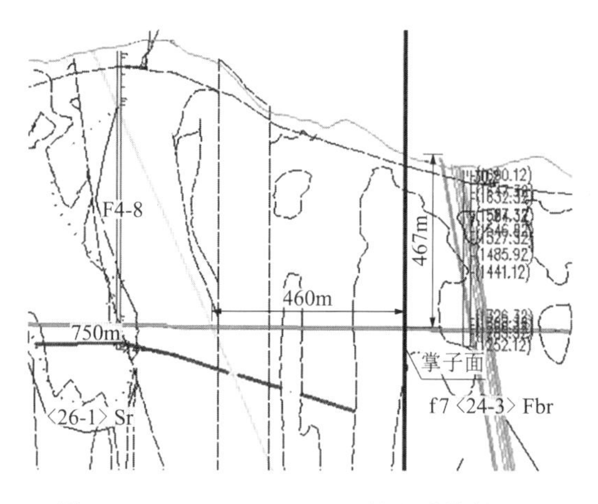

图 15.3-16　PDZK221 + 481 处地质纵断面图

PDZK221 + 481 卡机前，针对该洞段采用以下 2 种物探方式进行超前地质预报。

地震波反射法探测结果为：PDZK221 + 481～+ 470、PDZK221 + 466～+ 459、PDZK221 + 447～+ 437、PDZK221 + 412、PDZK221 + 404～+ 390 区段节理裂隙发育，岩体较破碎—破碎，局部岩体自稳能力较差；PDZK221 + 489、PDZK221 + 470、PDZK221 + 457、PDZK221 + 437、PDZK221 + 413～+410、PDZK221 + 395、PDZK221 + 389 附近地下水发育。

HSP 探测结果为：PDZK221 + 475～+ 473、PDZK221 + 443～+ 440 段存在反射界面，分析认为上述里程段岩体较完整—较破碎；PDZK221 + 455～+ 452 段反射界面稍强，分析认为该段围岩局部较破碎，节理裂隙较发育，岩体易沿结构面掉块、坍塌围岩完整性和稳定性较差。

综合 2 种物探结果，PDZK221 + 481 处未探测到明显异常，物探结果为岩体节理裂隙发育、较破碎—破碎。局部岩体自稳能力较差，易掉块、坍塌。结合预报及揭示的地质情况，卡机前掘进加强了支护强度及参数控制，采用 V 级围岩支护措施，破碎处增设钢筋排支护，及时喷射混凝土封闭，TBM 掘进参数设定为低转速、小推力，使 TBM 稳步推进。

现场揭露：该段盾尾揭示围岩为弱—强风化花岗岩，围岩整体较破碎，节理裂隙发育；掌子面揭示强—全风化花岗岩，呈泥砂状，无水尚可自稳，遇水即泥化呈流塑状，如图 15.3-17 所示。TBM 掘进进入该地层后掌子面出现溜坍，随后盾体区域围岩变形致使护盾被卡。卡机后发生突涌，最大涌水量约 1200m^3/h，涌水携带大量泥砂状颗粒物。TBM 脱困后掘进过程中，揭示该段围岩整体呈泥砂状，未扰动前致密，整体自稳能力差，扰动揭示后呈松散泥砂状，遇水泥化，如图 15.3-18 所示。

图 15.3-17　掌子面泥砂状围岩

图 15.3-18　盾尾揭示松散破碎围岩

根据平导、迂回导坑等钻孔探测情况，推测 PDZK221 + 481 卡机段前方发育高压富水软弱破碎蚀变构造带，该构造带具有岩体破碎、部分泥化、高压富水易突涌的特征。构造带走向约为 N74°E 与线路走向夹角约 24°，推测构造带大里程侧边界与平导交于 PDZK221 + 483，与正洞交于 D1K221 + 553 附近（图 15.3-19）。小里程侧边界未探明，推测构造带宽度大于 20m。根据超前钻孔、平导盾尾前方强—强风化花岗岩厚度为 3～24m，迂回导坑洞室前方弱风化花岗岩厚度为 5～17m，正洞盾尾前方强—弱风化花岗岩厚度为 0～24m。

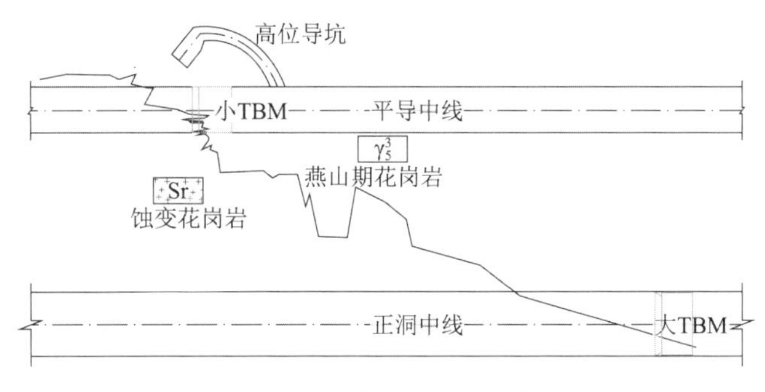

图 15.3-19　构造带大里程侧边界平面图

3. 脱困处理措施

（1）加固及试脱困

结合现场情况，初步处治方案如下：

①对盾尾主梁区域围岩进行初期支护加固：增设 HW100 型钢竖撑，间距 0.75m；模筑 C25 混凝土加固。

②采用盾尾超前管棚注浆 + 掌子面化学灌浆超前加固围岩：拱部 90°范围内打设ϕ76mm 超前管棚对前方围岩超前注浆加固，环向间距为 0.3m，深度为 20m/根，施作 2 循环，循环间距 0.75m，交叉布置，注浆材料为聚氨酯类化学浆液；在刀盘内通过刀孔、刮渣孔对刀盘周边进行超前注浆加固，注浆管采用 ϕ32mm 玻璃纤维管，加固深度为 2～5m，注浆材料为聚氨酯类化学材料。

③割除顶护盾部分限位块，可收顶护盾试掘进。

④超前钻孔探测不良地质类型及规模超前加固及超前钻探时频繁出现卡钻、泥浆裹钻顶钻、钻孔涌泥等异常情况致使 TBM 脱困施工未成功，该阶段用时 25d。

（2）盾尾高位小导洞、超前管棚

针对钻孔中存在的问题，分析主要原因为软弱岩体内赋存高压水，结合 TBM 脱困盾体区域加固及泄水降压需求，制定了在平导盾尾右侧开设高位小导洞 + 有工作室超前管棚注浆加固的综合处理方案。高位小导洞的主要功能是降压、泄水，并为进一步探测 TBM 前方地质情况提供空间，管棚工作室主要目的是超前加固及后续 TBM 脱困释放护盾刀盘，如图 15.3-20 所示。

高位小导洞底部位于平导坑底面以上约 2.9m。开挖长度为 16.3m，断面净空尺寸为宽 1.8m × 高 2.0m），坡度为 16%，导洞支护为 8mm 钢筋网片 HW100 型钢拱架、C25 喷射混凝土等。PDZK221 + 490.5～+ 485.5 拱部增设管棚工作室，管棚工作室开挖高度为 2m，环向范围为拱部 180°，支护方式为 HW150 型钢、22mm 锁脚锚杆、16mm 钢筋排、42mm 超前小导管、C25 喷射混凝土等。管棚洞室施工完成后施作 76mm 超前管棚并注浆加固，管棚工作室横断面示意如图 15.3-21 所示。

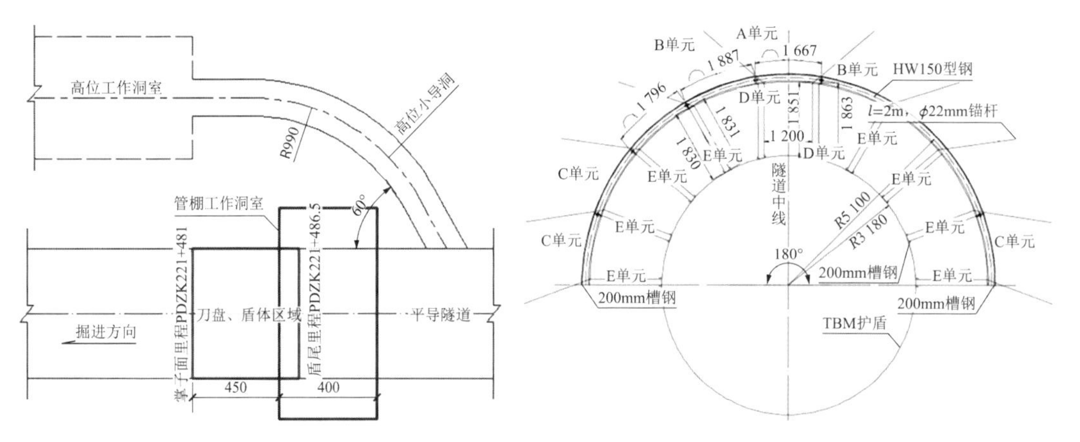

图 15.3-20　第二阶段方案平面图（单位：cm）　　图 15.3-21　管棚工作室横断面示意图（单位：mm）

高位小导洞施工完成后，尝试多种钻机进行地质钻探及泄水，累计钻孔 12 个，钻孔情况如下：

①YT1 孔深 31m，5～16m 钻进速度较快，推测该段位于不良地质体影响范围内，围岩风化程度高，松散破碎，含泥质夹层，且存在裂隙含水层。

②其中 6 个探孔（YT2、YT6、YT9、YT10、YT11、YT12）钻至 9～10m 钻进困难，主要由于泥浆包裹钻头钻杆、泥砂堵塞钻头、卡钻等原因导致无法钻进。退钻后 YT2、YT9 孔有柱状、流塑状渣体涌出，其余孔少量出水并伴有泥浆喷出，推测该段位于不良地质体范围内。

③YT3 孔与平导夹角为 16°，孔深 13.5m，钻孔深度达 11m 后卡钻现象频繁且钻头频繁被泥状物堵塞，推测该段围岩破碎，位于不良地质体范围内。

④YT4、YT5 钻孔过程中出现喷涌水（携带石块泥渣），出水过程中出水量间断性增大、衰减，2 个孔均在出水约 12h 后，钻孔被渣体堵塞停止出水。YT4 最大出水量约 200m³/h，总出水量约 300m³；YT5 最大出水量约 120m³/h，总出水量约 400m³。

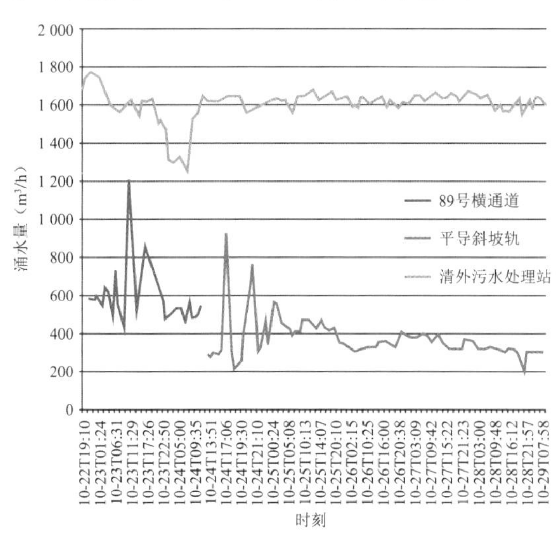

图 15.3-22　涌水量曲线图（2019 年）

⑤YT7 孔打设方位近似与平导平行，孔深 40m，未探测出不良地质。

⑥YT8 孔与平导夹角为 11°，孔深 20m，钻孔深度达 14m 后卡钻现象频繁。推测该段围岩破碎位于不良地质体范围内。

本次钻孔进一步探明了构造带地质情况，但仍无法穿透该不良地质体，且钻孔后极易堵孔，难以达到泄水降压效果，该阶段用时 31d。涌水量曲线如图 15.3-22 所示。

（3）突水涌泥处治

在盾尾管棚工作室施工过程中，盾尾左侧突发涌水，最大涌水量约 1200m³/h，涌水携带大量泥砂涌出造成 TBM 部分区域被泥渣覆盖。在出水稳定后，采用方木支撑、方木垛回填管棚工作室的方式对主梁区域围岩加固，方木垛有效支撑了围岩，同时也利于排水防止二次坍塌造成 TBM 被埋，该阶段用时 9d。

（4）迂回导坑

突涌发生后，利用平导隧道进行不良地质处治及 TBM 脱困安全风险极高，已经无法实施，遂确定平导线路左侧增设迂回导坑（图 15.3-23）+ 高位支洞泄水、加固的综合处理方案，即在 TBM 尾部增设迂回导坑绕行至 TBM 前方，采用钻爆法处治该不良地质后 TBM 步进通过。迂回导坑沿平导左侧 30m 平行设置，迂回导坑中线与平导边墙相交里程为平导 PDZK221 + 739，与平导线路相交角度为 40°；迂回导坑长 594m，其中单线段断面（图 15.3-24）净空为 4.1m × 4.35m（高 × 宽），双线段断面净空为 6.25m × 5.2m（高 × 宽）。迂回导坑Ⅲ、Ⅴ级围岩采用全断面法开挖，Ⅴ级围岩采用台阶法开挖。迂回导坑共计施工 594m，用时 214d。

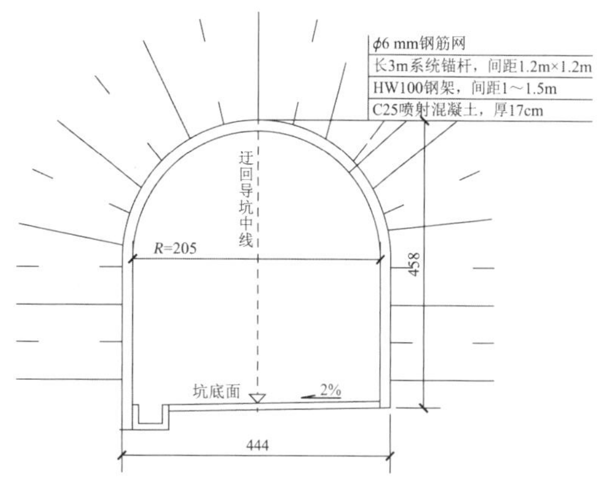

图 15.3-23　迂回导坑单线段断面及支护参数示意图（单位：cm）

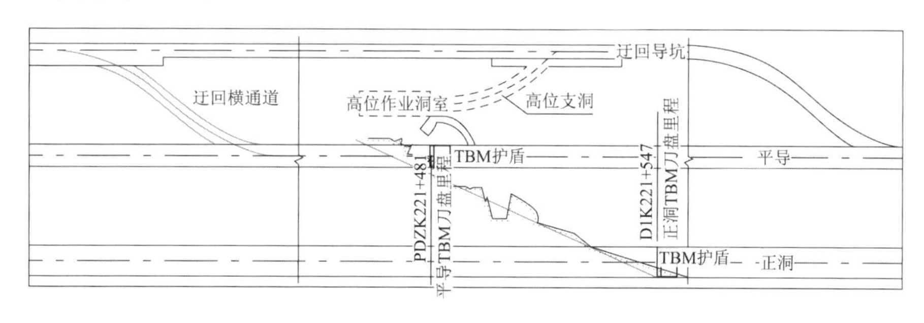

图 15.3-24　迂回导坑方案平面图

（5）就地脱困

平导 TBM 盾尾涌水量稳定在约 200m³/h，盾尾初期支护结构稳定、监控量测数据稳定无异常。现场随即启动对主梁区域围岩径向注浆加固，注浆加固后拆除方木支撑，高位导洞内增设泄水孔超前泄水并探测地质，并进行管棚洞室修复。

正洞、迂回导坑超前平导后，平导盾尾出水量逐步衰减至约 30m³/h，现场钻探钻孔内压力消失基于现场边界条件发生变化，涌水量大幅衰减，具备就地脱困条件，经研讨后采用超前管棚支护 + 护盾周边扩挖方案（图 15.3-25）进行 TBM 脱困。管棚施作范围为拱部 160°，管棚环向间距为 0.3m，长度按进入基岩 2～3m 控制，如未进入基岩，则加固长度为 30m。

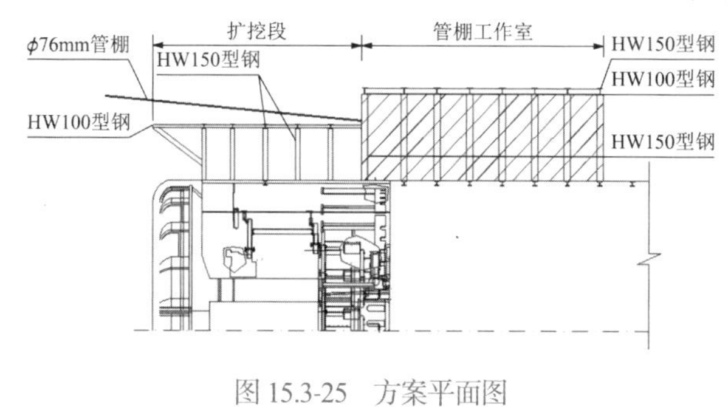

图 15.3-25　方案平面图

在超前管棚注浆加固完成后，对刀盘、护盾区域扩挖，扩挖长度为 4.75m（开挖至刀盘前端），环向扩挖范围 180°扩挖时向掌子面前方打设注浆孔注化学浆液加固，加固后从拱顶向两侧扩挖，扩挖高度为 1.25m。刀盘、护盾区域扩挖完成后，对刀盘内及周边积渣进行清理。上述工作完成后试转刀盘，刀盘恢复转动，随即试推进，护盾前移，至此 TBM 脱困。该阶段用时 55d。

15.4 西藏旁多水利枢纽工程

15.4.1 工程简介

西藏旁多水利枢纽工程地处拉萨河中游，是拉萨河干流水电梯级开发的龙头水库，工程开发以灌溉、发电为主，兼顾防洪及供水。工区全线位于海拔 4000m 以上，被誉为“西藏三峡”。该工程的灌溉输水洞为无压隧洞，其主洞段近 10km 采用敞开式 TBM 施工，开挖直径为 4m，逆坡掘进，坡度为 1‰。TBM 掘进段属高山地形，洞身穿越的恰拉山山顶高程约 5400m，最大埋深 1300 余 m，埋深大于 500m 的洞段主要为新鲜花岗岩。工程场地附近岩体结构较完整，岩质坚硬，性脆；构造相对稳定，尤其是深埋地段受地质构造影响小，无断层及褶皱构造，无或地下水很少。

15.4.2 高地应力条件下的围岩破坏形式

地下洞室施工期间，由于岩体开挖破坏了其原始地应力状态，使得岩体内的能量得以释放，进而引发一系列与地应力释放相关联的破坏现象。地应力释放产生的破坏直接影响到 TBM 的正常施工。

1. 地应力试验分析结果

设计单位实施的钻孔地应力试验结果表明：最大水平主应力大于垂直应力、最小水平主应力，三向主应力关系为$S_H > S_h \geqslant S_V$，且以水平主应力（NE26°）作用为主。由地勘试验得图 15.4-1 显示的掘进里程最大主应力分布关系，89.1%的掘进洞段岩体最大主应力超过 20MPa，属于高地应力等级范围。根据《水力发电工程地质勘察规范》GB 50287—2016 中的岩爆烈度分级表，结合强度应力比计算成果可以判定：TBM 掘进过程中，37.3%的掘进洞段具有发生中等岩爆等级风险。

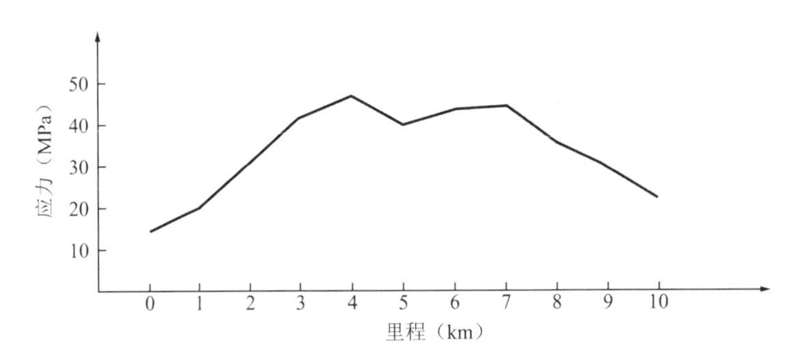

图 15.4-1 掘进里程岩体最大主应力分布情况示意图

2. 高地应力破坏具有的特点

以该工程为例，在高地应力条件下，随着掘进段埋深的增加，岩体应力增大，强度应力比减小，岩爆风险增大。结合围岩岩性、岩质类型及完整性等情况，笔者总结出 TBM 掘进段围岩破坏的形式主要表现为应力卸荷和岩爆。

经现场统计分析得知高地应力破坏具有以下特点：（1）埋深小，强度应力比值大的区域其节理、裂隙构造相对发育，围岩完整性相对较差，多以应力卸荷破坏为主；（2）埋深大，强度应力比值小的区域裂隙不发育，围岩完整性好，多以岩爆破坏为主。

3. 应力卸荷破坏

高地应力条件下，围岩节理、裂隙的存在使岩体成为不连续介质，不能承受传递较大的剪应力及拉应力而造成沿节理、裂隙面的破坏，进而引发局部失稳，主要发生在边顶拱120°范围。TBM施工过程中，部分洞段围岩受刀盘及护盾的扰动，边顶拱围岩出现并持续沿结构面卸荷，从护盾末端出露已形成垮塌空腔，必须及时进行处理后方可继续掘进；部分洞段从护盾末端出露，虽然整体稳定性较好，但若遇边顶拱不利结构面组合，在重力及持续卸荷作用下，极易在主机及后配套区域形成塌方。如图15.4-2所示，在掘进里程7300m右侧顶拱11～15点位置发生应力卸荷垮塌，垮塌高度达4m。由此可见，应力卸荷对人员和设备的危害特别大。

4. 岩爆破坏

高地应力条件下，完整、坚硬的硬脆性围岩内应力平衡重新分配时，所储藏的应变能突然释放造成围岩破裂是一种动力失稳现象，其常见的破坏方式为：层状剥落、弹射甚至抛射。

该工程发生的最大岩爆级别为中等，具体表现形式为：（1）掘进过程中，在护盾下方可明显听见刀盘区域有清脆的围岩爆裂声，出露护盾位置的围岩已发生劈理破坏并呈现持续剥落现象；（2）出露护盾位置的围岩整体稳定，随着掘进洞壁（包括底拱部位）持续出现脱层、剥落等现象并向外侧发展；（3）出露护盾位置的围岩整体稳定，掘进过程中突然会出现岩石碎片从围岩体内剥离、崩出，此种破坏具有不确定性，危险性极大。一般岩爆持续的时间可达5d，前2日的表现尤为突出。在掘进里程3850m撑靴位置右侧洞壁发生岩爆，出现大面积崩塌，厚度达2m。由此可见，岩爆严重威胁到施工人员、设备的安全。掘进里程3850m右侧撑靴外侧岩爆崩塌情况见图15.4-3。

图15.4-2　掘进里程7300m边顶拱应力卸荷垮塌

图15.4-3　掘进里程3850m右侧撑靴外侧岩爆崩塌

15.4.3　高地应力地质条件对TBM施工的影响分析

高地应力地质条件对TBM施工影响较大，主要表现在以下几个方面。

1. TBM掘进功效降低

TBM利用刀盘刀具挤裂岩石的方式破岩，破岩难度亦随着岩体内应力的增加而增大。

根据运行统计，高地应力段 TBM 施工功效降低程度高达 52%；因长期受岩体高应力作用，刀盘的整体耐受力严重降低，因 TBM 刀盘、刀箱疲劳损坏而引发停机事故造成工期延误。此外，岩石应力的不规律性极易引发滚刀发生偏心受力破坏，加之刀具更换频率增加，对施工进度影响较大。

2. 地质问题的处理难度大

在高地应力洞段，掌子面位置高地应力引起塌方易造成护盾支撑不足进而引发主机前段卡机，一旦卡机，需立即停机进行处理；护盾后侧的高地应力卸荷及岩爆会造成设备损坏，进而引起塌方，一旦塌方，亦需立即停机进行处理。另外，受小断面设备作业空间的限制，卡机及塌方的处置难度增大，经统计分析，高地应力区域地质问题的处理工序占总时长的 29.5%。

3. 无法精准有效组织围岩支护

洞室开挖成型后，由于无法准确量测其围岩应力，进而无法准确预判应力释放卸荷程度。支护过程中，出露护盾位置的围岩若出现应力破坏，则需采取加强支护处理。出露围岩整体性较好，若未采取支护处理，一旦破坏加剧引起塌方其后果不堪设想；若预判存在高地应力破坏而采取加强支护的方式进行处理，但从后评价分析此相当一部分处理属过度支护。因此，现场经验不足导致无法精准有效组织围岩支护施工而造成资源浪费，工期延误。

15.4.4 高地应力洞段施工采取的应对措施

高地应力破坏防护的重要内容是精准预判掘进前方的围岩地质条件并预分析应力分布情况。该工程利用 TSP、微震监测等技术，结合现场情况综合研判了掘进前方岩体的性质，提前发出岩爆风险预警，并适时调整掘进参数并加强支护措施以避免高地应力破坏。

1. 超前地质预报

利用 TSP200 超前地质探测仪探明前方围岩波速、完整性及含水情况。通过对超前钻机钻探、皮带出渣情况和掘进参数等因素的变化进行分析，综合判断前方的地质条件。而后采取微震监测手段，通过已布置的传感器实时监测岩体的稳定性并分析确定岩爆空间位置信息，进而预报岩体卸荷和岩爆等地应力分布情况。基于上述监测分析结果，可有针对性地提出相应的应对措施及建议。

2. 支护处理原则及措施

结合该工程取得的相关经验，高地应力洞段安全处置控制原则主要有两个方面：一是尽可能地改善掌子面前方的围岩应力状态，可采取超前导洞应力释放预处理对策，从源头上实现对岩爆发生的可能性和发生程度的控制，减缓并加固施工安全和及时性方面的压力，减小加固支护的工程量；二是提高洞室围岩的抗冲击能力，即采用钢拱架与锚网喷联合支护的手段，及时加固围岩结构，尽量减小开挖岩层的暴露面并缩短暴露的时间，通过加强支护系统，达到延缓或抑制岩爆发生的目的。

由于洞室断面尺寸较小且设备自身占据隧洞的空间较大，导致超前导洞应力释放方案无法实施，而施工洞段的围岩最大岩爆等级为中等，也无需采取超前导洞的控制方式。结合现场实际，该工程采取了加强支护方式抑制应力释放的破坏。实践证明：由环形钢拱架、钢纤维喷混凝土、钢筋网片和锚杆构成的支护系统可在一定程度上抵挡剧烈的破坏性冲击，施工效果明显，安全整体可控。

3. 调整掘进参数

由于掘进参数（推力、刀盘转速、贯入度、掘进速度等）受开挖尺寸、地质条件及撑靴支撑效果等因素的影响，该工程总结出高地应力条件下掘进参数调整的基本原则："遇强推强，遇弱缓进、支护为先，安全第一"。具体为：岩爆区域，掘进岩体较硬、完整性较好，破岩难度较大，采取大推力、高转速的方式推进；塌方区域或地质破碎带围岩条件相对差，须视围岩变化情况采取小推力、低转速、缓掘进的方式推进；掘进速度必须与围岩支护进度相匹配，不可冒进。另外，需及时掌握并控制岩爆发生的部位，调整掘进速度，尽量将岩爆发生位置调整控制在护盾或已加强支护的区域，以减小不利影响。

15.4.5 设备适应性改造建议

高地应力地质条件下掘进机的设备适应性十分关键，随着 TBM 设备在施工中的应用，施工现场的需求与设备功能之间存在偏差。根据高地应力对掘进施工的制约情况，笔者对撑靴、护盾系统、支护系统等设备的适应性提出了改造建议，希望能为今后高地应力隧洞 TBM 设备选型提供参考。

1. 增大撑靴面积

高地应力条件下，围岩内应力释放现象比较突出，而撑靴对岩面的挤压则会加剧围岩应力的释放而引发边墙垮塌，甚至撑靴损坏。建议：增加撑靴接触岩面的面积，降低单位面积岩面的作用力，可在一定程度上降低边墙岩爆、塌方的发生率；另外，在 TBM 需较大推进力时，撑靴面增大将在很大程度上降低单位面积的反作用力，避免撑靴变形损坏。

2. 护盾后端改造

掘进完成后，出露在护盾后方的围岩是加强支护的关键区域，也是支护施工中最为危险的区域。建议：加长指形护盾的长度，并在后端主梁上设置拱架、钢筋网片、锚杆等初期支护综合作业区，实现机械化的流水作业，并尽量减少人员的投入；支护完成后，人员及相关支护设备应能及时退回护盾下方，从而在一定程度上确保施工安全。

3. 支护系统的优化

（1）锚杆钻机设置建议

锚杆支护在传统支护方式中已得到较好的应用，而该工程系统锚杆支护使用较少。实际配置的液压锚杆钻机因体型较大，受设备结构尺寸及操作空间限制，钻孔位置及角度无法根据出露的地质构造及时调整，无法满足锚杆支护的技术要求。建议：施工中配置可灵活调节的风动钻机（小体积），并在护盾后侧合理规划锚杆钻机操作平台，进而使防岩爆锚杆能够得到较好的应用。

（2）应急喷混凝土设置建议

受开挖断面及主机段设备结构尺寸限制，设备规划将喷混凝土系统设置于后配套 3 号台车位，因此而造成喷混凝土位置相对滞后，施工时围岩开挖后只能进行钢拱架、网片临时加固，而无法及时喷混凝土封闭裸露面，需待掘进 40m 后进行系统喷护。喷护前因围岩暴露时间长，加大了二次破坏的风险。建议：在护盾后侧设置应急喷混凝土系统，及时对围岩裸露段进行初期封闭，从而为后续施工提供安全保障。

（3）钢拱架设计优化

该工程考虑到传统锚杆无法实现拱架锁固功能，在现场将 240°范围拱架优化为 360°全断面拱架，并结合受力情况调整了拱架间距，合理布置了拱架间的连接方式，实现了拱架支撑的整体性。本实例中全断面拱架方式在实际施工中得到了较好的应用，效果显著。

15.5 川藏铁路隧道工程

15.5.1 工程简介

川藏铁路作为继川藏公路后连接西藏与四川的第 2 条交通廊道，是“一带一路”建设的关键纽带及“十三五”规划的核心基础设施。

随着我国国民经济不断提升及国家建设需要，西部轨道交通建设规模与建设里程将呈现爆发式增长，隧道工程建设将具有长距离、高埋深特点。特殊地质条件下，TBM 施工适应性降低，可能诱发一系列工程事故，如锦屏二级水电站引水隧洞、青海引大济湟工程、引汉济渭引水隧洞，TBM 施工中发生岩爆、塌方、涌突水、卡机等事故，严重影响工程建设。因此，对 TBM 施工的地质适应性及关键技术问题进行研究是非常有必要的。

目前，针对特殊地质条件下的 TBM 施工及适应性，众多学者进行了一系列研究。张兵等针对高黎贡山隧道破碎围岩，通过改进 TBM 设备，并提出联合脱困及初期支护方法，取得了良好效果；邓铭江等综合北疆 2 期供水工程，分析了超特长隧洞 TBM 试掘进的适应性；Hassanpour 等通过模型预测评价，从设备参数与地质条件方面分析了 TBM 的适应性；张照太等分析了深埋、软硬互层围岩地质条件下软岩对 TBM 掘进的影响，同时提出针对性的解决措施并成功实践；刘国平在引汉济渭工程中通过数值模拟及理论分析方法，指出 TBM 掘进面临高涌水及高岩温等问题。部分学者对川藏铁路 TBM 研究进行了探讨：刘卓进行了川藏铁路 TBM 穿越断层破碎带的隧道施工研究，提出预加固防卡技术；张旭东分析了川藏铁路施工设备选型及改进技术。

从以上研究可以看出，目前，针对川藏铁路 TBM 的研究多集中于 TBM 选型及施工技术，而关于 TBM 施工的地质适应性研究相对较少。鉴于川藏铁路隧道施工所面临的风险及挑战，同时考虑到现有工程经验难以满足川藏铁路 TBM 施工需要，因此，对川藏铁路不良地质条件下 TBM 施工的适应性及关键技术进行研究，具有十分重要的工程意义。

为解决上述问题，通过分析川藏铁路隧道 TBM 在复杂地质条件下的适应性，对岩爆、软岩大变形、涌突水及高地温条件下 TBM 施工关键技术进行改进，以期为川藏铁路复杂地质条件下的 TBM 施工提供参考。

15.5.2 主要不良地质条件

1. 深、大活动断裂与强震

川藏铁路行走于阿尔卑斯—印支特提斯构造域东段与太平洋构造域的交汇部位，受青藏高原抬升及断裂构造错段影响，地貌形态具有“八起八伏”的独特特征。

青藏高原目前是最为活跃的大陆板块碰撞造山带，发育众多规模、性质不同的构造单元。铁路沿线穿过扬子地块、拉萨地块、滇藏及印度地块 4 个一级构造单元，澜沧江断裂、雅鲁藏布江断裂 2 个板块缝合带，龙门山断裂、金沙江缝合带、怒江缝合带 3 个地壳拼接带，川藏铁路沿线大地构造分布见图 15.5-1。受板块俯冲影响，喜马拉雅山脉以 9.5mm/a 的速率不断隆升，致使构造活动频繁并形成众多活动断裂带，断裂带展布于鲜水河、理塘、巴塘、八宿、嘉黎等地区。

强震与活动断裂展布息息相关。现今，地壳运动相对活跃且地震活动频繁。川藏铁路沿线有约 50%的地区处于地震动峰值加速度 > 0.2g的区域，喜马拉雅地震带及其附近地震动峰值加速度 > 0.4g。由于印度板块对欧亚板块的俯冲对撞作用，青藏高原存在强烈的水平构造运动，导致板块边界附近构造应力场复杂，地应力值相对较高，潜在地震风险大，地质灾害频发。

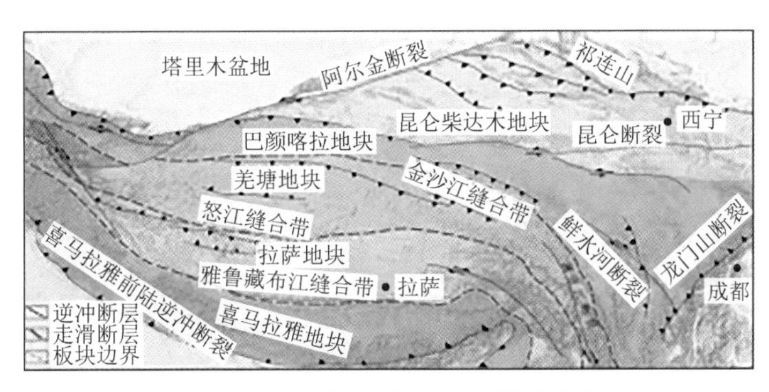

图 15.5-1　川藏铁路沿线大地构造分布

断裂活动与强震所产生的灾害问题，不仅表现对构筑物的直接破坏，还将诱发一系列浅表层和深埋隧道地质灾害。川藏铁路地质复杂区域，强地震作用可能导致崩塌、滑坡、泥石流、冻土边坡破坏、冰湖溃决等浅表层地质灾害，进一步在高山峡谷地区形成堰塞湖影响工程建设；深埋隧道中，强震破坏表现为隧道衬砌开裂或错断坍塌、仰拱隆起开裂、围岩剥落、塌方等，对 TBM 掘进刀盘的旋转形成较大的阻力，甚至导致 TBM 卡机。

2. 高地应力

在印度次大陆与亚欧大陆板块的持续碰撞、挤压作用下，川藏铁路沿线区域构造应力高度集中，其主要集中于青藏高原中部、东南及东北缘。地应力实测数据显示，我国西部地应力具有随深部地层增加而显著增加的特征，线路隧道区最大地应力达 78MPa，明显高于其他地块。高地应力是导致岩爆及软岩变形频发的主要原因。隧道开挖过程中不可避免对岩体产生扰动和破坏，开挖后促使围岩发生卸荷回弹及应力重分布，围岩逐渐发生塑性变形或破坏，进而导致硬脆性岩体（灰岩、花岗岩、砂岩等）发生弯折内鼓、劈裂剥落、张裂崩落等破坏，断裂破碎及软弱岩体（泥质岩、页岩等）发生屈服流动及挤压大变形。高地应力深埋隧道中，岩爆及软岩变形导致的变形破坏方式有拱顶下沉、底板鼓胀隆起等。若围岩变形或岩爆烈度过大，支护不及时或支护强度不够均会导致初期变形过大而超过预留变形量，甚至导致二次衬砌开裂，这都将引起 TBM 刀盘异常磨损、护盾变形以及卡机等。

3. 涌突水

川藏铁路跨越大渡河、金沙江以及雅鲁藏布江等水系，沿线分布大面积的海洋性冰川以及冰湖；隧洞沿线地下水系统复杂，主要为基岩裂隙水，以大气降水、冰雪融水以及湖泊下渗为主要补给来源。据预测，川藏铁路多数洞段具有承压水且涌水量较大，这将使得隧道施工面临严重涌突水问题，TBM 施工隧道更为突出。掘进过程中突然遭遇涌突水时，涌水量较大将迫使 TBM 停机排水，影响正常的掘进施工，若排水不及时或能力不足，则威胁设备和人员安全，设备被淹风险极大。

4. 高地温

川藏铁路沿线受大地构造及温度场的控制影响，高温热害严重。其地热分布具有“南北呈带、东西呈条”的特点，因而使得藏南成为青藏高原地热最集中的区域。据勘查资料不完全统计，川藏铁路沿线分布众多对线路影响的地热异常带，如炉霍—道孚—康定、甘孜—理塘、德格—巴塘、怒江—八宿和嘉黎—察隅等地热带。地热高温对隧道工程建设具有较大危害，其主要表现在：1）高地温隧道开挖可能伴随热水及大量热气涌出，恶化洞内施工环境的同时还将增加机械设备以及施工人员的安全风险；2）隧道高温环境将使围岩力学性质劣化，进一步加剧软弱地带围岩变形破坏；3）高原寒冷地区，高温隧道施工前后温差较大，将导致建筑材料的性能发生劣化，甚至造成衬砌结构开裂影响隧道支护与运营。综上所述，川藏铁路沿线地质条件复杂、构造活动及地震作用强烈，且大部分区域处于地应力极高地段，同时面临高温热害、地下热水环境，致使沿线地质灾害频发，使得 TBM 施工过程中将面临岩爆及软岩挤压大变形引起的支护破坏风险，高压涌突水及高温热害引起的设备与施工人员安全风险。

15.5.3 不良地质段 TBM 施工关键技术

川藏铁路隧道地质环境复杂，根据不良地质段 TBM 的适应性分析，提出 TBM 在岩爆、软岩大变形、涌突水及高温热害条件下的施工关键技术，从而保障 TBM 安全快速施工。

1. 岩爆段的 TBM 施工对策

施工至岩爆区域，可将超前地质预报及微震监测等方法结合，从设备及围岩性质等制定针对性的措施，从而控制岩爆影响范围。针对不同等级岩爆提出适宜性施工对策，除了 TBM 施工中常规的支护手段外，随着隧道埋深加大（> 1300m），岩爆频次和等级逐渐增加，支护强度也需加大，详细处理措施见表 15.5-1。掘进过程中遇极强岩爆时，需要根据现场实际情况进行专家讨论研究，特殊处理。

不同等级岩爆的处理措施　　表 15.5-1

岩爆等级	方法	具体处理措施
轻微	初级支护	（1）应力集中部位喷射高压水；（2）喷射普通混凝土封闭岩面并挂设钢筋网片或 UPN 槽钢拱架
中等	封闭处理及支护	除应力释放外，还可采取：（1）喷射 20～30cm 钢纤维混凝土封闭岩面；（2）初凝后，挂设编织钢筋网片和中空涨壳式预应力锚杆并复喷混凝土；（3）正洞断面铺设 TH 梁全圆拱架；（4）拱架外塌腔回填密实，对封闭岩面第 2 次喷射混凝土
强烈	超前预处理 + 联合支护	（1）布设超前应力释放孔或进行半断面导洞扩挖预处理；（2）边墙布置涨壳式预应力锚杆，其余采用砂浆锚杆，并喷射钢纤维混凝土；（3）铺设钢筋排与钢拱架；（4）爆坑回填处理

2. 软岩大变形段 TBM 施工对策

TBM 施工穿越软弱围岩段，首先通过超前预报技术探明 TBM 刀盘前方围岩特征及地质条件，从而能够针对性地采取施工策略。针对川藏铁路高地应力条件下，常规锚喷支护手段难以有效解决 TBM 施工软岩严重挤压变形工程问题，参考工程案例对高地应力下不同软岩变形程度提出适宜的施工支护对策，详细支护措施如表 15.5-2 所示。当遭遇极严重软岩大变形塌方导致的卡机事故时，可以采用导洞扩挖并反向大管棚支护，帮助 TBM 脱困。

不同等级软岩大变形施工对策　　表 15.5-2

变形等级	方法	具体处置措施
轻微变形	初级支护	挂设钢筋网片并喷浆加固围岩
中等挤压变形	降低参数、联合支护	（1）降低 TBM 参数；（2）全环喷射混凝土封闭围岩；（3）管片外部围岩采用涨壳式预应力锚杆及网片联合支护，必要时采用钢拱架
严重挤压变形	环向加固、双层支护	（1）拱部布设环向超前小导管注浆加固；（2）1 层采用自进式锚杆及小导管锁脚，并挂高强钢丝网及喷浆；（3）2 层采用全环型钢拱架支护

3. 涌突水段 TBM 施工对策

涌突水地段对 TBM 可能造成皮带机积水、积渣严重及支护无法进行等，甚至形成大型突水突泥造成机毁人亡。针对大埋深不良地质 TBM 施工可能遭遇的涌水突泥地段，坚持“地质预报与处理措施结合”的理念。可采用 TSP 等超前预报技术，探明掌子面及周边环境的地下水状态，再采取对应的适宜性措施。针对裂隙状涌突水，根据不同渗水类型综合提出“水压分流 + 封堵加固”的施工对策，具体处理措施如表 15.5-3 所示。

不同涌水量 TBM 处理措施　　表 15.5-3

涌水等级	危害类型	方法	具体处理措施
Ⅰ	微型渗水	常规处理	局部喷射封闭
Ⅱ	小型涌水/涌泥	水压分流、局部封堵	钢管引流；涌水稳定时用高分子聚合物快速注浆技术封堵
Ⅲ	突水突泥	浅层封堵、深层加固	浅层裂隙用聚氨酯化学灌浆封堵；掌子面布设深层孔，用水泥、水玻璃双液浆超前预注浆加固
Ⅳ	大型突水突泥		停止施工并进行大型水害治理方案专家研讨

针对非裂隙状涌水，常在软弱围岩带形成大规模突水突泥灾害，需要以排水为主，可采取开挖后的“平行导洞排水 + 灌浆加固”技术方案，先进行平行导洞方式排水（如图 15.5-2 所示），待涌水量降低后进行化学灌浆封堵及加固措施。

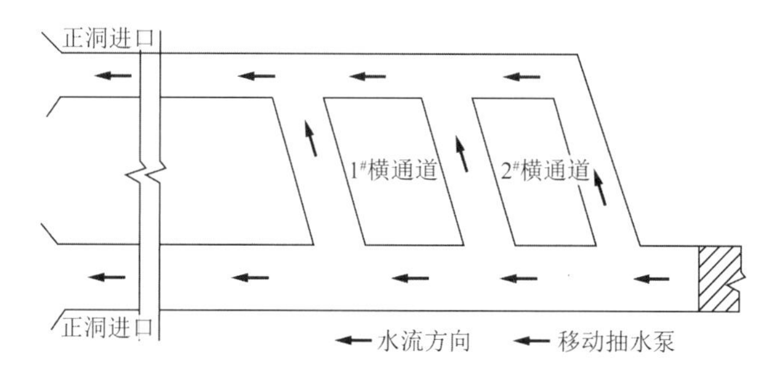

图 15.5-2　平行导洞排水

4. 高地温段 TBM 施工对策

川藏铁路沿线众多高温地热异常带，迫使隧道热害问题尤为突出。针对“三高一扰动”耦合条件下 TBM 在隧洞内施工，除洞内温度增高及开挖伴随的不良气体外，还可能在富水地段造成高温热水涌出。为保证 TBM 顺利通过高地热地段，依据超前预报及高温气体监测，对无水高温区域及热水高温段分别提出施工对策。

（1）无水高地温段施工

TBM 无水高温地段施工过程中，应保持通风状态排除不良气体并采用辅助方式降温处理。具体措施如下：

①通风降温

结合隧道埋深和工区岩温情况（< 30℃），根据掌子面至衬砌位置范围的环境条件，对正洞和平导进行不同阶段风量通风，可采用多阶段辅助通道通风，如图 15.5-3 所示。

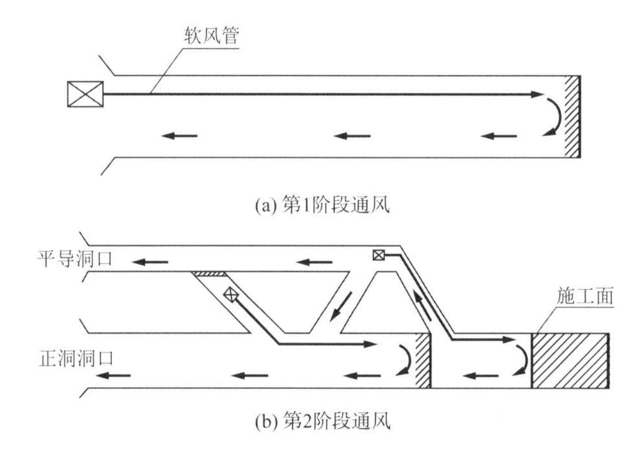

图 15.5-3　TBM 施工多阶段通风方案

②辅助降温

除保证正洞及平导最大通风量外，还可采用机械制冷或人工制冰的措施降低洞内温度，保障机械设备及施工人员安全。

（2）富热水高地温段施工

TBM 施工穿越导热性断裂带时，针对可能出现高温热水及高岩温的情况，除常规通风物理降温措施外，还需减少热水涌出量。高温热水应采取“量少排为主，量大排堵结合”的策略，对于隧道内的衬砌结构还应采取结构性防热措施。

①高温热水处理

通过岩体温度法对隧道掌子面前方含水体岩石温度进行预报。通过预报结果判断其准确位置，对于少量的热水，通过管道直接排放至洞外，排放时应减少热水散热面积；对热水流量较大地段，限量排放的同时对岩体裂隙进行超前注浆封堵，减少热水涌出量。

②结构防热

针对高岩温致使建筑材料的性能劣化，引起衬砌结构破坏，可采用“二次衬砌 + 隔热层 + 内衬”的结构进行隔热衬砌处理，以保证衬砌结构安全。

第 16 章

护盾式 TBM 施工案例

本章重点

重点介绍深圳地铁双护盾 TBM 施工工程、甘肃引洮供水工程、陕西引红济石工程和新疆八十一大坂隧道工程等使用护盾式 TBM 的施工实例。

16.1 深圳地铁双护盾 TBM 施工

16.1.1 工程简介

1. 工程概述

深圳市城市轨道交通 8 号线一期主体工程 8132 标梧桐山站-沙头角站区间线路大体呈西～东走向，起于梧桐山站，止于沙头角站。区间线路出梧桐山站沿东南向侧穿梧桐山管理区大楼，后下穿于罗沙路、长岭天桥及罗沙高架桥桩基础，区间沿罗沙路直行一段后以曲率半径 500m 下穿长岭路进入梧桐山段，隧道在梧桐山段时，北段为深盐二通道山岭隧道，南端为梧沙区间隧道，分别经过长岭沟、夹门山及五亩地，下穿 7 处盘山公路，最后下穿于梧沙区间隧道口，出梧桐山段进入深盐路，区间沿直线侧穿半山悦海小区，下穿盘山公路高架桥进入沙头角站。如图 16.1-1，其中，TBM 始发站为梧桐山站，区间为梧桐山站～沙头角站区间。

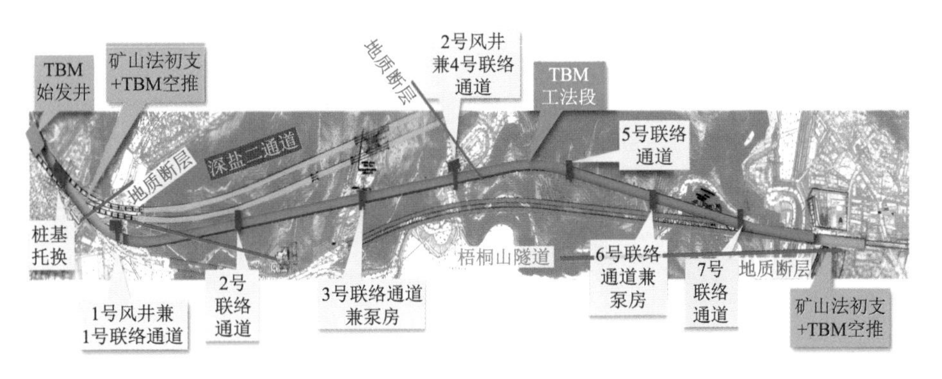

图 16.1-1　梧桐山站-沙头角站区间段工程示意图

2. 区间地质概述

深圳市城市轨道交通 8 号线一期工程梧桐山站及沙头角站隧道基本处于微风化凝灰岩层中，洞口段处于全～强风化凝灰岩层及残积层中，隧道围岩综合分级为Ⅱ～Ⅴ级，围岩强度具体为强风化凝灰岩、中风化凝灰岩（饱和抗压强度最大 35.3MPa，最小 15MPa，平均 27.3MPa）、微风化凝灰岩（饱和抗压强度最大 92.6MPa，最小 32.2MPa，平均 58.7MPa）、微风化花岗岩（饱和抗压强度平均为 90MPa）、中风化凝灰岩（饱和抗压强度为最大 35.3MPa，最小 21.3MPa，平均 27.3MPa）、强风化凝灰岩、硬塑状粉质黏土。梧沙区间地质整体情况如图 16.1-2 所示。

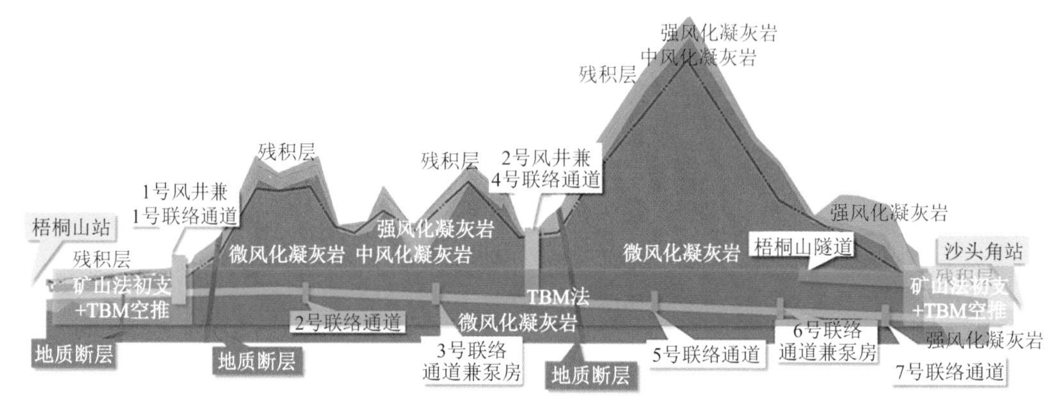

图 16.1-2　区间整体地质剖面图

隧道区间共存在 4 条地质断层。沿断裂带内发育的构造岩主要为强、中风化碎裂岩，节理裂隙及构造裂隙极为发育。隧道埋深变化大，埋深 11.1～253.1m。隧道存在高富水工程特性，断层 F-6 处隧道底板水压达 0.6MPa。节理裂隙及构造裂隙极为发育，断层地质特点和断层性质及断层产状特征如表 16.1-1 所示。梧沙区间穿越地层主要为微～全风化凝灰岩，隧道围岩综合分级为Ⅱ～Ⅴ级，如图 16.1-3 所示，岩石饱和抗压强度普遍在 40～50MPa，最大约 90MPa。区间掘进距离长，岩石强度高，伴随局部破碎带、软弱地层等不良地质。

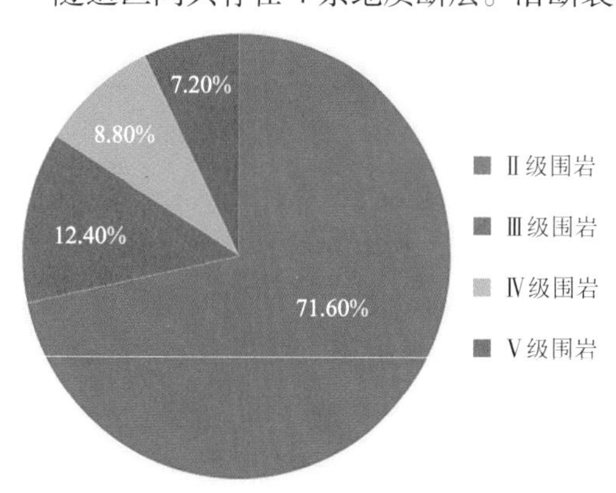

图 16.1-3　梧沙区间隧道围岩级别

地铁隧道穿越断层统计表　　表 16.1-1

断层编号	断层及影响带分布位置	断层性质与产状	备注
F-4	左 DK41 + 320～DK41 + 340（右 DK41 + 315～DK41 + 335）	该断层为推测断层，位于左线 DK41 + 320～DK41 + 340、右线 DK41 + 315～DK41 + 335 之间，走向北东约 77°，倾向北西，倾角约为 70°，属压扭性断层，断层及其影响带在平面上宽度约 20m。发育于侏罗系凝灰岩岩体中。受构造影响，基岩风化界面埋深急剧加深，构造裂隙发育。该断裂附近钻孔岩芯较破碎	压扭性断层

续表

断层编号	断层及影响带分布位置	断层性质与产状	备注
F-5-1	左 DK41 + 650～DK41 + 690（右 DK41 + 670～DK41 + 720）	该断裂走向近东西向，倾向南，倾角约为 80°，断层及其影响带在平面上宽度 20m。发育于侏罗系凝灰岩岩体中。与本线路呈 15°～20°的夹角通过，对本线路影响较大，钻探揭露的构造岩为强、中等风化碎裂岩，具明显碎裂结构，受构造影响，构造裂隙发育。在该断裂北侧发育有断层崖	压扭性断层
F-5-2	DK44 + 930～沙头角站	经过钻孔显示，断层近东西向，倾向南，倾角为 50°～60°，断层及其影响带在平面上宽度 20m。发育于侏罗系凝灰岩岩体中。沿本区间线路路南侧通过，在沙头角站处与本线路呈小角度通过，钻探揭露的构造岩为强、中等风化碎裂岩，具明显碎裂结构，受构造影响，构造裂隙发育。该断裂附近钻孔岩芯较破碎，构造蚀变严重	压扭性断层
F-6	左 DK43 + 220～DK43 + 245（右 DK43 + 310～DK43 + 350）	该断裂走北西约 65°，倾向北东，倾角约为 70°，断层及其影响带在平面上宽度 20～25m。发育于侏罗系凝灰岩岩体中。钻探揭露的构造岩为强、中等风化碎裂岩，具明显碎裂结构，受构造影响，构造裂隙发育。该断裂附近钻孔岩芯较破碎，构造蚀变严重	压扭性断层

16.1.2 工程重难点

深圳市城市轨道交通 8 号线梧沙区间隧道穿越凝灰岩、强风化碎裂岩地层，同时存在断层破碎带和涌水地层。TBM 掘进施工中易发生破碎带涌水、掌子面坍塌卡刀盘、拱顶或洞壁大变形的风险，地质条件非常复杂。TBM 地质适应性研究主要重难点如下：

（1）梧沙区间双护盾 TBM 在断层破碎带、富水区域、和微风化地层中穿越，需要选择适合的 TBM 类型以保证 TBM 顺利快速掘进。

（2）针对隧道穿越磨蚀性较高的岩层区间，存在刀具磨损严重，刀具更换频繁问题，需要对刀盘刀具进行优化设计、减小刀具磨损量、降低刀具更换频率，从而加快施工进度。

（3）针对双护盾 TBM 需要穿越断层破碎带和小转弯等问题需要进行针对性设计，使 TBM 顺利通过特殊地质地带和转弯地段。

16.1.3 深圳地区 TBM 选型综合分析

1. TBM 类型同围岩强度匹配关系

深圳地区地质情况复杂，不同地区具有不同的地质特点，岩石强度变化范围较大。如深圳地铁 10 号线孖雅区间隧道主要以微风化花岗岩为主最大饱和抗压强度达到 127.3MPa，强风化花岗岩饱和抗压强度达到 20.8MPa。深圳地铁 8 号线梧沙区间隧道主要以微风化凝灰岩为主，最大饱和抗压强度为 92.6MPa，中风化凝灰岩平均饱和强度 27.3MPa。TBM 设计选型应具备在岩石强度较高地层中掘进的能力。依据众多工程案例发现，不同岩石强度下的 TBM 选择的类型具有如表 16.1-2 所示的规律。

不同 TBM 的地层适应性　　表 16.1-2

岩石强度（MPa）	< 10		40	100	160	> 250
围岩类型	Ⅴ	Ⅳ		Ⅲ	Ⅱ	Ⅰ
岩石类型	极软岩	软岩	较软岩	硬岩	较硬岩	极硬岩
敞开式 TBM						

续表

岩石强度（MPa）	< 10	40	100	160	> 250
单护盾 TBM					
双护盾 TBM					

2. 类似工程 TBM 选型经验参考

（1）深圳市城市轨道交通 10 号线选型

深圳市城市轨道交通 10 号线 1011-3 标孖雅区间隧道右线 TBM 于 2018 年 1 月 14 日安全顺利到达南端头接收井，是深圳市首台双护盾 TBM 施工隧道，10 号线左、右线采用双护盾 TBM，刀盘直径 6470mm，施工速度较快，左、右两线均曾达到每月 400m 的掘进速度，隧道在规定的工期内实现贯通。

深圳市城市轨道交通 8 号线梧沙区间穿越鸡公山，岩层主要以微风化花岗岩为主，最大饱和抗压强度可达 150MPa。10 号线和 8 号线区间的工程地质具有一定的相似性。8 号线设备选型可以参考 10 号线的成功经验。

（2）青岛地铁双护盾 TBM 选型

青岛地铁双护盾选型主要考虑地质因素。青岛地铁 2 号线穿越地层大部分为微风化和中风化花岗岩地层，部分穿越强风化花岗岩，沿线分布多条断层破碎带。岩石的饱和抗压强度为 30～80MPa，考虑到双护盾 TBM 的地质适应性和掘进效率，青岛地铁选用双护盾 TBM 施工。

经过施工统计，青岛地铁双护盾 TBM 单月最高掘进达到 337 延米，和青岛地铁其他线路钻爆法施工对比，双护盾 TBM 掘进速度是钻爆法的 5 倍。在双护盾 TBM 施工时，对地铁沿线地表的最大变形控制在 10.91mm，平均变形在 3.60mm，地表控制效果较好。

3. 梧沙区间隧道双护盾 TBM 选型分析

不同类型的 TBM 有适应自己特点的工程应用环境，敞开式、单护盾和双护盾 TBM 的地层适应性和掘进速度等方面的比较如表 16.1-3 所示。

不同类型 TBM 适应性对比　　表 16.1-3

类型	敞开式 TBM	单护盾 TBM	双护盾 TBM
地层适应范围	适应地层一般要求围岩条件较好，岩石为中硬岩、坚硬岩、极硬岩，单轴抗压强度在 50～300MPa，岩石稳定性要求较高，一般开挖围岩为Ⅰ、Ⅱ、Ⅲ类围岩	主要应用于地质松软地层，即围岩的稳定性差，单轴抗压强度在 50MPa 以下的Ⅳ、Ⅴ类围岩。由于使用敞开式和双护盾掘进机无法支撑洞壁，不能有效提供反作用力，因此只能选择单护盾掘进机	适应地层较广，岩石为软岩、中硬岩、坚硬岩，单轴抗压强度在 20～150MPa 之间，岩体较完整至破碎都可适应，可适应围岩有Ⅱ、Ⅲ、Ⅳ、Ⅴ类围岩
施工灵活性	开挖灵活性较好，易精确调向，敞开式 TBM 能够适应小半径转弯的隧道	适应平面曲线半径的能力最差，盾体较长容易被卡；处理复杂地层的辅助措施少，管片背后注浆承受水压力大	处理复杂地层的辅助措施少，掘进机盾体过长容易被卡；管片背后注浆堵水使得管片承受全水压，适应平面曲线半径能力较差
掘进速度	需施做超前支护措施及加强衬砌；对围岩的变化非常敏感，后续二次衬砌跟进会影响掘进施工速度	相对较低，由于每次掘进均需千斤顶支撑管片提供反力，掘进和安装管片不能同步进行	可以高速掘进，对地层的变化相对没有敞开式敏感。可根据地层的变化在双护盾和单护盾间变换掘进模式
对环境的影响	施工过程中支护较慢，对地面沉降控制的能力较弱	由于护盾的存在，管片及时支护。能够严格地控制地表沉降变形	由于护盾的存在，管片及时支护。能够严格地控制地表沉降变形

续表

类型	敞开式 TBM	单护盾 TBM	双护盾 TBM
施工安全	采用初期支护，必要时采用超前支护措施，较安全	掘进机护盾较长，管片衬砌保护，安全	掘进机护盾长，管片衬砌保护，安全
后期维护	采用复合衬砌，现浇人为因素影响较大，质量不好控制	管片衬砌，采用螺栓连接，施工缝多，后期管片也可能会出现错台、裂缝，后期处理较困难	管片衬砌，采用螺栓连接，施工缝多，后期管片也可能会出现错台、裂缝，后期处理较困难

根据上述对各种类型 TBM 因素对比分析，深圳市城市轨道交通 8 号线选择双护盾主要考虑以下几点：

（1）双护盾 TBM 地质适应性强。梧沙区间具有坚硬的微风化凝灰岩并伴随着局部破碎带、软弱地层等不良地质。岩石单轴抗压强度变化较大，施工地质条件复杂多变。

（2）双护盾 TBM 施工效率高。梧沙区间 TBM 掘进距离较长，且工期紧张，双护盾 TBM 在施工过程中可以边掘进边安装管片，施工速度最快，可以满足工程工期要求，此外双护盾 TBM 可以更好适用于容易发生洞壁坍塌的岩石破碎地段。在破碎地带施工双护盾 TBM 可以减小检查维修时间，快速掘进通过。

（3）双护盾 TBM 施工安全性能高，施工人员完全在护盾内部进行施工作业，在围岩破碎地段可以保证施工人员的安全。

（4）采用双护盾 TBM 施工，衬砌管片可以标准化制作，容易控制施工质量，外观美观，方便后期根据运营需要在管片上进行其他优化处理。

此外由于 8 号线梧沙区间隧道穿越 4 条大的地质断裂带，断层平面累计宽度将近 100m。断层内岩石较破碎，充填全风化碎裂岩强度较低，围岩等级为Ⅴ级。在破碎带区域含有涌水地层，水压达到 0.6MPa。TBM 在此断层破碎地带掘进时可能发生机头下沉、刀盘被堵、隧道涌水等风险。双护盾 TBM 具有在软弱破碎带地层掘进的能力，能够解决机头沉降带来的问题。其余类型的 TBM 不适应此种地层掘进要求。

16.1.4 双护盾 TBM 施工关键技术

1. 超前地质预报

在 TBM 的选型上充分考虑了设备对断层破碎带、突涌水、高地应力等不良地质的适应和处理，区间施工时应配备超前钻机。同时在支撑盾上预留 12 个超前钻孔，通过对钻进速度、岩渣岩粉特征、冲洗液颜色、含泥量、出水部位、钻杆是否突进等情况结合超前地质预报的情况，判定断层、涌水等不良地质，以采取相应的预防措施。配置的多功能钻机，既可超前钻孔，也可取芯，可对工作面前方地层直接钻孔，能对前方的地质情况作出较为准确的预报。TBM 掘进进入断层破碎带后，可以采取直接预报法进行地质预报，另一方面可以参考类似工程以往地质预报经验。

（1）直接预报法

在以往工程经验的基础上，通过对排出石渣观察、钻探渣样分析、TBM 参数变化等进行判断预报。石渣分析是根据 TBM 掘进排出的石渣、洞壁揭露的结构面与地表结构面及岩层的对应关系，通过类比推测预报掌子面前方是否存在不良地质体。如果 TBM 掘进的石渣比较均匀，岩石面没有节理裂隙光滑面，相对不是十分潮湿，可以认为掌子面岩石情况良好。通过连续对石渣的观察变化可以预测到前方围岩状况。

在 TBM 掘进过程中，主司机要密切观察 TBM 掘进参数的变化情况，判断哪些变化属于正常或不正常。TBM 掘进过程中发生参数突变，在排除设备故障的前提下判断前方地质条件是否发生了变化。主要观察的参数有推力、扭矩、贯入度、盾体姿态等参数。如推力、转速一定贯入度突增则前方围岩变软或塌方。推力、转速一定扭矩突增则前方可能发生塌方。推力分配均匀 TBM 发生连续偏向则掌子面围岩可能软硬不均等等。

（2）开挖面地质素描法

通过渣土性状及通过伸缩护盾的观察口对岩性（产状、结构、构造）、岩石特征（岩石名称、节理发育情况、节理充填物性质、软弱夹层等）、出水量大小等做出岩体稳定性分析，判断前方的围岩情况。

2. 超前地质加固

梧沙区间隧道 TBM 掘进区间存在两条破碎带，针对该不良地质条件，双护盾 TBM 应配备超前钻机（图 16.1-4）。在 TBM 施工到达断层带时，分析施工地质情况及施工条件，若有必要可选用跟管钻机 + 后续注浆方式完成超前围岩注浆加固方案。双护盾 TBM 盾体上布置有 12 个超前注浆孔，如图 16.1-5 所示。

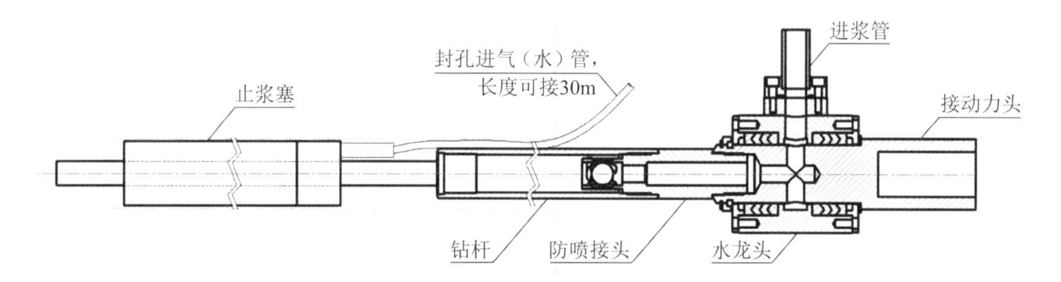

图 16.1-4　超前支护钻机组成示意图

超前地质处理工序如图 16.1-6 所示：

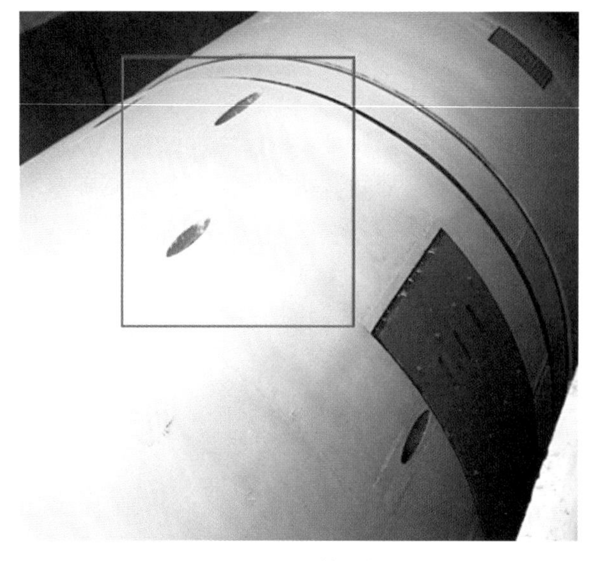

图 16.1-5　盾体注浆孔

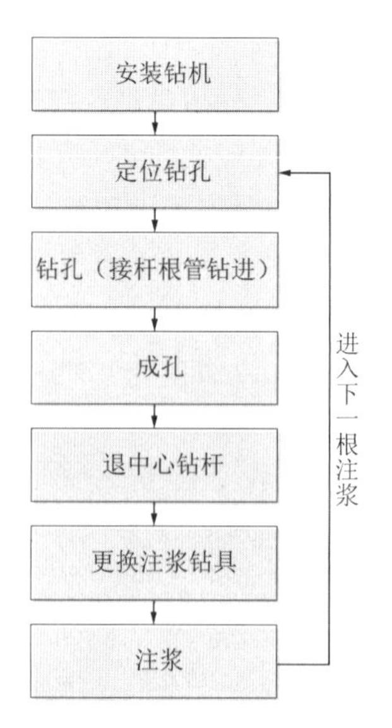

图 16.1-6　超前地质处理工序图

当钻孔完毕后，将凿岩钻杆退出，安装好水龙头、防喷钻杆及止浆塞，将防喷钻杆打入岩层中的套管内进行孔底混合注浆。注浆步骤如下：

（1）钻机把防喷钻杆包括止浆塞送至注浆点。

（2）通过封孔进气（水）管注水或压缩空气膨胀止浆塞。

（3）封孔后利用双液注浆泵，把双浆液通过水龙头注入孔内。

（4）达到注浆要求后，将封孔管泄压，通过凿岩机后退钻杆，退至下一个注浆点。

（5）重复上述步骤。

3. TBM 小半径转弯

梧沙区间隧道设计平曲线半径最小 400m。TBM 在小半径转弯施工时盾体姿态和管片质量较难控制，时常出现 TBM 卡盾和隧道轴线偏离等问题。

1）TBM 转弯难点

（1）纠偏不及时极易造成 TBM 卡盾

小半径曲线隧道处于转弯状态，由于 TBM 主机的长度较长和隧道曲线半径较小，需要持续地保持良好地行程差、很好的控制掘进参数，频繁地纠偏，如果纠偏不及时，极有可能造成卡盾现象。

（2）隧道整体向弧线外侧偏移，轴线难以控制

TBM 在小半径曲线隧道掘进施工中，辅推油缸与线路的切向方向形成一定的角度，在辅推油缸的推力下管片向外产生一个侧向分力。管片脱盾尾后，受到侧向分力的影响，管片衬砌发生向曲线外侧偏移的趋势。另外，由于 TBM 盾体外壳与管片外侧存在超挖空隙，在施工过程中，豆粒石不能做到同步回填。如果存在空隙或豆粒石与水泥浆凝结体强度较低，则小曲线半径的管片衬砌将在侧向分力作用下将向曲线外侧发生偏移。

（3）容易造成管片破损

双护盾 TBM 换步过程中需要辅推油缸对管片施加压力，以固定管片姿态，在一个换步过程中，尤其是在小半径曲线段上施工时，TBM 盾体的姿态曲线变化较大，在换步过程中容易导致管片局部受力过大而产生裂纹或破碎。同时管片外侧豆粒石松散，可向外侧偏移挤压地层，使管片姿态和结构稳定受到影响，极易造成 TBM 的尾盾与管片卡壳及管片破碎现象发生。

2）TBM 小半径转弯技术措施

（1）盾体所处的状态

前盾到转弯处要由设计直线轴线过渡到曲线轴线。正常状态刀盘开挖直径为 6470mm，前盾外径 6330mm，前盾与洞壁单侧间隙为 70mm。在转弯时使用超挖刀，增大盾体和围岩之间的间隙，使 TBM 有足够的转弯空间。

（2）施工参数设定

①严格控制 TBM 的推进速度

在小半径曲线段掘进时为避免辅推油缸对管片造成破损，可采取短行程多换步的掘进方式。在一环管片掘进时可收缩主推油缸进行数次换步作业，使得辅推油缸对管片的侧向压力滑移的趋势降低，同时有助于 TBM 在掘进过程中的纠偏调向。

②严格控制 TBM 的推力

必须严格控制掘进过程中的相关施工参数：推进贯入度、刀盘转速、刀盘推力等。防止发生大方量的超挖，尽量减少掘进参数的大幅跳动。

③严格控制豆粒石的填充密实度和注浆量

双护盾 TBM 在小半径曲线段隧道施工中，管片会受到向外侧的一个挤压分力，因此在小半径曲线段施工时应严格控制豆砾石填充密实度和浆液回填量，确保盾尾段管片豆砾石填充密室。通过及时灌注水泥浆液，减少施工过程中的管片轴线偏移量。根据施工中的变形监测情况，可适当设置双液浆注浆，从而有效地控制管片拼装轴线。

④严格控制掘进的纠偏量

曲线段掘进实际上是处于隧道中轴线的切线上，掘进时重点控制刀盘的掘进姿态。曲线掘进时必须时时跟踪测量，保证掘进行程差的前提下缩小纠偏量，确保转弯环的端面始终处于线路轴线的径向竖直面内。TBM 掘进主要通过利用主推油缸行程差来控制其纠偏量。同时，分析管片的类型，针对不同的管片类型选用不同的行程差。

⑤管片选型

梧沙区间管片错缝拼装，管片外径 6200mm，厚 400mm，环宽 1500mm，采用标准环设计。为满足直线段和曲线段施工和纠偏的需要，设计了标准环和左、右转弯环，通过标准环与转弯环的各种组合来拟合不同的曲线段。

⑥盾尾与管片间的间隙控制

盾尾间隙是 TBM 转弯时的重要参考数据。在管片拼装时，应根据盾尾间隙进行合理选择，以便于下环管片的拼装和隧道中轴线按照设计轴线拼装。

小半径曲线段时，双护盾 TBM 的管片盾尾间隙变化主要体现在水平方向，管片转弯趋势跟随主机掘进方向，当主机转弯过快时，曲线外侧的管片盾尾间隙就相对较小。当无法通过主推油缸行程差和管片拼装来调整盾尾间隙时，可考虑采用转弯环和标准环管片组合的方式适应盾尾间隙变化。另外，在小半径曲线隧道掘进过程中，将管片向曲线内侧预偏移一段距离，增加管片拼装对盾尾间隙的适应性。

⑦及时吹填豆砾石和注浆

吹填豆砾石和注浆对维持管片稳定起着重要的作用，在小曲线半径隧道施工时，应密切关注管片变形和注浆的效果，根据需要配制双浆液并在合适位置进行管片壁后注浆，同时加强管片的监控量测。

⑧TBM 测量与姿态控制

小曲率半径段的测量尤为重要。在小半径曲线段掘进时，应提高隧道测量的频率，频繁测量来确保导向系统数据的准确性。同时，可以通过测量数据来反馈 TBM 的掘进姿态和纠偏。由于隧道转弯半径较小，隧道内的通视条件相对较差，因此必须多次转站、设置新的控制点和后视点。新设置的全站仪控制点应严格加以复测，确保测量点的准确性，防止造成误测。

16.2 甘肃引洮供水工程

16.2.1 工程概况与地质条件

1. 工程概况

甘肃省引洮供水工程是以黄河重要支流洮河为水源，解决甘肃省中部地区干旱缺水问题的大型跨流域调水工程，引洮供水一期工程供水范围主要涉及甘肃省兰州、定西、白银三市辖属的榆中、渭源、临洮、安定、陇西、会宁等 6 个县（区）。引洮供水工程总干渠自洮河中游九甸峡水利枢纽库区右岸取水，供水区位于定西及其以东地区，需穿越洮河、渭河、祖厉河等黄河一级支流流域，全线数次穿越流域分水岭。为缩短线路长度及利于分水，总干渠总体上以西东走向布置于供水区中部地带，南北两侧布置干渠等各级渠系，构成覆盖全供水区的输水渠网。

引洮供水一期工程总干渠渠线总长达 109.73km。其中隧洞工程 18 座，长达 94.43km，占总干渠总长的 86.1%；渡槽 9 座，长 1.53km；暗渠 11 座，长 2.96km；明渠长 10.81km。总干渠 7 号及 9 号隧洞为总干渠较长的 2 条隧洞，采用单护盾 TBM 施工，长度分别为 17.24km 和 18.25km，总长度 35.49km。占一期工程总干渠渠线总长度的 32%，具有长度大、工程地质条件复杂、造价高、施工难度大、工期长等技术特点。

2. 工程水文地质

引洮供水一期工程 7#隧洞最大埋深 368m，属越岭深埋长隧洞，洞身出露白垩系与上第三系两套地层。围岩以极软岩为主，Ⅳ类（Ⅲ级）围岩段长 2.50km，占 14.5%，岩性主要为白垩系砂岩、泥质粉细砂岩、砂质泥岩，属软岩；Ⅴ类（Ⅱ级）围岩段长 14.74km，占 85.5%，岩性以泥质粉（细）砂岩、砂质泥岩及疏松粉（细）砂岩为主。单岩层产状平缓，受构造影响轻微，断裂裂隙不发育，仅发育舒缓短轴褶皱，总体上富水性较差。含水疏松粉（细）砂岩为隧洞新近系地层中的特殊岩层，为不良地质地层，间隔带状分布 9 段总长 3.14km，占新近系地层总长 23.2%，占隧洞全长 18.2%。

地下水主要由大气降水补给，降雨稀少，且年内分布不均，地层渗透性弱，地下水水量一般较小（实测泉水最大流量小于 5L/min）。根据钻孔揭示、试验及水文地质调查，砂砾岩、砂岩孔隙率 20%左右，为含水透水层，钻孔一般有地下水，泉水均出露与砂岩、砂砾岩层部位。泥质粉砂岩和粉砂质泥岩为相对隔水层，地下水分布不均，一般呈层状分布且局部承压，所在山体为微弱层状含水山体（图 16.2-1、图 16.2-2）。

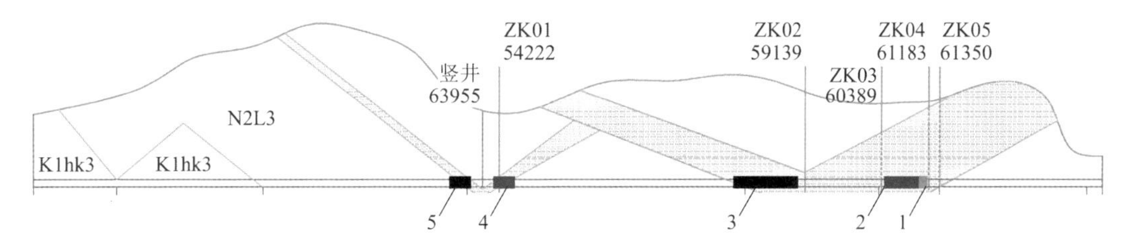

图 16.2-1　含水疏松细砂岩不良地质断面图

注：1 代表已施工洞段，2、4 为已查明不良地质洞段位置，3、5 为未查明不良地质洞段位置；4、5 位于竖井两侧，每段长约 270m，前后距离竖井约 200m；2、3 之间为细砂岩、含砾砂岩、泥质砂岩互层地质段，其中间隔分布有 50～200m 不等的含水疏松细砂岩段。

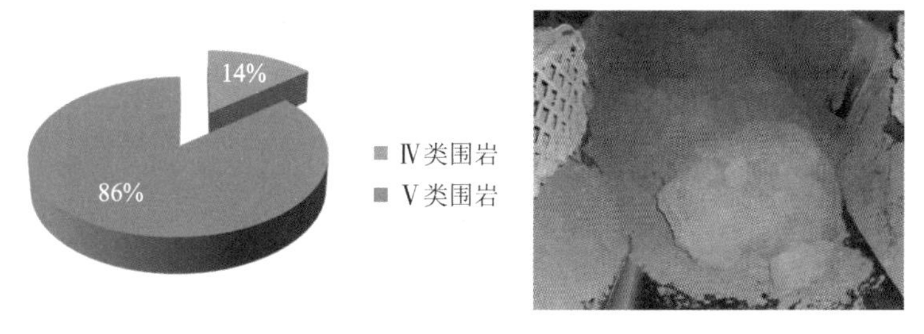

图 16.2-2　岩石类别及现场岩样

3. 工程设计概况

引洮工程 7 号隧洞总长 17286m，隧洞设计纵坡 1/1500，输水流量设计 $32m^3/s$，属于中断面、中跨度规模的长隧洞，为 2 级水工隧洞。隧洞开挖洞径为 5.75m，内径为 4.96m，预制 C45 钢筋混凝土衬砌管片，厚度 280mm，衬砌管片环向等分 4 片，组成一环，每片均为不等边的菱形 6 边形，环向、纵向错缝拼接，形成镶嵌蜂窝状稳定结构，纵向宽度 1.60m，底拱做为轨道床。管片与围岩之间的孔隙，以直径 30～50mm 的豆砾石充填，并采用水泥砂浆或水泥浆进行低压回填灌浆处理，以达到稳定结构，改善管片整体受力状态作用，具体如图 16.2-3 所示。依据围岩类别的不同，对断层破碎带及岩体不良洞段，采用在管片中加大含筋率的重型管片，一般地段可采用轻型管片，分为不同含筋率的轻、重、特重型预制 C30 钢筋混凝土管片 3 种类型。隧洞进出口为 TBM 机械设备组装、进洞出发、停掘出洞的洞室段，也是洞身结构的加强段，依据 TBM 技术要求，确定隧洞进出口加强段长度均为 50m，采用钻爆法开挖，一次喷锚加强支护，待 TBM 进洞或出洞之后，拆除 TBM 开进过程中所铺设底拱管片轨道床，然后二次整体现浇 C20 钢筋混凝土衬砌，TBM 均从隧洞出口逆坡向上游进口方向施工。

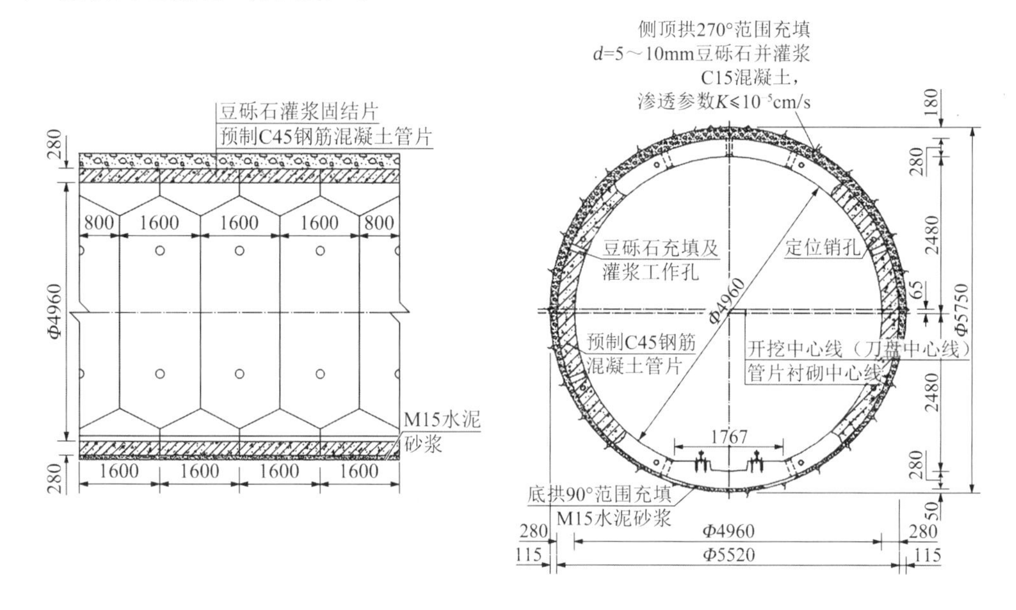

图 16.2-3　管片拼装及断面示意图

16.2.2　TBM 选型与设备参数

引洮 7 号隧洞工程以软弱砂岩、砂岩、砂砾岩为主，主要为Ⅴ类（Ⅱ级）、Ⅳ类（Ⅲ级）围岩，岩石强度低，裂隙发育，存在基岩裂隙水，岩石遇水软化，围岩极不稳定，自稳能力差，变形破坏严重，同时结合隧洞结构及管片设计，以及工程对 TBM 支护系统、后配套及出渣系统、主机系统等关键设备要求分析，采用由法国 NFM 公司设计、北方重工制造的单护盾 TBM 进行施工，具体如图 16.2-4 所示。该 TBM 开挖直径 5.75m，主要由刀盘、前盾、中盾、尾盾、管片拼装机、液压泵站、电气系统、后配套系统等组成，采用 2 段连续皮带机出渣。总体配置参数如表 16.2-1 所示。

图 16.2-4　引洮供水一期工程 7#隧洞敞开式 TBM

TBM 总体配置参数　　表 16.2-1

主部件名称	细目部件名称	参数	主部件名称	细目部件名称	参数
整机	主机长	10.3m	后配套皮带机系统	皮带机运行速度	0～3.0m/s
	后配套长度	170m		运输能力	375m³/h
	道岔	200m		皮带宽度	800mm
	主机及后配套总重	约 700t		皮带	EP200
	最小转弯半径	500m		皮带机的长度	130m
刀盘	刀盘材质	Q345C		驱动方式	液压
	刀具	17 英寸		泵站功率	110kW
	分块数量	2 块		最大坡度	7°
	开挖直径	5.75m	底部砂浆装置	灌浆泵规格型号	双活塞
	偏心量	16mm		灌浆泵数量	2 台
	扩挖刀（最大扩挖量）	1/90mm		能力	9m³/h（一台）
	正滚刀数量/直径	31/432mm		储浆罐容量	0.8m³
	中心滚刀数量/直径	4/432mm		搅拌器	7.5m³/h
	边滚刀数量/直径	3/432mm	豆砾石系统	豆砾石泵规格型号	风动
	其他刀具	刮刀 27，铲刀 6 把，边缘保护刀		豆砾石泵数量	2 台
	刀具载荷	250kN		理论能力	2 × 15m³/h
	开口率	11%		实际能力	2 × 10m³/h
	出渣口	6%		豆砾石储存罐容量	6.5m³
	换刀方式	楔锁、背装式	豆砾石灌浆	灌浆泵	螺杆式
	喷嘴	16 个		理论能力	12m³/h
	泡沫喷嘴	4 个	管片安装机	额定抓举能力	55kN
	人孔	1 个		抓取方式	机械式
刀盘驱动	驱动型式	变频电动		驱动方式	液压驱动
	转速	0～8rpm		泵站功率	45kW
	额定扭矩	4000kN · m		自由度	6 个
	脱困扭矩	6312kN · m		扭矩	180kN · m
	主轴承寿命	> 15000h		移动行程	2750mm
	密封工作压力	10bar		旋转角度	+/−200°
	主轴承密封形式/数量	2 × 4 唇形		控制方式	无线控制配有线接头

续表

主部件名称	细目部件名称	参数
护盾	型式	
	前护盾直径/长度/厚度/重量/分块	5.68m/3.38m/85t/60mm/3 块
	中护盾直径/长度/厚度/重量/分块	5.66m/4.40m/80t/40mm/4 块
	尾盾直径/长度/重量/分块	5.66m/2.98m/16t/2 块
	尾盾厚度	50mm/40mm（底部 120 度）
	尾盾开口	底部 60°
	钢板束数量	1 个
	止浆板安装范围	270°
	盾尾间隙	60mm
稳定器	稳定器数量	2 个
	油缸	$\phi300\times\phi280\times185$
	单个油缸的最大撑紧力	740kN
	最大接触压力	4MPa
防扭油缸	数量	4 个
	行程	105mm
推进系统	最大总推力	28833kN
	油缸数量	16 个
	油缸行程	2600mm
	最大推进速度	120mm/min
	最大回缩速度	3000mm/min
	位移传感器数量	4 个
	推进油缸分区数量	4 个
铰接系统	铰接油缸数量	14 个
	油缸行程	170mm
	单个油缸的最大拉力	25860kN@300bar
	位移传感器数量	4 个
主机皮带机系统	皮带机运行速度	0～3m/s
	皮带输送能力	375m^3/h
	皮带宽度	800mm
	皮带	钢丝皮带
	皮带机的长度	25m
	驱动型式	液压
	泵站功率	75kW

主部件名称	细目部件名称	参数
管片安装机	旋转速度	0～1.5RPM
	管片安装的侧向力	15kN
管片起重机	形式	电动双轨道
	起吊能力	55kN
	工作范围	小车至喂片机
	坡度	7°
	起吊速度	40m/min
管片喂送装置	型式	液压自动
	行程	5.3m
	喂送能力	1 片
超前钻机	规格型号	B1000R
	冲击功	225～520N · m
	功率	55kW
	钻孔	前盾 $6\times\phi110$mm（ID）± 60°
		中盾 $11\times\phi110$mm（ID）± 110°
导向系统	型式 Type	PPS
	精度 Precision	2s
	有效距离	500m
监视系统	摄像头数量	4 个
	显示屏数量	1 个
冷却水系统	型式	闭式循环
	水管卷筒规格	$\phi80$mm
	水管卷存储长度	60m
空气压缩机	空压机数量	2 台
	功率	90kW/台
	排量	17.5m^3/min
	额定压力	7.5bar
	储气罐数量	2 个
	储气罐容量	2×4m^3
二次通风系统	二次通风机流量	12m^3/s
	风机功率	37kW
	风管直径	700mm
	风管储存	100m

续表

主部件名称	细目部件名称	参数
后配套	连接桥	2 节
	拖车	17 节
	结构	封闭平台式结构
	列车编组（长 × 宽 × 高）	130m × 1.6m × 2.1m
	钢轨储存能力	10 根（12.5m/根）
	高压电缆储存	400m
有毒有害气体监测报警系统	监测气体种类	CH_4，CO_2 CO　O_2
	探测器数量	4 个 CH_4　2 个 CO 2 个 CO_2　1 个 O_2
应急发电机	规格型号	Diesel 柴油型
	功率	280kW

主部件名称	细目部件名称	参数
除尘系统	风管直径	500mm
	形式	干式除尘
	过滤装置精度	0.5μm
	能力	240m³/min
电力系统	初级电压	20kV
	次级电压	400V/690V
	变压器容量	2500kVA/710V 1250kVA/410V
	变压器防护等级	IP55

16.2.3 工程重难点及问题

单护盾 TBM 在高地应力、断层破碎及无自稳能力的软岩不良地质段掘进施工时，特别是在地基承载力较差的软弱含水疏松砂岩中掘进，极易出现刀盘及盾体被卡、低头等问题，严重影响 TBM 的正常掘进，因此该工程主要有以下几个方面的重难点：

1. 独头掘进距离长

引洮供水一期工程总干渠 7 号隧洞为 17.286km，为特长水工隧洞，其中 16.98km 采用单护盾 TBM 掘进施工，TBM 独头掘进长，施工中通风、排水、通讯、调度及运输组织难度将非常大。

2. 地质环境复杂

引洮总干渠 7#隧洞大地构造部属中、新生代陇渭盆地；隧洞布置于白垩系、上第三系地层之中，地质环境复杂。洞身地层主要有砂岩、砂砾岩、含砾（疏松）砂岩夹泥质粉砂岩、泥质粉砂岩夹砂质泥岩等软岩，主要为Ⅳ、Ⅴ类围岩（Ⅲ、Ⅱ级围岩），地下水含量大，围岩强度低。

3. TBM 施工风险大

TBM 穿越断层、含水疏松砂层等不良地质时，隧洞局部围岩强度极低，地基承载力较差，可能会导致 TBM 掘进过程中出现刀盘及盾体被卡、低头等问题。

隧洞局部洞段有地下水活动，地下水具多层承压性，地下水分布、水量受构造、地层岩性控制变化较大，将会对 TBM 的机械、电气、液压、传感等设备造成影响。

管片环拼装结构易受围岩坍塌、收敛变形影响，不良地质段不均匀涌水流沙可能会产生偏压，致使管片错台，导致管片结构失稳。

该工程掘进设备为国内首台单护盾 TBM，之前国内应用的都是双护盾或敞开式 TBM，因此该工程施工中可参考借鉴的施工经验少，掘进不可预见性极大。

该工程管片采用六边形凹凸面球窝自锁结构，无螺栓刚性连接，安装后易受外力作用产生旋转及错台等外观质量缺陷。

16.2.4 关键技术及应对措施

1. TBM 设备改造及掘进方向改变

TBM 在进口端掘进至 60 + 931 里程时，岩石为厚层状砂岩，粉粒结构，局部含钙质结核，强度约为 1MPa（具体表现为包含在粉细砂中的孤石），遇水极易软化、崩解，围岩自稳性差，开挖面塌方比较严重，出渣量较正常掘进时大了很多，地层中含有地下水，在临空面以喷泉的形式涌出，形成夹带砂子的涌砂现象，盾尾开口处较为严重，以致 TBM 的推力增大，TBM 被迫停机，先后多次致使刀盘被卡、盾体被困，从而导致施工中断，严重影响工程工期。由于 TBM 不适应 7#隧洞含水粉细疏松砂岩施工，将被困的 TBM 解体对该单护盾 TBM 进行了地质适应性改造，重新设计了制造了盾体和刀盘。

（1）TBM 刀盘改造

原有刀盘为单向旋转设计，原有防止盾体发生滚转的防扭油缸在软弱地层中没有足够的反力来抵抗刀盘转动带来的盾体反向的滚转。在掘进过程中，盾体会受到反作用力产生滚动。原刀盘在掘进过程中只能顺时针旋转，盾体一直为逆时针滚动。为了抑制盾体滚动，须调整推进油缸的角度。这样推进油缸就会产生一个圆周方向的力作用在管片上，直接导致管片滚动。只有刀盘在掘进过程中采用双向旋转，才能妥善解决管片滚动问题。改进后的 TBM 在掘进过程中可以双向旋转，这样便不需要调节推进油缸的角度，而是利用刀盘的双向旋转来调整盾体的滚动。刀盘改造前后刀盘结构如图 16.2-5 所示。

(a) 原刀盘单向旋转出渣设计

(b) 改造后双向旋转出渣设计

图 16.2-5　刀盘改造前后结构对比

原刀盘设计 42 把刀具，中心刀为 4 把双刃滚刀，正滚刀 31 把，边刀 3 把，原刀盘刀具轨迹如图 16.2-6 所示。

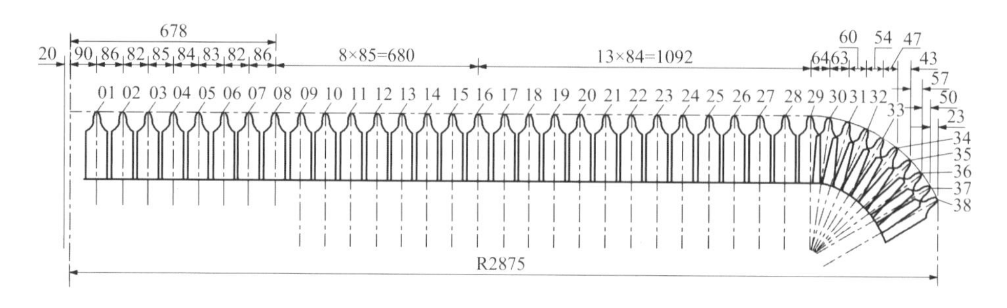

图 16.2-6　原刀盘刀具轨迹图

新的刀盘设计为 39 把刀具。中心刀为 4 把双刃滚刀，正滚刀 30 把，边刀 1 把，改造后的刀盘边刀布置如图 16.2-7 所示。

原刀盘 39、41、42 号刀座设计为可移动刀座（图 16.2-8），刀座与刀盘采用螺栓连接。若需要扩挖时，拆除连接螺栓，在刀座移动到所需的开挖半径位置；正常掘进 39 和 42 号刀孔不安装刀具，用钢板将刀孔封住，若需要扩挖时，在此刀孔安装刀具即可。

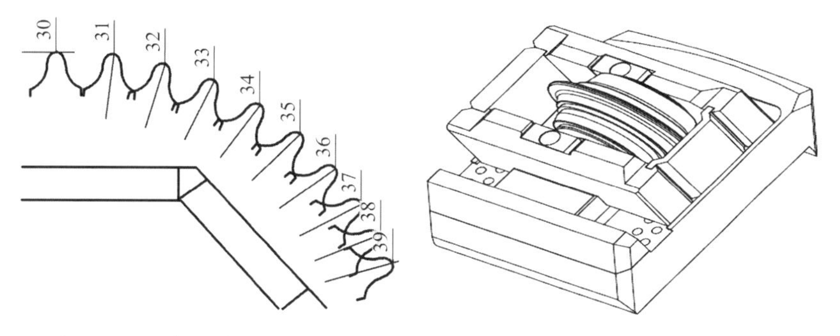

图 16.2-7　新刀盘边刀轨迹图　　图 16.2-8　原刀盘可移动刀座

新刀盘设计的扩挖形式采用垫块模式，如图 16.2-9。扩挖半径可以加大 15mm、25mm 和 50mm。每个加高间距需要加高 5 把刀具，即 35-39 号刀。针对不同的加高半径，35-39 号刀都需加装不同高度垫块，以保证刀盘圆弧区域的平滑的开挖轮廓线。

原设计采用移动刀座的扩挖方式，操作比较繁琐，在单护盾刀盘不能后退的情况下，在刀盘内部移动刀座相当困难。刀座移动也不能保证圆弧区域的刀尖轮廓线平滑过渡。新设计采用垫块方式，操作简单快捷，圆弧区域的刀具轨迹和刀间距能实现平滑过渡。

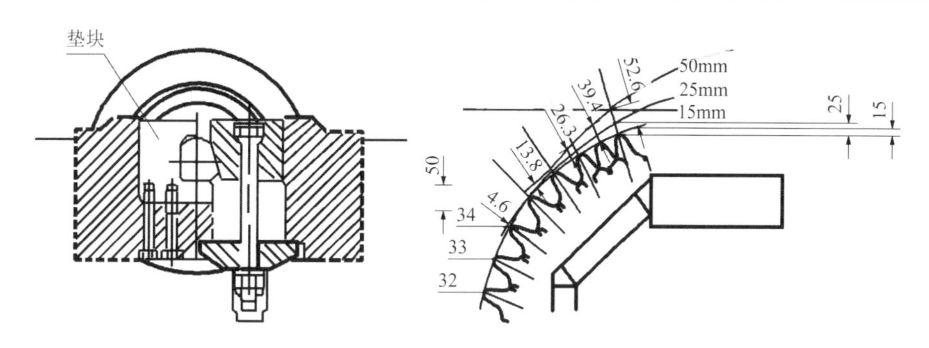

图 16.2-9　改造后刀盘扩挖设计

另外，原刀盘按照硬岩标准设计，刀盘结构过于偏重，不适合在疏松的围岩使用。新刀盘优化了刀盘的厚度（从法兰面到滚刀刀尖的长度）。原设计长度为 1995mm，新刀盘减少到 1818mm。从前盾前沿到刀盘刀尖的距离也由原来的 960mm 减少到 765mm。由于刀盘结构的优化，刀盘在疏松的岩层中掘进，大大减少了围岩对刀盘产生的切削阻力。刀盘的重量从原来的 80t 减少到 60t，大大缓解了由于盾体较长，刀盘和前盾“载头”现象。

（2）TBM 护盾改造

前护盾改造后，上部比下部长 400mm，见图 16.2-10，改进后加大了刀盘圆周方向刮渣口的进渣能力，提高了 TBM 的掘进速度。在高贯入度情况下，前盾喇叭口处的渣堆积量较少，减少边刀弦磨；前盾上部 212°范围向前延伸，盖住刀盘 560mm。另外，在盾体周边开设注射孔，在围岩出现坍塌或收敛时，利用注射孔向盾体外壁注废油或膨润土，以减少盾体和围岩的摩擦阻力。

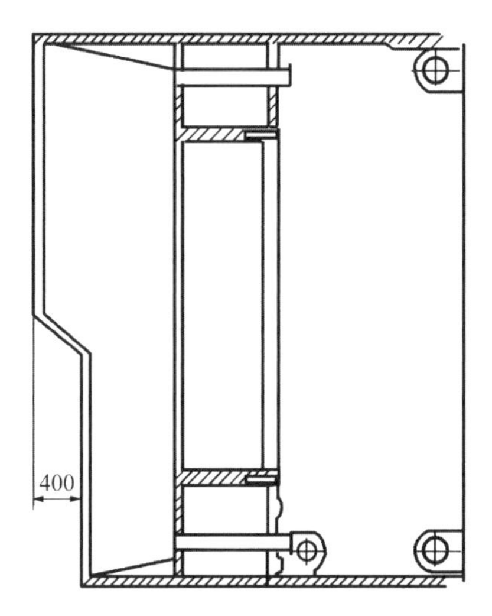

图 16.2-10　前盾改造示意图

由于底部管片底部 45°为支墩，由此尾盾设计为底部 60°开口，原盾尾底部 120°区域为 40mm 钢板，上部 240°为 50mm，如图 16.2-11（a）所示；改造后的盾尾 60°～90°区域为 25mm 钢板，90°～120°区域为 40mm 钢板，其余为 50mm，如图 16.2-11（b）所示，改造后的盾尾加大了盾尾间隙，有效提高了管片安装质量。

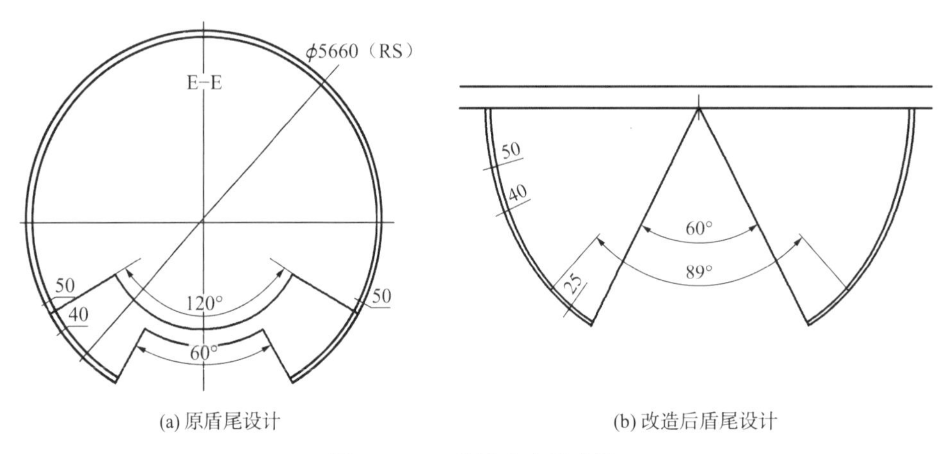

图 16.2-11　盾尾改造示意图

（3）TBM 改变掘进方向

考虑 TBM 掘进方向和断层倾向的关系，通过重新改造刀盘和护盾后，将改造后的 TBM 从隧洞出口端运至进口端，从进口端组装掘进。经改造后的 TBM 于 2011 年 8 月 15 日开始掘进，2011 年 9 月份创月掘进 1515m 纪录；10 月份创 1718.6m 纪录，11 月份再创月进尺 1868m 的世界纪录。

2. TBM 穿越含水疏松砂层掘进施工技术

围岩岩性主要由上第三系及白垩系的岩层构成。白垩系的泥质胶结的粉细砂岩，局部夹薄层泥岩，岩性软弱，饱和单轴抗压强度$R_c = 5$～6MPa，为较软岩，遇水易软化膨胀，饱水崩解塑性流变等工程特性；上第三系的砂质泥岩、泥质粉砂岩，局部砂岩、砂砾岩，泥质胶结为主，胶结程度差，饱和单轴抗压强度$R_c = 1.5 \sim 2.0\text{MPa}$，属极软岩，遇水易膨胀，饱水后崩解，失水干缩，具弱膨胀性。TBM 掘进通过此类含水疏松砂层洞段时，围岩含水率较大，则隧道围岩基本无自稳能力，甚至坍塌严重，地层内的涌水、流沙灾害对 TBM 电气等设备造成影响。针对该地层主要从设备防护、管片加固、泥沙积水抽排以及降低围岩作用在盾体上的压力等方面考虑解困 TBM。

（1）出渣量的控制

值班工程师密切关注渣土性状及掌子面情况，统计每循环进尺掘进出渣量，理论实渣量 41.5m^3，渣土松散系数 1.79，出渣理论 74m^3/环，渣车每节 16m^3，正常情况下，一列编组 10 车渣车，掘进两环出渣量在 9.4 车左右。施工过程中采取降低转速和推力，减少围岩绕动。通过掌子面、观察窗和注浆孔观察是否有塌方。值班工程师记录豆砾石回填情况，根据回填量判断是否有塌方。

（2）掘进参数的优化

掘进参数的选择必须以围岩条件为前提，在正常围岩阶段，TBM 姿态和管片姿态吻合良好时，可适当提高推力和刀盘转速；在不良地质条件下，控制出渣量和减少停机等待时间为前提，保证 TBM 连续掘进，根据实际情况调整。

例如含水率 6%～11.8%的疏松砂层洞段，扭矩 960～2378kN · m 范围内波动较大，掘进推力在 5947～23672kN 范围内规律变化，随含水率的逐渐增大，掘进推力亦随之增大，具体如图 16.2-12 所示。

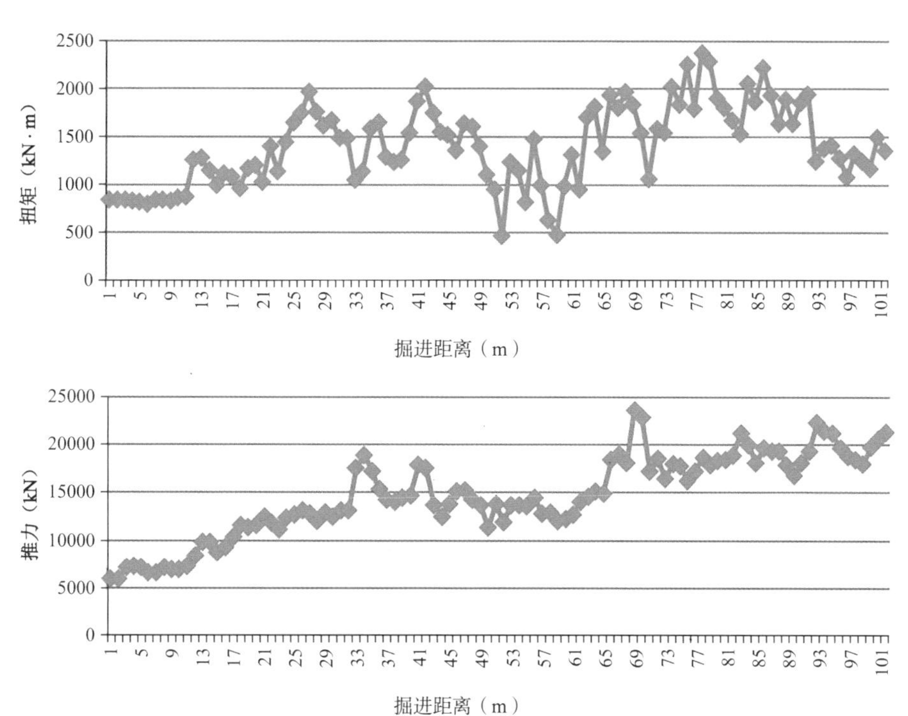

图 16.2-12　疏松砂层 TBM 掘进参数变化曲线

（3）降低盾体与围岩摩擦力

在 TBM 掘进过程中，通过盾体上预留的油脂孔，向护盾和围岩之间注入润滑材料，从而减小摩擦系数，降低摩擦阻力，避免 TBM 被困。同时降低推力和刀盘转速，减少围岩的扰动。

（4）加强洞内排水与清淤

施工期间，在 TBM 尾盾、主机室、后排套附近安设大功率排污水泵，直接抽至后配套污水箱内，同时铺设一条排污管线至 TBM 加利福尼亚道岔尾部，确保地下水能及时抽排。另外在掘进过程中及管片安装前加强尾盾内（盾尾开口处）的泥沙清理工作，配备足够人员、工具等，保证管片能够快速安装。

（5）管片结构加固

由于含水疏松沙层洞段围岩坍塌严重，无法按设计要求进行豆砾石回填灌浆及砂浆充填。因此考虑通过管片工作孔打设$\phi48$ 的花式小导管进行深孔固结灌浆以保证拼装衬砌结构的稳定与止水效果。针对突泥涌沙段管片变形情况，应采用套拱支护，套拱支护的时间根据现场情况和监测情况决定，尽可能早安装。

（6）人工扩挖脱困

若含水疏松沙层洞段围岩含水率较大，涌水流沙严重致使 TBM 被困，且采用常规脱困方式无法顺利脱困，则应立即考虑实施人工开挖处理含水疏松沙层洞段，主要包括增设斜、竖井或绕洞开挖支护并施做整体滑行轨道床后，TBM 掘进到达该位置时推进并安装管片衬砌通过。

（7）确保设备正常

设备日常保养期间，做好盾体内部分设备（如推进油缸、主电机、稳定器、观察窗、注脂孔、钻机孔、配电柜）的密封工作，防止遭遇不良地质洞段时，地下水对盾体内电气和液压设备的损害。同时采用耐磨性较好的刀圈，增强刀具与围岩间的耐磨能力，降低刀具非正常损坏频率，避免非正常停机更换刀具。

（8）应急预案

在 TBM 掘进到达含水疏松沙层洞段前加强进行技术交底，做好应急预案，确保抢险材料及设备完好充裕。

3. *刀盘被卡脱困施工技术*

由于含水疏松砂层，掌子面围岩基本无自稳能力，塌方收敛严重，大块破碎岩石无法顺利通过出渣，同时由于刀盘重量大，且长度较长，导致 TBM 刀盘转动受阻，扭矩持续增大，当超过刀盘脱困扭矩后刀盘被卡将无法正常启动。

针对刀盘被卡情况，考虑减轻刀盘承受土压力和自身重量，由于减轻刀盘重量无法实现，故将前盾延伸，至加高的扩挖刀处，将刀盘上部 212°范围分遮盖一部分，减少刀盘承受土压力，并对盾体周边进行扩挖，从而实现 TBM 脱困掘进。

（1）施工工艺流程

施工工艺流程见图 16.2-13。

（2）施工方法

①盾体正上方小导洞开挖支护

尾盾观察窗处进入，人工手持风镐或风钻进行开挖，小导坑开挖尺寸为宽 100cm，高 120cm。出渣由于受空间限制，采用小灰桶通过观察窗倒至 1 号皮带，由 2 号皮带输送至渣车内，通过编组运往洞外。采用 I16 工字钢拱架间距 45cm 进行支护，$\phi18$mm 带肋钢进行纵向连接，纵向连接筋平行布设 7 根，拱架拱脚部位焊接与盾壳，拱架在安装至焊接完成期间临时采用方木进行支撑，焊接完成后取掉。拱架和纵向连接筋完成后，在拱架背部安装钢插板或木板，并用铁丝固定于拱架上，见图 16.2-14、图 16.2-15。用木板对尾盾后部裸露的开挖面进行封堵，开挖支护至刀盘前方后，同样采用木板对开挖面进行封堵。

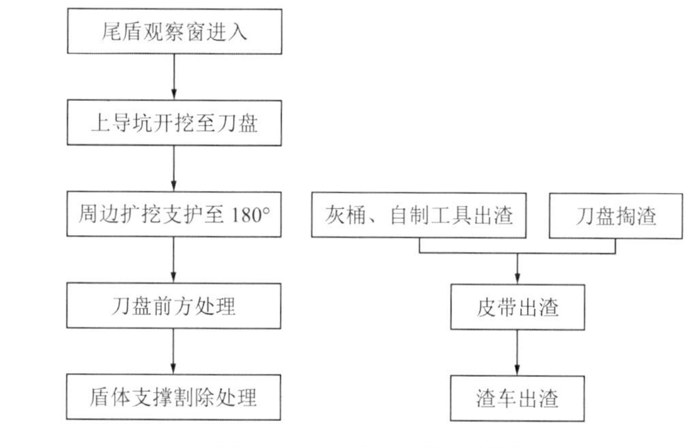

图 16.2-13　施工工艺流程图

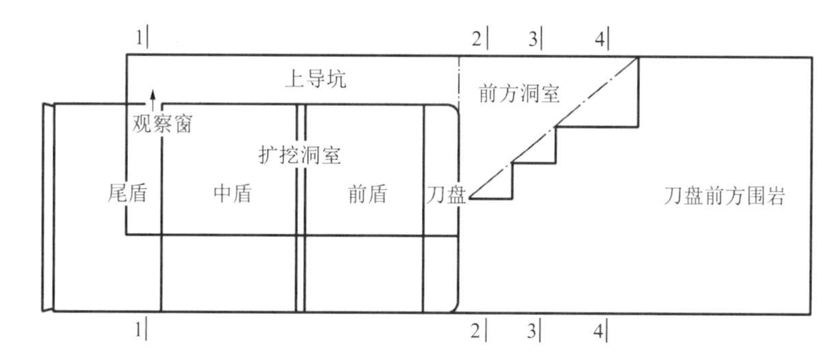

图 16.2-14　小导洞开挖图

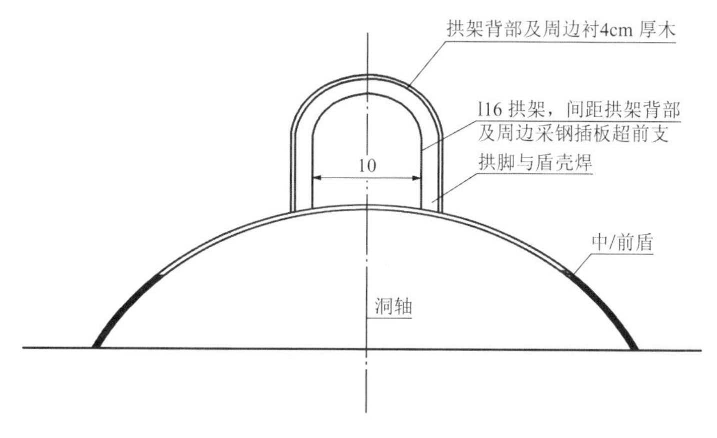

图 16.2-15　导洞支护图

②盾体顶部向两侧 250°扩挖支护

上导坑开挖完成后，盾体两侧扩挖自刀盘向尾盾方向进行，采取人工手持风镐或风钻进行开挖。每开挖完成一节拱架空间，必须进行支护完成后才能进行下一节拱架开挖。开挖支护至 250°范围，将拱架与盾壳焊接处割开，可采取方木支撑，保证安全施工，如图 16.2-16 所示。工字钢支撑与盾壳焊接处割开后，对导洞进行豆砾石回填。

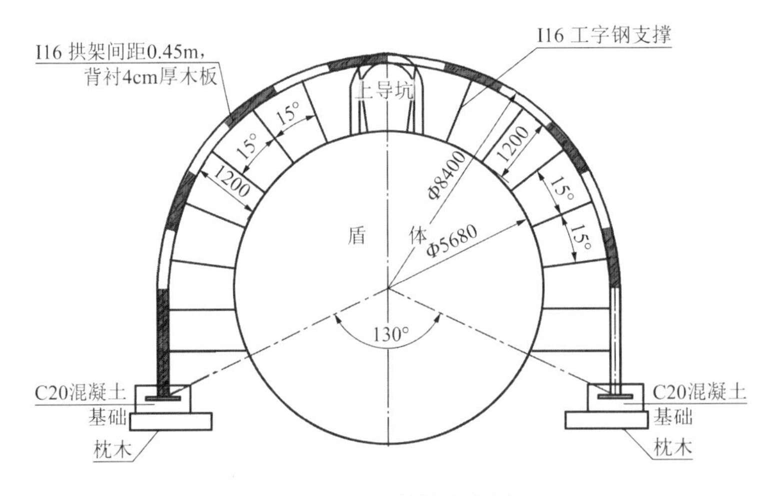

图 16.2-16　扩挖支护图

③刀盘前方处理

注浆加固：为预防刀盘前方围岩出现大量塌方对 TBM 刀盘带来的严重影响，保证管片背部空隙填充质量，对 TBM 刀盘前方部分软弱围岩进行固结灌浆，注浆材料拟选用瑞米杰夫莱 U 型和马力散 N 型等聚氨酯类化学注浆材料。

支护：工字钢支撑延伸至刀盘前方，方木支撑工字钢端头，工字钢背部安装钢插板；对裸露掌子面用木板封堵。

开挖：刀盘上部在导洞内开挖；刀盘中部和底部考虑安全问题，在刀仓内通过刀孔进行开挖处理；开挖过程中必须注意安全，遵循先支护后开挖原则。

（3）方案实施效果

导坑开挖支护顺利完成，且工字钢支撑间距统一，外观整齐美观；开挖支护过程中未发生安全事故；刀盘延伸改造成功完成，TBM 顺利脱困。疏松砂层中导洞开挖注意对靠尾盾方向裸露开挖面封堵；必须遵循“短进尺、先支护”原则；必须严格按照技术交底施工，控制拱架间距和连接筋搭接位置；由于原 TBM 掘进开挖过程中，振动围岩塌方，因此必须对塌空区进行处理，将突出的岩体凿出，并对塌空区进行木板封堵；TBM 脱困洞室完成后，将焊接在盾体上的钢支撑于盾体割离，脱困洞室回填豆砾石。

4. 盾体被卡脱困施工技术

TBM 因故停机时间过长，盾体背部围岩大量坍塌或明显收敛，使围岩压力作用于盾壳，TBM 恢复推进时，可能出现 TBM 掘进的推力大幅度增大，导致提供反力的管片破损严重、旋转加剧，最不利导致盾体被抱死中断掘进。

针对该地层应主要从降低围岩作用在盾体上的压力等方式考虑解困 TBM，采取的应对措施主要有：

（1）加强不良地质洞段超前地质预报工作。在项目地质勘察资料和物探成果的基础上，利用 TBM 配备的 Beam 地质预报系统、超前地质钻孔进行预报，日常施工中，分洞段向施工一线管理和技术人员进行地质交底。

（2）通过地勘资料分析，当 TBM 掘进至围岩收敛或坍塌洞段前，做好各项应急施工准备工作，同时全面做好 TBM 设备的养护和配件储备工作，尽量减少 TBM 非正常停机时间。

（3）在 TBM 因故长时间停机前，通过盾体上部预留的油脂孔，在盾体和围岩之间注入润滑材料，如膨润土、废油脂等，从而减小摩擦系数，降低摩擦阻力，避免 TBM 恢复施工后被困。

（4）根据围岩收敛变形速率适当增大刀盘扩挖半径，保证掘进开挖后盾体有足够的时间通过而不被围岩收敛变形抱死盾壳。

（5）在脱困过程中，将前盾铰接油缸与后配套拖拉油缸处于自由状态，集中主推油缸最大推力进行分部脱困。

（6）当出现盾体被围岩抱死被困中断掘进时，可通过 TBM 尾盾预留的观察窗，对紧贴在盾体上的上部围岩进行开挖、掏除并支护，从而释放作用在盾体上的部分围岩应力，同时注入在盾体与围岩间注入润滑材料，降低摩擦阻力，从而保证 TBM 能正常推进达到脱困目的。TBM 脱困硐室施工如图 16.2-17、图 16.2-18 所示。

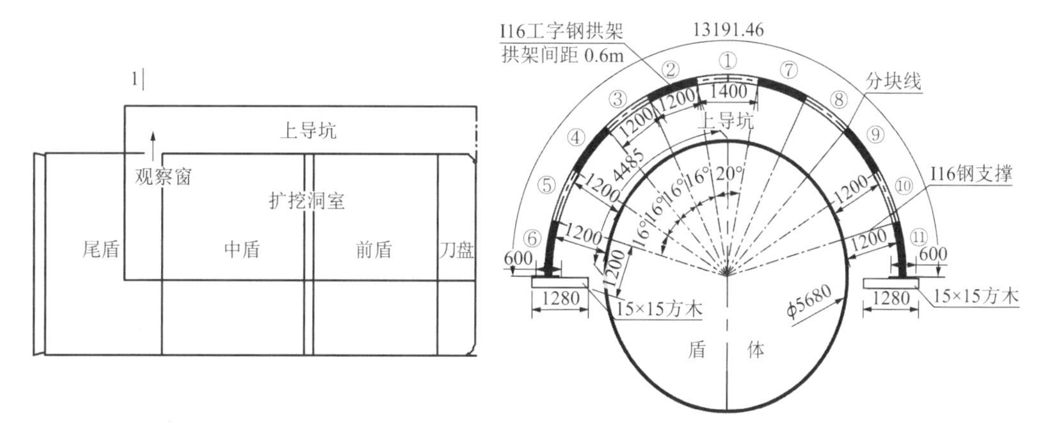

图 16.2-17　TBM 脱困硐室施工示意图

图 16.2-18　脱困硐室现场实施

5. 软弱地层 TBM 栽头应对技术

TBM 掘进遭遇含水率较大的围岩时，隧洞底部围岩泥化严重，导致其承载力大幅度下降，使其难以满足 TBM 结构和管片衬砌的稳定需要，导致 TBM 掘进时出现刀盘低头、盾体下沉等不良现象，严重情况下，将出现 TBM 掘进状态难以控制、管片安装困难、管片尖角破损量大、管片错台大或管片收敛变形明显等严重后果。

针对该地层应主要从提高围岩承载力、控制姿态及管片加固等方面避免 TBM 栽头，采取的应对措施主要有：

（1）通过对盾壳底部合适位置布设注浆孔，采用注水泥浆或双液浆方式进行加固底板，提高地层承载力，从而防止 TBM 刀盘低头及盾体下沉。但过程中要严格控制注浆量，防止浆液粘住盾壳，造成推进困难。

（2）增加底部油缸推力，减少顶部油缸推力，形成上下油缸压力差；调整铰接油缸行程，形成“V”形夹角，保持 TBM 向上掘进；避免原地空转刀盘，无进尺；管片姿态顺应 TBM 姿态，避免单一姿态调整过量。

（3）控制掘进参数，保证盾体姿态，增大前置铰接油缸行程差，使盾体保持处于微弱抬头趋势，匀速掘进缓慢调整姿态。

（4）不良地质洞段下，为控制管片安装接缝错台和收敛变形，在管片上增设限位钢板或管片内套环向钢板环，控制或减小管片错台和收敛变形量。

（5）对管片错台导致止水条失效的情况，可采用 GBW 自粘型遇水膨胀止水条填塞管片接缝处，以保证管片衬砌防水能力。

6. 管片错台控制技术

引洮供水一期工程 7 号隧洞设计断面为圆形，设计开挖直径ϕ5.75m，采用法国 NFM/北方重工联合设计制造的ϕ5.75m 单护盾 TBM 施工，管片内径ϕ4.96m，管片厚度 280mm。管片背后上部 270°范围进行豆砾石（5～10mm）回填灌浆，要求结石时强度为 C15，下部 90°为回填 M15 水泥砂浆。

该工程管片设计为六边形，纵向为凹凸面球窝自锁结构，设计外径 5520mm，内径 4960mm，环片厚度为 280mm，环片宽度为 1600mm，每环管片分 4 块（1 块底管片，2 块侧管片，1 块顶管片），单块最大重量约 5.2t。管片拼装如图 16.2-19 所示。

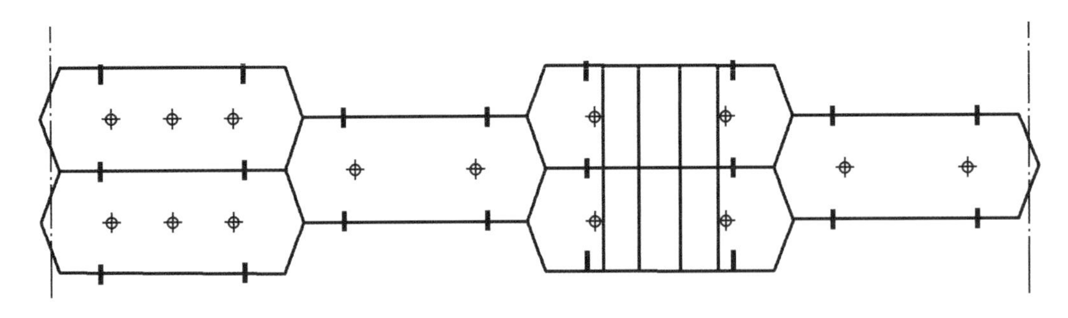

图 16.2-19　管片拼装示意图

（1）单护盾 TBM 管片施工

单护盾 TBM 施工工序主要有掘进除渣、管片安装、接缝和工作孔封闭和管片背部空隙填充等，详见图 16.2-20。

单护盾 TBM 类似于盾构，掘进与管片安装工序二者不能同步进行，该工程中每掘进

800mm，进行一次管片安装，然后再继续掘进施工，在保证管片安装质量的前提下，其安装速度直接影响着 TBM 施工进度。

单护盾 TBM 掘进施工初期，管片安装过程中时常出现错台较大的不良现象，直接影响着后续 TBM 配套工序的正常施工，导致管片衬砌防水能力下降，隧洞运营将存在一定的安全隐患。

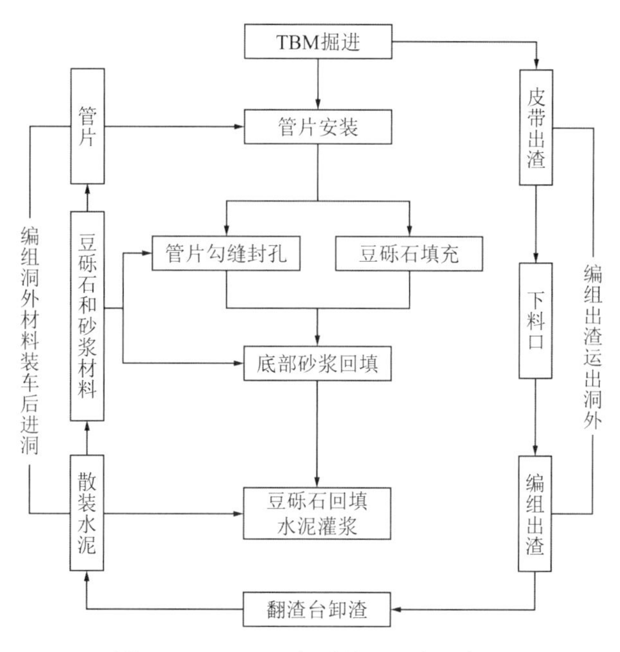

图 16.2-20　TBM 掘进施工工序示意图

（2）管片安装错台原因分析

①掘进时 TBM 尾盾存在“上翘”的姿态

为保证刀盘不出现“栽头”现象，TBM 掘进过程中，需将盾体内上下两组铰接油缸调整成上短下长的形式，尾盾会出现“上翘”姿态，使底管片安装时不能完全落至基岩岩面上，待其拖出盾尾后存在下沉，导致与侧管片接缝处存在较大错台。详见图 16.2-21、图 16.2-22。

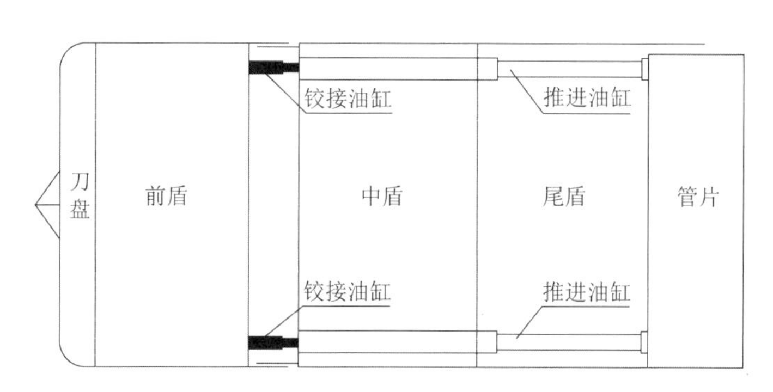

图 16.2-21　TBM 铰接油缸无行程差图示

图 16.2-21 中上下组铰接油缸行程一致时，前盾与中尾盾趋势值一致，管片能顺利落于

开挖岩面上。

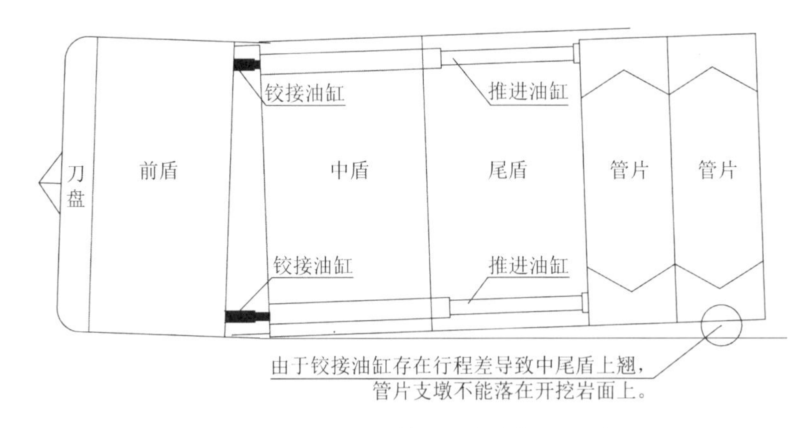

图 16.2-22　TBM 铰接油缸存在行程差图示

图 16.2-22 中上下铰接油缸调整成上短下长的形式，可防止刀盘“栽头”，底管片安装时不能落在基岩岩面上，导致其拖出盾尾后存在下沉现象。

②TBM 掘进姿态与管片安装姿态未能同步调整

采用单护盾 TBM 掘进期间，其推进作用反力全部由盾体后方已安装管片提供，盾体内径大于管片外径，正常施工情况下，二者之间存在一定的间隙（简称盾尾间隙），可供管片安装调整姿态。TBM 掘进时，出现操作司机若调向过快、过猛，或遇到软弱地层 TBM 姿态突然变化等现象时，将导致盾尾与单侧管片或局部区域“贴死”，无盾尾间隙情况下，管片安装将难以顺利调整姿态，最终出现接缝错台。

③富水围岩段基岩承载力低

引洮供水一期工程总干渠 7 号隧洞地质环境复杂，岩性以软岩、极软岩为主，局部洞段有地下水活动，地下水具多层承压性，地下水分布、水量受构造、地层岩性控制变化较大。当 TBM 掘进至富水围岩洞段时，因 TBM 采用下坡施工，渗漏水聚集至盾尾处，使该区域围岩持续软化，基岩承载力降低。当 5t 左右的底管片安装并拖出盾尾后，底管片与侧管片间作用力小于其自重，而底管片底部围岩支持力下降，最终底管片出现下沉，与侧管片形成较大错台。

④管片拼装和连接方式在不良地质洞段适应性较差

该工程管片纵向结构型式为凹凸面球窝型结构，相邻两块管片安装采用定位销连接，自身两方面控制管片拼装质量。在不良地质洞段 TBM 掘进姿态难以良好控制条件下，管片安装期间，定位销出现破损的概率很大，难以发挥其设计作用。仅靠凹凸面球窝自锁结构限制管片拼装质量，难以控制管片错台。

（3）管片安装错台控制措施

①对尾盾底部进行改造

针对管片难以落至开挖围岩上，对尾盾底部开口范围进行改造，将底部 146°范围内盾尾钢板割除，重新焊接较薄钢板并将角度往周围岩面张开，保证底管片支墩能顺利落于开挖岩面上，改造后减小了底管片与开挖岩面之间的间隙，降低了底管片下落幅度，见图 16.2-23、图 16.2-24。

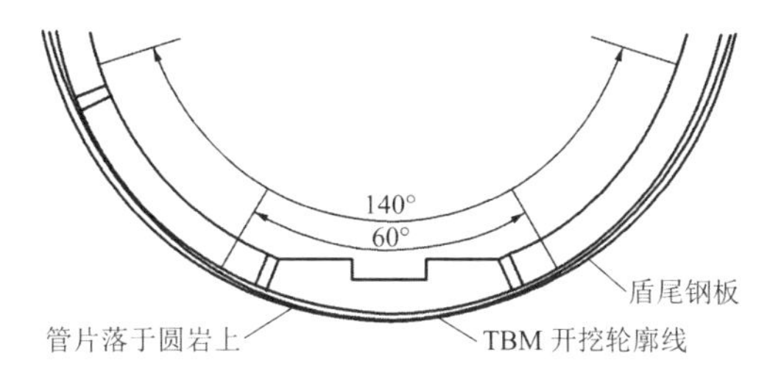

图 16.2-23　盾尾改造后管片落于围岩上

图 16.2-24　盾尾改造后管片落于围岩上图示

②制定 TBM 姿态控制标准

针对操作司机调向过快、过猛的现象，或遇到软弱地层 TBM 姿态突然变化等现象，对司机的操作制定了调向原则，在做管片姿态（旋转、调整盾尾间隙）调整时，采取勤调、缓调的原则，并制订了 TBM 掘进姿态控制刚性执行标准，如表 16.2-2 所示。

TBM 掘进姿态控制标准　　表 16.2-2

序号	项目	控制标准
1	水平方向姿态	预警偏向值：±100mm　趋势值：±0.5%
2	垂直方向姿态	预警偏向值：+20～+80mm　趋势值：0.2～+0.6%
3	调向值	每掘进 800mm 水平和高程调向值不大于±5mm，趋势值变化小于 0.1%
4	推进油缸行程差	单环掘进油缸行程差变化不能大于 15mm；累计油缸行程差不大于 30mm
5	铰接油缸行程差	铰接油缸上下两组行程差：正常掘进时不大于 15mm，需要调向时不大于 20mm；铰接油缸左右两组行程差：正常掘进尽量不使用，需要调向时不大于 10mm
6	中盾与尾盾高程差	不大于 20mm
7	TBM 前盾滚动值	0～+1.5%

③换填软化围岩，底部及时回填砂浆

对于软化的围岩，一方面采用一定比例的水泥砂子干拌料对松软围岩渣土换填，增大围岩承载力。必要情况下，在干拌料中加入适量的外加剂，如速凝剂或水玻璃，缩小砂浆的凝结时间。另一方面，待管片安装完成后，及时对管片底部 90°范围内进行 M15 砂浆的回填，填充底管片与围岩间的空隙；地质条件较差时，在 M15 砂浆中掺入适量的速凝剂。

④管片上增设限位装置

当 TBM 掘进至软弱围岩段时，底、顶侧管片下沉，侧管片后仰严重，为应对该段不良地质洞段，对管片增加了限位装置，在管片上部内弧面（迎水面）增设定位钢板，相互限制其后仰或下沉。待管片与围岩间空隙由豆砾石和水泥灌浆填充完成并达到设计强度后，再对增设的限位钢板进行割除，避免对隧洞通水运行造成影响。

16.3　陕西引红济石工程

16.3.1　工程概况与地质条件

引红济石调水工程位于陕西省宝鸡市太白县内，引长江水系褒河支流红岩河水通过横穿秦岭的隧洞自流调入黄河水系渭河南岸支流石头河，经石头河水库调节后向西安、咸阳、杨凌等城市提供生活饮用水，是陕西省的“南水北调”工程，也是陕西省重点水利工程。

1. 工程概况

引红济石工程由低坝引水枢纽和引水隧洞组成，其中引水隧洞全长 19795m，采用钻爆法＋TBM 法施工的联合施工方案，TBM 施工段长 9885m，断面为圆形，成洞直径 3.65m。全隧设计纵坡 1/890，明渠无压流方式调水，最大引水流量为 13.5m³/s，年调入石头河水量 9210 万 m³。

2. 地质条件

工程地处秦岭山脉腹地，在长期的区域南北向压应力作用下，形成了东西向褶皱和逆冲断裂相间分布的总体构造格局，引水洞线走向 NE77°，位于东西向的太白～桃川河向斜南翼，区域南北向应力场产生的右旋运动，形成了一系列 NE～NEE 向、NW～NWW 向的平移～逆冲断层以及 SN 向张性正断层，相互交接、切割，地质构造非常复杂，经多次的地质构造影响、沿片理面的碎裂破坏造成的应力重分布致使地应力大。设计隧洞最大水平主应力量值为 43.05MPa，最小水平主应力为 25.13MPa，最大主应力方向平均为 NW11.09°（于洞轴线几近垂直）。洞室埋深 100～300m，最大埋深 420m，洞室均位于基岩中，以大理岩段和片岩、片麻岩段为主，硬质岩中夹软质岩，岩性复杂，相变大，变化频率快，软硬不均岩层相间距离短，围岩弱～微风化，岩体完整性差，以Ⅳ类围岩为主，其次为Ⅲ类和Ⅴ类围岩。工程地质示意图如图 16.3-1 所示。

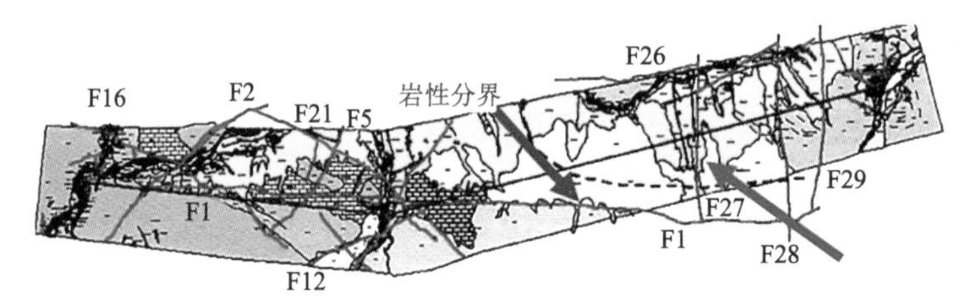

图 16.3-1　工程地质示意图

16.3.2　TBM 选型与设备参数

工程采用一台由 Robbins 公司生产、曾用于云南掌鸠河输水工程、后经维修的 DS1217-303 型双护盾 TBM 施工，如图 16.3-2 所示。刀盘开挖直径 3.655m，TBM 主机长 13m，后配套长 345m，主机重 220t，经 SELI 改造后刀盘开挖直径 3.755m，TBM 主机长 10.69m。改造前后 TBM 主要参数对比详见表 16.3-1。

图 16.3-2　DS1217-303 型双护盾 TBM

TBM 设备参数表 表 16.3-1

设备部件		技术参数	
		改造前	改造后
开挖直径		3.655m	3.755m
前盾直径		3.580m	3.660m
外伸缩盾直径		3.580m	3.660m
支撑盾直径		3.580m	3.580m
尾盾		3.580m	3.580m
刀具		17 英寸，前/后安装	17 英寸，前/后安装
1	滚刀数量	25	25
2	单个刀具承受载荷	250kN	250kN
刀盘推力			
1	刀盘推力	6250kN	6250kN
2	刀盘最大推力	10838kN	10838kN
3	辅助推力（103bar）	3915kN	3915kN
4	紧急辅助推力（517bar）	19652kN	19652kN
刀盘功率			
1	刀盘驱动	双速电机 5 × 260/130kW	变频调速 5 × 200kW
2	刀盘功率	1300/650kW	1000kW
3	刀盘转速	11.4/5.7rpm	恒扭矩：0～5.7rpm 恒功率：5.7～8.0rpm
4	电机防水等级	IP55	IP67
5	电机冷却形式	水冷	水冷
6	刀盘扭矩	1089kN · m	1702kN · m
7	脱困扭矩	2150kN · m	3500kN · m
推进系统			
1	辅助推进油缸行程	2.4m 数量：10 个	1.8m 数量：10 个
2	主推进油缸行程	1.27m 数量：10 个	1.27m 数量：10 个
液压系统			
1	系统操作压力	215bar	215bar
2	最大系统压力	345bar	345bar
3	紧急辅助推进系统压力	517bar	517bar
4	功率	260kW	260kW
电气系统			
1	驱动电机	660V，三相，50Hz	660V，三相，50Hz
2	控制系统和照明	24V/120V，50Hz	24V/120V，50Hz
3	变压器	2 × 1000kVA + 1 × 600kVA	2 × 1000kVA + 1 × 600kVA
4	备用变压器	600kVA	600kVA
5	一级电压	10000V	10000V
6	二次电压	690/400/230V	690/400/230V

续表

设备部件		技术参数	
		改造前	改造后
皮带输送机			
1	输送带宽度	600mm	600mm
2	运行速度	MAX：2.0m/s	MAX：3.1m/s
设备设计转弯半径		1000m	1000m
设备总量（大约）		800t	800t

16.3.3 工程重难点及应对措施

1. 富水段 TBM 施工技术

（1）工程难点分析

桩号 K10＋000～K12＋278.1m 段围岩以条带状大理岩（含石墨大理岩）为主，闪片岩、片麻岩及绿泥石片岩、炭质片岩等。因为石墨大理岩夹炭质片岩，虽然大理岩为中硬岩，但炭质片岩属软岩，该种岩石遇水极易泥化、软化，使岩体的完整性遭到破坏，进而造成围岩变形失稳；特别是由 F1 断层进入盆地富水区及由 F27 断层进入盆地富水区，极有可能发生大的涌水、突泥问题。

（2）应对策略

①在富水段施工时，必须采用长短两种超前地质预报进行探测相互验证，即 HSP 超前物探和超前水平钻孔两种探测方法，二者相互验证，采取循环施做、环环搭接、循序渐进的施工方法。

②本着地下水只要不影响掘进就向前掘进的原则，出水点留在开挖后处理。

③对于富水断层破碎带地段采用超前预注浆、超前支护进行加固，改良地层，封堵地下水，开挖后及时加强支护，并进行堵水灌浆和衬砌后固结灌浆加固，如图 16.3-3 所示。

④对于一般的出水点，当地层稳定时，先掘进通过，开挖后封堵出水点；当地层不稳定时，灌浆堵水，并加固围岩，开挖后及时加强支护。

⑤对于较大的出水点，视情况采取灌浆全封堵和部分封堵措施。

⑥必要时启用应急排水系统，确保涌水及时排出，避免积水劣化围岩和其他事件发生。

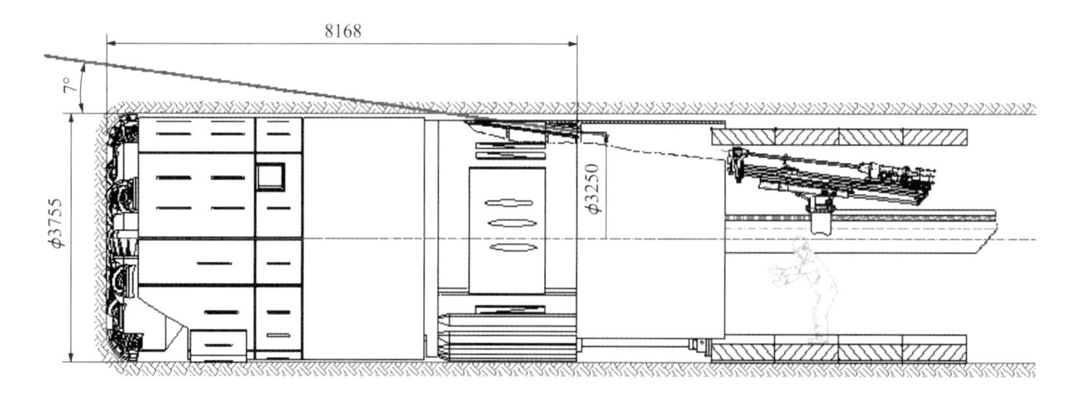

图 16.3-3 TBM 尾盾超前注浆示意图（单位：mm）

2. 断层破碎带 TBM 施工技术

（1）TBM 卡刀盘应对技术

在刀盘内通过人孔、刀孔、刮板孔利用聚氨酯类化学浆液超前预加固，对刀盘周边进行浅孔注浆加固，通过一系列措施主动加固断层、破碎带、涌水等不良地质地段，以达到改良加固地层，封堵地下涌水，使围岩具有较好的整体稳定性的目的，确保 TBM 顺利通过。

具体方案是打开伸缩盾顶部窗口挑口后进入盾体外进行小导洞开挖（过程中若围岩破碎，采用聚氨酯类化灌材料对围岩进行加固），开挖尺寸为 1.8m（宽）× 1m（高），掏至刀盘前 50cm 后，对掌子面进行超前径向加固并采用深孔注浆加固前方松散体，对刀盘周边虚渣和注浆后形成的泡沫进行清理，最后恢复刀盘转动，实现 TBM 刀盘的脱困施工。如图 16.3-4 和图 16.3-5 所示。根据前段现场施工情况，发现换步困难，且刀盘脱困施工时间较长，因此需要利用刀盘脱困期间对支撑盾、尾盾及前盾部位位置进行掏渣卸荷，防止在刀盘脱困期间盾体被困。

图 16.3-4　刀盘外部化学灌浆图

图 16.3-5　刀盘内部化学灌浆

（2）围岩收敛变形卡盾体

在从伸缩盾观察窗口挑口进入围岩后通过开挖脱困小导洞对护盾周边围岩进行掏渣卸荷实现 TBM 脱困。具体施工方案为：人工从伸缩盾窗口位置开始，用风镐掏凿，将盾壳外上部 180°范围内围岩掏凿 60～80cm 高，向刀盘掏渣。掏完后，开始试推，若前盾仍不能推进，则继续将盾壳上部 240°范围（即含大跨以下 1m 的范围）进行掏渣，最终达到减小掘进推力，进而达到脱困的目的。施工支护采用方木及木板根据现场实际情况支护，盾壳作为支点。如图 16.3-6 所示。

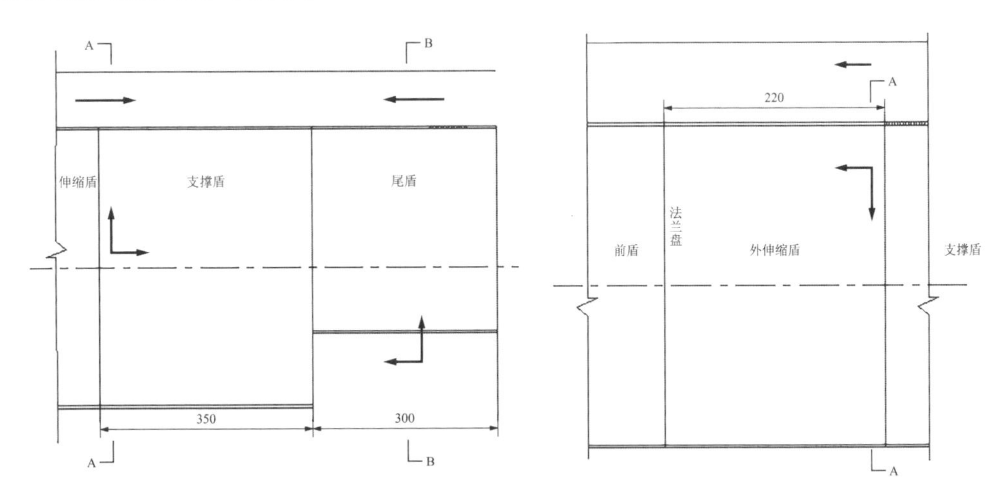

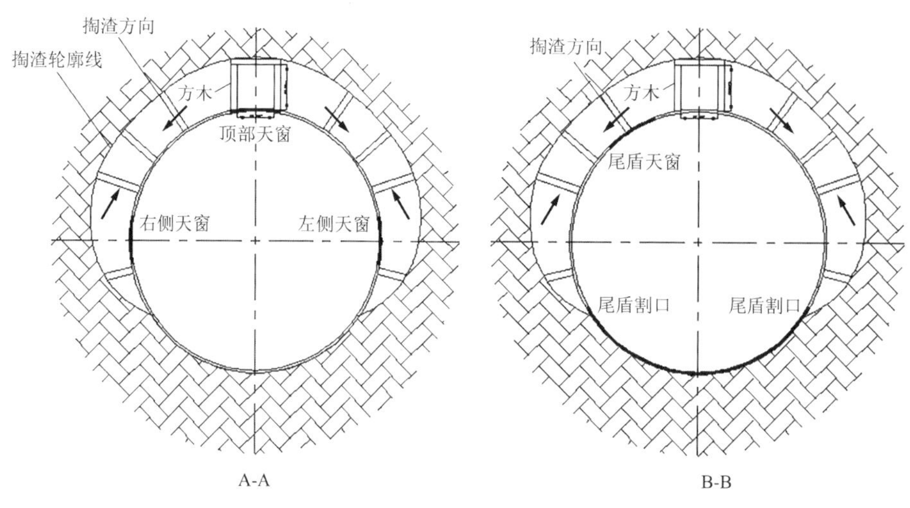

图 16.3-6　卡盾体围岩处理效果示意图

（3）突泥涌水卡刀盘、卡盾体

引红济石双护盾 TBM 在通过太白盆地冰碛层时遭遇了突泥涌水地质灾害，在多次尝试常规脱困方法都无法实现脱困后，最终采用了超前大管棚施工 + 主机段上半断面开挖衬砌施工。

总体施工方案为：自尾盾处挑口进入盾体并完成长管棚操作室施做后，采用直径为 108 超前长管棚预加固前盾、刀盘区域不良地质条件，为下一步人工通过前盾顶部小导洞进入刀盘前方掏渣施工，直至 TBM 恢复掘进创造条件。根据地质条件，管棚施工选用跟管施工工艺，超前管棚总体施工顺序为：导向架安设→浇筑导向墙混凝土→搭设钻机平台→钻机就位→超前长管棚施工→管棚注浆→效果检查。如图 16.3-7～图 16.3-11 所示。

历经近 4 个月时间 TBM 最终实现脱困，最后为辅助 TBM 顺利通过不良地质段，继续向刀盘前方开挖 16.5m，直到通过各类预报手段（水平钻孔、HSP 声波探测、地质雷达）均认为前方地质条件基本满足 TBM 掘进条件后，方才停止开挖。

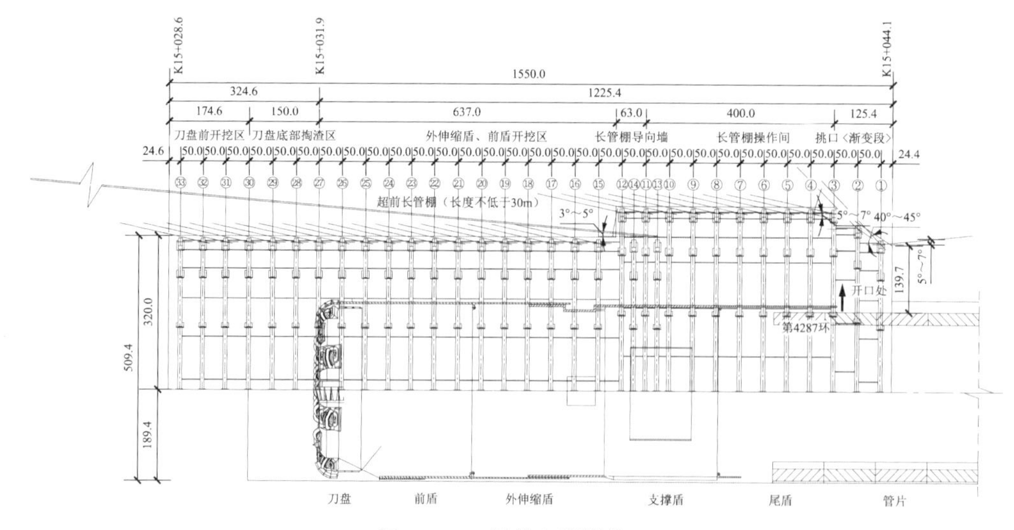

图 16.3-7　超前大管棚施工

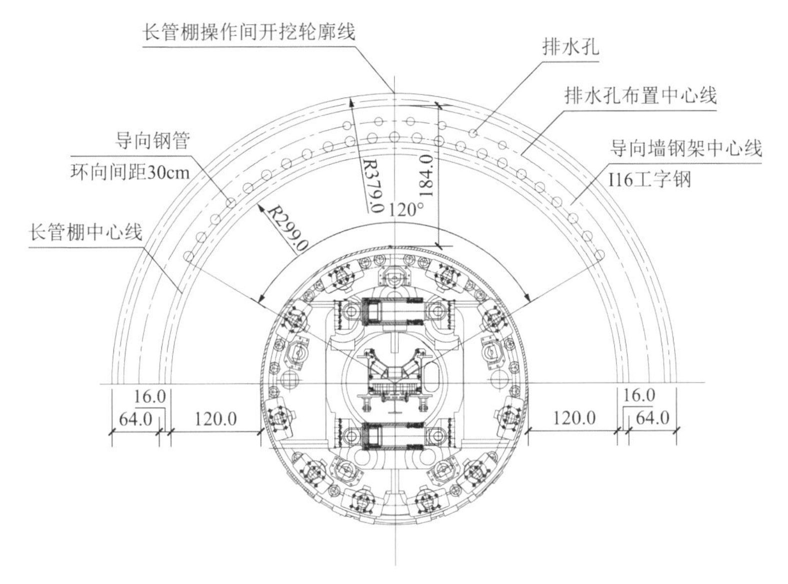

图 16.3-8　超前大管棚施工

图 16.3-9　管棚操作间开挖施工

图 16.3-10　超前大管棚施工

图 16.3-11　超前大管棚脱困实景

（4）高地应力软岩大变形卡盾体

2015 年 8 月 22 日单班连续掘进 11 环后，出现了因围岩收敛变形卡盾的情况，采用常规卡盾体脱困施工方法脱困后，发现已安装的管片出现结构性破坏以及设备姿态在静止状态下出现异常变化。为解除高地应力持续对 TBM 设备以及成洞段管片造成永久性结构破坏的重大风险，采用人工扩挖、型钢支护 + 喷灌混凝土的卸荷方式除险加固。具体支护参数为：拱部 220°环形开挖，H150 双层型钢拱架、间距为 50cm 布置的 120 槽钢、间距 100cm 纵向连接、ϕ10@10cm × 10cm 钢筋网，C40 混凝土，如图 16.3-12 所示。

总体施工方案为：除险加固以开挖卸荷为主，将作用在 TBM 设备上及成洞管片上的围岩荷载尽快卸荷转移至开挖初期支护结构上。即对尾盾开口处管片（8417 环）进行径向注浆加固后，挑口后进入管片外部向 8412 环管片方向进行开挖支护，将作用在该段管片上的外部荷载转移至初支结构。在对 8417 环（即尾盾位置）至 8412 环开挖支护完成后，再由尾盾向刀盘位置支护，开挖范围为盾体位置 220°、支护后内净空 1.2m。开挖支护至刀盘后，采取后退 TBM 设备同时调整设备姿态并对破损管片（即 8412～8417 环）进行替换，达到试掘进条件。与此同时，做好 TBM 设备的保护措施，防止围岩大变形对设备的损坏。此外，在开挖作业过程中，加强对支护体系变形量的监测，确保作业区域中的施工安全。

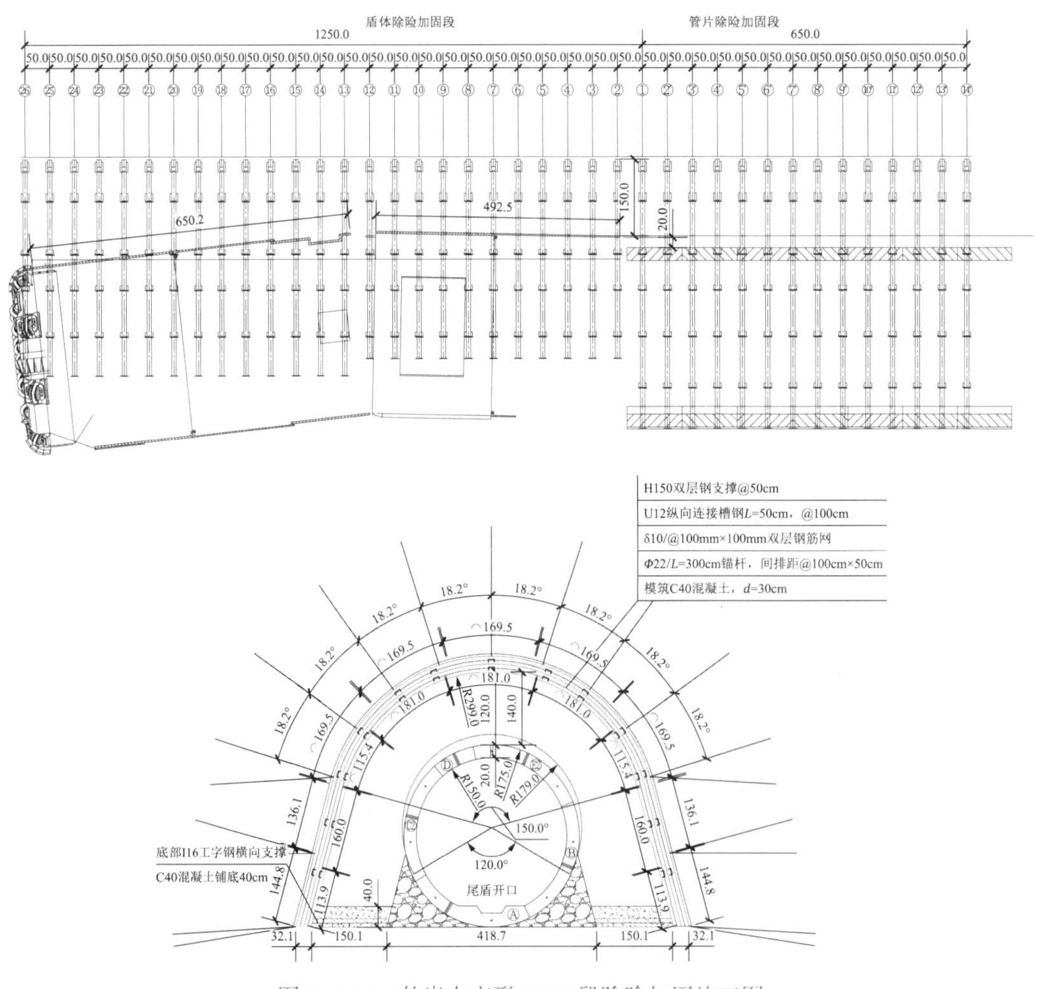

图 16.3-12　软岩大变形 TBM 段除险加固施工图

16.4 新疆八十一大坂隧洞工程

16.4.1 工程概况与地质条件

1. 工程概况

新疆大坂隧洞为无压引水隧洞，主洞全长约 31km，洞线近东西向布置，主洞埋深 10～150m，围岩岩性以含土砂砾石、膨胀性泥岩、凝灰岩、砂岩为主，地质条件复杂多变。隧洞开挖采用 TBM 法施工，预制钢筋混凝土管片衬砌，衬砌总长为 23724m，管片总量为 59145 块，衬砌后直径 6m，预制钢筋混凝土管片为六边形，宽 160cm，厚 28cm，对角线弧长 500cm。新疆达坂隧洞于 2009 年底全线贯通，施工质量达到国内类似工程领先水平。

2. 地质条件

新疆大坂隧洞 TBM 施工过程中，实际揭露地质围岩类别虽然没有超出初设前期地质勘察整体框架范围，但围岩类别复杂多变，几乎不可预料。TBM 施工主洞段实际揭露各类围岩比例为：Ⅱ类围岩为 0.99%，Ⅲ类围岩为 3.78%，Ⅳ类围岩为 64.71%，Ⅴ类围岩为 21.82%，Ⅵ（土洞及岩土过渡段）围岩为 8.70%；开挖揭露的主洞段以 J2X4、J2X3、J2X2 碳质泥岩、泥岩、泥质粉砂岩、中粗细砂岩（含土砂砾石）Q2ws 为主，部分洞段为 P1Ws（凝灰质安山岩、凝灰岩）地层。大部分洞段位于地下水位以下，适合双护盾掘进机施工。

16.4.2 工程重难点及应对措施

1. 断层发育

八十一大坂地处北天山西部东西向复杂构造带中的巩乃斯河-伊犁河断陷盆地南缘，区域构造主压应力方向近 SN，构造形迹展布方向以近 EW 向为主。工程区段因第四系堆积物大面积覆盖，基岩零星出露，岩体中紧密褶皱较为发育，地层产状变化较大，从平洞揭露情况来看，岩体层间错动现象十分普遍。由此推断，工程区段可能发育有尚未发现的隐伏断裂。施工过程中应尽量查明断层发育洞段，提前妥善处置，防止 TBM 受损。

2. 泥质膨胀岩发育

从现场施工的试验成果分析，工程区段的炭质粉砂岩、泥岩均存在遇水崩解或膨胀的现象，岩石水理性质不良。尤其是 J_2X^3、J_2X^4 岩组中泥岩占有一定的比例，其遇水膨胀、失水干缩的特性对隧道围岩稳定性影响极大，当隧道边墙泥岩直接暴露时，可能发生鼓胀或蠕动变形。为避免泥质膨胀岩的工程性质恶化，应尽量避免岩石的含水状态发生较大的变化。隧道开挖后，应及时采取措施封闭围岩。

参考文献

[1] 魏文杰. 敞开式TBM隧道施工应用技术[M]. 成都: 西南交通大学出版社, 2015.

[2] 王吉业, 黄振东, 杨学松. 敞开式TBM主驱动装配[J]. 科技与企业, 2014(6): 256.

[3] 李新伟. 单护盾TBM施工技术[J]. 工程技术: 引文版, 2016(12): 131-132.

[4] 王文广, 樊德东, 汪强宗, 等. 单护盾TBM设备在地铁隧道施工中的应用及改进[J]. 建筑机械化, 2016, 37(8): 51-54.

[5] 万奇才, 姚学峰, 刘夏艳. 浅析双护盾TBM的结构形式与工作原理[J]. 科技创新与应用, 2014(2): 76.

[6] 徐东博, 韩佳霖, 李业民, 等. TBM刀盘设计研究[J]. 科技传播, 2014(1): 75+72.

[7] 刘志杰, 滕弘飞, 史彦军, 等. TBM刀盘设计若干关键技术[J]. 中国机械工程, 2008(16): 1980-1985.

[8] Sun W, Ling J, Huo J, et al. Dynamic Characteristics Study with Multidegree-of-Freedom Coupling in TBM Cutterhead System Based on Complex Factors[J]. Mathematical Problems in Engineering, 2013, 2013(3): 657-675.

[9] 周赛群. 全断面硬岩掘进机（TBM）驱动系统的研究[D]. 杭州: 浙江大学, 2008.

[10] 李永成. 双护盾TBM硬岩掘进机主驱动安装工艺研究[J]. 中国科技纵横, 2014(7): 103-104.

[11] 饶云意, 龚国芳, 杨华勇. 单对水平支撑TBM支撑推进协调控制研究[J]. 中南大学学报（自然科学版）, 2017, 48(3): 666-674.

[12] 张乐诗, 张国良, 王宇. TBM后配套系统设计方法的研究[J]. 铁道建筑技术, 2005, 37(S1): 16-17.

[13] 陈馈. TBM设计与施工[M]. 北京: 人民交通出版社, 2018.

[14] 孙振川. 山区复杂地质长大隧道岩石掘进机（TBM）及其掘进关键技术[M]. 北京: 人民交通出版社, 2020.

[15] 徐贵辉. 复杂岩溶地区隧道施工综合地质预报技术及工程应用[D]. 长沙: 中南大学, 2011.

[16] 李术才, 薛翊国, 张庆松, 等. 高风险岩溶地区隧道施工地质灾害综合预报预警关键技术研究[J]. 岩石力学与工程学报, 2008(7): 1297-1307.

[17] 李术才, 许振浩, 黄鑫, 等. 隧道突水突泥致灾构造分类、地质判识、孕灾模式与典型案例分析[J]. 岩石力学与工程学报, 2018, 37(5): 1041-1069.

[18] 何振宁. 铁路隧道疑难工程地质问题分析——以30多座典型隧道工程为例[J]. 隧道建设, 2016, 36(6): 636-665.

[19] 张中. 隧道富水构造瞬变电磁场响应特征及其超前判识研究[D]. 成都: 成都理工大学, 2022.

[20] 曹放. 隧道涌突水超前判识与综合预测研究[D]. 成都: 成都理工大学, 2017.

[21] 王鑫. 中部引黄工程输水隧洞涌水综合治理方案的研究[D]. 太原: 太原理工大学, 2020.

[22] 唐申强. 山岭地铁隧道基岩裂隙水综合地质预报技术[J]. 建筑安全, 2020, 35(8): 13-16.

[23] 刘福生. 基于微震监测的岩爆风险判别及预测预报[D]. 西安: 西安理工大学, 2021.

[24] 王亚锋, 曾劲, 蒋佳运. 高黎贡山隧道敞开式TBM穿越高压富水软弱破碎蚀变构造带施工技术[J]. 隧道建设（中英文）, 2021, 41(3): 449-457.

[25] 郭灿. 高黎贡山隧道TBM适应性设计和掘进性能的测试分析[D]. 石家庄: 石家庄铁道大学, 2019.

[26] 陈馈, 杨延栋. 高黎贡山隧道高适应性TBM设计探讨[J]. 隧道建设, 2016, 36(12): 1523-1530.

[27] 谭天元. 复杂地质条件隧洞超前地质预报技术[M]. 北京: 中国水利水电出版社, 2018.

[28] 隋旺华. 高速铁路工程地质灾害超前预报图形判别和解译[M]. 北京: 中国铁道出版社, 2022.

[29] 郝元麟. 双护盾 TBM 施工超前地质预报[M]. 北京: 中国水利水电出版社, 2020.

[30] 何发亮. 地质复杂隧道施工预报研究与工程实践[M]. 成都: 西南交通大学出版社, 2019.

[31] 刘小伟, 谌文武, 刘高, 等. 引洮工程红层软岩隧洞 TBM 施工预留变形量分析[J]. 地下空间与工程学报, 2010, 6(6): 1207-1214.

[32] 王亚凡, 李宏亮, 李建武. 中天山隧道复杂地况下TBM施工应对措施[J]. 国防交通工程与技术, 2010, 8(6): 45-47+63.

[33] 王瑞芬, 陈竹, 杨晓迎. 某大型引水隧洞 TBM 施工项目风险管理浅析[J]. 项目管理技术, 2010, 8(9): 32-35.

[34] 温森, 徐卫亚. 深埋隧洞 TBM 卡机事故风险分析[J]. 长江科学院院报, 2008(5): 135-138.

[35] 蒙先君. 长距离双护盾 TBM 施工探讨[J]. 隧道建设, 2008(4): 429-433+475.

[36] 侯秉钧, 喻正信, 刘金伟. 长隧道工程 TBM 施工潜在风险及对策[J]. 东北水利水电, 2007(11): 19-20+39.

[37] 尹俊涛, 尚彦军, 傅冰骏, 等. TBM 掘进技术发展及有关工程地质问题分析和对策[J]. 工程地质学报, 2005(3): 389-397.

[38] 赵东波, 姚琦发, 李鹏宇, 等. 复杂地质富水条件下 TBM 施工隧洞综合超前预报体系实践[J]. 水利水电技术 (中英文), 2023, 54(6): 124-136.

[39] 安学旭. 引汉济渭秦岭隧洞闪长岩卸荷损伤破裂机理与变形控制优化[D]. 西安: 长安大学, 2023.

[40] 韦乐. 引汉济渭秦岭隧洞岭北 TBM 施工段围岩收敛监测与支护时机研究[D]. 西安: 西安理工大学, 2018.

[41] 杨继华. TBM 施工隧洞工程地质研究与实践[M]. 北京: 中国水利水电出版社, 2018.

[42] 刘志明. TBM 卡机脱困及高效掘进[M]. 北京: 中国水利水电出版社, 2021.

[43] 薛景沛. 敞开式 TBM 安全快速通过隧洞强岩爆地层施工技术——以引汉济渭工程秦岭隧洞岭南 TBM 施工段为例[J]. 隧道建设 (中英文), 2019, 39(6): 989-997.

[44] 康斌, 雷龙. 引汉济渭秦岭输水隧洞硬岩 TBM 掘进施工技术[J]. 人民黄河, 2020, 42(2): 103-108.